Springer-Lehrbuch

Nicola Oswald · Jörn Steuding

Elementare Zahlentheorie

Ein sanfter Einstieg in die höhere Mathematik

Springer Spektrum

Nicola Oswald
Jörn Steuding
Institut für Mathematik
Universität Würzburg
Würzburg, Deutschland

ISSN 0937-7433
ISBN 978-3-662-44247-0   ISBN 978-3-662-44248-7 (eBook)
DOI 10.1007/978-3-662-44248-7
Mathematics Subject Classification (2010): 01, 11, 97

Die Deutsche Nationalbibliothek verzeichnet diese Publikation in der Deutschen Nationalbibliografie; detaillierte bibliografische Daten sind im Internet über http://dnb.d-nb.de abrufbar.

Springer Spektrum

Zeichnungen: Nicola Oswald

Gedruckt auf säurefreiem und chlorfrei gebleichtem Papier.

Springer Spektrum ist eine Marke von Springer DE. Springer DE ist Teil der Fachverlagsgruppe Springer Science+Business Media
www.springer-spektrum.de

Ein sanfter Einstieg in
Die Höhere Mathematik:
ELEMENTARE
ZAHLENTHEORIE
und verwandte Gebiete
für Studierende im ersten Semester
und weitere Interessierte
Jörn Steuding
Nicola Oswald

Vorwort

Mathematik ist anders als die meisten Menschen sie sich vorstellen!

Sie ist nicht leicht zu beschreiben; einfacher ist darzulegen, was sie nicht ist: Mathematik ist keine Naturwissenschaft; ihre Ergebnisse bedürfen keiner Experimente, sondern sie werden durch Beweise verifiziert. Entsprechend stellen mathematische Theoreme letztlich Gesetze bereit, die unverändert von Zeit und Raum allgemein gültig sind. Dies unterscheidet Mathematik von beispielsweise Physik oder Chemie. Damit ist jedoch noch keineswegs erläutert, was denn Mathematik tatsächlich ist. Um dies zu verstehen, – besser noch: um dies zu erfahren –, muss man letztlich *Mathematik selbst betreiben!*

Mathematik ist nichts Weltfremdes; sie ist in der heutigen hochtechnologisierten Welt an allen Ecken und Enden auffindbar, oftmals auf den ersten Blick unsichtbar und trotzdem von zentraler Bedeutung! Insbesondere gilt dies für die *Zahlentheorie*, welche das Hauptthema des vorliegenden Buches bildet.

Dieses Buch ist aus Vorlesungen und angeschlossenen Tutorien entstanden, die wir für Studierende des ersten Studienjahres an der Universität Würzburg angeboten haben. Im Besonderen sei hier die Veranstaltung gleichen Namens für Lehramtsstudierende des ersten Semesters der Schulformen Grund-, Haupt- und Realschule in den Wintersemestern 2009/10 sowie 2012/13 erwähnt. Aber auch die regelmäßig angebotene Einführung in die Zahlentheorie für die Bachelorstudiengänge sowie das gymnasiale Lehramt aus den Sommersemestern 2010 bis 2014 hat unsere Darstellung und Themenwahl maßgeblich beeinflusst.

Zahlentheorie eignet sich mit ihren einfach verständlichen Fragestellungen in ganz besonderer Art und Weise dafür, das Mathematikstudium zu eröffnen, auch wenn die Geschichte zeigt, dass viele zahlentheoretische Probleme letztlich schwierig sind und ihre Lösung, wenn überhaupt existent, oftmals nur mit diffizilen Methoden, Tricks und tiefen Ideen gefunden werden kann. Ein berühmtes Beispiel hierfür ist eine Frage des Juristen und

Hobbymathematikers Pierre de Fermat aus dem 17. Jahrhundert. Die nach ihm benannte *Fermatsche Vermutung* besagt, dass die Gleichung

$$X^n + Y^n = Z^n \qquad \text{mit ganzzahligem} \quad n \geq 3$$

nur *triviale* ganzzahlige Lösungen besitzt, also nur solche, die sofort sichtbar sind (wie etwa $x = z = 5$ oder 7 oder irgendeine andere ganze Zahl und $y = 0$). Als einen Höhepunkt des vorliegenden Buches werden wir den Spezialfall $n = 4$ beweisen; der allgemeine Fall wurde tatsächlich erst vor zwanzig Jahren von Andrew Wiles erschöpfend behandelt unter Zuhilfenahme anspruchsvoller Methoden der Arithmetik, Analysis und Algebra (weit jenseits dessen, womit wir uns beschäftigen werden). Im Gegensatz dazu besitzt obige Gleichung für den Exponenten $n = 2$ unendlich viele nichttriviale Lösungen, z. B.

$$3^2 + 4^2 = 5^2, \quad 5^2 + 12^2 = 13^2, \quad \ldots .$$

Auch dies werden wir untersuchen und dabei der Frage nachgehen, was denn den Unterschied zwischen diesen beiden Fällen ausmacht. Nebenbei werden wir allerhand über ganze Zahlen und insbesondere Primzahlen erfahren, aber auch weitere Typen von Zahlen und verwandte Objekte kennen lernen, und nicht zuletzt studieren wir Anwendungen in der Kryptographie und bei den ISBN-Codes.

Das Attribut *elementar* im Titel dieses Buches bedeutet, dass wir nur grundlegende Techniken verwenden; es ist jedoch *elementar* keineswegs mit *einfach* gleichzusetzen. Analytische oder algebraische Methoden kommen lediglich in einigen wenigen Passagen zum Einsatz vor dem Hintergrund, Perspektiven nach dem ersten Studienjahr aufzeigen zu wollen.

Neben dieser elementaren Einführung in die Zahlentheorie soll dieses Buch eine Brücke bauen zwischen der *Schul*mathematik und der *Hochschul*mathematik und dabei auf weitere Themengebiete der Mathematik vorbereiten. Insofern werden wir zunächst allgemein das *mathematische Argumentieren* und *Beweisen* ausgiebig behandeln und üben, um dann im weiteren Verlauf auch hier und da einen Ausblick auf weiterführende Mathematik (wie Analysis, lineare Algebra und Geometrie) werfen. Wir möchten mit diesem Buch sowohl Schülerinnen und Schüler als auch Lehrer und Lehrerinnen, aber natürlich nicht zuletzt auch Studierende der Mathematik (in einem frühen Semester) ansprechen. Unser Zugang ist als eine Ergänzung des üblichen Curriculums an deutschen Hochschulen gedacht, aber natürlich nicht als Ersatz für die bewährten Anfängerveranstaltungen Analysis und lineare Algebra.

Sämtliche Zeichnungen entstammen der Feder von Nicola Oswald; Vorlage hierzu waren oftmals Bilder des *MacTutor Institute History of Mathematics Archive* der University of St Andrews,[1] welches sehr viele lesenswerte Informationen zur Kulturgeschichte der Mathematik bereitstellt. Wir danken Nadja Harms und Markus Ruppert für Korrekturlesen und Aufstöbern von Druckfehlern in einer sehr frühen Fassung des Skriptes. Dem Springer-Verlag, und insbesondere Herrn Clemens Heine, gebührt unser Dank für die freundliche Unterstützung und sehr entgegenkommende Zusammenarbeit.

Wir wünschen allen Leserinnen und Lesern *viel Spaß* mit der Lektüre.

Würzburg im April 2014 Nicola Oswald, Jörn Steuding

---

[1] http://turnbull.mcs.st-and.ac.uk/~history/

Inhaltsverzeichnis

Vorwort   VII

1   Gebrauchsanleitung   1
    1.1   Zum Aufwärmen: Was ist Zahlentheorie?   2

2   Grundlagen   15
    2.1   Elementare Logik und Mengenlehre   15
    2.2   Die natürlichen Zahlen und das Induktionsprinzip   31
    2.3   Die ganzen und die rationalen Zahlen   44
    Weitere Aufgaben zum zweiten Kapitel   57

3   Elementare Teilbarkeitslehre   63
    3.1   Der euklidische Algorithmus   63
    3.2   Lineare diophantische Gleichungen   72
    3.3   Das Briefmarkenproblem   80
    3.4   Primzahlen – die multiplikativen Bausteine   84
    3.5   Algebraische Strukturen   96
    Weitere Aufgaben zum dritten Kapitel   111

4   Modulare Arithmetik   117
    4.1   Rechnen mit Restklassen   118
    4.2   Der ‚kleine' Fermat und Primzahltests   127
    4.3   Der chinesische Restsatz   134
    4.4   Kryptographie mit RSA   140
    Weitere Aufgaben zum vierten Kapitel   146

5   Das Kontinuum   151
    5.1   Konvergente und divergente Folgen   151
    5.2   Unendliche Reihen und Dezimalbrüche   162
    5.3   Die Irrationalität von π 171
    5.4   Färbungen der natürlichen Zahlen   174
    5.5   Die reellen Zahlen und Intervallschachtelung   178

5.6   abzählbar vs. überabzählbar 184
Weitere Aufgaben zum fünften Kapitel 191

6   Diophantische Approximation 195
   6.1   Die Farey-Folge und Ford-Kreise 195
   6.2   Der Approximationssatz von Hurwitz 201
   6.3   Kettenbruchkalkül 204
   6.4   Das Gesetz der besten Approximation 214
   6.5   Periodische Kettenbrüche 222
   6.6   Inkommensurabilität in der Geometrie 226
   Weitere Aufgaben zum sechsten Kapitel 228

7   Diophantische Gleichungen 233
   7.1   Die Pellsche Gleichung 233
   7.2   Pythagoräische Tripel 246
   7.3   Fermats letzter Satz 255
   Weitere Aufgaben zum siebten Kapitel 261

8   Eine imaginäre Welt 267
   8.1   Die komplexen Zahlen 267
   8.2   Summen von Quadraten 280
   8.3   Konstruktionen mit Zirkel und Lineal 286
   8.4   Origami 299
   Weitere Aufgaben zum letzten Kapitel 305

9   Lösungshinweise zu den *-Übungsaufgaben 311
   9.1   Logeleien 311
   9.2   Das MU-Rätsel 315
   9.3   Die Kaprekar-Konstante 318
   9.4   Pascals Dreieck und der binomische Lehrsatz 320
   9.5   Gierige Stammbrüche 324
   9.6   Wie lange läuft der euklidische Algorithmus? 327
   9.7   Unteilbar und selten: Primzahlen 330
   9.8   Kalenderarithmetik 333
   9.9   Eine diophantische Kryptoattacke 335
   9.10 CD-Player und Codierung 338
   9.11 Primitivwurzeln 341
   9.12 Die Kochsche Insel 344
   9.13 Die Kunst der Hochstapelei 348
   9.14 Kannibalische Käfer 352

9.15	Das Unendliche	355
9.16	Newton-Näherung und Kettenbrüche	359
9.17	Kopulierende Kaninchen	362
9.18	Ganzzahlige Punkte auf Hyperbeln	365
9.19	Rechte Winkel und Quadrate en masse	367
9.20	Zahlkörper	373
9.21	Wie GPS-Navigation funktioniert	377
9.22	Die *abc*-Vermutung	380
10	Ende: Nach dem Spiel ist vor dem Spiel...	385
Literatur		389
Sachverzeichnis		391

1

Gebrauchsanleitung

Ein einführendes Wort zur *mathematischen Sprache*, welche manchmal etwas seltsam anmuten mag, jedoch durch ihre Präzision eine große Hilfe im Umgang mit Mathematik und manchmal sogar im täglichen Leben sein kann. Zum Beispiel sagen Menschen, die sich mit Mathematik beschäftigen, vielleicht:

Es existiert genau eine gerade Primzahl,

was nicht nur bedeutet, dass *es eine gerade Primzahl gibt*, sondern zusätzlich auch, dass es nicht zwei oder drei oder noch mehr solcher Primzahlen gibt – also *genau eine solche existiert*. Aber es mag noch mehr ungewohnt sein: Während *Schul*mathematik oft beispielhaft bleibt (und wohl auch meistens sein sollte), ist *Hoch*schulmathematik *wissenschaftlich*. Die Darstellung mathematischer Theorien erfolgt nach einem strengen Muster (Definition – Satz – Beweis), das sich seit seiner Entstehung im Laufe der Jahrhunderte als äußerst effektiv erwiesen hat, wenngleich die meisten Mathematikstudierenden diese wissenschaftliche Methode zu Beginn erst gewöhnungsbedürftig empfinden mögen, bevor sie diese letztlich Wert schätzen lernen.

Auch davon handelt dieses Buch...

Das Erlernen dieser *Sprechweise* ist nicht ganz unähnlich dem einer Fremdsprache. Hier helfen Geduld und Aufgeschlossenheit, jedoch wird im Umgang mit Mathematik auch die *Denkweise* gefordert und gefördert: Hier sind Konzentration, Wissensdurst und Neugier, Kreativität und Fantasie unerlässlich. Wir verschweigen nicht, dass ebenso Begabung für die zu erklimmenden Gipfel der Mathematik notwendig ist! Und bevor nun der Leser oder die Leserin bei dieser Aufzählung von notwendigen Tugenden vor der eigentlichen Lektüre an sich zu zweifeln beginnt, die richtige Wahl beim Erwerb dieses Buches getätigt zu haben, sei noch erwähnt, dass letztlich erst das Praktizieren von Mathematik Aufschluss darüber gibt, ob sich eine *Freude an der Mathematik* einstellt. Aus diesem Grund haben wir eine Vielzahl von Aufgaben verschiedenen Schwierigkeitsgrades eingebaut:

Mathematik ist kein Zuschauersport!

Von den zahlreichen Übungsaufgaben werden die mit einem $*$ gekennzeichneten skizzenhaft im abschließenden Kapitel gelöst; die Details bleiben natürlich der Leserin oder dem Leser zur weiteren Übung selbst überlassen!

Humor hilft wie bei vielen Dingen sicherlich auch beim Erlernen dieser mathematischen Denk- und Sprechweise. Ohne weiteren Kommentar ein dies illustrierender Witz:

Ein Physiker, eine Mathematikerin und ein Informatiker fahren im Zug durch Schottland. Sie schauen aus dem Fenster und sehen, wie ein schwarzes Schaf auf einer Weide grast. Der Informatiker schlussfolgert: ‚*Alle Schafe in Schottland sind schwarz.*‘ Der Physiker verbessert: ‚*Das ist nicht ganz korrekt. In Schottland gibt es schwarze Schafe.*‘ Die Mathematikerin seufzt und spricht: ‚*In Schottland gibt es auf mindestens einer Weide mindestens ein Schaf, welches von mindestens einer Seite schwarz ist.*‘

1.1 Zum Aufwärmen: Was ist Zahlentheorie?

Am Anfang der Mathematik – sowohl vor einigen tausend Jahren als auch in der ersten Klasse der Schule oder dem ersten Semester an der Universität – stehen die Zahlen im Mittelpunkt. In der deutschen Sprache sind die beiden Wörter *Zahlen* und *zählen* sehr ähnlich; dies kommt nicht von ungefähr: Die *natürlichen* Zahlen $1, 2, 3, \ldots$ ermöglichen eine Sprache, Dinge des täglichen Lebens zu zählen oder auch Gegenstände zu messen: eine Familie besitzt vielleicht *ein* Schwein oder *zwei* Hühner; die Entfernung Würzburg–Schweinfurt beträgt ca. *144.000* Fuß bzw. *sechs* (mittelalterliche) Meilen (ungefähr 45 km). Die natürlichen Zahlen verdienen sich ihren Namen damit als *Ordinalzahlen*, wie sie eben beim Zählen vorkommen, und auch als *Kardinalzahlen*, welche die Größe einer Menge wiedergeben. Zahlen zum Zählen oder auch als Maßzahlen werden seit etlichen Tausenden von Jahren verwendet. Seitdem hat sich das Zahlenuniversum jedoch erheblich vergrößert – eine ‚Evolution der Zahlbereiche‘ –, entsprechend den Aufgaben mit denen die Mathematikerinnen und Mathematiker konfrontiert wurden:

$$\mathbb{N} = \text{Menge der natürlichen Zahlen}: \quad 1, 2, 3, 4, \ldots \; ;$$

$$\mathbb{Z} = \text{Menge der ganzen Zahlen}: \quad \ldots, -2, -1, 0, 1, 2, 3, 4, \ldots \; ;$$

$$\mathbb{Q} = \text{Menge der rationalen Zahlen, wie etwa } \tfrac{1}{2}, -\tfrac{11}{97} \; ;$$

$$\mathbb{R} = \text{Menge der reellen Zahlen, z. B. } \sqrt{2}, \pi = 3{,}14159\ldots\,;$$

$$\mathbb{C} = \text{Menge der komplexen Zahlen.}$$

Die Menge der *ganzen* Zahlen erweitert die der natürlichen Zahlen um das jeweils Negative sowie die Zahl null. Negative Zahlen treten in Kaufmannsrechnungen z. B. im Zusammenhang für Verbindlichkeiten auf; so wurden Schulden im Mittelalter als rote Zahlen in der ansonsten schwarz verfassten Buchhaltung geführt. Die Null fällt aus dem Rahmen: Sie ist weder positiv noch negativ. Tatsächlich ist die Null ein Kunstgriff indischer Mathematiker vor mehr als eintausend Jahren; die erste gesicherte Erwähnung findet sich auf einer Steintafel südlich von Delhi aus dem achten Jahrhundert unserer Zeitrechnung. Ihre Relevanz wird sich uns erschließen, wenn wir (in Abschn. 3.5) eingehend die Struktur der obigen Zahlbereiche studieren werden.

Die *rationalen* Zahlen bilden eine Obermenge der ganzen Zahlen, in der sämtliche Quotienten ganzer Zahlen zu finden sind (natürlich ohne dabei durch null zu dividieren). Die ‚alten Ägypter' zerlegten z. B. in ihren bemerkenswerten Kalenderrechnungen Proportionen systematisch in Summen von Stammbrüchen, etwa

$$\frac{19}{20} = \frac{1}{2} + \frac{1}{4} + \frac{1}{5}$$

und entwickelten eine ganz eigene Arithmetik. Ein *guter* Kalender war bereits damals von großer Wichtigkeit im Hinblick auf die Ernte und ihre Abhängigkeit von den Überschwemmungen des Nils.[1] Noch für die ‚alten Griechen' lieferten die rationalen Zahlen das Fundament ihres Weltbildes:

> *„Alles ist Zahl."*

soll Pythagoras im sechsten Jahrhundert vor Beginn unserer Zeitrechnung gesagt haben[2] und meinte damit, dass sich das Wesen der Welt in Zahlen ausdrückt. Ein Beispiel hierfür ist Pythagoras' Harmonienlehre in der Musik. In dieser Weltanschauung waren ausschließlich *rationale*[3] Zahlen gemeint und jede Naturgesetzmäßigkeit sollte sich mit eben diesen rationalen Zahlen beschreiben lassen. Doch bereits Pythagoras' Schüler erkannten,

---

[1] Das Schaltjahr ist übrigens eine ägyptische Erfindung; Gaius Julius Cäsar adaptierte diese Idee in seinem Julianischen Kalender lediglich.

[2] Und sein Schüler Kroton fügt präzisierend hinzu: „*Und wirklich hat alles, was erkannt wird, Zahl. Denn es ist unmöglich, daß ohne diese irgend etwas im Denken erfaßt oder erkannt wird* " (cf. [5], Seite 127).

[3] ‚ratio' ist lateinisch für ‚Vernunft'.

dass die rationalen Zahlen alleine nicht ausreichen, die Welt zu erklären: Hippasos von Metapont entdeckte, dass die Diagonale im Einheitsquadrat *inkommensurabel* ist, d. h. deren Länge $\sqrt{2}$ ist keine rationale Zahl (siehe Satz 1.1 weiter unten). Diese Erkenntnis revolutionierte die Mathematik der Griechen![4]

Die Entdeckung der Irrationalitäten führt direkt auf die in der Analysis so wichtigen Menge $\mathbb{R}$ der *reellen* Zahlen, wenngleich die Mathematiker mehr als ein Jahrtausend für diesen Schritt benötigten![5] Tatsächlich brachte das römische Reich außer der Verpflichtung ausländischer Mathematiker zum Bau von Aquädukten und dergleichen keinen nennenswerten Beitrag zur Förderung der Mathematik zustande, sondern war mit seinen unpraktikablen Zahlsymbolen und den damit verbundenen Unannehmlichkeiten eher rückschrittlich. Das erleichternde Dezimalsystem inkl. der Null verdanken wir den arabischen Mathematikern und der arabischen Vorherrschaft auf der iberischen Halbinsel vor gut eintausend Jahren.

Bei den *reellen Zahlen* treffen wir weitere alte Bekannte aus der Schule, wie etwa $e = 2{,}71828\ldots$ (die Basis des natürlichen Logarithmus) und die Kreiszahl $\pi = 3{,}14159\ldots$. Allerdings entziehen sich die Wurzeln der einfachen Gleichung $X^2 + 1 = 0$ auch den reellen Zahlen; erst mit Hilfe der Menge $\mathbb{C}$ der komplexen Zahlen lässt sich diese und tatsächlich jede polynomielle Gleichung mit reellen oder gar komplexen Koeffizienten lösen (wie der ,Fundamentalsatz der Algebra' besagt, den wir in Abschn. 8.1 behandeln werden). Wir haben also folgenden Turm von Zahlenuniversen zur Verfügung:

$$\mathbb{N} \subset \mathbb{Z} \subset \mathbb{Q} \subset \mathbb{R} \subset \mathbb{C}.$$

Hierbei werden existente Zahlbereiche tatsächlich jeweils so um weitere Zahlen erweitert, dass mehr und mehr (algebraische) Struktur entsteht! Alle diese Zahlbereiche werden wir eingehend studieren (und dabei auch Aspekte kennen lernen, die jenseits des uns in der Schule vermittelten Wissens liegen und trotzdem relevant sind). Insbesondere interessieren wir uns für

---

[4] Von einer Grundlagenkrise (wie in einiger Literatur) sollte man dabei nicht ausgehen, sondern viel mehr von einem Startpunkt, aus dem sich Ideen und Theorien entwickelt haben; siehe hierzu D. FOWLER, *The Mathematics of Plato's Academy*, Clarendon Press Oxford, 1999.

[5] Weder das Tempo von Mathematikvorlesungen noch die Dicke der Lehrbücher spiegelt die Geschwindigkeit der Entwicklung dieser Theorien wieder. Insofern benötigt auch der Stoff einer Vorlesung oder auch eines Buches wie diesem unbedingt eine Nachbereitung!

die reellen Zahlen und dabei wiederum für die Unterschiede zwischen den
rationalen Zahlen und den reellen Irrationalzahlen.

Was ist Zahlentheorie?

Ein Beispiel hatten wir mit der Fermatschen Vermutung bereits im Vorwort
angesprochen. Hier wollen wir ein anderes Problem betrachten, das ebenfalls
auf Fermat zurückgeht, dabei einen recht einfachen Einstieg in die Zahlentheorie liefert und uns nebenbei auch noch eine zeitlang beschäftigen wird.
Wir fragen, ob auf gewissen Kurven Punkte mit ganzzahligen Koordinaten
liegen und starten mit ganz einfachen Kurven.

Gegeben sei eine *lineare* Gleichung in zwei Unbekannten X und Y, etwa

$$2X - 5Y = 0;$$

diese Gleichung beschreibt geometrisch eine Gerade in der $X - Y$-Ebene
durch den Ursprung. Wir suchen nach Punkten (x, y) mit ganzzahligen Koordinaten, kurz *ganzzahlige Punkte*, auf dieser Geraden. Hier und im Folgenden beschreiben wir in Gleichungen Variable mit Großbuchstaben und
Lösungen zur Unterscheidung mit den entsprechenden Kleinbuchstaben –
eine hilfreiche Konvention, an die man sich schnell gewöhnt. Wem die obige Problemstellung ohne weitere Motivation zu langweilig scheint, der mag
an eine Sammlung von Fingerabdrücken denken, in der von z Personen
sämtliche Fingerabdrücke der beiden Hände gesammelt sind. Diese Sammlung lässt sich unterschiedlich ordnen, etwa nach Händen, aber auch nach
Fingern. Weil wir davon ausgehen, dass alle Personen zwei Hände mit je
fünf Fingern (Daumen, Zeigefinger usw.) besitzen, gelten die Gleichungen
$5y = 10z$ und $2x = 10z$ für die Anzahl x der Fingerpaare und die Anzahl y
der Hände. Natürlich ist zudem $5y = 2x$ bzw. $2x - 5y = 0$ (durch Bildung
der Differenz); also liefern diese möglichen Anzahlen x und y Beispiele für
ganzzahlige Punkte auf unserer Geraden und umgekehrt.[6]

Zurück zur eigentlichen mathematischen Fragestellung. Offensichtlich
ist die gegebene Gleichung ganzzahlig lösbar, wie wir gesehen hatten etwa
durch $x = 5$ und $y = 2$; demzufolge ist $(5, 2)$ ein Punkt mit ganzzahligen Koordinaten auf der obigen Geraden (siehe Abb. 1.1). *Gibt es weitere
ganzzahlige Punkte auf dieser Geraden?* Tatsächlich besitzt diese Gleichung
sogar *unendlich viele* Lösungen, die sich wie folgt parametrisieren lassen:

---

[6] Vielleicht liefert ein Seestern, wie er bei *Schwammkopf Bob* auftritt, mit seinen fünf
Armen und zwei Augen ein besseres, wenn auch biologisch zweifelhaftes und realitätsfernes
Beispiel?!

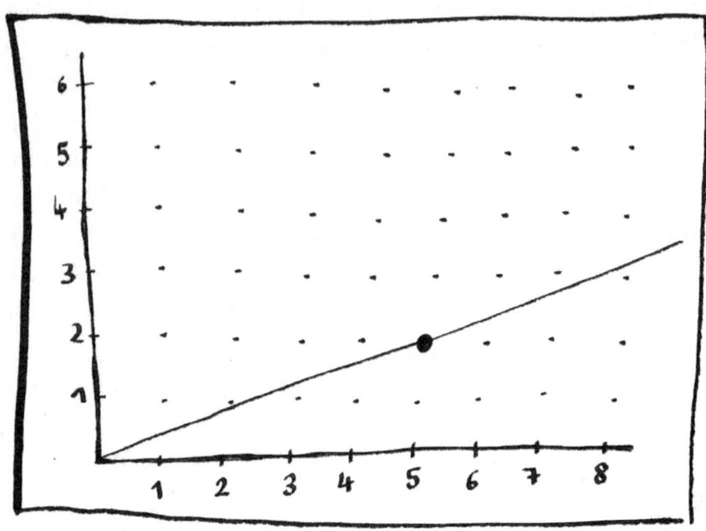

Abbildung 1.1. Die Gerade $Y = \frac{2}{5}X$ im ersten Quadranten

$$x = 5m \qquad \text{und} \qquad y = 2m \quad \text{für ganzzahliges } m.$$

Der Begriff ‚Parametrisierung' bedeutet hier, dass es eine gewisse Größe gibt, der *Parameter m* in unserem Falle, mit dessen Hilfe sich durch Variieren desselben sämtliche Lösungen ergeben. Dass tatsächlich alle solchen x und y die gegebene Gleichung lösen, rechnet man leicht nach; dass es keine weiteren Lösungen gibt, benötigt schon ein wenig Nachdenken: Zunächst nehmen wir an, dass es eine Lösung (x, y) in ganzen Zahlen gibt und stellen die Gleichung um:

$$2x = 5y.$$

Weil wir es mit ganzen Zahlen zu tun haben, muss $5y$ eine gerade Zahl sein, eben da diese gleich der wegen des Faktors 2 sicherlich geraden Zahl $2x$ ist. Hier benutzen wir also die Unterteilung der ganzen Zahlen in *gerade* und *ungerade* Zahlen, also in Zahlen der Form $2k$ bzw. $2k+1$, wobei k eine ganze Zahl ist. In dieser oder in variierter Form ist diese Einteilung ganzer Zahlen in verschiedene Klassen ein sehr wichtiges Konzept der Zahlentheorie! Da aber 5 ungerade ist, muss also y gerade sein, d. h. $y = 2m$ für eine ganze Zahl m. Also wissen wir

$$2x = 5 \cdot 2m.$$

Kürzen liefert nun die oben angegebene Parametrisierung. Das war recht einfach, allerdings haben wir an einer Stelle einen *wichtigen* Satz der Zahlentheorie benutzt – fast ohne dies zu merken –, nämlich, das so genannte

Lemma von Euklid. *Teilt eine Primzahl ein Produkt zweier ganzer Zahlen, so teilt sie mindestens einen der beiden Faktoren*

(als wir folgerten, dass y gerade ist). Mit einem *Lemma* bezeichnet man üblicherweise eine mathematische Aussage, die als Hilfssatz für den Beweis tieferer Resultate benötigt wird.[7] Die Aussage des euklidischen Lemmas klingt harmlos, ist womöglich intuitiv klar, trotzdem bedarf sie eines Beweises (den wir auch in Abschn. 3.4 später geben werden).

Auf diese Weise kann man alle möglichen Gleichungen der Form

$$aX - bY = 0$$

behandeln, wobei a und b jetzt irgendwelche vorgegebenen ganzen Zahlen seien. Zur Übung mag man sich überlegen, wie zu argumentieren ist, wenn weder a noch b eine Primzahl ist. *Aber was ist mit Gleichungen der Gestalt $2X - 5Y = 1$ etwa oder, wenn drei oder mehr Unbekannte auftreten?* (Dies wird später in Abschn. 3.2 noch unser Thema sein.) Wir sprechen hier von *linearen Gleichungen*, da diese Gleichungen so genannte Hyperebenen im Sinne der *linearen* Algebra definieren; das Attribut *linear* entstammt dem lateinischen ‚linea‘, was ‚Linie‘ bedeutet.

Als nächstes Problem wollen wir *quadratische Gleichungen* untersuchen, wie etwa

$$X^2 - 2Y^2 = 0;$$

wiederum fragen wir nach ganzzahligen Lösungen, möchten nun allerdings die *triviale* Lösung $x = y = 0$ ausdrücklich ausschließen. Ausgehend von einer hypothetischen nicht-trivialen Lösung (x, y) stellen wir diese Gleichung um, so dass

$$\left(\frac{x}{y}\right)^2 = 2 \qquad \text{bzw.} \qquad \frac{x}{y} = \pm\sqrt{2}$$

entsteht; diese Umformung ist erlaubt, weil für eine solche Lösung sicherlich $y \neq 0$ gilt (da sonst ja auch $x = 0$ gelten würde, was wir ausgeschlossen hatten). Wenn aber x und y ganze Zahlen sind, wobei $y \neq 0$, dann ist $\frac{x}{y}$

---

[7] ‚Lemma‘ ist übrigens griechisch für ‚Annahme‘.

eine *rationale* Zahl (ein so genannter ‚Bruch', was wir im Folgenden aber nur selten sagen wollen). Dem entgegen gilt folgender

Satz 1.1. $\sqrt{2}$ *ist irrational.*

Hierbei heißt eine Zahl *irrational*, wenn sie nicht rational (also kein ‚Bruch') ist, und somit keine Darstellung $\frac{a}{b}$ mit ganzen Zahlen a und $b \neq 0$ besitzt. Ist η eine nicht-negative reelle Zahl, so existiert eine eindeutig bestimmte nicht-negative reelle Zahl ξ, welche $\xi^2 = \eta$ genügt; dieses ξ notieren wir auch als Quadratwurzel aus η, in Zeichen: $\xi = \sqrt{\eta}$. Dies dürfte aus der Schule bekannt sein, wird uns aber später noch öfter beschäftigen.[8] Letztlich ist die Quadratwurzel $\sqrt{2}$ somit ein Symbol, welches eine bestimmte reelle Zahl definiert, nämlich jene, welche der Gleichung $\xi^2 = 2$ genügt und dabei positiv ist. Tatsächlich sollten wir zunächst jedoch eine gewisse Vorsicht mit reellen Zahlen an den Tag legen, ist uns doch keine genaue (endliche) Darstellung der reellen Zahl hinter dem Symbol $\sqrt{2}$ bekannt. (In Kap. 5 werden wir dies eingehend beleuchten.)

In der Mathematik verdient eine Aussage nur dann den Namen *Satz*, wenn es eine stichhaltige Argumentation, einen so genannten *Beweis*, für diese Aussage gibt (ein Thema, dass wir in Abschn. 2.1 vertiefen werden). Hier kommt nun für Satz 1.1 ein

Beweis *durch Widerspruch.* Hierzu nehmen wir an, dass die Aussage des Satzes falsch ist und führen dies zu einem Widerspruch, was dann wiederum beweist, dass unsere Annahme falsch und daher die Aussage wahr ist: Angenommen, $\sqrt{2}$ ist nicht irrational, dann ist sie rational, also lässt sie sich schreiben als $\sqrt{2} = \frac{a}{b}$ für gewisse ganze Zahlen a und $b \neq 0$. *Wir dürfen ferner annehmen, dass a und b teilerfremd sind,* also keinen gemeinsamen Primfaktor besitzen; ansonsten erzielen wir durch Kürzen des größten gemeinsamen Teilers von Zähler und Nenner einen solchen Bruch (wie etwa im Beispiel $\frac{10}{15} = \frac{2 \cdot 5}{3 \cdot 5} = \frac{2}{3}$). Dann liefert Quadrieren

$$2 = \frac{a^2}{b^2} \qquad \text{bzw.} \qquad 2b^2 = a^2.$$

Soweit waren wir im Prinzip schon; allerdings haben wir mittlerweile gezeigt, dass die Irrationalität von $\sqrt{2}$ *äquivalent zur nicht-trivialen Lösbarkeit obiger quadratischer Gleichung ist.* (Nun argumentieren wir ganz ähnlich wie im Falle der linearen Gleichung $2x = 5y$ oben:) Da die linke

---

[8] Lediglich die griechischen Buchstaben mögen ungewohnt erscheinen; hier hilft nur der praktische Umgang mit denselben. Sprachlich liest sich unser Beispiel als *xi Quadrat gleich eta.*

Seite gerade ist, muss auch die rechte Seite gerade sein. Angenommen, a sei ungerade, also $a = 2k + 1$ mit einer ganzen Zahl k, dann folgte $a^2 = (2k+1)^2 = 2(2k^2 + 2k) + 1$, womit dann auch a^2 ungerade wäre. Folglich ist a gerade, d. h. $a = 2k$ für eine ganze Zahl k und $a^2 = (2k)^2 = 4k^2$. Setzen wir dies in die obige Gleichung ein, zeigt sich

$$2b^2 = 4k^2 \qquad \text{bzw.} \qquad b^2 = 2k^2$$

nach Kürzen des Faktors 2. Mit demselben Argument wie zuvor folgt nun, dass auch b gerade ist. *Dies widerspricht jedoch unserer Voraussetzung der Teilerfremdheit von a und b.* Also war die Annahme falsch, d. h. $\sqrt{2}$ ist irrational und die Aussage ist bewiesen. •[9]

Damit haben wir unseren ersten formal korrekten Beweis geführt (wenngleich wir wiederum das bislang noch nicht bewiesene euklidische Lemma benutzt haben). Das Ergebnis war – wie angemerkt – bereits den griechischen Mathematikern der Antike bekannt als Inkommensurabilität von Diagonale und Seitenlänge eines Quadrates (was wir in Abschn. 6.6 noch einmal vertiefen werden). Heutzutage können wir diese Erkenntnis auf einer Seite zusammenfassen, aber wir sollten nicht vergessen, was für eine große Leistung hinter einem *ersten neuen Gedanken* steckt! Zur Verdeutlichung sei hierzu noch erwähnt, dass es damals überhaupt *keine algebraische Formulierung* der Mathematik gab, was heutzutage ja bereits mit der Formelsprache in der Schule eine Selbstverständlichkeit ist; unser Kalkül der Notation mathematischer Formeln wurde tatsächlich erst beginnend mit François Viéte und seinen Zeitgenossen im sechzehnten Jahrhundert nach und nach entwickelt.[10]

Übrigens: Der Beweis der Irrationalität von $\sqrt{2}$ funktioniert nahezu wortwörtlich auch mit $\sqrt{3}$ und $\sqrt{5}$ anstelle von $\sqrt{2}$, aber natürlich nicht mit $\sqrt{4} = 2$; *an welcher Stelle des Beweises ergeben sich Probleme im Falle $\sqrt{4}$?*

Aufgabe 1.1. *Beweise die Irrationalität von $\sqrt{p}$, wobei p eine beliebige Primzahl sei. Wieso funktioniert der Beweis nicht für $\sqrt{4}$? Für welche natürlichen Zahlen n ist die Quadratwurzel $\sqrt{n}$ irrational? Ist $\sqrt[3]{2}$ (also die reelle Lösung der Gleichung $X^3 = 2$) ebenfalls irrational?*

Aus Platons Schriften wissen wir, dass wohl Theodoros von Kyrene der Erste war, der über die Irrationalität von $\sqrt{2}$ hinausgehend, Quadratwurzeln

---

[9] Wir notieren mit dem Symbol • das Beweisende; andere schreiben ‚qed' für ‚quod erat demonstrandum' oder ähnliches.

[10] Mehr zu diesem wichtigen Thema in [**18**], Band 1.

natürlicher Zahlen auf Irrationalität untersuchte; bei Platon selbst findet man ebenfalls Versuche, diese Irrationalitäten zu klassifizieren (ein Thema, dem wir später in Kap. 6 wieder begegnen werden).

In Briefen an die besten Mathematiker seiner Zeit (17. Jhd.) stellte Fermat folgende Aufgabe:[11] *Gegeben eine natürliche Zahl d, finde man alle ganzzahligen Lösungen der Gleichung*

$$X^2 = dY^2 + 1.$$

Für ein erstes Beispiel denke man hier etwa an $d = 1$. Dann kann die Gleichung umgeformt werden zu

$$1 = X^2 - Y^2 = (X - Y)(X + Y)$$

(in der Schule wurde die zweite Gleichung oben mit dem Namen ‚dritte binomische Formel' bezeichnet). Da nach *ganzzahligen* Lösungen x, y gefragt ist, erlaubt diese Faktorisierung nur ganzzahlige Faktoren, und weil das Produkt eins ist, gilt für diese

$$x - y = x + y = \pm 1,$$

was so zu lesen ist, dass entweder $x - y$ und $x + y$ gleich $+1$ oder beide gleich -1 sind. Nach Addition beider Gleichungen ergeben sich als einzige Lösungen $x = \pm 1$ und $y = 0$. Auf ähnliche Art und Weise kommt man für alle Quadratzahlen d zum Ziel; man versuche sich etwa an $d = 4 = 2^2$. *Aber was lässt sich für etwa $d = 61$ sagen?* Also:

$$X^2 - 61\,Y^2 = 1.$$

Die Lösungen, die wir für quadratische d gefunden haben, sind stets Lösungen (unabhängig von d, wie man sofort nachrechnet). Allerdings sieht man diese Lösungen sofort, weshalb wir sie *trivial* nennen wollen. *Aber gibt es auch nicht-triviale Lösungen?* Zunächst wollen wir uns diese Problemstellung geometrisch veranschaulichen. Den Lösungen entsprechen ganzzahlige Punkte auf einer Hyperbel (siehe Abb. 1.2) und unsere Problemstellung lautet folglich:

Eine solche Hyperbel enthält natürlich viele *Punkte, aber
liegen auch welche mit ganzzahligen Koordinaten auf ihr?*

---

[11] Wir versuchen weitestgehend *geschlechterneutral* zu schreiben, jedoch scheint dies hier unangebracht zu sein, da Fermats Korrespondenz ausschließlich männlichen Adressaten vorbehalten war, in einer Zeit, in der es nahezu gar keine Mathematikerinnen gab. Im Folgenden wählen wir als Kompromiss wechselnd die männliche oder weibliche Form.

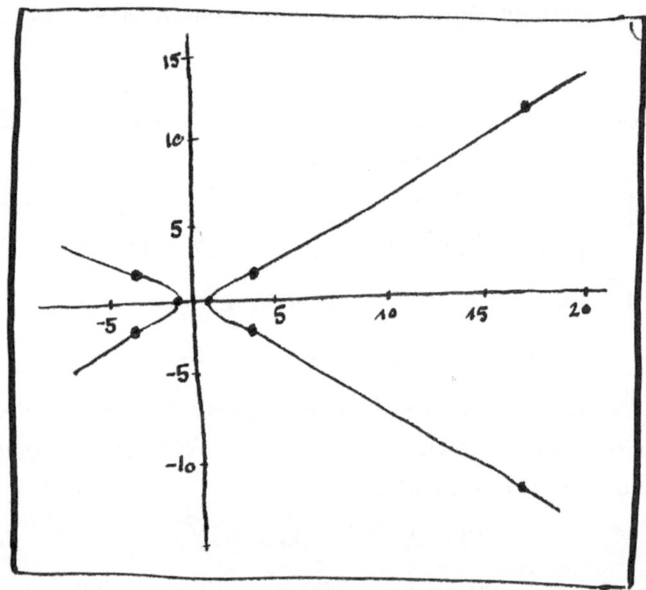

Abbildung 1.2. Die Hyperbel $X^2 - 2Y^2 = 1$; die ganzzahligen Punkte
sind *fett* eingezeichnet, wie etwa $(x, y) = (3, 2)$.

Die Symmetrien der Hyperbel legen auch eine Symmetrie bei den Lösungen
der Gleichung nahe: Mit (x, y) ist auch $(\pm x, \pm y)$ eine Lösung, wobei hier jede
Kombination von Vorzeichen erlaubt ist, weil die Unbekannten quadratisch
in der Gleichung auftreten.

Wir werden also Hyperbeln der Gestalt

$$X^2 - dY^2 = 1$$

untersuchen, wobei d eine beliebige natürliche Zahl sei, jedoch kein Quadrat,
und auf Grund der Symmetrien dürfen wir uns zukünftig auf Lösungen in
natürlichen Zahlen beschränken. Tatsächlich existieren stets solche, wenn
$\sqrt{d}$ irrational ist (bzw. d kein Quadrat), was wir auch im Verlaufe dieses
Buches beweisen werden! Der Beweis hiervon ist keine leichte Aufgabe, wie
etwa das Beispiel $d = 61$ nahelegt, denn die *kleinste* Lösung in natürlichen
Zahlen ist hier erstaunlich groß:

$$x = 1\,766\,319\,049, \qquad y = 226\,153\,980.$$

Auch wie man für eine Gleichung des obigen Typs nicht nur *eine*, sondern sogar die Gesamtheit *aller* Lösungen explizit gewinnt, wird uns in Abschn. 7.1
beschäftigen. Ein Beispiel für das Auffinden weiterer Lösungen illustrieren

wir aber bereits jetzt an Hand der Gleichung (siehe Abb. 1.2):

$$X^2 - 2Y^2 = 1.$$

Durch Ausprobieren finden wir die Lösung $x = \mathbf{3}$ und $y = \mathbf{2}$ in natürlichen Zahlen und erhalten weitere auf folgende erstaunliche Art und Weise: Zunächst Quadrieren wir unsere leicht modifizierte Lösung und berechnen

$$(x + y\sqrt{2})^2 = (\mathbf{3} + \mathbf{2}\sqrt{2})^2 = \mathbf{17} + \mathbf{12}\sqrt{2};$$

dann ist $x = \mathbf{17}$ und $y = \mathbf{12}$ eine neue Lösung:

$$\mathbf{17}^2 - 2 \cdot \mathbf{12}^2 = 289 - 2 \cdot 144 = 1.$$

Die Zahlen 17 und 12 ergeben sich hierbei durch Separieren des rationalen vom irrationalen Anteil (gewissermaßen ein *Koeffizientenvergleich*). Durch weiteres Potenzieren erhalten wir

$$(3 + 2\sqrt{2})^3 = 99 + 70\sqrt{2}$$

und wiederum ist $x = 99$ und $y = 70$ eine Lösung. Alle diese Lösungen besitzen zudem eine interessante Eigenschaft, sie approximieren[12] nämlich $\sqrt{2}$ sehr gut (tatsächlich zunehmend besser):

$$\frac{3}{2} = 1{,}5, \quad \frac{17}{12} = 1{,}41\overline{6}, \quad \frac{99}{70} = 1{,}41428571\ldots, \quad \longrightarrow \sqrt{2} = 1{,}41421356\ldots$$

Wir können dies geometrisch wie folgt begründen: Die ganzzahligen Punkte liegen auf den Ästen der Hyperbel und mit wachsenden Koordinaten x und y liegen diese Punkte immer weiter vom Ursprung entfernt; ebenso nähern sich diese Äste den Asymptoten $X = \pm\sqrt{2}Y$ der Hyperbel mit wachsendem Abstand an. Die Asymptoten der Hyperbel berechnen sich hierbei über die Geradengleichungen, welche sich durch Faktorisieren der Gleichung $X^2 - 2Y^2 = 0$ ergeben. Also bilden die Quotienten der Koordinaten von Punkten auf der Hyperbel immer bessere Approximationen an die Steigung der Asymptoten.

Übrigens ist dieses Beispiel nicht ohne praktischen Nutzen: Das Längenverhältnis bei Din A4 beträgt

$$\frac{\text{Länge}}{\text{Breite}} = \frac{29{,}7\text{cm}}{21\text{cm}} = \frac{99}{70};$$

warum diese Approximation an $\sqrt{2}$ eine so gute Wahl für unser Papierformat ist, werden wir in Abschn. 6.4 genauestens ergründen, und auch den Zusammenhang zur farbigen Abbildung auf S. V. Ebenso werden wir das

---

[12] ‚annähern', von lat.: proximus, ‚der Nächste'.

Abbildung 1.3. Pierre de Fermat, ∗ 1607/08 Beaumont-de-Lomagne –
† 12. Januar 1665 Castres; französischer Jurist und Mathematiker, der
nicht nur in der Zahlentheorie wichtige Akzente setzte, sondern auch
Mitbegründer der *analytischen Geometrie* und der *Differential- und Integralrechnung* war. Fermats Geburtsdatum ist unbekannt.

Phänomen der Approximation von Quadratwurzeln durch Lösungen obiger
quadratischer Gleichungen eingehend untersuchen.

Aufgabe 1.2. *Untersuche die Gleichung $X^2 - 5Y^2 = 1$ und finde mit der
oben beschriebenen Methode rationale Näherungen an $\sqrt{5}$, die mindestens
fünf exakte Nachkommastellen besitzen.*

Wir haben nun bereits einige Beispiele so genannter *diophantischer
Gleichungen* kennen gelernt. Dabei handelt es sich jeweils um *polynomielle Gleichungen* mit ganzzahligen oder rationalen Koeffizienten, die in ganzen oder rationalen Zahlen gelöst werden sollen. Diese zahlentheoretische
Fragestellung entspringt der geometrisch motivierten Mathematik der griechischen Antike. Die Namensgebung bezieht sich auf den griechischen Mathematiker *Diophant*, der im dritten Jahrhundert in Alexandria lebte. Über
sein Leben ist nur sehr wenig bekannt; seine Werke waren lange verschollen
und wurden erst im 16. Jahrhundert wiederentdeckt.

Übrigens notierte unser alter Bekannter Fermat seine berühmte *Fermatsche Vermutung* von der Unlösbarkeit der Gleichung $X^n + Y^n = Z^n$ mit

Exponenten $n \geq 3$ in natürlichen Zahlen (vgl. Vorwort) in seinem Exemplar des Lehrbuches *Arithmetica* von Diophant. Er schrieb

> *„Es ist unmöglich, einen Kubus in zwei Kuben zu zerlegen, oder ein Biquadrat in zwei Biquadrate, oder allgemein irgendeine Potenz größer als die zweite in Potenzen gleichen Grades. Ich habe einen wahrhaft wunderbaren Beweis gefunden, aber dieser Rand ist zu schmal, ihn zu fassen. "*

Unglücklicherweise ist dieser ‚Beweis' jedoch nirgends aufgetaucht; heute geht man davon aus, dass Fermat keinen stichhaltigen Beweis hatte. Auch wenn die Bewältigung dieses Fermatschen Problems Mittel benötigt, die jenseits dessen liegen, was wir in diesem Buch ansprechen wollen, werden wir einige Aspekte dieses Problems im Laufe dieses Buches studieren.

2

Grundlagen

Das Wort *Mathematik* entstammt dem griechischen ‚máthēma' und bedeutet ‚das Gelernte, Kenntnis, Wissenschaft', bzw. ‚máthein' für ‚lernen'; diese Beschreibung wird dem Inhalt von Mathematik nur bedingt gerecht. Mathematik wird üblicherweise als eine Wissenschaft verstanden, die selbst geschaffene oder entdeckte abstrakte Strukturen auf ihre Eigenschaften und Muster untersucht. In der mathematischen Welt gibt es viel zu entdecken oder zu erfinden,[1] aber bevor wir uns mit den in Abschn. 1.1 anvisierten interessanten Problemen befassen, wollen wir uns ein ordentliches Fundament erarbeiten. Dabei beginnen wir mit grundlegenden Begriffen, welche die Basis für jegliche Form von Mathematik bilden und größtenteils bereits aus der Schule bekannt sein dürften. Unsere Herangehensweise mag jedoch andersartig und gewöhnungsbedürftig sein. Wir werden mit mathematisch rigorosen Argumenten und Methoden arbeiten müssen: Anstelle von Beispielen treten Beweise, explizite Rechnungen werden durch allgemeine Formeln ersetzt. Das klingt nach Abstraktion, aber selbst hier gibt es Interessantes zu entdecken. Dabei versuchen wir stets einem Leitspruch von Lazare Carnot[2] zu folgen:

> *„Die erste Regel, an die man sich in der Mathematik halten muss, ist, exakt zu sein. Die zweite Regel ist, klar und deutlich zu sein und nach Möglichkeit einfach."*

2.1 Elementare Logik und Mengenlehre

Mathematik nimmt unter den Wissenschaften insofern eine Sonderrolle ein, dass ihre Erkenntnisse unbedingt gültig sind! Während alle naturwissenschaftlichen Erkenntnisse durch neue Experimente falsifiziert werden

---

[1] Aber diesen feinen philosophischen Unterschied und die Kontroverse zwischen Platonismus und Formalismus wollen wir hier nicht vertiefen. . . .

[2] Lazare Carnot, ∗ 13. Mai 1753 in Nolay, – † 2. August 1823 in Magdeburg; französischer Mathematiker und Politiker, der nach Napoleons Exil Frankreich verlassen musste.

können und daher prinzipiell vorläufig sind – man denke an die Relativitätstheorie von Albert Einstein und ihre Widerlegung der Gravitationslehre von Isaac Newton –, werden mathematische Aussagen durch reine Gedankenoperationen gewonnen und müssen daher nicht empirisch überprüfbar sein. Hingegen benötigt jede mathematische Erkenntnis einen streng logischen Beweis, bevor sie als mathematischer Satz anerkannt wird. In diesem Sinn sind mathematische Sätze end- und allgemeingültige Wahrheiten, so dass die Mathematik als eine absolute und exakte Wissenschaft betrachtet werden kann. Gerade diese Exaktheit ist faszinierend für viele Mathematiker und Philosophen; so sagte denn auch Immanuel Kant:

> *„Ich behaupte aber, dass in jeder besonderen Naturlehre*
> *nur so viel eigentliche Wissenschaft angetroffen werden*
> *könne, als darin Mathematik anzutreffen ist"*

Dieser Ausspruch untermalt zudem, wie zentral Mathematik in den Naturwissenschaften, mittlerweile aber sogar auch vielen Geisteswissenschaften ist; komplizierte Sachverhalte oder Phänomene benötigen eine klare Form der Darstellung, welche oftmals die Sprache der Mathematik bietet.

In der Mathematik werden aus bestehenden Aussagen durch gewisse logische Schlüsse bzw. Deduktionen[3] neue Aussagen gewonnen. Dies ist das Wesen der Mathematik; diese charakteristische Arbeitsweise geht zurück auf (spätestens) den Griechen Euklid. Sein dreizehnbändiges Lehrbuch *Elemente* gibt nicht nur eine beeindruckende Übersicht über die mathematischen Errungenschaften der ‚alten Griechen' (im Wesentlichen: Geometrie und Zahlentheorie), sondern es ist auch das erste wirkliche Lehrbuch der Mathematik mit Definitionen, Sätzen und *Beweisen*. Nicht alles wird dabei von Euklid persönlich stammen, vielleicht gab es auch Vorläufer zu seinem Werk, welche uns nicht erhalten sind, aber in jedem Fall beginnt mit seinen *Elementen* die Mathematik in der Form, wie sie auch heutzutage noch strukturiert ist.

Wir möchten im Folgenden nicht zu formal werden, aber beispielhaft erklären was gemeint ist. Die *formale Aussagenlogik* stellt die Regeln bereit, nach denen mathematische Aussagen schlüssig und eindeutig formuliert und begründet („bewiesen") werden können. Mathematischen *Aussagen* werden in zwei verschiedene Schubfächer verteilt, je nachdem ob sie *wahr* (w) oder *falsch* (f) sind. Hier zitiert man gerne den lateinischen Satz: ‚tertium non

---

[3] Von griech. *logos* für ‚Wort', bzw. lat. *deducere* für ‚ableiten'.

datur', was bedeutet, dass es kein drittes gibt (neben *wahr* und *falsch*).[4]
Jede solche mathematische Aussage hat damit einen eindeutig bestimmten
Wahrheitswert, w oder *f*. Unter Aussagen versteht man z. B.

A: Es gibt eine gerade Primzahl.

oder

B: Alle Primzahlen sind ungerade.

Aussage B ist die Negation von Aussage A, was wir auch mit $B = \neg A$
notieren. Übrigens ist B *unwahr*, denn bekanntlich ist 2 *eine Primzahl und
gerade*, was zeigt, dass A wahr ist. Man sagt auch, dass die gerade Primzahl
2 ein *Gegenbeispiel* für Aussage B ist. Problematisch sind Aussagen wie

Das Wetter ist schön,

– nicht weil es vielleicht noch sonniger sein könnte, sondern weil dieser
Behauptung nicht ohne weiteres ein Wahrheitsgehalt zugeordnet werden
kann. Solche und ähnliche Behauptungen sind aus mathematischer Sicht
unerwünscht (wenn auch jeder Meteorologiestudierende recht viel Mathematik zu lernen hat). Interessant sind auch Aussagen, von denen a priori
nicht bekannt ist, ob sie denn wahr oder falsch sind, wie etwa:

C: Jede gerade Zahl größer oder gleich vier lässt
sich als Summe von zwei Primzahlen schreiben.

Tatsächlich ist C eine bislang offene Vermutung der Zahlentheorie (die wir
in Abschn. 3.4 noch etwas genauer untersuchen wollen). Hier kann man versuchen, mit logischen Schlüssen einen Beweis für die Wahrheit oder einen
Nachweis für die Unwahrheit zu finden. Intuitiv dürfte dabei klar sein, was
hier ‚logische Schlüsse' sind. Hier zwei illustrierende Beispiele von Problemen, die sich durch die ‚richtige' Logik lösen lassen:

Aufgabe 2.1. *Paula und Pauline sind eineiige Zwillinge; ein Zwilling lügt
immer, während der andere stets die Wahrheit sagt. Du triffst eine der
beiden, weißt aber nicht welche. Du bist auf dem Weg nach Irgendwo und
triffst eine der beiden an einer Weggabelung ohne zu wissen welche. Du
hast eine Frage, um herauszufinden, welcher der beiden möglichen Wege
nach Irgendwo führt. Welche Frage stellst Du?*

---

[4] Die Aussagenlogik ist somit *zweiwertig*. Hingegen ist (Fuzzy-)Logik mehrwertig; diese
ist teilweise in technischen Anwendungen relevant.

Noch etwas verzwickter ist das folgende Problem:

Aufgabe 2.2. *Drei Logikerinnen sitzen auf Stühlen hintereinander; die hinterste sieht die beiden vorderen, die mittlere nur die vorderste und die vorderste sieht niemanden. Alle drei wissen, dass sie jeweils einen Hut aus einer Menge von drei schwarzen und zwei roten Hüten aufsitzen haben. Die hinterste Logikerin wird gefragt, ob sie ihre Hutfarbe kenne. Nachdem sie verneint wird die mittlere das Gleiche gefragt, worauf auch diese verneint. Schließlich wird die vorderste gefragt. Was antwortet diese?* ⟨Diese Aufgabe wird in Abschn. 9.1 besprochen!⟩

Die Art und Weise der Deduktion neuer Aussagen aus bereits bestehenden Aussagen ist besonders interessant, denn mit dieser Möglichkeit wächst Mathematik. So entwickelte sich die Mathematik von ihren Beginnen vor ca. sechstausend Jahren dank der *euklidischen Strenge* von recht elementaren Aussagen zu der modernen Wissenschaft, die sie heute ist! Allerdings ist beim mathematischen Argumentieren unbedingt mit Vorsicht zu walten. Hier ein Beispiel dafür, welchen Unfug nicht erlaubte Umformungen anrichten können:

$$-2 = -2$$
$$1 - 3 = 4 - 6$$
$$1 - 3 + \tfrac{9}{4} = 4 - 6 + \tfrac{9}{4}$$
$$(1 - \tfrac{3}{2})^2 = (2 - \tfrac{3}{2})^2$$
$$1 - \tfrac{3}{2} = 2 - \tfrac{3}{2}$$
$$1 = 2$$

Die Argumentation verläuft von oben nach unten; sie startet mit einer wahren Aussage und endet mit einer falschen. Beim Schritt von der ersten zur zweiten Zeile wird beispielsweise auf jeder Seite $1 - 1 = 0$ bzw. $4 - 4 = 0$ addiert. *Wo ist der Fehler?* Jeder Leser, jede Leserin ist aufgefordert, den Fehler in dieser Schlussfolgerung zu entlarven. In der Mathematik ist bei jedem Argument, bei jedem Beweis, eine gesunde Skepsis wünschenswerter als ein unbedingter Glaube in das gedruckte Wort!

Ein anderes Beispiel: Erzbischof Anselm von Canterbury (∗ 1034 – † 1109) gab folgenden ‚Gottesbeweis‘: *Wenn Gott existiert, so ist er vollkommen. Aber die Vollkommenheit schließt die Existenz ein, denn Existenz ist eine vornehmere Eigenschaft als Nichtexistenz, gehört folglich zur Vollkommenheit. Da Gott all diese Eigenschaft besitzt, muß er existieren.*[5] Was geht hier (zumindest aus mathematischer Sicht) schief?

Jetzt, da wir Beispiele falschen mathematischen Argumentierens kennen gelernt haben, wollen wir den richtigen Umgang mit mathematischen Aussagen untersuchen. Gegeben zwei Aussagen A und B, können wir diese mit Hilfe folgender, so genannter *Junktoren* zu neuen Aussagen verknüpfen:

- die **Konjunktion** A und B:

$$A \wedge B \; ;$$

- die **Disjunktion** A oder B:

$$A \vee B \; ;$$

- die **Implikation**:

$$A \Rightarrow B \; ,$$

   d. h. A impliziert B (bzw. aus A folgt B);
- die **Äquivalenz** :

$$A \Longleftrightarrow B \; ,$$

   d. h. A und B sind äquivalent (also $A \Rightarrow B$ und $B \Rightarrow A$).

Tatsächlich haben wir diese Verknüpfungen bereits (intuitiv korrekt) im Beweis von Satz 1.1 benutzt. Exakt definiert sind diese Verknüpfungen durch Festlegung ihres Wahrheitsgehaltes durch Wahrheitstafeln (siehe Abbildung 2.1).:

Wir wollen die Implikation $A \Rightarrow B$ etwas genauer untersuchen. Ist Aussage A wahr, so ist auch B wahr; jedoch kann B wahr sein, wenn A falsch ist. Insofern sagt man, A *ist hinreichend für* B bzw. Aussage B *ist notwendig für* A. Man mache sich diese ‚Logik' an dem folgenden unmathematischen Beispiel klar:

   A: Es ist neblig.
   B: Die Sicht ist schlecht.

Ist es neblig, so ist die Sicht schlecht, jedoch kann die Sicht auch durch etwas anderes als Nebel beeinträchtigt sein, etwa dem Fehlen der Brille auf der Nase; also gilt hier $A \Rightarrow B$, aber die Umkehrung ist falsch. (Tatsächlich ist dies kein gutes Beispiel, da wir es hier ohne weiteres nicht mit mathematischen Aussagen zu tun haben.)

---

[5] Zitiert nach J.-P. DELAHAYE, Wie real ist das Unendliche?, *Spektrum der Wissenschaft*, Februar 2009.

A	B	$\neg A$	$A \wedge B$	$A \vee B$	$A \Rightarrow B$	$A \Leftrightarrow B$
w	w	f	w	w	w	w
w	f	f	f	w	f	f
f	w	w	f	w	w	f
f	f	w	f	f	w	w

Abbildung 2.1. Unumstößliche Wahrheiten

Interessant ist die Implikation noch aus einem weiteren Grund. Es besitzen nämlich $A \Rightarrow B$ und $\neg A \vee B$ dieselben Wahrheitswerte. Insbesondere ist also die Implikation $A \Rightarrow B$ stets wahr, wenn A falsch ist. Deshalb

!   <u>*Vorsicht:*</u> *Aus einer falschen Aussage kann man alles schlussfolgern!*

Wir greifen noch einmal den Äquivalenzbegriff auf. Gilt neben der Implikation $A \Rightarrow B$ zusätzlich auch die Umkehrung $B \Rightarrow A$, so sind die Aussagen A und B *äquivalent*; in diesem Falls sind sie also einander notwendig und hinreichend. Die Äquivalenz $A \Longleftrightarrow B$ ist genau dann wahr, wenn A und B denselben Wahrheitswert haben (also *beide wahr* oder *beide falsch* sind). Insofern können wir also unseren vorigen Gedanken über die Implikation formulieren als

$$(A \Rightarrow B) \quad \Longleftrightarrow \quad (\neg A \vee B).$$

Ferner beachte man noch, dass im Gegensatz zum allgemein verbreiteten Sprachgebrauch das Symbol $\vee$ *kein ausschließendes Oder* im Sinne von ‚entweder – oder‘ ist.

Die folgenden Regeln sind leicht zu verifizieren:

- **Kommutativität**:

$$A \wedge B \Leftrightarrow B \wedge A \qquad \text{und} \qquad A \vee B \Leftrightarrow B \vee A.$$

- **Assoziativität**:

$$A \wedge (B \wedge C) \Leftrightarrow (A \wedge B) \wedge C,$$
$$A \vee (B \vee C) \Leftrightarrow (A \vee B) \vee C.$$

- **Distributivität:**

$$A \wedge (B \vee C) \iff (A \wedge B) \vee (A \wedge C),$$
$$A \vee (B \wedge C) \iff (A \vee B) \wedge (A \vee C).$$

- **Doppelte Negation:**

$$\neg(\neg A) \iff A.$$

- **de Morgansche Regeln:**

$$\neg(A \wedge B) \iff \neg A \vee \neg B,$$
$$\neg(A \vee B) \iff \neg A \wedge \neg B.$$

- **Syllogismus:**

$$((A \Rightarrow B) \wedge (B \Rightarrow C)) \Rightarrow (A \Rightarrow C).$$

- **Kontraposition:**

$$(A \Rightarrow B) \iff (\neg B \Rightarrow \neg A).$$

Einige Regeln verstehen sich fast von selbst. Unsere eingangs erwähnte Regel *tertium non datur* schreibt sich mit diesem Kalkül als $A \wedge \neg A$, es gilt also entweder A oder die Negation von A, und ihre Verifikation erfolgt leicht mit Hilfe einer Fallunterscheidung für die jeweiligen Wahrheitsgehalte von A. Als Beispiel einer weniger einfachen Aussage beweisen wir nun die Kontraposition mit der nachstehenden Wahrheitstafel:

A	B	$\neg A$	$\neg B$	$A \Rightarrow B$	$\neg B \Rightarrow \neg A$
w	w	f	f	w	w
w	f	f	w	f	f
f	w	w	f	w	w
f	f	w	w	w	w

Abbildung 2.2. Wahrheitstafeln erleichtern das korrekte Argumentieren in komplizierten Beweisen.

Beispielsweise haben wir im Beweis von Satz 1.1 die Kontraposition benutzt:
Statt B aus A zu folgern, haben wir (äquivalent) aus der Negation von B die
Negation von A hergeleitet; dabei ist B die Aussage: $\sqrt{2}$ *ist irrational,* und A
irgendeine wahre Aussage, womit dann ¬A ein Widerspruch ist. Dieses Beispiel der Herleitung eines Widerspruches ist der Prototyp eines so genannten
indirekten Beweises, einer Beweisform, der wir noch öfter begegnen werden.

Zur Übung logischen Argumentierens zwei Aufgaben aus dem praktischen Leben:

Aufgabe 2.3. *Alle Katzen sind Tiere. Alles Kleine ist bunt. Welche der
folgenden Behauptungen lassen sich daraus herleiten?*
a) Alle bunten Katzen sind kleine Tiere.
b) Einige kleine Katzen sind keine bunten Tiere.
c) Alle kleinen Katzen sind bunte Tiere.
d) Alle nicht bunten Katzen sind Tiere, die nicht klein sind.

Aufgabe 2.4. *Nach einem Banküberfall werden neun Personen nacheinander verhört; von jeder einzelnen Person ist bekannt, dass sie entweder
immer lügt oder immer die Wahrheit sagt. Die zweite und jede folgende
Person sagt aus, dass die vor ihr befragte Person gelogen habe. Nach der
neunten Person wird erneut die erste Person befragt, welche nun behauptet, dass alle gelogen hätten. Wie viele Personen sagen die Wahrheit?* ⟨Diese
Aufgabe wird in Abschn. 9.1 besprochen!⟩

Es sei hier angemerkt, dass wir oben *unsere* Spielregeln für logisches
Schließen festgelegt haben; im Prinzip könnten wir uns auch auf andere
Grundlagen einigen, bloß hat sich die obige *Aussagenlogik* als sehr effizient
und widerspruchsfrei erwiesen. Dabei ist die Aussagenlogik ein rein gedankli-
ches Konstrukt mit nicht nur mathematischer Relevanz; sie ist von zentraler
Bedeutung in alltäglichen Anwendungen der Mathematik. In der Elektro-
technik werden beispielsweise logische Operationen durch geeignete digitale
Schaltkreise realisiert. Dabei werden Wahrheitswerte für Aussagen wie folgt
kodiert:

‚A ist wahr': Der A-Schalter ist geschlossen: Strom kann fließen (Signal 1),
‚A ist falsch': Der A-Schalter ist offen: Strom kann nicht fließen (Signal 0).

Durch eine Reihenschaltung von mehreren Schaltern lassen sich so
Und-Verknüpfungen realisieren, und durch eine Parallelschaltung *Oder*-
Verknüpfungen; die *Und, Oder und Nicht*-Elemente können mittels Halblei-
tertechnik umgesetzt werden. Auf diese Art und Weise lassen sich logische
Aussagen auch experimentell überprüfen.

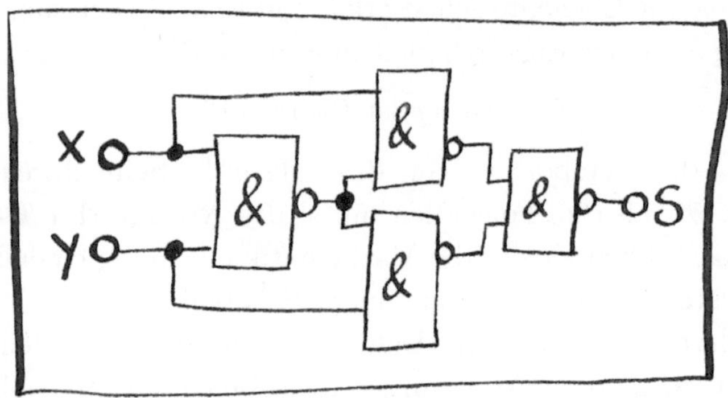

Abbildung 2.3. Aufbau eines XOR-Gatters aus vier NAND-Gattern;
letztere besitzen zwei Eingänge und einen Ausgang, der genau dann mit
dem Wert *falsch* (bzw. 0) belegt ist, wenn beide Eingänge das Signal
wahr (also 1) oder beide *falsch* (also 0) führen.

Aufgabe 2.5. *Verifiziere die Schaltung aus Abb. 2.3 als* XOR-*Gatter, dass
also genau dann ‚wahr‘ am Ausgang s ausgibt, wenn genau einer der beiden
Eingänge x, y ‚wahr‘ ist. Wie lässt sich diese Schaltung algebraisch beschreiben?*

Nun wollen wir etwas konkreter werden, und zwar am Beispiel von Mengen. Georg Cantor, der Begründer der Mengenlehre, legte seiner Theorie
folgende Definition zu Grunde:

> *„Unter einer* **Menge** *verstehen wir jede Zusammen-
> fassung von bestimmten, wohl unterschiedenen Objek-
> ten unserer Anschauung und unseres Denkens zu einem
> Ganzen.“*

Die Objekte einer Menge heißen **Elemente**. Ist M eine Menge und x ein
Element von M, so schreiben wir $x \in M$ und sagen *‚x gehört zu M ’* oder
‚x liegt in M ’; ist hingegen x kein Element von M, so schreiben wir $x \notin M$.
Eine Menge kann durch Aufzählung ihrer Elemente beschrieben werden,
z. B.

$$\{\text{Äpfel, Bananen, Kirschen, Pflaumen}\}$$

oder

$$\mathbb{N} = \{1, 2, 3, 4, \dots\},$$

wobei letzteres Beispiel unendlich viele Elemente besitzt, wir aber nur endlich viele von diesen tatsächlich hinschreiben können; in diesem Falle sollte

eine Aufzählung der Elemente selbst erklärend sein. Ferner kann man Mengen durch Angabe einer Eigenschaft definieren, z. B.

$$\mathbb{P} := \{p : p \text{ ist Primzahl}\}.$$

Hierbei deutet das Symbol „$:=$' an, dass die linke Seite durch die rechte *definiert* wird, wir also im Folgenden mit $\mathbb{P}$ **die Menge der Primzahlen** bezeichnen. Tatsächlich gleicht die Mathematik ein wenig einer Fremdsprache und die Liste ihrer Definitionen einem Vokabelheft.[6]

Und so geht es dann gleich mit Definitionen weiter: Zwei Mengen M und N sind **gleich**, d. h. $M = N$, wenn sie dieselben Elemente haben. Ferner heißt eine Menge M **Teilmenge** von N, in Zeichen $M \subset N$, falls jedes Element von M auch ein Element von N ist. Beispielsweise gilt

$$\mathbb{P} \subset \mathbb{N} \subset \mathbb{Z};$$

diese Teilmengen-Relation haben wir auch bereits in Abschn. 1.1 benutzt. Gleichheit von Mengen M und N zeigt man oft durch die Mengeninklusionen $M \subset N$ und $N \subset M$, also

$$M \subset N \quad \text{und} \quad N \subset M \quad \Rightarrow \quad M = N.$$

Ferner gilt für Teilmengen von Teilmengen

$$M \subset N \quad \text{und} \quad N \subset L \quad \Rightarrow \quad M \subset L.$$

Bislang haben wir zu wenig über *Definitionen* gesprochen, obwohl diese erst die korrekte Erklärung mathematischer Objekte liefern. Eine *Definition* beschreibt also möglichst schnörkellos und in eindeutiger Weise einen Begriff oder ein Objekt unseres mathematischen Denkens; erst nach einer solchen Definition darf das zu Grunde liegende Objekt in einer Aussage oder einem Beweis benutzt werden. Hier ein Beispiel eines (nicht ganz einfachen) Objektes: Die **leere Menge**[7] ist erklärt durch

$$\emptyset := \{x \in M : x \neq x\},$$

wobei M irgendeine Menge sei. Die leere Menge ist eindeutig bestimmt und hängt nicht von M ab (wie man sich unschwer überlegt). Es gilt $\emptyset \subset M$; sie ist also Teilmenge jeder Menge, enthält aber selbst kein Element. Die **Potenzmenge** von M, welche wir als 2^M notieren, ist die Menge aller Teilmengen von M, also

$$2^M = \{N : N \subset M\}.$$

---

[6] Wir verdeutlichen Definitionen durch **Fettdruck**.

[7] In Dänemark wird die leere Menge auch als Ersatz für das „ö' benutzt :-).

Insbesondere ist $2^\emptyset = \{\emptyset\}$. Ein weiteres Beispiel: Ist $M = \{0, 1\}$, dann

$$2^M = \{\emptyset, \{0\}, \{1\}, M\}.$$

Mit Mengen sind eine Reihe von Operationen möglich: Die **Vereinigung**

$$M \cup N := \{x \,:\, x \in M \,\vee\, x \in N\}$$

zweier Mengen M, N besteht sowohl aus den Elementen von M als auch aus denen von N. Somit ist

$$\mathbb{Z} = \mathbb{N} \cup \{-n \,:\, n \in \mathbb{N}\} \cup \{0\}.$$

Der **Durchschnitt**

$$M \cap N := \{x \mid x \in M \,\wedge\, x \in N\}$$

zweier Mengen M, N ist die Menge aller Elemente, die sowohl zu M als auch zu N gehören. Zum Beispiel ist

$$\{2\} = \mathbb{P} \cap \{n \in \mathbb{Z} \,:\, n \text{ ist gerade}\}.$$

Das **Komplement** einer Menge N in M (oder die *Differenz* von M und N) ist die Menge

$$M \backslash N := \{x \,:\, x \in M \,\wedge\, x \notin N\}$$

und besteht aus allen Elementen von M, die nicht zu N gehören.

Mit Mengen kann man ähnlich umgehen wie mit Aussagen. Dies verdeutlicht etwas *Mengenalgebra*:

$$M \backslash M = \emptyset, \quad M \backslash \emptyset = M, \quad M \cap M = M, \quad M \cup M = M.$$

Wiederum gelten Vertauschungs- und Verknüpfungsregeln:

- **Kommutativität**:

$$M \cup N = N \cup M \qquad \text{und} \qquad M \cap N = N \cap M.$$

- **Assoziativität**:

$$(M \cup N) \cup L = M \cup (N \cup L),$$
$$(M \cap N) \cap L = M \cap (N \cap L).$$

- **Distributivität**:

$$(M \cap N) \cup L = (M \cup L) \cap (M \cup L),$$
$$(M \cup N) \cap L = (M \cap L) \cup (M \cap L).$$

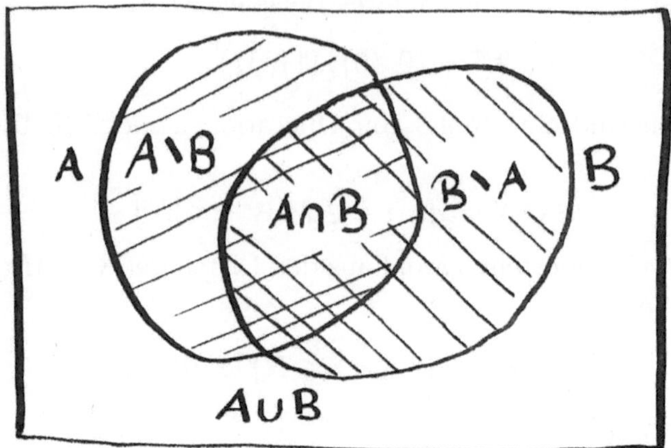

Abbildung 2.4. Ein so genanntes Venn-Diagramm (nach John Venn);
diese sind manchmal nützlich, auch wenn die Mengen nicht in einer
Ebene liegen.

Ferner gilt für die Teilmenge M einer Menge X, dass $X\backslash(X\backslash M) = M$. Dies
ist intuitiv klar, trotzdem gebe man der Übung halber einen Beweis hierfür,
wie auch für die anderen oben stehenden Identitäten. Wie ein solcher geführt
wird, erläutern wir anhand von folgendem

Satz 2.1 (de Morgansche Formeln). *Für irgendwelche Teilmengen M, N
einer beliebigen Menge X gelten*

$$X\backslash(M \cap N) = (X\backslash M) \cup (X\backslash N),$$
$$X\backslash(M \cup N) = (X\backslash M) \cap (X\backslash N);$$

Diese Formeln sind in ihrer Erscheinungsform völlig analog zu den de
Morganschen Regeln der Aussagenlogik (s. o.), deshalb tragen sie auch denselben Namen.[8] So ist etwa die erste ganz ähnlich zu

$$\neg(A \wedge B) \quad \Leftrightarrow \quad \neg A \vee \neg B,$$

wenn man nämlich mit A die Aussage „$x \in M$' und mit B die Aussage „$x \in N$'
belegt. Insofern können wir obigen Satz auf die de Morganschen Regeln der
Aussagenlogik zurück führen. Wir geben jetzt aber einen unabhängigen

---

[8] Diese waren wohl bereits dem Theologen und Philosophen Wilhelm von Ockham aus
dem 14. Jahrhundert bekannt, werden aber meist Augustus de Morgan im 19. Jahrhundert
zugeschrieben.

Beweis. Wir betrachten die erste Formel und zeigen zunächst

$$(2.1) \qquad X\backslash(M\cap N)\subset(X\backslash M)\cup(X\backslash N).$$

Es gilt genau dann $x\in X\backslash(M\cap N)$, wenn $x\in X$ *und* $x\notin M\cap N$ (nach Definition des Komplementes). Da nun $x\notin M\cap N$ bedeutet, dass $x\notin M$ oder $x\notin N$ gilt, bzw. $x\in X\backslash M$ oder $x\in X\backslash N$, folgt also

$$x\in(X\backslash M)\cup(X\backslash N),$$

was die Teilmengenrelation (2.1) impliziert.

Als Nächstes zeigen wir

$$(2.2) \qquad X\backslash(M\cap N)\supset(X\backslash M)\cup(X\backslash N).$$

Wir schreiben jetzt etwas abkürzend (mit Hilfe der Sprache der Aussagenlogik)

$$\begin{aligned}
&x\in(X\backslash M)\cup(X\backslash N)\\
&\Rightarrow x\in X\backslash M \quad\vee\quad x\in X\backslash N\\
&\Rightarrow (x\in X \wedge x\notin M) \quad\vee\quad (x\in X \wedge x\notin N)\\
&\Rightarrow x\in X\backslash(M\cap N).
\end{aligned}$$

Also ist auch (2.2) bewiesen.

Aus den verifizierten Relationen (2.1) und (2.2) folgt nun die Gleichheit der entsprechenden Mengen. Dies beweist die erste Formel des Satzes; übrigens hätten wir jeden der obigen Schritte als Äquivalenz formulieren können und damit den Beweis verkürzt. Die zweite Aussage verifiziert man ganz ähnlich (siehe nächste Aufgabe). •

Im Gegensatz zum Beweis von Satz 1.1 war dies ein *direkter* Beweis.

Aufgabe 2.6. *Beweise die zweite de Morgansche Regel und vergleiche diese mit denen der Aussagenlogik.*

Und noch etwas mehr Mengenalgebra: Das **kartesische Produkt**[9] zweier Mengen M, N ist die Menge

$$M\times N:=\{(x,y) : x\in M, y\in N\}.$$

---

[9] Das Wort ‚kartesisch' geht auf die latinisierte Form des Nachnamens des französischen Mathematikers René Descartes zurück, einem Zeitgenossen Fermats, der u. a. *das kartesische* Koordinatensystem für die euklidische Ebene einführte; dabei ist die euklidische Ebene mit dem kartesischen Produkt $\mathbb{R}\times\mathbb{R}$ gleichzusetzen.

Hierfür gelten:

$$(M_1 \cap M_2) \times N = (M_1 \times N) \cap (M_2 \times N),$$
$$(M_1 \cup M_2) \times N = (M_1 \times N) \cup (M_2 \times N).$$

Sofort einsichtig ist: Hat M genau m Elemente und N genau n Elemente, so hat $M \times N$ genau $m \cdot n$ Elemente.

Der harmlos anmutende Begriff der Menge hat seine Tücken. Der Logiker Bertrand Russell erdachte sich 1902 folgendes Beispiel: Sei $\mathcal{M}$ die Menge aller Mengen, die sich selbst nicht enthalten. Die so genannte *Russellsche Antinomie* fragt nun, *ob $\mathcal{M}$ sich selbst enthält oder nicht?* Diese Frage ist unmöglich zu beantworten und erinnert an das Paradoxon des Barbiers, der jeden Einwohner seines Ortes rasiert, der sich nicht selbst rasiert.[10] Diese widersprüchlichen Aussagen ähneln dem selbstbezüglichen Satz:

Dieser Satz ist falsch.

In diesem Zusammenhang sei noch an den Kreter Epimenides erinnert, der da sagte, dass *alle Kreter lügen.*[11]

Aufgabe 2.7. *Untersuche Epimenides' Aussage. Handelt es sich wirklich um ein Paradoxon? Wie kann das Wort ‚Lügner' interpretiert werden? Existiert ‚die kleinste natürliche Zahl, die mit nicht weniger als einhundert Buchstaben beschrieben werden kann'?*

Mathematik enthält eine Vielzahl von verschiedenen Disziplinen und Theorien, wie z. B. die Mengenlehre. Jede dieser Theorien basiert auf Aussagen, welche als wahr angesehen werden, den so genannten *Axiomen* (oder auch *Postulaten*); aus diesen werden dann weitere wahre Aussagen hergeleitet in Form eines *Satzes* oder *Lemmas* (wobei Letzteres ein weitverbreitetes Synonym für Hilfssatz ist). Dabei geschieht diese Herleitung nach genau festgelegten Schlussregeln. Die Herleitung eines Satzes ist ein *Beweis* des Satzes; ein Axiom hingegen wird nicht bewiesen, sonst wäre es ja ein Satz. (In Abschn. 2.2 lernen wir mit den Peano-Axiomen die Grundlegung der Theorie der natürlichen Zahlen kennen.) Die Weiterentwicklung der Mathematik geschieht oft durch Sammlungen von Sätzen, Beweisen und Definitionen, die nicht unbedingt axiomatisch strukturiert sind, sondern vor allem

---

[10] Eine *Antinomie* ist ein Selbstwiderspruch. Ein *Paradoxon* ist eine unsinnige bzw. widersprüchliche Behauptung; im Griechischen steht *Paradoxon* für ‚das Unerwartete'.

[11] Im Neuen Testament, Titus 1, 12, steht der unschöne Satz: „*Es hat einer von ihnen gesagt, ihr eigener Prophet: ‚Die Kreter sind immer Lügner, böse Tiere und faule Bäuche.' Dies Zeugnis ist wahr.*"

Abbildung 2.5. Bertrand Russell, ∗ 18. Mai 1872 in Ravenscroft, − † 2. Februar 1970 in Penrhyndeudraeth; walisischer Logiker, Philosoph und Pazifist, der 1950 den Literatur-Nobelpreis erhielt und durch das Einstein-Russell-Manifest gegen Nuklearwaffen 1955 sehr bekannt wurde.

durch die Intuition und Erfahrung der beteiligten Mathematiker geprägt sind. Die Umwandlung in eine axiomatische Theorie erfolgt in der Regel erst später, wenn weitere Mathematikerinnen sich mit den dann nicht mehr ganz so neuen Ideen beschäftigt haben. Auch sind offene Vermutungen eine Antriebsfeder, neue mathematische Gebiete zu erschließen.

Zurück zu unserem Dilemma mit den widersprüchlichen Aussagen, etwa der Russellschen Antinomie der Mengenlehre. Im Allgemeinen verlangt man von den Axiomen einer Theorie, dass diese *widerspruchsfrei* sind, dass also nicht gleichzeitig ein Satz und die Negation dieses Satzes wahr ist. Diese Widerspruchsfreiheit selbst kann aber leider nicht innerhalb einer mathematischen Theorie bewiesen werden. Insbesondere ist immer noch nicht geklärt, ob die Mengenlehre, und damit die gesamte Mathematik, widerspruchsfrei ist. Tatsächlich existieren (seit Anfang des 20. Jahrhunderts bekannte) Widersprüche wie eben die Russellsche Antinomie. Diese Art von Widersprüchen konnte glücklicherweise durch Ernst Zermelo und Adolf Fraenkel beseitigt werden, wonach die *Zermelo-Fraenkel-Mengenlehre* benannt ist; diese beinhaltet den Satz von Axiomen, auf dem die heutige Mathematik aufgebaut ist. Axiomatische Ansätze sind oft ohne vorangegangene mathematische Vorbildung nur schwer zugänglich; insofern werden wir diese Problematik in einem späteren Kapitel thematisieren (wenn der notwendig damit verbundene Formalismus die Leserschaft weniger erschrecken wird). Zunächst ist ein naiver Umgang mit Mengen völlig hinreichend.

Zum Abschluss dieses Kapitels wollen wir eine kleine logische Welt näher untersuchen, die als einfaches Modell einer Theorie sehr schön in diesen Kontext passt, obgleich ihre Sätze mathematisch völlig irrelevant sind. Diese Theorie besteht nämlich aus Wörtern, die aus dem Alphabet mit den drei Buchstaben I,M,U nach folgenden Regeln gebildet werden:

(i) MI ist ein Wort;

(ii) an ein Wort, das mit I endet, darf ein U hinten angefügt werden:

$$xI \mapsto xIU;$$

(iii) ein Wort der Form Mx kann zu Mxx umgeformt werden:

$$Mx \mapsto Mxx;$$

(iv) in einem Wort dürfen drei aufeinanderfolgende I durch ein U ersetzt werden:

$$xIIIy \mapsto xUy;$$

(v) in einem Wort können zwei aufeinanderfolgende U gestrichen werden:

$$xUUy \mapsto xy.$$

Hierbei stehen x,y für beliebige (auch leere) Zeichenketten, die in solchen Wörtern auftreten können. Wir machen ein Beispiel, wie man sich diese Welt erschließen kann:

$$MI \overset{(iii)}{\Rightarrow} MII \overset{(iii)}{\Rightarrow} MIIII \overset{(iv)}{\Rightarrow} MUI \overset{(iii)}{\Rightarrow} MUIUI \ldots$$

Nun ist die Aufgabe, dass Wort MU zu erzeugen bzw. die Frage zu beantworten: *Ist* MU *ein Wort?* Dies ist das MU-Rätsel von Douglas Hofstadter.[12]

---

[12] D.R. HOFSTADTER, *Gödel, Escher, Bach – ein endloses geflochtenes Band*, dtv/Klett-Cotta 1991. Dieses Buch behandelt das Konzept der Rekursion in Logik, Kunst und Musik – sehr lesenswert!

Aufgabe 2.8. *Zunächst erstelle eine Liste all der Wörter, die sich mit maximal fünf Anwendungen der Regeln (ii) bis (v) aus dem Wort* MI *ergeben. Gibt es Auffälligkeiten, Gesetzmäßigkeiten? Beantworte die Frage: Ist* MU *ein Wort?* ⟨Diese Aufgabe wird in Abschn. 9.2 besprochen!⟩

2.2 Die natürlichen Zahlen und das Induktionsprinzip

Als einer der Ersten erklärte Adam Ries im ausklingenden Mittelalter die natürlichen Zahlen in seinem Rechenbuch *Rechenung nach der lenge/auff den Linihen und Feder* von 1550 wie folgt:

„Zehen sind figurn/darmit ein jede zal geschrieben wirt/sind also gestalt. 1.2.3.4.5.6.7.8.9.0. Die ersten neun bedeuten/die zehent als 0 gibt in fursetzung mehr bedeutung/gilt aber allein nichts/ wie hie 10.20.30... "

So großartig Ries' Rechenbuch in seiner Zeit war, heutzutage werden die natürlichen Zahlen auf eine andere Art und Weise eingeführt. Eine solche Definition sollte klar formuliert sein, keinen Spielraum für Zweideutigkeiten lassen, aber auch keine Redundanz besitzen. Wir suchen also einen präzisen und minimalen Katalog an Forderungen, aus dem sich heraus die natürlichen Zahlen mit ihren wichtigen Eigenschaften so ergeben, wie wir sie seit Menschengedenken benutzen.

Eine solche axiomatische Begründung der Menge $\mathbb{N}$ der natürlichen Zahlen $1, 2, 3, \dots$ wurde zuerst von Richard Dedekind und unabhängig, aber doch sehr ähnlich, von Giuseppe Peano in der zweiten Hälfte des 19. Jahrhunderts gegeben.[13] Seitdem hat sich diese Einführung der natürlichen Zahlen manifestiert und mit eben dieser wollen wir nun beginnen.

Die natürlichen Zahlen kommen vom *Zählen*, und genau dieser Zählprozess wird durch die **Peano-Axiome** formalisiert: *Es sei* $\mathbb{N}$ *eine Menge mit einem Element* $1 \in \mathbb{N}$, *und es existiert eine ‚Nachfolgerfunktion'* $f : \mathbb{N} \to \mathbb{N}$ *mit folgenden Eigenschaften:*

- *Es gibt kein Element* $n \in \mathbb{N}$ *mit Nachfolger* $1 = f(n)$;
- *sind* $m, n \in \mathbb{N}$ *verschieden, so sind auch deren Nachfolger verschieden (bzw.* $f(m) = f(n) \Rightarrow m = n$);
- *jede Teilmenge von* $\mathbb{N}$, *die* 1 *enthält und mit jedem* $n \in \mathbb{N}$ *auch dessen Nachfolger* $f(n)$, *ist bereits die gesamte Menge* $\mathbb{N}$.

Die Elemente der Menge $\mathbb{N}$ heißen **natürliche Zahlen**.

---

[13] R. DEDEKIND, Was sind und was sollen die Zahlen?, Braunschweig 1888; *Ges. Werke* III, Braunschweig 1932, 335-391; G. PEANO, Arithmetices principia nova methoda exposita a J. P., Torino. Bocca. XVI (1889).

Abbildung 2.6. Adam Ries, auch ‚Adam Riese‘, ∗ 1492(?) im fränkischen Bad Staffelstein, – † 30. März 1559 in Annaberg(-Buchholz); Rechenmeister und Hofarithmetikus zunächst in Erfurt und später in der Silberminenstadt Annaberg. Er verfasste mehrere Rechenbücher, die u. a. die ‚indische‘ Null einführten und lange Zeit erheblichen Einfluss auf den Mathematikunterricht an deutschen Schulen hatten. Sein Buch *Ein Gerechnet Büchlein auff den Schöffel, Eimer vnd Pfundgewicht*, publiziert 1533, enthält mit der berühmten Annaberger Brotordnung eine Tabelle, wie sich das Gewicht eines Brotes unter Beibehaltung des Getreidepreises ändert. In der Einleitung schreibt Ries zur Motivation, dass „*der arme gemeine man ym Brotkauff nicht übersetzt würde*“ (also nicht betrogen würde). Das Wort ‚kleine Brötchen backen‘ hat in dieser Zeit seinen Ursprung.

Wir wollen etwas genauer beschreiben, was mit der *Nachfolgerfunktion* gemeint ist. Gegeben zwei Mengen M, N, so heißt ganz allgemein

$$f : M \to N, \quad m \mapsto f(m)$$

Abbildung 2.7. *Links*: Richard Dedekind, * 6. Oktober 1831 – † 12. Februar 1916, jeweils in Braunschweig; Professor in Göttingen und Braunschweig, forschte über algebraische Zahlen und elliptische Funktionen. *Rechts*: Giuseppe Peano, * 27. August 1858 in Cuneo, – † 20. April 1932 in Turin; italienischer Professor in Turin, der neben seinen Beiträgen zur Logik auch für seine Arbeiten zu Differentialgleichungen bekannt ist.

eine **Abbildung** von M nach N, wenn jedem Element $m \in M$ genau ein Wert $f(m)$ in N zuordnet wird; dabei heißt die Menge M der *Definitionsbereich* und N der *Wertebereich* von f. Die Nachfolgerfunktion ist eine spezielle Abbildung, also eine eindeutige Zuweisung $\mathbb{N} \ni n \mapsto f(n) \in \mathbb{N}$. Hierbei ist der Definitionsbereich identisch mit dem Wertebereich, eben gleich $\mathbb{N}$; tatsächlich kommt jedoch nur jedes Element aus $\mathbb{N} \setminus \{1\}$ als Wert von f vor. Die Nachfolgerfunktion *induziert* somit eine ‚Anordnung' der Elemente von $\mathbb{N}$, nämlich

$$1, \ f(1), \ f(f(1)), \ f(f(f(1))), \ \dots$$

welche wir in der uns üblichen Form

$$1, \ 2, \ 3, \ 4, \ , \ \dots$$

notieren. Dem Element $f(\dots f(1) \dots)$ mit n sich öffnenden und schließenden Klammern in der ersten Liste entspricht dabei das $n+1$-te Symbol in der zweiten Liste. Man beachte, dass dies lediglich eine Benennung der Elemente von $\mathbb{N}$ ist (die sehr gut zu unserem Umgang mit natürlichen Zahlen passt); die Struktur von $\mathbb{N}$ ist einzig und allein durch die Peano-Axiome gegeben. Tatsächlich induziert die Nachfolgerfunktion f eine *Anordnung* in dem Sinne, dass unter zwei verschiedenen Elementen m, n genau eines als

Nachfolger des anderen oder als Nachfolger des Nachfolgers usw., kurz unter den Nachfolgern des anderen auftritt; auf Grund des zweiten Peano-Axioms können nicht beide unter den Nachfolgern des jeweils anderen zu finden sein. Nun erklären wir Verknüpfungen natürlicher Zahlen vermöge der Nachfolgerfunktion. Die **Addition** zweier natürlicher Zahlen definieren wir also vermöge

$$n + 1 := f(n) \quad \text{und} \quad n + f(m) := f(n + m) \quad \text{für alle} \quad m, n \in \mathbb{N}.$$

Dies ist eine *rekursive* Definition, da die Erklärung der Größe $n+f(m)$ durch einen ähnlichen, bereits definierten Ausdruck (hier $f(n+m)$) vorgenommen wird.[14] Umgekehrt liefert diese Festlegung der Nachfolgerfunktion als $n \mapsto f(n) = n + 1$ unter Zuhilfenahme des ersten Axioms alle uns so vertrauten natürlichen Zahlen sukzessive aus dem ausgezeichneten Element $1 \in \mathbb{N}$ als Nachfolger bzw. Nachfolger des Nachfolgers usw.:

$$1 \in \mathbb{N} \to 2 = 1 + 1 = f(1) \in \mathbb{N} \to \dots \to n \in \mathbb{N} \to n + 1 = f(n) \in \mathbb{N} \to \dots$$

Ähnlich definiert man auch eine **Multiplikation** durch

$$n \cdot 1 := n \quad \text{und} \quad n \cdot f(m) := n \cdot m + n$$

für alle $m, n \in \mathbb{N}$ (mit der üblichen Konvention ‚Punktrechnung vor Strichrechnung‘, also den Vorrang der Multiplikation gegenüber der Addition; auch lassen wir gerne im Folgenden das Multiplikationszeichen ‚·‘ aus). Man überlegt sich leicht, dass sowohl die so erklärte Addition als auch die Multiplikation *kommutativ* sind, d. h. für alle $m, n \in \mathbb{N}$ gilt

$$m + n = n + m \quad \text{und} \quad m \cdot n = n \cdot m.$$

Die Null ist also bei uns *keine* natürliche Zahl! In anderer Literatur wird sie manchmal als natürliche Zahl geführt. In diesem Fall übernimmt sie die Rolle der 1 in den Peano-Axiomen, kein Nachfolger einer anderen natürlichen Zahl zu sein; ansonsten ergeben sich kaum nennenswerte Unterschiede. Wir schreiben $\mathbb{N}_0$ für die Menge der natürlichen Zahlen zuzüglich der Null.

Keines der Peano-Axiome darf weggelassen werden; beispielsweise erfüllt die Menge aller reellen Zahlen ≥ 1 neben $\mathbb{N}$ sämtliche Peano-Axiome bis auf das letzte. Insofern sind die Peano-Axiome also wirklich ein minimaler Axiomensatz, um die natürlichen Zahlen zu definieren! Dabei erweist sich dieses Konstrukt als *eindeutig*, so dass wir also von *der* Menge $\mathbb{N}$ der natürlichen Zahlen sprechen können.

---

[14] ‚rekursiv‘ von lat. recurrere, was ‚zurücklaufen‘ bedeutet.

Das letzte der Peano-Axiome ist von besonderer Bedeutung. Als Beweismethode findet es sich ansatzweise bereits bei den Pythagoräern, jedoch hat es wohl erst durch die Schriften von Blaise Pascal im siebzehnten Jahrhundert Einzug in die moderne Mathematik genommen. Etwas anschaulicher formuliert sich dieses nämlich wie folgt:

> **Prinzip der vollständigen Induktion:** *Wenn eine Eigenschaft* E *auf 1 zutrifft und aus der Gültigkeit von* E *für* $n \in \mathbb{N}$ *stets die Gültigkeit von* E *für den Nachfolger* $n + 1$ *folgt, dann ist die Aussage* E *für alle Elemente von* $\mathbb{N}$ *wahr.*

Der Name *vollständige Induktion* für dieses letzte Axiom kommt nicht von ungefähr: Diese Eigenschaft natürlicher Zahlen ist ein starkes Werkzeug gewisse Aussagen, die von natürlichen Zahlen abhängen, mit mehr oder weniger einem Schlag für alle natürlichen Zahlen zu verifizieren. Genauer: Ist $\mathsf{E}(n)$ eine Aussage, die in irgendeiner wohl definierten Art und Weise von der natürlichen Zahl n abhängt, und unsere Aufgabe darin besteht, die Aussage $\mathsf{E}(n)$ *für alle* $n \in \mathbb{N}$ *zu beweisen*, so können wir mit $\mathsf{E}(1)$ beginnen, dann zu $\mathsf{E}(2)$ übergehen und also der Reihe nach für jedes individuelle $n \in \mathbb{N}$ die Aussage $\mathsf{E}(n)$ beweisen. Jedoch gibt es unendlich viele natürliche Zahlen[15], so dass also diese Vorgehensweise in unserer Lebenszeit nicht zum Ziel führen wird. Hier hilft jedoch das dritte Peano-Axiom bzw. das *Prinzip der vollständigen Induktion*. Sei nämlich

$$\mathbf{N} := \{ n \in \mathbb{N} : \mathsf{E}(n) \text{ ist wahr} \},$$

so genügt es die Gültigkeit von $\mathsf{E}(1)$ sowie die Implikation $\mathsf{E}(n) \Rightarrow \mathsf{E}(n + 1)$ für alle $n \in \mathbb{N}$ nachzuweisen, da dann

$$\mathsf{E}(1) \;\Rightarrow\; \mathsf{E}(2) \;\Rightarrow\; \ldots \Rightarrow\; \mathsf{E}(n) \;\Rightarrow\; \mathsf{E}(n + 1) \;\Rightarrow\; \ldots$$

nach dem dritten Peano-Axiom, bzw. mit dem Prinzip der vollständigen Induktion, schließlich $\mathbf{N} = \mathbb{N}$ folgt.

Ein erstes Beispiel liefert der *Turm von Hanoi*, ein bekanntes Spiel, das von dem französischen Mathematiker Édouard Lucas 1883 erfunden wurde: Auf einem Tisch T_1 befindet sich ein Turm aus n verschieden großen, der Größe nach aufgetürmten Holzscheiben (siehe Abb. 2.8). Dieser Turm soll

---

[15] ‚Unendlich' ist ein schwieriger Begriff in der Mathematik, der uns später noch genauer beschäftigen wird; hier allerdings sollte klar sein, dass zu jeder endlichen Menge von natürlichen Zahlen noch eine weitere natürliche Zahl mit Hilfe der Nachfolgerfunktion gefunden werden kann.

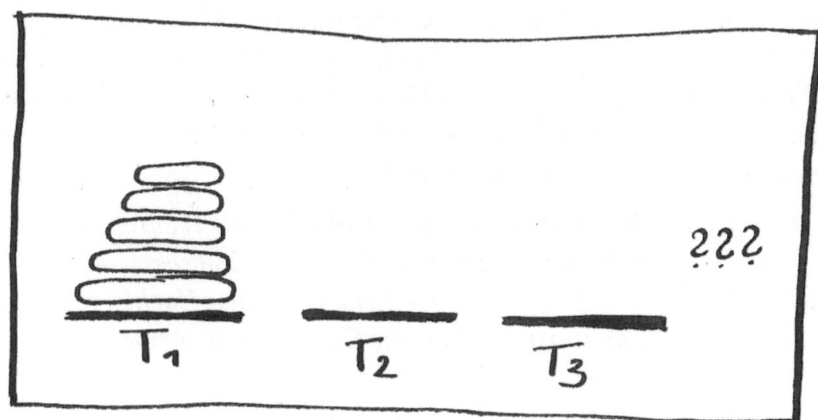

Abbildung 2.8. Der Turm von Hanoi

nun gemäß folgender Spielregeln von T_1 auf einen weiteren Tisch T_2 versetzt werden:

(i) Bei jedem Schritt darf nur eine einzige Scheibe versetzt werden;

(ii) eine Scheibe darf nur auf T_1 bzw. T_2 oder auf einem dritten Tisch T_3 gelegt werden, wenn dort bereits eine *größere* Scheibe liegt.

Wir wollen zeigen: *Das Problem ist für jede Anzahl $n \in \mathbb{N}$ von Holzscheiben in höchstens $2^n - 1$ Schritten lösbar;* die minimale Schrittanzahl bei gegebenem n nennen wir $a(n)$. Die Behauptung beweisen wir mit vollständiger Induktion wie folgt:

Induktionsanfang: $n = 1$: Das Problem ist durch Anwenden von Regel (ii) in einem Schritt lösbar: $1 = 2^1 - 1$. (Dies ist gewissermaßen $\mathsf{E}(1)$ oben.)

Induktionsschritt $n \to n + 1$: *Wir nehmen an, dass das Problem für n Scheiben in höchstens $2^n - 1$ Schritten lösbar ist.* (Diese Aussage ist unsere Induktionsvoraussetzung $\mathsf{E}(n)$.) Wir betrachten einen Turm aus $n + 1$ Scheiben. Nach *Induktionsvoraussetzung* können wir den Turm aus den obersten n Scheiben in höchstens $a(n) \leq 2^n - 1$ Schritten nach T_3 versetzen. Nach Regel (i) kann man mit einem Schritt die unterste, größte Scheibe von T_1 nach T_2 versetzen. Wieder per Induktion können wir in $a(n) \leq 2^n - 1$ Schritten den auf T_3 liegenden Turm auf die größte Scheibe auf T_2 legen und sind fertig. Dabei gilt für die Anzahl der Schritte

$$a(n + 1) \leq a(n) + 1 + a(n) = 2a(n) + 1 \leq 2(2^n - 1) + 1 = 2^{n+1} - 1,$$

und also ist die Behauptung bewiesen für einen Turm mit $n+1$ Scheiben. (Dies ist Aussage $\mathsf{E}(n+1)$.)

Per Induktion ist die Behauptung damit für alle $n \in \mathbb{N}$ bewiesen. $\bullet$

Die Induktion liefert hier zunächst nur einen Beweis der Lösbarkeit des Problems, aber noch keine konkrete Lösungsstrategie.

Aufgabe 2.9. *Zeige für die minimale Anzahl $a(n)$ von Umlegeoperationen, die zur Lösung des Problems notwendig sind, die Formel $a(n) = 2^n - 1$ für beliebiges $n \in \mathbb{N}$, also*

$$a(1) = 1, \ a(2) = 3, \ a(3) = 7, \ a(4) = 15, \ldots$$

Finde eine konkrete Lösungsstrategie!

Mathematikerinnen und Mathematiker haben *einen Hang zur Faulheit*. Bevor wir zu unserem nächsten Beispiel eines Induktionsbeweises kommen, führen wir deshalb abkürzende Schreibweisen für *Summen* und *Produkte* ein:

$$\sum_{k=1}^{n} a_k := a_1 + a_2 + \ldots + a_n$$

und

$$\prod_{k=1}^{n} a_k := a_1 \cdot a_2 \cdot \ldots \cdot a_n.$$

Das große griechische ,sigma' (Σ) steht also für die Summe von Zahlen a_k und das große griechische ,pi' (Π) für das Produkt von Zahlen a_k.[16] Die Bezeichnung des ganzzahligen *Index* – hier der Buchstabe ,k' – ist dabei nicht von Bedeutung (wie sich sofort aus der Definition ablesen lässt), wohl aber die Grenzen für den Bereich dieses Indizes, die unter- bzw. oberhalb des jeweiligen Symbols angebracht sind; Summen oder Produkte müssen natürlich nicht notwendig mit dem Index 1 anfangen. Ferner erklären wir die *leere Summe* bzw. das *leere Produkt* durch

$$\sum_{k=1}^{0} a_k := 0 \qquad \text{bzw.} \qquad \prod_{k=1}^{0} a_k := 1,$$

und damit so, dass diese Ausdrücke schadlos bestehenden Summen bzw. Produkten zugefügt werden können. Der Umgang mit diesen Symbolen wird schnell zur Routine. In der Mathematik ist die Kenntnis der griechischen

---

[16] Übrigens hätten wir diese Symbole für die Summe und das Produkt auch *per Induktion* erklären können, wie wir am Beispiel der Summe kurz erläutern: $\sum_{k=1}^{1} a_k := a_1$ und $\sum_{k=1}^{n+1} a_k := a_{n+1} + \sum_{k=1}^{n} a_k$.

Buchstaben unerlässlich, aber auch keine wirklich Hürde, da sich diese mit ein bisschen Praxis schnell einprägen! Diese neue Schreibweise ist sehr effektiv, beispielsweise bei *langen* Summen, wie wir sie im folgenden Satz behandeln werden, insbesondere, wenn die Anzahl der Summanden *variabel* ist.

Satz 2.2. *Für alle $n \in \mathbb{N}$ gilt*

$$\sum_{k=1}^{n} k = \tfrac{1}{2}n(n+1).$$

Eine bemerkenswerte Formel. Beispielsweise gilt $1 + 2 + 3 + \ldots + 36 = 666$. Anstelle von nahezu vierzig Additionen genügen drei Multiplikationen. Zu der Formel des Satzes existiert eine Legende über den berühmten Mathematiker Carl Friedrich Gauß, von dem wir im Folgenden noch viel hören werden. Als dieser ein junger Volksschüler war, stellte sein Lehrer der Klasse die Strafarbeit, alle natürlichen Zahlen von 1 bis 100 aufzuaddieren, welcher der junge Carl Friedrich in Windeseile mit folgendem Argument beigekommen ist: Durch Umgruppieren ist

$$1 + 2 + \ldots + 50 + 51 + \ldots + 99 + 100$$
$$= \underbrace{1 + 100} + \underbrace{2 + 99} + \ldots + \underbrace{50 + 51}$$
$$= \quad 101 \quad + \quad 101 \quad + \ldots + \quad 101$$
$$= 50 \cdot 101 = 5050.$$

Ein cleveres Argument! Wir gehen jetzt nicht der Frage nach, was im Falle eines ungeraden n zu tun ist (sondern überlassen das der geneigten Leserin), und geben jetzt den mathematischen

Beweis *per Induktion nach* n. Induktionsanfang ($n = 1$): Es gilt $\sum_{k=1}^{1} k = 1 = \tfrac{1}{2} \cdot 1 \cdot 2$. Also ist die Aussage richtig für $n = 1$. Induktionsschritt ($n \mapsto n+1$): Die Formel gelte für $n \in \mathbb{N}$ *(IV)*; dann ist

$$\sum_{k=1}^{n+1} k = n+1+\sum_{k=1}^{n} k \overset{(IV)}{=} n+1+\tfrac{1}{2}n(n+1) = \tfrac{1}{2}(n+2)(n+1).$$

Dies beweist die Formel für $n+1$ statt n. Der Satz ist bewiesen. •

Wir analysieren noch einmal kurz den Beweis. Der Induktionsschritt zeigt, dass eine Formel

$$\sum_{k=1}^{n} k = \tfrac{1}{2}n(n+1) + c$$

mit irgendeiner Konstanten c besteht; erst der Induktionsanfang offenbart, dass die Konstante notwendig $c = 0$ ist. Deshalb darf *nie* auf den Induktionsanfang verzichtet werden! Insofern gleicht eine Induktion einer Kette von stehenden Dominosteinen, die in einer Kettenreaktion zum Umfallen gebracht werden sollen: Ohne Anstoßen des ersten Steines fallen nicht alle Steine.

Wir verbleiben noch etwas bei den Tücken nicht rigoroser Induktionsbeweise. Dazu untersuchen wir die Aussage: **Alle Katzen sind grau**. Ist die folgende Argumentation zulässig? Zunächst lässt sich die Aussage umformulieren zu **Jede Katze in einer Menge von** n **Katzen ist grau**. Zuerst der <u>Induktionsanfang</u>: Wir starten mit einer grauen Katze. Dann haben wir eine Menge mit einer Katze und jede Katze dieser Menge ist grau. Nun der <u>Induktionsschritt</u>: Gegeben eine Menge mit $n + 1$ Katzen. Nehmen wir eine Katze heraus, so bleiben n Katzen übrig, von denen nach Induktionsvoraussetzung jede grau ist. Von diesen setzen wir eine bei Seite und fügen die zuvor entfernte hinzu. Wieder ist jede Katze dieser Menge von n Katzen nach Induktionsvoraussetzung grau. Da die herausgenommene Katze natürlich grau ist, sind also alle $n + 1$ Katzen grau. *Wo ist der Fehler?*

Aufgabe 2.10. *Wo hakt der ‚Beweis'? Stelle mathematisch Interessierten aus Deinem Bekanntenkreis dieses Problem!*

Als Nächstes notieren wir eine Konsequenz, in mathematischer Sprache ein *Korollar*,[17] womit man eine einfache Schlussfolgerung aus einem ‚tieferen' Satz bezeichnet:

Korollar 2.3. *Für alle* $n \in \mathbb{N}$ *gilt*

$$\sum_{k=1}^{n} (2k - 1) = n^2.$$

Beweis durch Rückführung auf Satz 2.2 (nach der Idee, dass das Komplement der *ungeraden* natürlichen Zahlen $n = 2k - 1$ genau aus den *geraden* natürlichen Zahlen $n = 2k$ besteht, welche wiederum aus *allen* natürlichen Zahlen durch Multiplikation mit **2** hervorgehen):

$$\sum_{k=1}^{n} (2k - 1) = \sum_{k=1}^{2n} k - \sum_{k=1}^{n} 2k = \sum_{k=1}^{2n} k - 2 \sum_{k=1}^{n} k$$
$$= \tfrac{1}{2} 2n(2n + 1) - 2 \cdot \tfrac{1}{2} n(n + 1) = 2n^2 + n - (n^2 + n) = n^2;$$

---

[17] lat. corollarium für ‚Kränzchen'.

hierbei haben wir beim Sprung in die zweite Zeile zweimal die Formel aus
Satz 2.2 angewandt. •

In der Mathematik interessiert man sich auch für unterschiedliche Beweise
ein und derselben Aussage, oftmals in der Hoffnung durch eine andere Per-
spektive etwas Neues zu erfahren! Hier nun ein bildlicher Beweis der Formel
des Korollars:

$$
\begin{array}{ccccccccc}
\bullet & & & \bullet & \triangle & & \bullet & \triangle & \star & & \cdots \\
& & & \triangle & \triangle & & \triangle & \triangle & \star & & \\
& & & & & & \star & \star & \star & &
\end{array}
$$

Aufgabe 2.11. *Finde einen Induktionsbeweis für Korollar 2.3; beweise ferner die für alle $n \in \mathbb{N}$ gültige Formel*

$$
\sum_{k=1}^{n} k^2 = \tfrac{1}{6}n(n+1)(2n+1).
$$

*Finde einen geschlossenen Ausdruck für $\sum_{k=1}^{n} k^3$? Äußere eine Vermutung
über das Wachstum von $\sum_{k=1}^{n} k^\ell$ bei wachsendem ℓ!*

Ein weiteres Beispiel für die vollständige Induktionsmethode liefert die
so genannte *geometrische Reihe*, welche beispielsweise bei der Verzinsung
eine wichtige Rolle spielt. Allgemein bezeichnet man mit einer *Reihe* eine
Folge von endlichen Summen; hier ist dann die Obergrenze für den Index
variabel. Reihen spielen in der *Analysis* eine wichtige Rolle! (und werden
uns in einem späteren Kapitel noch eingehender beschäftigen...)

Satz 2.4 (Formel für die endliche geometrische Reihe). *Für $x \neq 1$
und $n \in \mathbb{N}_0$ gilt*

$$
\sum_{k=0}^{n} x^k = \frac{1 - x^{n+1}}{1 - x};
$$

für $x = 1$ besitzt die Reihe den Wert $n + 1$.

Hierbei setzen wir Kenntnis der Potenzgesetze voraus und definieren $x^0 = 1$
für alle reellen oder gar komplexen Zahlen x (obwohl wir letztere noch gar
nicht kennen).

Wir illustrieren die Formel des Satzes mit einer alten indischen Legende:
Der Erfinder des Schachspiels hatte bei seinem König als Belohnung einen
Wunsch frei. Er wünschte sich, dass das Schachbrett mit Reiskörnern gefüllt
werden sollte, nämlich ein Korn auf dem ersten Feld, zwei auf dem zweiten,
vier auf dem dritten, usw. (d. h. auf einem Feld doppelt so viele Reiskörner

wie auf dem vorangegangenen). Der König, verwundert über diesen seltsamen Wunsch, stimmte zu. *War das weise? Wieviele Reiskörner liegen auf dem Schachbrett?* Die Formel für die endliche geometrische Reihe liefert für $x = 2$:

$$1 + 2 + 4 + \ldots + 2^n = \sum_{k=0}^{n} 2^k = \frac{1 - 2^{n+1}}{1 - 2} = 2^{n+1} - 1.$$

Speziell für $n = 63$ ergibt sich die Anzahl der Reiskörner auf dem Schachbrett also als

$$2^{64} - 1 = 18.446.744.073.709.551.615\,.$$

Obwohl ein Reiskorn nicht viel wiegt, hätte der Reis auf dem Schachbrett ein Gewicht, welches weit über der jährlich weltweit produzierten Reismenge läge! Im Jahr 2010 betrug die weltweite Reisproduktion ca. 672 Millionen Tonnen. Gehen wir von einem durchschnittlichen Gewicht eines Reiskorns von 0,025 Gramm aus, so wiegt der Reis auf besagtem Schachbrett ca. 461 Milliarden Tonnen, was etwa 686 Jahresproduktionen entspricht.

Beweis von Satz 2.4 *per Induktion.* Für $x = 1$ ist die Aussage trivial;[18] sei also $x \neq 1$. <u>Induktionsanfang $(n = 0)$</u>: Es gilt $\sum_{k=0}^{0} x^k = x^0 = 1 = \frac{1-x}{1-x}$. Also ist die Aussage richtig für $n = 0$. <u>Induktionsschritt $(n \mapsto n + 1)$</u>: Die Formel gelte für n, dann folgt

$$\sum_{k=0}^{n+1} x^k = x^{n+1} + \sum_{k=0}^{n} x^k = x^{n+1}\frac{1 - x}{1 - x} + \frac{1 - x^{n+1}}{1 - x} = \frac{1 - x^{n+2}}{1 - x}.$$

Das ist die zu beweisende Formel für $n + 1$. •

Ein alternativer Beweis ergibt sich ohne Induktion wie folgt:

$$(1 - x)\sum_{k=0}^{n} x^k = \sum_{k=0}^{n}(x^k - x^{k+1}) = \sum_{k=0}^{n} x^k - \sum_{k=1}^{n} x^{k+1} = 1 - x^{n+1}.$$

Hier sollten wir den letzten Schritt etwas genauer beleuchten:

$$\sum_{k=0}^{n} x^k - \sum_{k=1}^{n} x^{k+1}$$
$$= 1 + x + x^2 + \ldots + x^n - (x + x^2 + \ldots + x^n + x^{n+1})$$
$$= 1 - x^{n+1},$$

---

[18] Mit solchen mitunter arrogant klingenden Äußerungen soll in der mathematischen Literatur darauf hingewiesen werden, dass ein Sachverhalt ganz einfach ist, und sein Nachweis wird meist der Kürze halber ausgelassen.

Abbildung 2.9. Berechnung einer *unendlichen* geometrischen Reihe ohne Worte! Ein Thema, welches uns später noch eingehend beschäftigen wird...

denn jeder Term x^k mit $1 < k < n$ tritt jeweils genau einmal mit einem positiven und einmal mit einem negativen Vorzeichen auf.

Und hier eine weitere Aufgabe, die allerdings etwas schwieriger ist. Aber natürlich sind es genau die *diffizilen* Probleme, die uns reizen...

Aufgabe 2.12. *Beweise, dass die Potenzmenge einer n-elementigen Menge genau 2^n Elemente besitzt.* Hinweis: Zeichne beim Induktionsschritt ein Element aus!

Die Peano-Axiome induzieren eine Anordnung der Elemente von $\mathbb{N}$. Das Gleichheitssymbol ‚=‘ haben wir bereits zur Identifizierung gleicher Elemente verwendet, ohne es genau zu definieren. Formal korrekt schreiben wir $m = n$ für zwei natürliche Zahlen m und n, wenn sie entweder beide die Zahl 1 oder Nachfolger desselben Elementes in $\mathbb{N}$ sind; ansonsten notieren wir $m \neq n$. Für zwei verschiedene natürliche Zahlen m und n schreiben wir $m < n$, falls m nicht unter den Nachfolgern von n auftritt; in diesem Fall sagen wir ‚m *ist kleiner als* n‘. Ferner schreiben wir $m \leq n$ für irgendwelche

$m, n \in \mathbb{N}$, wenn $n < m$ nicht erfüllt ist. Man überzeugt sich leicht, dass dies die gewohnte *Kleiner-Relation* auf $\mathbb{N}$ ist:

$$1 < 2 < 3 < 4 < 5 < \ldots < n < f(n) = n + 1 < \ldots$$

Damit haben wir nun einen Begriff der *Größe* für natürliche Zahlen bereitgestellt.

Dieser Formalismus sollte nicht die wesentliche Idee verschleiern, dass wir nun also unsere Menge $\mathbb{N}$ mit einer *Ordnungsrelation* ausgestattet haben, wir also von *kleinen* und *großen* natürlichen Zahlen sprechen können. Diesen zusätzlichen Vorteil behandelt unser nächstes wichtiges Ergebnis: Statt des Induktionsprinzips verwendet man auch oft den äquivalenten und intuitiv evidenten

Satz 2.5 (Wohlordnung/Prinzip vom kleinsten Element).
Jede nicht-leere Teilmenge $M \subset \mathbb{N}$ besitzt ein kleinstes Element.

Auf Grund dieser Eigenschaft sagt man auch, die natürlichen Zahlen seien **wohlgeordnet** (selbiges gilt übrigens weder für die Menge der ganzen noch für die Menge der rationalen Zahlen aus offensichtlichen Gründen). Die Bedingung einer nicht-leeren Teilmenge ist dabei offensichtlich ganz wesentlich. Beispielsweise besitzt die Menge $\mathbb{P}$ der Primzahlen ein kleinstes Element (nämlich $p = 2$), nicht aber die Menge der Primzahlen, die durch 10 teilbar sind. Hier nun der

Beweis. Wir führen einen indirekten Beweis und nehmen an, dass M eine Teilmenge von $\mathbb{N}$ ohne kleinstes Element ist. Sei $\mathcal{N} := \mathbb{N} \setminus M$. Wäre 1 ein Element von M, so wäre 1 das kleinste Element, also folgt $1 \in \mathcal{N}$. Nun sei $\mathsf{E}(n)$ die Eigenschaft, dass für alle natürlichen Zahlen $m \leq n$ bereits $m \in \mathcal{N}$ gilt. Ist diese Eigenschaft erfüllt, besteht also $\mathsf{E}(n)$, so folgt $n \in \mathcal{N}$. Wir haben bereits gezeigt, dass $\mathsf{E}(1)$ gilt. Können wir noch $\mathsf{E}(n) \Rightarrow \mathsf{E}(n+1)$ für beliebiges n zeigen, dann folgt *per Induktion* nach n, dass $\mathsf{E}(n)$ für alle $n \in \mathbb{N}$ besteht, also $\mathcal{N} = \mathbb{N}$ gilt, womit M leer ist.

Es verbleibt also die Implikation $\mathsf{E}(n) \Rightarrow \mathsf{E}(n+1)$ für beliebiges n zu verifizieren: Gilt $\mathsf{E}(n)$, so liegen alle natürlichen $m \leq n$ in $\mathcal{N}$, weshalb für den Nachweis von $\mathsf{E}(n+1)$ nur noch $n+1 \in \mathcal{N}$ zu zeigen ist. Wäre $n+1 \notin \mathcal{N}$, folgte $n+1 \in M$. Weil aber sämtliche $m \leq n$ nicht in M enthalten sind, wäre somit $n + 1$ ein kleinstes Element von M, ein Widerspruch zur Annahme, dass ein solches nicht existiert. Also gilt $n + 1 \in \mathcal{N}$ und somit $\mathsf{E}(n + 1)$. $\bullet$

Tatsächlich impliziert das Prinzip vom kleinsten Element seinerseits umgekehrt auch das Induktionsprinzip; für den Beweis verweisen wir auf [1].

2.3 Die ganzen und die rationalen Zahlen

Die Menge $\mathbb{Z}$ der ganzen Zahlen entsteht aus $\mathbb{N}$ durch Hinzunahme der Null als bzgl. der Addition neutralem Element, sowie der additiv Inversen $-n$ zu jedem $n \in \mathbb{N}$. Durch Übergang zu dem Quotienten $\mathbb{Q}$, der Menge der rationalen Zahlen bestehend aus den Brüchen $\frac{a}{b}$ mit $a \in \mathbb{Z}$ und $b \in \mathbb{N}$, erhält man eine Obermenge, die auch die multiplikativen Inversen der Zahlen ungleich null enthält. Insbesondere kann in $\mathbb{Q}$ jede lineare Gleichung mit Koeffizienten in $\mathbb{Z}$ bzw. $\mathbb{Q}$ gelöst werden. Jetzt wollen wir – formal korrekt – zuerst die ganzen und dann die rationalen Zahlen (mit den oben angepriesenen Eigenschaften) aus den natürlichen Zahlen heraus konstruieren.

Hierzu benötigen wir ein neues Werkzeug. Gegeben eine Menge M, dann ist eine **Relation** auf M eine Teilmenge $R \subset M \times M$; wir notieren:

$$x \sim_R y \qquad :\Leftrightarrow \qquad (x, y) \in R;$$

wenn aus dem Kontext klar ist, welche Relation R zu Grunde liegt, so schreiben wir auch nur $x \sim y$. Mit der *Kleiner-Relation* ‚$<$' hatten wir im vorangegangenen Abschnitt bereits ein Beispiel kennen gelernt. Eine Relation auf M heißt **Äquivalenzrelation**, wenn gilt:

- **Reflexivität:** $x \sim x$;
- **Symmetrie:** $x \sim y \Rightarrow y \sim x$;
- **Transitivität:** $x \sim y,\ y \sim z \Rightarrow x \sim z$.

Wir lesen $x \sim y$ bzw. $x \sim_R y$ als ‚x ist äquivalent zu y bezüglich R'.

Einen abstrakten Begriff lernt man am besten durch Beispiele und Gegenbeispiele kennen. Der Begriff der *Verwandtschaft* mag im folgenden Sinne als ein erstes, wenngleich unmathematisches Beispiel dienen: Die Symmetrie ist gegeben, weil Verwandtschaft eine gegenseitige Beziehung ist, und weil Verwandte von Verwandten eben wiederum Verwandte sind, ist auch die Transitivität erfüllt.[19]

Für ein ernsthaftes Beispiel sei M die Menge aller Erdlinge. Dann definiert die Vorschrift

$$x \sim y \qquad :\Longleftrightarrow \qquad x, y \quad \text{haben im selben Monat Geburtstag}$$

offensichtlich eine Äquivalenzrelation auf M. Wir beobachten, dass die Menge M bzgl. dieser Äquivalenzrelation in zwölf disjunkte Teilmengen zerfällt,

---

[19] Ähnliches gilt in einem gewissen Sinne für den Begriff der *Freundschaft* bzw. des ‚befreundet sein', welches eine der Ideen hinter dem digitalen Netzwerk facebook ist.

nämlich den verschiedenen Monaten $M_1, \ldots, M_{12}$ von Januar bis Dezember. Hierbei nennen wir diese Zerlegung von M **disjunkt**, weil der Durchschnitt leer ist: $M_j \cap M_k = \emptyset$ für $j \neq k$. Ganz analog können wir die ganzen Zahlen (auch wenn wir diese noch gar nicht formal korrekt eingeführt haben) in zwei disjunkte Teilmengen zerlegen,

$$\ldots, \; -3, \; -\mathbf{2}, \; -1, \; \mathbf{0}, \; 1, \; \mathbf{2}, \; 3, \; \mathbf{4}, \; 5, \; \ldots$$

also in die **geraden** und die ungeraden Zahlen, bzw. als Mengen aufgefasst:

$$G := 2\mathbb{Z} := \{m : m \text{ ist gerade}\} = \{\ldots, -4, -2, 0, 2, 4, \ldots\},$$
$$U := \mathbb{Z} \setminus 2\mathbb{Z} = \{m : m \text{ ist ungerade}\} = \{-3, -1, 1, 3, \ldots\}.$$

Hierzu ist

$$x \sim y \qquad :\Longleftrightarrow \qquad x, y \quad \text{haben dieselbe Parität}$$

eine Äquivalenzrelation auf $\mathbb{Z}$, wobei **Parität** die Zugehörigkeit zu entweder G oder U bezeichnet. Beispielsweise gilt $64 \sim -1002$ sowie $5 \sim 97$, nicht aber die Äquivalenz von 3 und 8. Mit den Mengen der *geraden* bzw. der *ungeraden* Zahlen kann man wie mit Zahlen selbst rechnen, wenn wir folgende Definition von Addition und Multiplikation für Teilmengen $\mathcal{A}, \mathcal{B}$ der ganzen Zahlen vereinbaren:

$$\mathcal{A} + \mathcal{B} := \{a + b : a \in \mathcal{A}, b \in \mathcal{B}\}$$

sowie

$$\mathcal{A} \cdot \mathcal{B} := \{a \cdot b : a \in \mathcal{A}, b \in \mathcal{B}\}.$$

Damit gilt dann für die Mengen der geraden und ungeraden ganzen Zahlen:

$$U + U = G, \quad U + G = G + U = U, \; G + G = G,$$
$$U \cdot U = U, \quad U \cdot G = G \cdot U = G, \quad G \cdot G \subset G;$$

beispielsweise ist die Summe zweier ungerader Zahlen stets eine gerade Zahl bzw. das Produkt einer geraden und einer ungeraden Zahl stets gerade: Für beliebige $k, \ell \in \mathbb{N}$ ist

$$(2k - 1) + (2\ell - 1) = 2(k + \ell - 1), \qquad \text{also} \quad U + U \subset G;$$

Tatsächlich besitzt auch jede gerade Zahl eine Darstellung als Summe zweier ungerader Zahlen (klar), weshalb also sogar $U + U = G$ gilt. Hingegen ist $G \cdot G$ nur enthalten in G, denn die Primzahl 2 besitzt natürlich keine Darstellung als Produkt zweier gerader Zahlen.

Jede Äquivalenzrelation $\sim$ auf einer Menge M induziert eine Zerlegung von M in disjunkte Teilmengen. Dabei ist für jedes Element $x \in M$ die **!**

Äquivalenzklasse von x bezüglich R definiert als die Teilmenge

$$\mathrm{Kl}(x) := \{y \in M \ : \ x \sim y\}.$$

Im obigen Beispiel der Zerlegung der ganzen Zahlen in gerade und ungerade sind die Äquivalenzklassen gegeben durch $G = \mathrm{Kl}(0)$ und $U = \mathrm{Kl}(1)$ (klar). Hierbei hätten wir auch $\mathrm{Kl}(0)$ durch $\mathrm{Kl}(x)$ mit *irgendeiner* geraden Zahl x ersetzen können, also etwa $\mathrm{Kl}(0) = \mathrm{Kl}(42)$, und ebenso $\mathrm{Kl}(1)$ durch $\mathrm{Kl}(y)$ mit *irgendeinem* ungeraden y. Allgemein haben wir

$$M = \bigcup_{x \in M} \mathrm{Kl}(x).$$

Jedoch treten hier unter Umständen Redundanzen auf, d. h. unterschiedliche Elemente x liegen in derselben Äquivalenzklasse. Insofern ist es wünschenswert, eine Zerlegung von M in *disjunkte* Äquivalenzklassen zu haben. Für dieses Ziel beweisen wir zunächst den folgenden

Satz 2.6. *Für jede Äquivalenzrelation $R \subset M \times M$ gilt:*

    (i) $x \in \mathrm{Kl}(x)$;

    (ii) $x \sim y \Leftrightarrow \mathrm{Kl}(x) = \mathrm{Kl}(y)$;

    (iii) $\mathrm{Kl}(x) \neq \mathrm{Kl}(y) \Leftrightarrow \mathrm{Kl}(x) \cap \mathrm{Kl}(y) = \emptyset$.

Beweis. Behauptung (i) folgt sofort aus der *Reflexivität*seigenschaft einer Äquivalenzrelation: $x \sim x$. Für Behauptung (ii) überlegen wir uns: Gilt $\mathrm{Kl}(x) = \mathrm{Kl}(y)$, so ist $x \in \mathrm{Kl}(x) = \mathrm{Kl}(y)$, also $y \sim x$ bzw. $x \sim y$ mit der *Symmetrie*eigenschaft. Sei umgekehrt $x \sim y$ und $z \in \mathrm{Kl}(y)$, so folgt mit der *Transitivität*

$$z \sim y \quad \text{und} \quad y \sim x \quad \Rightarrow \quad z \sim x.$$

Damit ist $z \in \mathrm{Kl}(x)$, und da $z \in \mathrm{Kl}(y)$ beliebig war, ergibt sich $\mathrm{Kl}(y) \subset \mathrm{Kl}(x)$. Auf Grund der Symmetrie dieses Argumentes in x und y gilt ebenfalls $\mathrm{Kl}(x) \subset \mathrm{Kl}(y)$, was (ii) liefert. Symmetrieargumente wie dieses sind weit verbreitet in der Mathematik und liefern oftmals kurze Beweise auf elegante Weise. Zum Beweis von Aussage (iii) sei $z \in \mathrm{Kl}(x) \cap \mathrm{Kl}(y) \neq \emptyset$. Dann ist $z \sim x$ und $z \sim y$, also ergibt sich wiederum mit der *Transitivität*

$$x \sim y \quad \Rightarrow \quad \mathrm{Kl}(x) = \mathrm{Kl}(y).$$

Ist $\mathrm{Kl}(x) = \mathrm{Kl}(y)$, so gilt $\mathrm{Kl}(x) \cap \mathrm{Kl}(y) = \mathrm{Kl}(x) \neq \emptyset$, da ja $x \in \mathrm{Kl}(x)$. Damit ist auch (iii) verifiziert. • (Man beachte, dass wir hierbei sämtliche Eigenschaften einer Äquivalenzrelation benutzt haben!)

Jedes Element $x \in \mathrm{Kl}(x)$ ist ein **Repräsentant** seiner Äquivalenzklasse $\mathrm{Kl}(x)$; jedoch ist i.A. ein solcher Repräsentant nicht eindeutig bestimmt, denn jedes weitere Element von $\mathrm{Kl}(x)$ (wenn existent) ist ebenfalls ein Repräsentant derselben. Diese Uneindeutigkeit ist jedoch im Hinblick auf die bzgl. der zu Grunde liegenden Äquivalenzrelation bereitgestellte Information nicht relevant; mit Hilfe des Zusammenfassens vieler ähnlicher Objekte vereinfacht sich die zu untersuchende Situation erheblich. Wir nennen eine minimale Menge von Repräsentanten disjunkter Äquivalenzklassen, die in ihrer Vereinigung die gesamte Menge geben, ein **vollständiges Repräsentantensystem.**

Ein weiteres wichtiges, wenn auch nicht sonderlich anspruchsvolles Beispiel in diesem Kontext liefert die Gleichheitsrelation ‚=‘. Die *Gleichheit* natürlicher Zahlen ist eine Äquivalenzrelation auf $\mathbb{N}$ gegeben durch die Relation

$$R = \{(m, n) \in \mathbb{N} \times \mathbb{N} : m = n\};$$

die Verifizierung ist trivial. Die Äquivalenzklassen sind hierbei allesamt einelementig: $\mathrm{Kl}(x) = \{x\}$. Hingegen definiert die *Kleiner/Gleich-Relation* ‚$\leq$‘ zwar eine Relation, aber keine Äquivalenzrelation, denn die Symmetrie ist i. A. nicht gewährleistet, da ja z. B. $3 \leq 7$, aber die Umkehrung gilt sicherlich nicht.

Aufgabe 2.13. *Sei M eine endliche Menge und 2^M die zugehörige Potenzmenge. Zeige, dass*

$$A \sim B \quad :\Longleftrightarrow \quad A \text{ und } B \text{ haben dieselbe Anzahl von Elementen}$$

eine Äquivalenzrelation auf 2^M definiert.

Sei nun R eine Äquivalenzrelation auf der Menge M. Der **Quotient** M/R von M bezüglich R ist definiert als die Menge der Äquivalenzklassen von R, d. h.

$$M/R := \{\mathrm{Kl}(x) : x \in M\}.$$

Die so genannte **kanonische Projektion** $p : M \to M/R, x \mapsto \mathrm{Kl}(x)$ ist eine Abbildung von M in den Quotienten M/R. Beispielsweise gilt in unserem Beispiel der Zerlegung der ganzen Zahlen in gerade und ungerade

$$\mathbb{Z}/\sim \; = \{G, U\}$$

und die kanonische Projektion bildet u. a. wie folgt ab: $2 \mapsto G, 4 \mapsto G, 5 \mapsto U$, und so weiter.

Nun wollen wir (endlich!) die Menge $\mathbb{Z}$ der ganzen Zahlen formal korrekt aus der Menge $\mathbb{N}$ der natürlichen Zahlen heraus konstruieren. Zur

Einführung der negativen ganzen Zahlen betrachten wir zunächst *Diffe-renzen* $a - b$ natürlicher Zahlen. Nun ist aber diese Differenz nur für $a > b$ eine natürliche Zahl, nicht aber in den verbleibenden Fällen $a \leq b$ (auch ist das Minuszeichen im Prinzip erklärungsbedürftig); deshalb gehen wir einen *Umweg*: Wir betrachten *geordnete Paare* $(a, b) \in \mathbb{N}^2 := \mathbb{N} \times \mathbb{N}$, wobei *ge-ordnet* hier bedeutet, dass genau dann $(a, b) = (c, d)$ gilt, wenn $a = c$ und $b = d$. Nun identifizieren wir Paare, welche die gleiche Differenz besitzen (wie etwa $(5, 3)$ und $(12, 10)$) mittels der Äquivalenzrelation

$$(a, b) \sim (m, n) \qquad : \Longleftrightarrow \qquad a + n = b + m;$$

dass dies tatsächlich eine Äquivalenzrelation auf $\mathbb{N}^2$ ist, ergibt sich ganz ähn-lich wie das Argument, welches *Gleichheit* als Äquivalenzrelation überführt. (Man beachte, dass wir hier nur die bereits in $\mathbb{N}$ erklärte Addition verwen-den und keine Differenz explizit auftritt!) Wir bezeichnen nun die Äquiva-lenzklassen kurz mit $[a, b]$ und nennen eine jede solche eine **ganze Zahl** (zunächst ohne an die uns anvisierten ganzen Zahlen zu denken); ferner setzen wir $\mathbb{Z}$ für deren Gesamtheit. Wir finden die uns wohl bekannten natürlichen Zahlen als Teilmenge wieder:

$$\mathbb{N} \subset \mathbb{Z} \qquad \text{vermöge} \qquad \varphi : \mathbb{N} \to \mathbb{Z}, \ n \mapsto [n + 1, 1]$$

(denn $n = n + 1 - 1 = n + 2 - 2 = n + 3 - 3 = \ldots$). Als Nächstes sind nun Addition und Multiplikation in $\mathbb{Z}$ zu erklären. Wir setzen

$$[a, b] + [c, d] := [a + c, b + d];$$

man beachte, dass hier die Addition links in *natürlicher* Art und Weise durch die in $\mathbb{N}$ (rechts) definiert ist. Analog definiert man die Multiplikation durch

$$[a, b] \cdot [c, d] := [ac + bd, bc + ad].$$

Diese Vorschriften sind **wohldefiniert**, d. h. unabhängig von den gewählten Repräsentanten, denn z. B. zeigt sich für die Multiplikation mit $[a, b]$:

$$(c, d) \sim (m, n) \Rightarrow c + m = d + n$$
$$\Rightarrow ac + bd + bn + am = bc + ad + an + bm$$
$$\Rightarrow (ac + bd, bc + ad) \sim (an + bm, bn + am),$$

also

$$[a, b] \cdot [c, d] = [a, b] \cdot [m, n].$$

Nun ist noch zu zeigen, dass diese neuen Operationen in $\mathbb{Z}$ kompatibel mit denen aus $\mathbb{N}$ sind, also die bereits erklärte Addition und Multiplikation natürlicher Zahlen fortsetzen. Beispielsweise gilt

$$[n+1,1] \cdot [m+1,1] = [nm+n+m+1, n+1+m+1] = [nm+1,1],$$

also $\varphi(n) \cdot \varphi(m) = \varphi(n \cdot m)$ mit der oben definierten Abbildung φ. Zur Vereinfachung ersetzen wir nun die lästige ‚Äquivalenzklassenschreibweise' und notieren ganze Zahlen in der uns gewohnten Weise. Die Null ‚0' tritt dabei als die Äquivalenzklasse $[k,k]$ mit einer beliebigen natürlichen Zahl k auf und das *additiv Inverse* $-[n+1,1]$ einer beliebigen, aber festen natürlichen Zahl $n = [n+1,1]$ erklärt sich als $[1, n+1]$. Schließlich gelten noch die üblichen (aber wichtigen!) Rechengesetze, nämlich neben den Regeln $a + 0 = a$ sowie $a \cdot 1 = a$ ferner

- *Assoziativität:* $(a+b)+c = a+(b+c)$　　und　　$(ab)c = a(bc)$,
- *Kommutativität:* $a+b = b+a$　　und　　$ab = ba$,
- *Distributivität:* $a(b+c) = ab + ac$

für alle $a, b, c \in \mathbb{Z}$. Auch hier folgen wir der Konvention ‚*Punktrechnung vor Strichrechnung*' und lassen das Multiplikationssymbol nach Belieben aus. Ferner schreiben wir statt $a + (-b)$ im Folgenden $a - b$, womit nun beliebige Differenzen ganzer Zahlen eingeführt sind.

Aufgabe 2.14. *Verifiziere die oben aufgeführten Rechengesetze.*

Nun wollen wir noch eine weitere, uns intuitiv klare Aussage über ganze Zahlen betrachten: *Gilt $ab = 0$ für $a, b \in \mathbb{Z}$, dann ist $a = 0$ oder $b = 0$.* Nach Definition der Multiplikation gilt (s. o.) nämlich

$$[a+1,1] \cdot [b+1,1] = [ab+a+b+1, a+1+b+1] = [ab+1,1] \neq [1,1].$$

Also gilt die Aussage für natürliche Zahlen a, b. In ähnlicher Weise schließt man bei den verbleibenden Fällen, wo mindestens einer der Faktoren eine ganze, aber nicht natürliche Zahl ist. Diese wirklich simple Eigenschaft ganzer Zahlen, im Produkt verschieden von Null zu sein, wenn sämtliche Faktoren ungleich Null sind, wird später eine wichtige Rolle spielen.

Aufgabe 2.15 (Bibliotheksaufgabe). *Gehe in die Bibliothek Deiner Schule oder Hochschule und suche nach den Begriffen ‚Nullteiler' und ‚nullteilerfrei'. Gib Zitate für Deine Entdeckungen an (so wie auch in der Fachliteratur zitiert wird) und setze den Begriff in Zusammenhang mit den Objekten dieses Buches!*

Die Ordnungsrelationen ‚<' und ‚≤' übertragen sich in natürlicher Weise von $\mathbb{N}$ auf $\mathbb{Z}$ (von ‚=' ganz zu Schweigen). Das ist nichts Neues, aber schauen wir uns das Ganze an einem kleinen Beispiel an. Mit diesen Ordnungsrelationen geht in natürlicher Art und Weise ein Begriff der *Größe* einher. Basierend auf einer Idee des Neunjährigen Milton Sirotta wird seit 1938 ein *googol* definiert als 10^{100}, was sich kürzer spricht als *zehn Sexdezilliarden* oder auch *Sedezilliarden*. Die wohl absichtlich ähnlich klingende, weit verbreitete Suchmaschine im Internet ist mittlerweile deutlich populärer als diese kreative Wortschöpfung mathematischer Sprache, was vielleicht am täglichen Herumtreiben in den Weiten der virtuellen Welt und den dort seltener aufzufindenden großen Zahlen liegt. Trotzdem ist 10^{100} keine große Zahl, denn wir können uns unschwer wesentlich größere Zahlen denken.

Nun wollen wir wirklich *große* Zahlen kennen lernen. Für eine natürliche Zahl n sei die **Fakultät** erklärt durch

$$n! = \prod_{k=1}^{n} \qquad \text{sowie} \qquad 0! = 1$$

(in Übereinstimmung mit unserer Konvention des leeren Produktes); wir sagen für $n!$ einfach „n *Fakultät*". Beispielsweise ist $3! = 1 \cdot 2 \cdot 3 = 6$ und $4! = 1 \cdot 2 \cdot 3 \cdot 4 = (3!) \cdot 4 = 24$. Die Fakultät $n!$ wächst rasant mit n, wie etwa

$$
\begin{aligned}
6! &= 720, \\
16! &= 20.922.789.888.000, \\
26! &= 403.291.461.126.605.635.584.000.000, \\
36! &= 371.993.326.789.901.217.467.999.448.150.835.200.000.000
\end{aligned}
$$

illustriert. Die Fakultät hat folgende interessante Eigenschaft: Gegeben irgendeine (noch so große) natürliche Zahl N, gibt es ein n, so dass $n! > N$. Tatsächlich ist es gar nicht so einfach, diese Fakultäten *in Sprache zu fassen*; selbst mit Konstrukten wie dem *googol* stößt man hier früher oder später an Grenzen, was uns aber nicht weiter stören muss.

Aufgabe 2.16. *Finde $m, n \in \mathbb{N}$, so dass*

$$m! < 10^{100} < (m+1)! \qquad und \qquad 2^n < 10^{100} < 2^{n+1}.$$

Ohne Computereinsatz ist dies keine leichte Aufgabe :-)

Wir verbleiben noch ein wenig bei dem einfach anmutenden Thema der Grundrechenarten. Wiederholung einer mathematischen Vorschrift kann unter gewissen Umständen zu sehr interessanten Phänomenen führen. Der Mathematiker Dattathreya Ramachandra Kaprekar entdeckte 1949 folgende Seltsamkeit: Nimmt man eine dreistellige natürliche Zahl, bei der nicht sämtliche Ziffern gleich sind (die also keine Schnapszahl ist), und bildet aus deren Ziffern die größtmögliche und kleinstmögliche natürliche Zahl sowie deren Differenz, dann ergibt sich eine neue dreistellige natürliche Zahl mit der man wiederum so verfährt. Dann entsteht früher oder später die Zahl **954**, die diese Vorschrift unverändert lässt. Ein Beispiel:

$$743 \; \to \; 963 \; \to \; \mathbf{954}$$

(denn $743 - 347 = 396$, was als Nächstes auf $963 - 369 = 594$ usw. führt).

Aufgabe 2.17. *Begründe dieses Verhalten! Was kannst Du bei vierstelligen natürlichen Zahlen beobachten? Was passiert bei derselben Vorschrift für fünfstellige Zahlen? Was für zweistellige?* ⟨Diese Aufgabe wird in Abschn. 9.3 besprochen!⟩ ∗

Wichtige Operationen Zahlen miteinander zu verknüpfen, sind etwa die Addition und die Multiplikation; all die von uns betrachteten Zahlenuniversen sind bzgl. dieser Verknüpfungen abgeschlossen. Das gilt für $\mathbb{N}$ und auch für $\mathbb{Z}$. Tatsächlich auch für den nächsten Zahlbereich, dem wir uns nun widmen wollen.

Die rationalen Zahlen sind die Brüche $\frac{a}{b}$, die aus ganzen Zahlen a und b gebildet werden können, wobei natürlich $b = 0$ verboten ist und wir zudem noch für den Nenner $b \in \mathbb{N}$ fordern. Allerdings tritt hier das Phänomen auf, dass verschiedene Brüche denselben Wert besitzen, etwa $\frac{10}{25} = \frac{6}{15}$, stets jedoch kann man einen *eindeutigen gekürzten Bruch* angeben, im letzten Beispiel $\frac{2}{5}$. Dabei wird der *größte gemeinsame Teiler* des Zählers a und des Nenners b jeweils herausdividiert:

$$\frac{6}{15} = \frac{\mathbf{3} \cdot 2}{\mathbf{3} \cdot 5} = \frac{2}{5}.$$

Tatsächlich ist der größte gemeinsame Teiler ein Begriff, den wir erst später (nämlich im nächsten Kapitel) einführen und ausführlich studieren wollen. Hier und jetzt wollen wir die Mehrdeutigkeit der Brüche auf eine elegante Art behandeln, um damit die Menge $\mathbb{Q}$ der rationalen Zahlen aus der Menge $\mathbb{Z}$ der ganzen Zahlen heraus zu konstruieren. Erinnern wir uns an die Frage in Abschn. 1.1 nach Punkten mit ganzzahligen Koordinaten auf der Ursprungsgeraden, welche durch die Gleichung $2X = 5Y$ beschrieben wird. Für alle Punkte (x, y) mit dieser Eigenschaft und $x \neq 0$ gilt $\frac{y}{x} = \frac{2}{5}$, welches auch gleich der Steigung dieser Geraden ist. In diesem Sinne können wir alle rationalen Zahlen $\frac{y}{x}$ mit der Größe $\frac{2}{5}$ identifizieren (bloß die Null macht Probleme). Diese Idee wollen wir nun formalisieren.

Hierzu betrachten wir die durch

$$(a, b) \sim (c, d) \qquad :\Longleftrightarrow \qquad ad = bc$$

auf $\mathbb{N}$ erklärte Äquivalenzrelation. (Das dies tatsächlich eine solche ist, sieht mittlerweile unser geübtes Auge; die Skeptikerin rechne dieses im Detail nach!) Identifizieren wir nun das geordnete Paar $(a, b) \in \mathbb{N}^2$ mit dem Bruch $\frac{a}{b}$, so bestehen die Äquivalenzklasse von (a, b) genau aus den Brüchen $\frac{c}{d}$ gleichen Wertes, denn es gilt

$$\frac{a}{b} = \frac{c}{d} \qquad \Longleftrightarrow \qquad ad = bc.$$

Auf diese Art und Weise erhalten wir die Menge $\mathbb{Q}_+$ aller positiven rationalen Zahlen $\frac{a}{b}$ als die Menge der Äquivalenzklassen $\mathbb{N}/\sim$. Wir erklären nun die Addition vermöge

$$\frac{a}{b} + \frac{m}{n} = \frac{an + bm}{bn} \qquad \text{bzw.} \qquad (a, b) + (m, n) := (an + bm, bn)$$

und die Multiplikation durch

$$\frac{a}{b} \cdot \frac{m}{n} = \frac{am}{bn} \qquad \text{bzw.} \qquad (a, b) \cdot (m, n) := (am, bn).$$

Mit der *Differenzenbildung*, also dem Prozess mit dem wir $\mathbb{Z}$ aus $\mathbb{N}$ gewonnen haben, können wir dann die **Menge $\mathbb{Q}$ aller rationalen Zahlen** konstruieren. Dabei finden wir die ganzen Zahlen a unter den rationalen Zahlen (a, b) als diejenigen wieder, für die $b = 1$ gilt.

Die Ordnungsrelationen ,$<$' und ,$\leq$' setzen wir in natürlicher Weise auf $\mathbb{Q}$ fort; z. B.

$$\frac{a}{b} \leq \frac{c}{d} \qquad :\Longleftrightarrow \qquad ad \leq bc$$

für $b, d \in \mathbb{N}$; dabei ist die rechte Seite der Äquivalenz bereits durch die Ordnungsrelation ,$\leq$' in $\mathbb{Z}$ erklärt.

> **!**   *<u>Vorsicht:</u> Multiplikation mit einer negativen Zahl kehrt die Relationszeichen ,$<$' und ,$\leq$' um!*

Schließlich sei noch eine sehr wichtige Eigenschaft rationaler Zahlen erwähnt: Sämtliche linearen Gleichungen

$$bX + a = 0$$

mit rationalen Koeffizienten $a, b \neq 0$ sind in $\mathbb{Q}$ *eindeutig* lösbar (mit der expliziten Lösung $x = -\frac{a}{b}$). Der Beweis dieser Aussage ergibt sich unmittelbar aus den Rechenregeln für rationale Zahlen. Mit derselben Argumentation bezwingt man auch folgende

Aufgabe 2.18. *Ein Spunk kostet ursprünglich 128 Goldstücke. Pippi kauft einen solchen zu einem Rabatt von 12,5 Prozent. Später verkauft sie den Spunk zu einem Preis, der 12,5 Prozent über ihrem Einkaufspreis liegt. Wieviel Gold erhält Pippi?*

Nach diesen ganzen formalen Konstruktionen nicht wirklich überraschender Objekte mit wohlbekannten Eigenschaften wollen wir nun einige Untersuchungen kombinatorischer Natur anstellen. Kombinatorik ist die *Kunst des Zählens*. Für ganze Zahlen $0 \le k \le n$ ist der **Binomialkoeffizient** definiert durch

$$\binom{n}{k} = \frac{n!}{k!(n-k)!};$$

gesprochen ,*n über k*'. Lösen wir die Fakultäten rechts auf und Kürzen, so ergibt sich

$$\binom{n}{k} = \frac{n \cdot (n-1) \cdot \ldots \cdot (n-k+1)}{1 \cdot 2 \cdot \ldots \cdot k}.$$

Ferner sei $\binom{n}{k} = 0$ für $k > n$ bzw. $k < 0$.

Aufgabe 2.19. *Zeige für natürliche Zahlen $k, n \ge 1$*

$$\binom{n}{k} = \binom{n-1}{k-1} + \binom{n-1}{k}$$

Erinnere Dich an das Pascalsche Dreieck aus dem Schulunterricht und bringe dieses mit der obigen Formel in Zusammenhang. ⟨Diese Aufgabe wird in Abschn. 9.4 besprochen!⟩

✱

Satz 2.7. *Die Anzahl aller k-elementigen Teilmengen einer n-elementigen Menge ist $\binom{n}{k}$. Insbesondere sind Binomialkoeffizienten ganzzahlig.*

Beweis per Induktion nach n. Zunächst der Induktionsanfang $\underline{n = 1}$: Eine ein-elementige Menge $\{a_1\}$ besitzt mit der leeren Menge $\emptyset$ genau eine null-elementige Teilmenge und mit $\{a_1\}$ genau eine ein-elementige Teilmenge in Übereinstimmung mit $\binom{1}{0} = 1$ und $\binom{1}{1} = 1$. Nun der Induktionsschritt $\underline{n \mapsto n+1}$: Angenommen, die Behauptung sei für alle n-elementigen Teilmengen $A_n = \{a_1, \ldots, a_n\}$ von $A_{n+1} = \{a_1, \ldots, a_n, a_{n+1}\}$ wahr. Die Fälle $k = 0$ und $k = n+1$ sind trivial. O.B.d.A. sei also $1 \le k \le n$. Hierbei steht ,O.B.d.A.' für *Ohne Beschränkung der Allgemeinheit*; mit dieser recht weitverbreiteten Worten ist gemeint, dass die nachstehende Einschränkung unwesentlich für die weitere Argumentation ist. Weiter im Beweis: Jede k-elementige Teilmenge von A_{n+1} gehört zu genau einer der folgenden disjunkten Mengen:

- J sei die Menge aller k-elementigen Teilmengen, die a_{n+1} enthalten;

- N sei die Menge aller k-elementigen Teilmengen, die a_{n+1} *nicht* enthalten.

Die Anzahl der Elemente von N ist gleich der Anzahl der k-elementigen Teilmengen von A_n, also nach Induktionsvoraussetzung gleich $\binom{n}{k}$. Die Mengen in J hingegen enthalten alle neben a_{n+1} weitere $k-1$ Elemente aus A_n, womit J nach Induktionsvoraussetzung $\binom{n}{k-1}$ Elemente besitzt. Mit der vorangegangenen Aufgabe ergeben sich somit

$$\binom{n}{k} + \binom{n}{k-1} = \binom{n+1}{k}$$

k-elementige Teilmengen von A_{n+1}. Ferner sind damit die als Brüche definierten Binomialkoeffizienten (als Anzahl) sogar ganze Zahlen. ●

Dies lädt natürlich ein, gleich die Chancen in der Lotterie zu prüfen:

Aufgabe 2.20. *Berechne die Wahrscheinlichkeit eines Volltreffers beim Lotto* 6 aus 49.[20]

In diesem Zusammenhang sind die binomischen Formeln $(x \pm y)^2 = x^2 \pm 2xy + y^2$ und deren Analoga zu höheren Potenzen als der zweiten zu erwähnen; hier bilden die Binomialkoeffizienten eben die Faktoren bei den jeweiligen Potenzen der variablen Größen x und y.

Aufgabe 2.21. *Beweise den* **Binomischen Lehrsatz**, *dass nämlich für beliebige reelle Zahlen x, y und $n \in \mathbb{N}$ gilt*

$$(x + y)^n = \sum_{k=0}^{n} \binom{n}{k} x^{n-k} y^k$$

und folgere $\sum_{k=0}^{n} \binom{n}{k} = 2^n$. Wo finden sich die auftretenden Binomialkoeffizienten im Pascalschen Dreieck wieder? ⟨Diese Aufgabe wird in Abschn. 9.4 besprochen!⟩

Abschließend etwas *Familien*mathematik. In dem folgenden Beispiel tauchen tatsächlich viele Begriffe und Argumente aus diesem zweiten Kapitel auf, so dass wir damit gewissermaßen das bislang Angegange resümieren.

Wir betrachten die Iteration

$$\frac{a}{b} \quad \mapsto \quad \frac{a}{a+b}, \quad \frac{a+b}{b}$$

---

[20] Im Sinne eines so genannten Laplace-Experimentes, also als Quotient der Anzahl der günstigen Möglichkeiten dividiert durch die Anzahl aller Möglichkeiten.

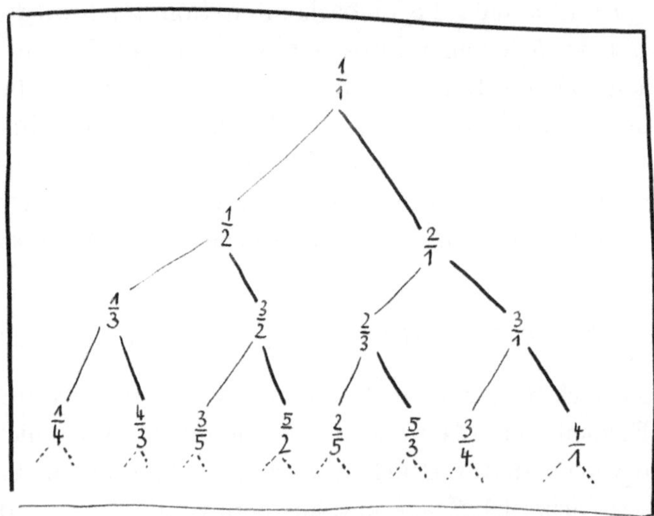

Abbildung 2.10. Die ersten Generationen des Calkin-Wilf-Baumes.
In welcher Generation kommt Deine Lieblingszahl?

und nennen die Zahlen $\frac{a}{a+b}$ und $\frac{a+b}{b}$ das *linke* bzw. das *rechte Kind* von $\frac{a}{b}$ und $\frac{a}{b}$ ist die *Mutter* ihrer Kinder. Wir definieren induktiv den Begriff der *Generation* wie folgt: Die Zahl $\frac{1}{1}$ bildet die erste Generation; die $(n+1)$-te Generation ist die Menge all der Kinder mit einer Mutter in der n-ten Generation. Das Konstrukt, welches sich aus diesen Abhängigkeiten ergibt, kann man schön in einem so genannten *binären Baum*[21] mit Startwert $\frac{1}{1}$ veranschaulichen; die ersten vier Generationen entnimmt man der beistehenden Abb. 2.10.

Dieser so genannte **Calkin-Wilf-Baum** besitzt erstaunliche Eigenschaften. So bewiesen die Mathematiker Neil Calkin and Herbert Wilf[22] (vor kaum mehr als zehn Jahren!) den bemerkenswerten

Satz 2.8. *Der Calkin-Wilf-Baum enthält jede positive rationale Zahl genau einmal und zwar als gekürzten Bruch (d. h. Zähler und Nenner sind teilerfremd).*

Beweis. Zunächst zeigen wir, dass jedes Element des Baumes ein Bruch in gekürzter Form ist. Dazu beobachten wir, dass mit jedem Paar teilerfremder

---

[21] Bäume, bzw. allgemeiner Graphen, spielen eine wichtige Rolle bei Suchalgorithmen, Routenplanung, u. v. m. Mit diesem Zweig der Mathematik beschäftigt sich die Graphentheorie.

[22] N. CALKIN, H. WILF, Recounting the rationals. *Amer. Math. Monthly* **107** (2000), 360–363.

ganzer Zahlen a und b auch die Linearkombination $a + b$ wiederum teilerfremd ist zu a bzw. b (einen rigorosen Beweis hiervon lernen wir in Abschn. 3.1 kennen). Da die Iteration von $\frac{1}{1}$ startet, folgt per Induktion, dass
tatsächlich jedes Element des Calkin-Wilf-Baumes ein gekürzter Bruch ist.

Als Nächstes beweisen wir, dass jede positive rationale Zahl in dem
Baum auftritt. Dazu definieren wir die *Länge* von $\frac{a}{b} \in \mathbb{Q}^+$ mit $a, b \in \mathbb{N}$ als
$\ell(\frac{a}{b}) := a + b$ (die Länge ist also eine natürliche Zahl). Wir betrachten die
Menge

$$\mathbf{N} = \left\{ \ell(\tfrac{a}{b}) \, : \, \tfrac{a}{b} \in \mathbb{Q}^+ \text{ ist kein Element des Baumes} \right\} \subset \mathbb{N}.$$

Dann besitzt $\mathbf{N}$ nach Satz 2.5 auf Grund der Wohlordnung von $\mathbb{N}$ entweder
ein *kleinstes* Element oder $\mathbf{N}$ ist leer. Angenommen, $\mathbf{N}$ ist nicht-leer und
$\frac{a}{b}$ ist ein positiver gekürzter Bruch *minimaler* Länge, der nicht im Baum
auftritt. Dann ist sicherlich $\frac{a}{b} \neq \frac{1}{1}$ und aus dem Bildungsgesetz des Baumes
folgt, dass ebenso $\frac{a}{b-a}$ bzw. $\frac{a-b}{b}$, gewissermaßen die Mutter von $\frac{a}{b}$, nicht auftritt. Nun haben diese beiden Brüche die Länge b bzw. a, was beides echt
kleiner ist als $\ell(\frac{a}{b}) = a + b$. Dies ist ein Widerspruch zu unserer Annahme
über die *Minimalität* von $\frac{a}{b}$. Also gilt $\mathbf{N} = \emptyset$, und somit tritt jeder positive gekürzte Bruch mindestens einmal auf. Der Nachweis, dass jeder solche
gekürzte Bruch tatsächlich genau einmal auftritt, folgt mit einem ähnlichen
Argument. •

Aufgabe 2.22. *Vervollständige den obigen Beweis; zeige also, dass jeder
gekürzte Bruch des Calkin-Wilf-Baumes genau einmal auftritt.*

Mathematik, und Zahlentheorie insbesondere, sind Spielwiesen für Experimentieren und Vermuten. In dem Calkin-Wilf-Baum sind viele interessante Eigenschaften zu entdecken.

Aufgabe 2.23. *Wo befinden sich die natürlichen Zahlen im Calkin-Wilf-
Baum? Und wo treten die Stammbrüche auf, also die Brüche der Form $\frac{1}{n}$
mit $n \in \mathbb{N}$? Was kannst Du über Paare rationaler Zahlen $\frac{a}{b}$ und $\frac{b}{a}$ sagen?
Beweise Deine Beobachtungen!*

Die elegante Abzählung der positiven rationalen Zahlen von Calkin und Wilf
wirft folgende Frage auf: Wo ist ein Bruch im Calkin-Wilf-Baum zu finden?
– etwa $\frac{355}{113}$? Auch mit dieser Frage werden wir uns später noch beschäftigen.

* * * * *

In diesem zweiten Kapitel haben wir die Grundlagen der Logik und der Mengenlehre behandelt. Darauf aufbauend haben wir die für die Zahlentheorie relevanten Zahlbereiche eingeführt und gegenüber dem in der Schule behandelten Stoff wahrscheinlich nur wenig Neues mitgeteilt. Hervorzuheben ist allerdings unsere Herangehensweise, insbesondere die Betonung der Beweise von Aussagen und das methodische Vorgehen.

Vielleicht wurde bei der Lektüre bemerkt, dass die Beweise (und auch die Darstellung des Stoffes insgesamt) im Verlaufe dieses zweiten Kapitels (aber auch im Weiteren) mit zunehmender Seitenzahl immer kürzer gehalten werden. Dies reflektiert die (hoffentlich) wachsende Fähigkeit des Lesers bzw. der Leserin, eigenständig Beweise aufarbeiten zu können, dabei kleine Lücken zu füllen, mathematisch korrekt zu argumentieren sowie mit abstrakten Begriffen umgehen zu können.

Weitere Aufgaben zum zweiten Kapitel

Textaufgaben sind nicht zu unterschätzen. In vielen Anwendungen liegt ein Problem zu Beginn nicht in mathematischer Form vor. In diesem Fall sind aus dem Kon*text* die wesentlichen Informationen zu extrahieren und in eine mathematische Sprache zu bringen. Genau diese *Modellbildung* wird durch Textaufgaben geübt!

Aufgabe 2.24. *Der Apfelbestand im Garten soll kontrolliert werden. Jeder Apfel ist entweder von genau einem oder keinem Wurm befallen und jeder Wurm besetzt genau einen Apfel, womit dieser nicht mehr verwertbar ist.*

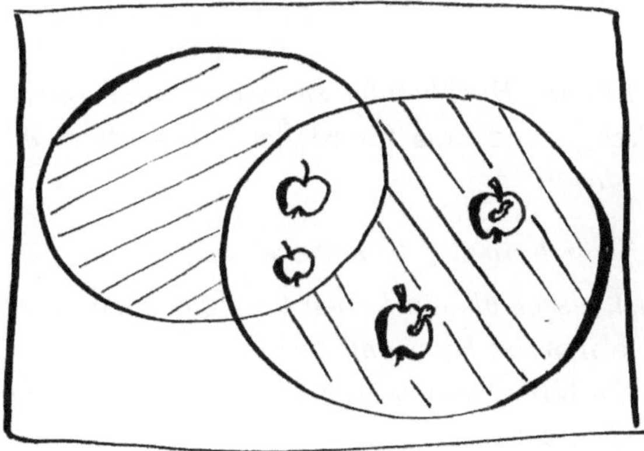

Abbildung 2.11. Ein Venn-Diagramm bei der Apfelernte hilft manchmal in delikaten Situationen.

Damit ergibt sich die ‚Apfelgleichung'

$$\text{Anzahl} = \sharp\ddot{A}pfel - \sharp W\ddot{u}rmer$$

für die Anzahl der verwertbaren Äpfel. Hierbei steht $\sharp M$ für die Anzahl der Elemente von M. Betrachte die folgenden Aussagen:

- *P: Die Bäume B_1 und B_2 haben gleich viele Äpfel.*
- *W: Die Bäume B_1 und B_2 haben gleich viele Würmer.*
- *A: Die Anzahl verwertbarer Äpfel von B_1 und B_2 ist gleich.*

Bestimme den Wahrheitsgehalt der Aussagen $(P \wedge W) \Rightarrow A$ und $A \Rightarrow (P \wedge W)$.

Aufgabe 2.25. *Löse die folgende Aufgabe mit Hilfe eines Venn-Diagramms: Bei einer Party sind einhundert Gäste. Zum Nachtisch gibt es Apfel-, Pflaumen- und Schokoladenkuchen. Sechzig Gäste essen vom Apfelkuchen, fünfzig vom Pflaumenkuchen und 45 essen vom Schokoladenkuchen. Insbesondere naschen dreißig Leute von beiden Obstkuchen und auch dreißig sowohl vom Apfel- als auch vom Schokoladenkuchen, wohingegen zwanzig Gäste ein Stück Pflaumen- und ein Stück Schokoladenkuchen zusammen bevorzugen. Insgesamt gibt es sogar zehn Gäste, die ein Stück von allen drei Sorten verzehren. Gibt es auch Anwesende, die gar keinen Nachtisch hatten? Und, wenn ja, wie viele? Erläutere Deine Überlegungen!*

Logische Schlüsse bilden die Grundlage jeglicher Mathematik, in Form der Aussagenlogik bilden sie einen unverzichtbaren Bestandteil mathematischer Sprache. Im herkömmlichen Sprachgebrauch werden jedoch gewisse Wörter oftmals anders benutzt, was zu Irritationen führen kann. Hier zwei Beispiele:

Aufgabe 2.26. *Ein im Buchhandel zu erwerbendes Buch heißt* „Rezepte ohne Milch, Ei, Weizen und Soja für Kinder". *Diskutiere diesen Titel (mit Hilfe der Aussagenlogik).*

Aufgabe 2.27. *Neulich an der Käsetheke:*

- Nichts *ist besser als ein Leben lang glücklich zu sein,*
- *ein* **Käsebrot** *ist besser als* nichts;
- *also ist ein* **Käsebrot** *besser als ein Leben lang glücklich zu sein!*

Was stimmt hier nicht?[23]

---

[23] Frei übersetzt nach einem Fund in: T. GOWERS *The Princeton Companion to Mathematics*, Princeton University Press, 2008.

Aufgabe 2.28. *Es bezeichne* M *die Menge bestehend aus den drei Gegenständen* Schere, Stein *und* Papier. *Diskutiere das* Schere-Stein-Papier-Spiel *(auch als* ‚Schnick-Schnack-Schnuck' *bekannt) bzgl. der Relation*

$$x \leq y \quad : \Longleftrightarrow \quad x \quad \text{verliert nicht gegen} \quad y.$$

Was ergibt sich, wenn zusätzlich ein Brunnen *ins Spiel kommt? Eine Relation* R *heißt* **antisymmetrisch**, *wenn* $x, y, z \in M$ *existieren, so dass* xRy, yRz *gelten, aber nicht* xRz. *Ist dies hier der Fall?*

Nicht zu unterschätzen ist der Formalismus in der Mathematik. Formeln gehören zum technischen Rüstzeug und sollen komplizierte Sachverhalte präzise ausdrücken. Insofern ist es wichtig, abstrakte Begriffe und Notationen zu meistern. Dies erlernt sich am einfachsten durch den praktischen Umgang mit denselben. Dem Physiker Stephen Hawking wird folgendes Zitat zugesprochen: „*Jede mathematische Formel in einem Buch halbiert die Verkaufszahl dieses Buches.*" Wir hoffen, dass sich dies nicht auf Mathematikbücher bezieht (und vielleicht auch nicht auf Bücher zur Physik oder anderen Naturwissenschaften). Hier jedenfalls einige Aufgaben zum Kompetenzerwerb, was den sicheren Umgang mit Formeln anbelangt.

Aufgabe 2.29. *(zur Übung der Summen- und Produktzeichen)*

    (i) *Schreibe die Summe*

$$\sum_{k=0}^{5} (-2)^k (k+1)(k+2)$$

ausführlich auf und berechne sie. Schreibe ferner

$$10^2 - \frac{1}{9^2} + 8^2 - \frac{1}{7^2} + \cdots 2^2 - \frac{1}{1^2}$$

unter Verwendung des Summenzeichens auf.

   (ii) *Berechne*

$$\sum_{j=1}^{5} \sum_{i=1}^{j} i(j+1) \quad \text{und} \quad \prod_{j=1}^{5} \sum_{i=1}^{j} i(j+1).$$

Das Herzstück der Mathematik sind Beweise. Sie bilden die Argumentationsketten ab, welche allgemeingültige Sätze produzieren. Es gibt recht verschiedene Beweismethoden. Relativ einfach gestaltet sich das Lösen einer Aufgabe, bei der ein Beweis zu führen ist, falls klar ist, mit welcher

Beweisform denn zu arbeiten ist; schwieriger und *spannender* ist die Situation, wenn die Wahrheit einer gewissen Aussage vermutet wird, aber nicht offensichtlich ist, wie sich ein Beweis derselben führen ließe.

Aufgabe 2.30. *Zu untersuchen ist die Aussage: Die Zahl $n^3 + 2n$ ist für alle ganzen Zahlen $n \geq 0$ durch 3 teilbar. Falls diese Aussage wahr ist, mit welchem Prinzip würdest Du versuchen, sie zu beweisen? Wenn sie falsch ist, wie ließe sie sich widerlegen? Beweise oder widerlege die Aussage!*

Aufgabe 2.31. *Es sei $n \in \mathbb{N}$. Beweise die folgenden Identitäten:*

$$\sum_{k=1}^{n} k \cdot (k+1) = \tfrac{1}{3} n(n+1)(n+2) \qquad und \qquad \sum_{k=1}^{n} k \cdot k! = (n+1)! - 1,$$

sowie

$$\frac{1}{1 \cdot 2} + \frac{1}{2 \cdot 3} + \ldots + \frac{1}{n \cdot (n+1)} = \frac{n}{n+1}.$$

Oft sind solche Aufgaben schwieriger zu behandeln, wenn sich kein allgemeines Lösungsverfahren anbietet. Ein Beispiel einer solchen Knobelaufgabe ist

Aufgabe 2.32. *Beweise die Existenz zweier irrationaler Zahlen α und β, so dass α^{β} rational ist.* Hinweis: Denke an Quadratwurzeln!

Wahrscheinlich ist Deine Lösung der vorangegangenen Aufgabe in dem Sinne nicht ‚konstruktiv‘, dass sie solche Zahlen α und β explizit liefert. Ende des 19. Jahrhunderts forderten Mathematiker wie Leopold Kronecker, nur noch konstruktive Beweise zu verwenden. Dies gipfelte im *Intuitionismus* als ein Versuch konstruktiver Mathematik, beginnend mit den Arbeiten von Luitzen Brouwer ab 1908.

Aufgabe 2.33. *Wo liegen die Summen $\tfrac{1}{2} n(n+1)$ der ersten n natürlichen Zahlen im Pascalschen Dreieck? Und warum werden diese Zahlen auch ‚Dreieckszahlen‘ genannt?* ⟨Diese Aufgabe wird in Abschn. 9.4 besprochen!⟩

In der Kombinatorik werden oft Objekte auf verschiedene Weisen gezählt, welches dann manchmal zu interessanten Identitäten führt und oft unter dem Stichwort des *doppelten Abzählens* bekannt ist. Die Idee hierzu mag sich beim schlaflosen *Schäfchen zählen* eingestellt haben: Statt die Schafe zu zählen, kann man alternativ deren Beine zählen und diese Anzahl durch vier dividieren (unter der Voraussetzung unversehrter Schafe):

Aufgabe 2.34. *Sei $3 \leq n \in \mathbb{N}$. Gegeben seien die n-Eckpunkte eines regulären n-Ecks. Wie viele Verbindungsstrecken von je zwei verschiedenen Ecken gibt es? Beantworte die Frage, in dem Du ...*

(i) *... die Ecken nummerierst und zunächst die Strecken zählst, die mit der ersten Ecke verbinden, anschließend die weiteren Strecken mit der zweiten Ecke betrachtest, usw.;*

(ii) *... folgenden Gedankengang weiterverfolgst: Von jedem der n Ecken gehen $n-1$ Verbindungsstrecken aus, wobei zu jeder Strecke zwei Eckpunkte gehören.*

Was hat diese Aufgabe mit Gauß' Schulaufgabe (Satz 2.2) zu tun?

Die nächsten beiden Aufgaben behandeln Stammbrüche (oder auch ägyptische Brüche). Zur Wiederholung: Ein *Stammbruch* ist eine rationale Zahl der Form $\frac{1}{n}$ mit einer natürlichen Zahl n.

Aufgabe 2.35. *Beweise oder widerlege:*

(i) *Jeder Stammbruch kann als Summe zweier Stammbrüche dargestellt werden.*

(ii) *Jede Summe zweier Stammbrüche ist wieder (nach Kürzen) ein Stammbruch).*

(iii) *Jeder Stammbruch ist als Produkt von zwei Stammbrüchen darstellbar.*

(iv) *Jede positive rationale Zahl ist als Quotient zweier Stammbrüche darstellbar.*

(v) *Jeden Stammbruch kann man als Summe zweier verschiedener Stammbrüche darstellen.*

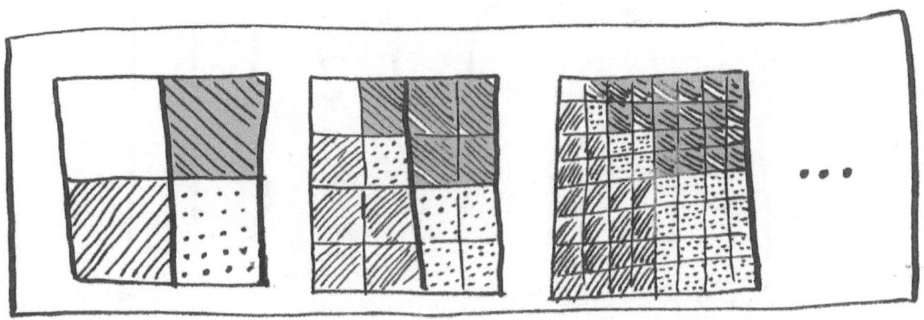

Abbildung 2.12. Wie viel Fläche ist *punktiert*?

Abbildung 2.12 beschreibt geometrisch eine Annäherung an $\frac{1}{3}$ mit Hilfe einer Summe von Stammbrüchen. Im ersten Bild ist ein Viertel des Quadrates punktiert im zweiten Bild bereits $\frac{1}{4} + \frac{1}{4^2}$ und im dritten Bild $\frac{1}{4} + \frac{1}{4^2} + \frac{1}{4^3}$. Letztlich folgt eine Darstellung

$$\frac{1}{3} = \frac{1}{4} + \frac{1}{4^2} + \frac{1}{4^3} + \cdots$$

mit unendlich vielen Stammbrüchen. Dass die auftretende unendliche geometrische Reihe tatsächlich den endlichen Wert $\frac{1}{3}$ besitzt, werden wir in einem größeren Zusammenhang in Abschn. 5.2 beweisen (wenngleich hier angemerkt sei, dass offensichtlich ein Drittel der Fläche des Quadrates letztlich punktiert ist).

Aufgabe 2.36.

(i) *Zeige, dass jede positive rationale Zahl als Summe von Stammbrüchen dargestellt werden kann.*

(ii) *Stelle die Zahlen $\frac{2}{5}$, $\frac{18}{19}$ und $\frac{3}{3k+1}$ mit beliebigem $k \in \mathbb{N}$ als Summe von möglichst wenig Stammbrüchen dar.*

⟨Diese Aufgabe wird in Abschn. 9.5 besprochen!⟩

Aufgabe 2.37. *Finde sämtliche Möglichkeiten, die Zahl 1 als Summe von vier Stammbrüchen darzustellen!*

Wir schließen mit einer Scherzaufgabe:

Aufgabe 2.38. *Was hat nachstehendes Bild mit der Mathematik dieses zweiten Kapitels zu tun?*

Abbildung 2.13. Ein Bilderrätsel

3

Elementare Teilbarkeitslehre

Teilbarkeit ist ein sehr fruchtbares Konzept der Zahlentheorie. Beispielsweise haben wir die Teilbarkeit durch die Zahl 2 über die Einteilung der ganzen Zahlen in *gerade* und *ungerade* Gewinn bringend im Beweis von Satz 1.1 zur Irrationalität von $\sqrt{2}$ eingebracht. Im Folgenden werden noch viele weitere Anwendungen von Teilbarkeit kommen. Dieser Begriff kann sogar im täglichen Leben ein hilfreiches Werkzeug sein, wie folgende ernst gemeinte Aufgabe illustriert:

Aufgabe 3.1. *Herr Müller erzählt seinem neuen Nachbarn, dass er drei Töchter habe.* „Wie alt sind die denn?" *möchte dieser wissen.* „Wenn ich ihre Alter multipliziere, so kommt 36 heraus, und wenn ich sie addiere, ergibt sich die Hausnummer dort drüben." *Der Nachbar antwortet* „Schön und gut, aber damit weiß ich jedoch nicht sicher, wie alt Ihre Töchter sind." *Daraufhin entgegnet Herr Müller* „Das stimmt, aber wissen Sie, meine älteste Tochter spielt Cello." *Jetzt entgegnet der kluge neue Nachbar* „Danke, jetzt weiß ich Bescheid." *Wie alt sind die Töchter?* ⟨Diese Aufgabe wird in Abschn. 9.1 besprochen!⟩

3.1 Der euklidische Algorithmus

Hier eine kleine Vorbemerkung: Im Folgenden bezeichnen kleine lateinische Buchstaben stets ganze Zahlen. Wir sagen **d teilt n** oder **d ist ein Teiler von n**, wenn ein b existiert, so dass $n = bd$ gilt; in Zeichen: $d \mid n$. Natürlich gilt in diesem Fall auch $b \mid n$; dabei heißt b der zu d **komplementäre Teiler**. Ansonsten ist d *kein Teiler von n*, was wir mit $d \nmid n$ notieren. Beispielsweise gelten

$$2 \mid 100, \quad 11 \mid 165, \quad -13 \mid 169, \quad 5 \nmid 21.$$

Zur Teilbarkeit bestehen die folgenden Rechenregeln:

(i) $1 \mid n$ und $n \mid n$ und $d \mid 0$;

(ii) $0 \mid d \Rightarrow d = 0$; $d \mid 1 \Rightarrow d = \pm 1$;

(iii) $d \mid n, n \mid m \Rightarrow d \mid m$;

(iv) $d \mid a, d \mid b \Rightarrow d \mid (ax + by)$ für alle $x, y \in \mathbb{Z}$;

$$(\text{v}) \qquad bd \mid bn, b \neq 0 \Rightarrow d \mid n \ (\text{Kürzungsregel});$$
$$(\text{vi}) \qquad d \mid n, n \neq 0 \Rightarrow |d| \leq |n|;$$
$$(\text{vii}) \qquad d \mid n, n \mid d \Rightarrow d = \pm n.$$

Hierbei ist der **Betrag** $|x|$ definiert als das Maximum von x und $-x$. Von diesen vielen Regeln werden wir hier nur (iv) verifizieren, doch zunächst ein Beispiel für diese Regel: Sicherlich gelten $3 \mid 12$ und $3 \mid 9$ und wegen $3 \mid (12x + 9y)$ folgt u. a. $3 \mid (12 \cdot 1 + 9 \cdot 2) = 30$. Hier kommt nun der Beweis: Nach Voraussetzung gelten $a = md$ und $b = nd$ mit gewissen $m, n \in \mathbb{Z}$. Dann gilt für beliebige $x, y \in \mathbb{Z}$ zunächst $ax + by = mdx + ndy = (mx + ny)d$ und damit $d \mid (ax + by)$.

Aufgabe 3.2. *Finde Beispiele für die restlichen Rechenregeln zur Teilbarkeit und beweise diese anschließend!*

Aus Rechenregel (vi) folgt u. a., dass eine ganze Zahl $\neq 0$ nur endlich viele Teiler besitzt. Damit besitzen $a, b \in \mathbb{Z}$, nicht beide gleich Null, sogar einen **größten gemeinsamen Teiler** $\mathrm{ggT}(a, b) \in \mathbb{N}$, für den also gilt

- $\mathrm{ggT}(a, b) \mid a$ und $\mathrm{ggT}(a, b) \mid b$;
- wenn $d \mid a$ und $d \mid b$, dann $d \mid \mathrm{ggT}(a, b)$.

Streng genommen ist die Existenz einer solchen Zahl $\mathrm{ggT}(a, b)$ hier zu zeigen. Dafür kann man z. B. wieder mit Hilfe der Wohlordnung argumentieren; die Menge der Teiler d von a und b ist nicht-leer (da $1 \mid a$ und $1 \mid b$). Ferner setzen wir $\mathrm{ggT}(0,0) = 0$. Gilt $\mathrm{ggT}(a, b) = 1$, so nennen wir a und b **teilerfremd** (ein Begriff, den wir in Abschn. 1.1 bereits verwandt haben). Beispielsweise gilt also

$$\mathrm{ggT}(11,14) = 1, \ \mathrm{ggT}(21,14) = 7, \ \mathrm{ggT}(110,140) = 10, \ \mathrm{ggT}(210,140) = 70.$$

Offensichtlich sind stets zwei aufeinanderfolgende natürliche Zahlen sowie zwei verschiedene Primzahlen teilerfremd. Schwieriger zu entscheiden ist, ob selbiges auch für 1777 und 1855 gilt. Wie man dies *leicht* entscheiden kann, wollen wir nun sehen.

Wie so oft starten wir mit einer simplen Tatsache, die sich jedoch als sehr wichtig erweisen wird und deshalb auch einen Namen trägt:

Satz 3.1 (Division mit Rest). *Zu $a, b \in \mathbb{Z}$ mit $b \neq 0$ existieren eindeutig bestimmte ganze Zahlen q, r, so dass*

$$a = bq + r \qquad mit \ \ 0 \leq r < |b|.$$

Beweis. Mit der Wohlordnung (Satz 2.5) besitzt die Menge der möglichen Reste

$$\mathbf{N} = \{a - bq \ : \ q \in \mathbb{Z}\} \cap \mathbb{N}_0$$

ein kleinstes Element r. Falls $b \nmid a$ gilt $1 \leq r < |b|$; andernfalls ist $r = 0$ und in jedem Fall sind $q, r \in \mathbb{Z}$ offensichtlich eindeutig. •

Die Aussage des Satzes wird kurz mit ‚Division mit Rest' bezeichnet, weil a bei Division durch b den Rest r lässt.

Der Beweis des Satzes ist *konstruktiv* und leistet damit etwas mehr als *nur ein Beweis*: Sind beispielsweise $a = 33$ und $b = 5$ gegeben, so sind die ganzen Zahlen $a - bq = 33 - 5q$ gegeben durch

$$\ldots, \ -2 = 33 - 5 \cdot 7, \ 3 = 33 - 5 \cdot 6, \ 8 = 33 - 5 \cdot 5, \ 13 = 33 - 5 \cdot 4, \ \ldots,$$

also $\mathbf{N} = \{3, 8, 13, \ldots\}$ (denn die negativen $a - bq$ gehören ja nicht zu $\mathbf{N}$). Es gilt allgemein offensichtlich

$$a - bq \geq 0 \qquad \Longleftrightarrow \qquad q \leq \frac{a}{b} \qquad \text{falls } b > 0,$$

so dass also letztlich nur *wenige* Werte für q mit eben $0 \leq r = a - bq < |b|$ in Frage kommen. Daher ist q die größte ganze Zahl $\leq \frac{a}{b}$ und somit eindeutig bestimmt; der Rest r ergibt sich unmittelbar. Im Beispiel folgt so

$$\frac{33}{5} = 6 + \frac{3}{5}.$$

Allgemein schreiben wir $\lfloor x \rfloor$ für die größte ganze Zahl kleiner oder gleich x und nennen dies auch den **Ganzteil** von x. Mit dieser Definition ist also beispielsweise $\lfloor \frac{33}{5} \rfloor = 6$ und $\lfloor -3{,}5 \rfloor = -4$.

Hier nun eine erste nicht zu unterschätzende wichtige Konsequenz der Division mit Rest:

Korollar 3.2. *Für $a, b \in \mathbb{Z}$ mit $b \neq 0$ bezeichne $d = \mathrm{ggT}(a, b)$. Dann gilt*

$$d\mathbb{Z} := \{dk \ : \ k \in \mathbb{Z}\} = \{ax + by \ : \ x, y \in \mathbb{Z}\}.$$

Der größte gemeinsame Teiler zweier ganzer Zahlen a, b lässt sich also als *Linearkombination $ax + by$* von a und b schreiben!

Beweis. Wir nehmen an, dass $a \neq 0$ ist (ansonsten ist die zu beweisende Aussage trivial). Ferner definieren wir eine Menge ganzer Zahlen durch

$$\mathbf{Z} := \{ax + by \ : \ x, y \in \mathbb{Z}\}$$

und nennen m die *kleinste natürliche* Zahl in $\mathbf{Z}$. In Zeichen formuliert schreiben wir dies als

$$m := \min\{n \in \mathbb{N} \cap \mathbf{Z}\};$$

dieses m existiert auf Grund der Wohlordnung nach Satz 2.5. Hierbei sei bemerkt, dass $\min\{x : x \in M\}$ stets für das kleinste Element einer Menge M steht, wenn ein solches denn überhaupt existiert. Nach Rechenregel (iv) gilt $d \mid z$ für jedes $z \in \mathbf{Z}$, also $\mathbf{Z} \subset d\mathbb{Z}$ und $d \mid m$. Nun ist mit $a, qm \in \mathbf{Z}$ auch $a - qm \in \mathbf{Z}$ (wie man sofort nachrechnet). Division mit Rest von a durch m (statt b in Satz 3.1) liefert bei passendem q den Rest 0, da $m \in \mathbb{N}$ *minimal* in $\mathbf{Z}$ ist. Also gilt $m \mid a$ und analog $m \mid b$ mit demselben Argument für b statt a auf Grund der Symmetrie. Daher ist $m \le d = \mathrm{ggT}(a, b)$. Zusammen mit $d \mid m$ folgt $d = m$ (nach (vii)) und $d\mathbb{Z} \subset \mathbf{Z}$. Insgesamt ergibt sich $\mathbf{Z} = d\mathbb{Z}$.

$\bullet$

Wir illustrieren dieses folgenschwere Korollar mit einem Beispiel: Der größte gemeinsame Teiler von $a = 91$ und $b = 35$ findet sich als kleinste natürliche Zahl in der Menge der Linearkombinationen $91x + 35y$ mit ganzzahligen x, y. Einen Kandidat liefert beispielsweise die Linearkombination $91 \cdot (-1) + 35 \cdot 3 = 14$, bloß ist weder 35 noch 91 durch 14 teilbar. Allerdings ist der gesuchte größte gemeinsame Teiler unter den Teilern von 14 zu suchen; nimmt man nun noch die Beobachtung hinzu, dass die gesuchte Größe ungerade sein muss, ergibt sich leicht $\mathrm{ggT}(91{,}35) = 7$. Insgesamt war das ein wenig mühsam, und wir sollten die Augen nach einem einfacheren Verfahren zur Auffindung des größten gemeinsamen Teilers offen halten.

Das **kleinste gemeinsame Vielfache** zweier ganzer Zahlen a, b ist definiert als das Minimum aller $m \in \mathbb{N}$ für die $a \mid m$ und $b \mid m$ gilt; in Zeichen $\mathrm{kgV}[a, b]$. Beispielsweise ist $\mathrm{kgV}[6, 10] = 30$.

Aufgabe 3.3. *Zeige für beliebige $a, b \in \mathbb{Z}$ die Formel*

$$ab = \mathrm{ggT}(a, b) \cdot \mathrm{kgV}[a, b].$$

Wir kommen nun zu einigen ersten Rechenregeln für den größten gemeinsamen Teiler:

(i) $\mathrm{ggT}(a, b) = \mathrm{ggT}(b, a)$;

(ii) $\mathrm{ggT}(a, \mathrm{ggT}(b, c)) = \mathrm{ggT}(\mathrm{ggT}(a, b), c)$;

(iii) $\mathrm{ggT}(ac, bc) = |c|\, \mathrm{ggT}(a, b)$.

Den größten gemeinsamen Teiler zweier ganzer Zahlen berechnet man am einfachsten mit dem so genannten *euklidischen Algorithmus*. Dieses Verfahren besteht aus *sukzessiver* Division mit Rest (à la Satz 3.1). Wir illustrieren dies zunächst mit einem Beispiel, nämlich der Berechnung des größten gemeinsamen Teilers von 117 und 33:

$$
\begin{aligned}
117 &= 3 \cdot 33 + 18 \\
33 &= 1 \cdot 18 + 15 \\
18 &= 1 \cdot 15 + \mathbf{3} \\
15 &= 5 \cdot \mathbf{3} + 0
\end{aligned}
$$

Hierbei werden a und b nach Division mit Rest durch b und den Rest r ersetzt und dieses sukzessive fortgeführt. Der letzte nicht verschwindende Rest ist der gesuchte größte gemeinsame Teiler: $3 = \mathrm{ggT}(117, 33)$. Dass dies tatsächlich den größten gemeinsamen Teiler der beiden Startwerte liefert, zeigt der Übergang von einer Zeile zur vorigen (siehe untenstehenden Beweis). Ferner ist wichtig, dass der Algorithmus nach *endlich vielen* Schritten abbricht. Hier nun der Satz, der all dies bereitstellt:

Satz 3.3 (Euklidischer Algorithmus). *Zu gegebenen natürlichen Zahlen a und b mit $a > b$ seien $r_{-1} := a, r_0 := b$ und*

$$
\begin{aligned}
a &= q_1 b + r_1, \\
b &= q_2 r_1 + r_2, \\
&\cdots \\
r_{j-2} &= q_j r_{j-1} + r_j, \\
&\cdots \\
r_{n-2} &= q_n r_{n-1} + r_n, \\
r_{n-1} &= q_{n+1} r_n
\end{aligned}
$$

mit jeweils $q_j, r_j \in \mathbb{Z}$ und $0 \le r_j < r_{j-1}$. Dann gilt für den letzten nicht verschwindenden Rest $r_n = \mathrm{ggT}(a, b)$.

Beweis. Die Reste r_j sind nicht-negative ganze Zahlen, die in jedem Schritt kleiner werden: $0 \le r_j < r_{j-1}$. Also terminiert der Algorithmus (nach höchstens b Schritten). Durchläuft man das Gleichungssystem von unten nach oben, so zeigt sich der Reihe nach

$$
r_n \mid r_{n-1} \quad \Rightarrow \quad r_n \mid r_{n-2} \quad \Rightarrow \quad \cdots \quad \Rightarrow \quad r_n \mid r_0 = b \quad \Rightarrow \quad r_n \mid r_{-1} = a.
$$

Die Argumentation ist hierbei wie folgt: In der Darstellung $r_{n-2} = q_n r_{n-1} + r_n$ ist jeder Summand auf der rechten Seite ein Vielfaches von r_n, also auch die linke Seite r_{n-2}. Die Fortführung dieser Schlussweise offenbart letztlich, dass r_n ein gemeinsamer Teiler von a und b ist. Für jeden gemeinsamen Teiler d von a und b ergibt sich beim Durchlauf des Gleichungssystems von oben nach unten sukzessive

$$d \mid a = r_{-1}, d \mid b = r_0 \quad \Rightarrow \quad d \mid r_1 \quad \Rightarrow \quad \ldots \quad \Rightarrow \quad d \mid r_{n-1} \quad \Rightarrow \quad d \mid r_n.$$

Also ist r_n der größte gemeinsame Teiler von a und b. •

Aufgabe 3.4. *Berechne mit Hilfe des euklidischen Algorithmus den größten gemeinsamen Teiler der folgenden Zahlenpaare: i) $231, 165$, ii) $89, 55$, iii) $42, 17$, iv) $117, -28$.*

Aufgabe 3.5. *Für welche Zahlen ist der euklidische Algorithmus besonders langsam? Gib eine Abschätzung der Schrittanzahl an!* ⟨Diese Aufgabe wird in Abschn. 9.6 besprochen!⟩

Der euklidische Algorithmus ist einer der ersten Algorithmen überhaupt. Unter einem *Algorithmus* versteht man ein Lösungsverfahren zur Behandlung eines Problems; der Name ist eine Verballhornung des Namens von Muhammad al-Ḥwārizmī, dessen arabisches Lehrbuch *Über das Rechnen mit indischen Ziffern* aus dem Jahre 825 in der mittelalterlichen lateinischen Übersetzung mit den Worten ‚Dixit Algorismi' (Algorismi hat gesagt) beginnt.

Den größten gemeinsamen Teiler bzw. das kleinste gemeinsame Vielfache von mehr als zwei ganzen Zahlen erklärt man *induktiv* durch Zurückführen auf einen bereits erklärten größten gemeinsamen Teiler; zunächst also

$$\mathrm{ggT}(a, b, c) = \mathrm{ggT}(a, \mathrm{ggT}(b, c))$$

und schließlich

$$\mathrm{ggT}(a, b, \ldots, x, y, z) = \mathrm{ggT}(a, b, c, \ldots, x, \mathrm{ggT}(y, z)).$$

Zahlen $a_1, \ldots, a_m$ heißen **teilerfremd**, wenn $\mathrm{ggT}(a_1, \ldots, a_m) = 1$ gilt; sie heißen **paarweise teilerfremd**, wenn $\mathrm{ggT}(a_i, a_j) = 1$ für alle $1 \leq i, j \leq m$ mit $i \neq j$ besteht. Letzteres impliziert ihre Teilerfremdheit, die Umkehrung gilt jedoch nicht, wie man sich leicht an folgendem Beispiel verdeutlichen kann:

$$6 = 2 \cdot 3, \ 10 = 2 \cdot 5, \ 15 = 3 \cdot 5.$$

Abbildung 3.1. *Links*: Euklid, ∗ 325 – † ca. 265 v.u.Z. in Alexandria; bedeutender griechischer Mathematiker, Sammler des mathematischen Wissens seiner Zeit und Verfasser der *Elemente*. *Rechts*: Muhammad ibn Mūsā Muhammad al-Ḫwārizmī (al-Choresmi), ∗ ca. 780 – † ca. 850 in Bagdad; Namensgeber der *Algebra*, dabei entstammt das Wort ‚Algebra' dem Unvermögen der Europäer, das arabische Wort ‚al-ǧabr' (Ergänzen) im Titel al-Ḫwārizmīs Lehrbuch 'al-Kitāb al-muḫtadsar fī hisab al-ǧabr wa'l-muqābala' (etwa ‚Kleines Buch über das Rechnen durch Ergänzung und Ausgleich') korrekt auszusprechen.

Jetzt wird *gespielt*: Das Spiel *Euklid* wurde eingeführt von A.J. Cole und A.J.T. Davie.[1] Es wird von zwei Personen gespielt, nennen wir sie Cole und Davie, die abwechselnd ziehen, wobei eine Spielposition ein Paar (a, b) natürlicher Zahlen ist; ein Zug aus der Position (a, b) besteht darin, dass von der größeren der beiden Zahlen ein positives Vielfaches der kleineren abgezogen wird, so dass die neue Position wieder ein Paar natürlicher Zahlen bildet. Der erste Spieler, der nicht mehr ziehen kann (weil er nicht zu einem Paar in $\mathbb{N}^2$ gelangen kann), hat verloren. Hier ein Beispiel:

$$(27, 17) \; \rightarrow \; (10, 17) \; \rightarrow \; (10, 7) \; \rightarrow \; (3, 7) \; \rightarrow \; (3, 1) \; \rightarrow \; (1, 1).$$

Cole und Davie haben die Positionen bestimmt, die dem ersten Spieler einen Sieg garantieren – vorausgesetzt er spielt *optimal*. Hierbei nennen wir einen Spielzug *optimal*, wenn eine bestehende Möglichkeit, das Spiel zu gewinnen, nicht durch den Zug vereitelt wird. Es ist sinnvoll, zunächst ein paar Mal dieses Spiel zu spielen, statt sofort weiterzulesen.

---

[1] A.J. COLE, A.J.T. DAVIE, A game based on the Euclidean algorithm and a winning strategy for it, *Math. Gaz.* **53** (1969), 354-357.

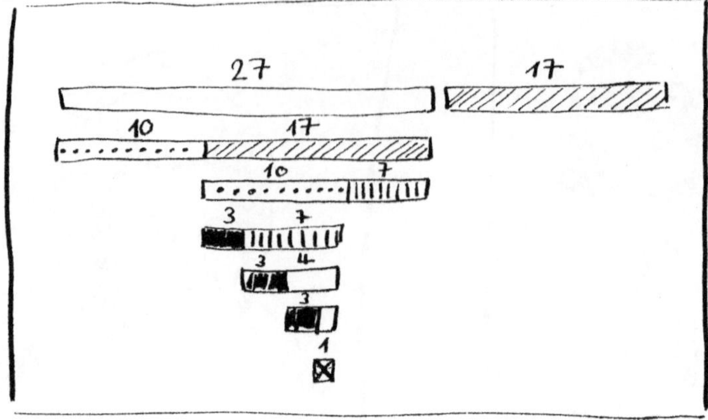

Abbildung 3.2. Das Spiel *Euklid* an einem Beispiel

— Spielzeit —

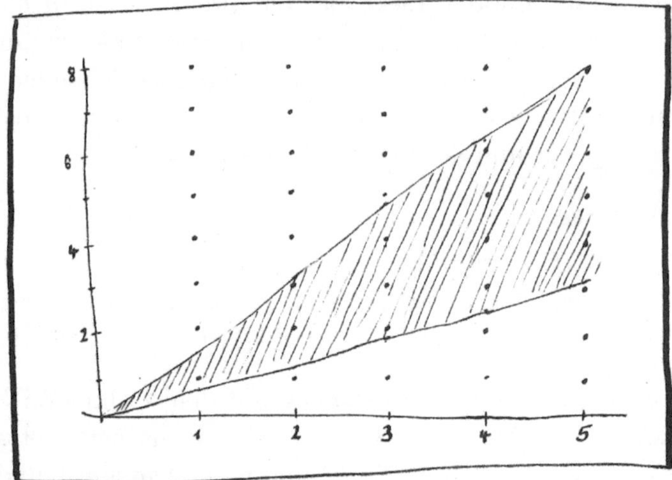

Abbildung 3.3. Der Kegel $\mathcal{C}$ im ersten Quadranten (aus dem Beweis von Satz 3.4)

Satz 3.4. *Der erste Spieler besitzt genau dann eine Gewinnstrategie, wenn der Quotient der größeren dividiert durch die kleinere der beiden Zahlen größer ist als* $G := \frac{1}{2}(\sqrt{5}+1)$.

Die Zahl G ist bekannt als der **goldene Schnitt** (und spielt auch eine Rolle in u. a. Biologie, Kunst und Architektur); über diese Zahl werden wir noch einige interessante Sachen erfahren. Wir folgen hier einem geometrischen Beweisargument von Tamás Lengyel:[2]

Beweis. Es sei $g := \frac{1}{G} = \frac{1}{2}(\sqrt{5}-1)$. Wir betrachten den Kegel

$$\mathcal{C} = \{(x,y) \in \mathbb{R}^2 \;:\; x,y > 0, gx < y < Gx\}$$

in der euklidischen Ebene (siehe Abb. 3.3). Das Ziel des Spieles ist zur Diagonalen $y = x$ zu ziehen, da dann der andere Spieler nicht ziehen kann. Für jede Position (a,b) abseits der Diagonalen gibt es genau eine Richtung, in die gezogen werden kann; diese ist horizontal, falls $a > b$, und sonst vertikal. Ferner gibt es zu jedem $a \in \mathbb{N}$ genau a Punkte $(x,y) \in \mathcal{C}$ mit $x = a$; dies folgt aus der Tatsache, dass sowohl g als auch G irrational sind (was sich ganz ähnlich wie die Irrationalität von $\sqrt{2}$ in Abschn. 1.1 zeigen lässt) und $G - g = 1$ gilt. Wenn also $a < b$ und $(a,b) \notin \mathcal{C}$, dann gibt es genau eine natürliche Zahl k, so dass $(a, b-ak) \in \mathcal{C}$. Gegeben eine Position (a,b) in $\mathcal{C}$, so führt jeder mögliche Zug aus $\mathcal{C}$ heraus. Im Falle $a = b$ kann der Spieler nicht

---

[2] T. Lengyel, A nim-type game and continued fractions. *Fibonacci Q.* **41** (2003), 310-320.

ziehen und hat somit verloren. Liegt also die Startposition (a, b) außerhalb des Kegels $\mathcal{C}$, so kann der erste Spieler – optimales Spiel vorausgesetzt – stets einen Zug in den Kegel realisieren, was den nachziehenden Spieler zu einem Zug außerhalb $\mathcal{C}$ zwingt. Das Spiel terminiert mit einer Position (a, a) für den zweiten Spieler und der Satz ist bewiesen. •

Aufgabe 3.6. *Zeige:*

(i) *G und g sind irrational.*

(ii) *Die Gewinnchance für den ersten Spieler ist bei einer zufällig gewählten Startposition im Mittel gleich $g = 0.61803\ldots$.*

Tatsächlich hängt das Spiel *Euklid* eng mit dem Calkin-Wilf-Baum zusammen (bekannt aus Abschn. 2.3). Um dies einzusehen, betrachten wir ein Spiel, das aus einer Position (a, b) mit teilerfremden a und b startet (ist dies nicht der Fall, so kann man das entsprechende Spiel leicht auf den *teilerfremden* Fall zurückführen). Die möglichen Züge bei Euklid wie etwa $(a - b, b)$ (falls $a > b$) führen zu anderen Elementen im Calkin-Wilf-Baum, die im selben Ast wie $\frac{a}{b}$ sitzen, z. B. $\frac{a-b}{b}$ usw.

3.2 Lineare diophantische Gleichungen

Wir beginnen mit einer Aufgabe aus der Chemie: Gegeben sei die Reaktionsgleichung der *alkoholischen Gärung* (Fermentation) in den Unbekannten X, Y, Z:

$$X \cdot \mathsf{C_6H_{12}O_6} \quad \longrightarrow \quad Y \cdot \mathsf{C_2H_5OH} + Z \cdot \mathsf{CO_2}$$

(Glukose $\rightarrow$ Ethanol + Kohlendioxid). Welche *ganzzahligen* Werte x, y, z können hier gewählt werden? Offensichtlich liefert jeder auftretende Atomtyp eine separate lineare Gleichung:

$$\begin{cases} C & : & 6X & = & 2Y + Z \\ H & : & 12X & = & 6Y \\ O & : & 6X & = & Y + 2Z \end{cases}$$

Wie löst man ein solches Gleichungssystem? (In ganzen Zahlen!) In diesem speziellen Beispiel mag man eine Lösung noch raten, aber wie geht man bei komplizierteren Gleichungssystemen vor?

Um derartige Fragestellungen anzugehen, starten wir bescheiden mit einer linearen Gleichung in zwei Unbekannten

$$aX + bY = 1$$

mit $a, b \in \mathbb{Z}$. Diese Gleichung beschreibt bekanntlich eine Gerade in der euklidischen Ebene und wir fragen (wie in Abschn. 1.1): *Gibt es Punkte mit ganzzahligen Koordinaten auf dieser Geraden?* Oder weniger geometrisch: *Existieren ganzzahlige Lösungen der obigen Gleichung?* Angenommen, a und b sind nicht teilerfremd, also $\mathrm{ggT}(a, b) > 1$, dann ist nach Korollar 3.2 der Ausdruck $ax + by$ für beliebige ganzzahlige x, y selbst ganzzahlig und stets ein Vielfaches von $\mathrm{ggT}(a, b)$ und also nie gleich eins; in diesem Fall ist die Gleichung also unlösbar. Sind jedoch a und b teilerfremd, also $\mathrm{ggT}(a, b) = 1$ (gleich der rechten Seite), dann ist die Gleichung nach Korollar 3.2 lösbar. Es ist gut zu wissen, wann diese Gleichung lösbar ist, aber im Falle ihrer Lösbarkeit ist es in der Praxis oft darüber hinaus sehr hilfreich, auch tatsächlich eine Lösung (oder gar alle) zu kennen. Unser bisheriges Argument reicht an dieser Stelle leider nicht aus, wohl aber hilft hier der euklidische Algorithmus (Satz 3.3) weiter. Wir illustrieren dies an einem Beispiel: Zu Lösen sei die Gleichung

$$(3.1) \qquad\qquad 106X - 333Y = 1.$$

Mit dem euklidischen Algorithmus berechnen wir den größten gemeinsamen Teiler von 333 und 106 wie folgt:

$$\mathbf{333} = 3 \cdot \mathbf{106} + 15,$$
$$106 = 7 \cdot 15 + \mathbf{1}.$$

Also ist $\mathrm{ggT}(333, 106) = \mathbf{1}$ und nach unseren vorangegangenen Überlegungen ist unsere Ausgangsgleichung (3.1) somit lösbar. Um eine explizite Lösung zu finden, bemühen wir wiederum den euklidischen Algorithmus, diesmal jedoch, in dem wir ihn *von unten nach oben* lesen: Mit dieser Vorgehensweise gilt

$$1 = 1 \cdot 106 - 7 \cdot 15 = 1 \cdot 106 - 7 \cdot (\mathbf{333} - 3 \cdot \mathbf{106})$$
$$= 22 \cdot \mathbf{106} - 7 \cdot \mathbf{333}. \qquad \hookleftarrow$$

Wir sehen also, dass mit $x = 22$ und $y = 7$ eine spezielle Lösung der Gleichung (3.1) gefunden ist. *Aber existieren weitere Lösungen?* Diese Frage ist zu bejahen; tatsächlich gibt es neben dieser einen Lösung *unendlich viele* weitere Lösungen in ganzen Zahlen, denn für beliebiges $m \in \mathbb{Z}$ ist

$$106(22 + 333m) - 333(7 + 106m)$$
$$= \underbrace{106 \cdot 22 - 333 \cdot 7}_{=1} + m \underbrace{(106 \cdot 333 - 333 \cdot 106)}_{=0} = 1.$$

Hierzu betrachten wir die zugehörige, so genannte **homogene Gleichung**, bei der die konstante rechte Seite durch Null ersetzt wird, also

$$106X - 333Y = 0,$$

und addieren deren Lösungen zu unserer speziellen Lösung $(x,y) = (22,7)$ hinzu. Die Lösungen der homogenen Gleichung sind leicht zu berechnen (siehe Abschn. 1.1) und, wie man sich leicht überlegt, von der Form $x = 333m, y = 106m$ für $m \in \mathbb{Z}$. Die vollständige ganzzahlige Lösungsmenge der **inhomogenen Gleichung** (3.1) ist damit gegeben durch $x = 22 + 333m$ und $y = 7 + 106m$ mit beliebigen ganzzahligem m, bzw. in etwas verkürzter Form geschrieben:

$$(x,y) = (22,7) + m(333,106) \qquad \text{für} \quad m \in \mathbb{Z}$$

(als Summe von ‚Vektoren‘, wie sie bereits aus der Schule bekannt sein könnte). Dass wir hierbei keine Lösung verloren haben, zeigen wir weiter unten in großer Allgemeinheit.

Aufgabe 3.7. *Bestimme die Menge aller ganzzahligen Lösungen der linearen Gleichung*

$$51X + 72Y = c \qquad \text{für } c \in \{1, \pm 3, 6\}.$$

Eine wichtige Verallgemeinerung unserer bisherigen Überlegungen (insbesondere von Korollar 3.2) liefert folgendes Resultat von Étienne Bézout:

Satz 3.5 (Satz von Bézout). *Die lineare Gleichung*

(3.2) $$aX + bY = c$$

mit ganzen Zahlen a, b, c ist genau dann ganzzahlig lösbar, wenn der $\mathrm{ggT}(a,b)$ ein Teiler von c ist; in diesem Fall ist die Menge der ganzzahligen Lösungen gegeben durch (3.5).

Beweis. Nach Korollar 3.2 sind die Gleichungen

(3.3) $$\frac{a}{\mathrm{ggT}(a,b)}X + \frac{b}{\mathrm{ggT}(a,b)}Y = 1$$

bzw.

(3.4) $$aX + bY = \mathrm{ggT}(a,b)$$

ganzzahlig lösbar. Falls $\mathrm{ggT}(a,b)$ ein Teiler von c ist, d. h. $c = d \cdot \mathrm{ggT}(a,b)$ für ein $d \in \mathbb{Z}$, so ist mit einer Lösung (x,y) von (3.4) dann (dx, dy) eine Lösung der Gleichung (3.2):

$$adx + bdy = d(ax + by) = d \cdot \mathrm{ggT}(a,b) = c.$$

Abbildung 3.4. Étienne Bézout, ∗ 31. März 1730 in Nemours, –
† 27. September 1783 in Basses-Loges; der nach ihm benannte Satz wurde vielseitig verallgemeinert; in der *algebraischen Geometrie* beschreibt
das Analogon die Anzahl der Schnittpunkte ebener algebraischer Kurven.

Für die Umkehrung erinnern wir uns wiederum an Korollar 3.2: Für beliebi-
ge $x, y \in \mathbb{Z}$ ist $ax + by$ ein Vielfaches von $\mathrm{ggT}(a, b)$. Wenn also $\mathrm{ggT}(a, b) \nmid c$,
kann (3.3) nicht ganzzahlig gelöst werden.

Dank des euklidischen Algorithmus 3.3 lässt sich (wie oben im Beispiel)
die Lösungsgesamtheit folgendermaßen beschreiben: Gegeben eine *spezielle*
ganzzahlige Lösung (x_0, y_0) von (3.3), so ist insbesondere $\mathrm{ggT}(a, b)$ ein Teiler
von c und jede Lösung (x, y) von (3.2) ist von der Form

$$(3.5) \qquad (x, y) = (x_0, y_0) + \frac{m}{\mathrm{ggT}(a, b)}(b, -a) \qquad \text{für } m \in \mathbb{Z}.$$

Dass dies jeweils eine Lösung der Gleichung liefert, rechnet sich leicht nach durch Einsetzen:

$$a\left(x_0 + \frac{m}{\mathrm{ggT}(a,b)}b\right) + b\left(x_0 + \frac{m}{\mathrm{ggT}(a,b)}(-a)\right)$$
$$= ax_0 + by_0 + \frac{m}{\mathrm{ggT}(a,b)}(ab + b(-a)) = c.$$

Gäbe es zu diesen Lösungen (x,y) weitere Lösungen (x',y') der Ausgangsgleichung, also $ax' + by' = c$, so folgte durch Subtraktion

$$0 = \underbrace{ax_0 + by_0}_{=c} - \underbrace{(ax' + by')}_{=c} = a(x_0 - x') + b(y_0 - y'),$$

womit (x_0+x', y_0+y') also eine Lösung der homogenen Gleichung $ax+by = 0$ sein müsste; diese sind aber offensichtlich genau von der Gestalt

$$(x,y) = \frac{m}{\mathrm{ggT}(a,b)}(b,-a) \qquad \text{für } m \in \mathbb{Z}.$$

Der Satz ist somit vollständig bewiesen. $\bullet$

Damit lässt sich die Lösungsgesamtheit als die um eine spezielle Lösung verschobene Menge aller Lösungen der zugehörigen **homogenen** linearen Gleichung $aX + bY = 0$ auffassen. Mit der geometrischen Brille betrachtet bilden die Lösungen der homogenen Gleichung eine Gerade in der Ebene durch den Ursprung und die Lösungsgesamtheit der inhomogenen Gleichung ist eine Parallele durch den Punkt (x_0, y_0). Tatsächlich bildet die Lösungsmenge der homogenen Gleichung einen so genannten *Vektorraum* (in der Sprache der *linearen Algebra*) und es besteht die schöne Eigenschaft, dass Summen und Vielfache von Lösungen der Gleichung $aX + bY = 0$ wiederum Lösungen sind. Diese strukturelle Eigenschaft wird sich im Folgenden noch als äußerst nützlich erweisen und spielt darüberhinaus natürlich auch eine wesentliche Rolle beim Lösen von Gleichungssystemen!

Die ganzzahligen Lösungen der linearen diophantischen Gleichung

$$106X - 333Y = 1$$

aus dem obigen Beispiel sind darüberhinaus aus anderer Sicht interessant: Jede Lösung (x,y) liefert eine *gute rationale* Approximation $\frac{x}{y}$ an $\frac{333}{106}$. Bilden wir nämlich aus einer Lösung (x,y) der Gleichung den Quotienten $\frac{x}{y}$, so ergibt sich

$$(3.6) \qquad\qquad \frac{x}{y} = \frac{333}{106} - \frac{1}{106y}.$$

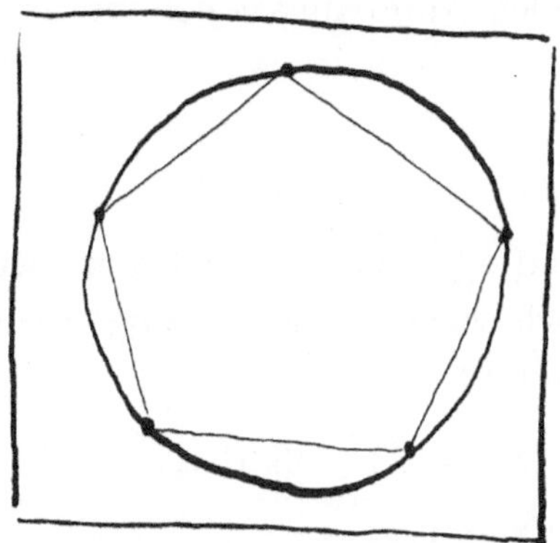 

Abbildung 3.5. Das in den Einheitskreis einbeschriebene regelmäßige Fünfeck *links* hat Fläche $\frac{5}{2}\sin\frac{2\pi}{5} = 2,37764\ldots$, was eine recht armselige Annäherung an π liefert. *Rechts*: Archimedes, $*$ 287(?) − † 212 v. u. Z. in Syrakus; bedeutender griechischer Mathematiker, Philosoph und Ingenieur, der gegenüber in Syrakus einmarschierenden römischen Soldaten „*Störe meine Kreise nicht!*" gerufen haben soll, worauf diese ihn ermordeten.

Mit wachsendem $|y|$ wird hierin der zweite Term rechts beliebig klein und die entsprechenden Brüche $\frac{x}{y}$ nähern $\frac{333}{106}$ immer besser an. Man beachte, dass hier $y = 0$ unmöglich ist. Also liefern die aus den Lösungen gebildeten Quotienten immer bessere Approximationen an $\frac{333}{106}$. Jeder Bruch $\frac{P}{Q}$ mit einem Nenner $1 \le Q < 106$ genügt

$$\left| Q\frac{333}{106} - P \right| = Q\left| \frac{333}{106} - \frac{P}{Q} \right| = Q\frac{|106P - 333Q|}{106Q} \ge \frac{1}{106},$$

wobei Gleichheit genau für Lösungen (P, Q) unserer Gleichung gilt. Also lässt sich $\frac{333}{106}$ *nicht besser approximieren* als mit den aus den Lösungen unserer Gleichung gebildeten Brüchen. Natürlich gilt all dies allgemeiner als für diese spezielle lineare diophantische Gleichung. In einem gewissen Sinne haben wir ja im obigen Beispiel lediglich eine *Gleichung* durch eine *Ungleichung* ersetzt; diese Idee, lineare diophantische Gleichungen durch rationale Approximationen zu lösen, geht zurück auf die indischen Mathematiker Aryabhata (im sechsten Jahrhundert) und Bhaskara (um 1150). Übrigens starten die (in diesem Sinne) *besten* rationalen Approximationen an die irrationale Kreiszahl $\pi = 3,14159\,26\ldots$[3] mit

$$\frac{3}{1},\ \frac{22}{7},\ \frac{333}{106},\ \frac{355}{113},\ \frac{103.993}{33.102},\ \ldots \quad \longrightarrow \quad \pi,$$

und wir finden hier mit den Zahlen $\frac{22}{7}$ und $\frac{333}{106}$ zwei alte Bekannte wieder. Das ist kein Zufall (wie wir später noch sehen werden)! Einige dieser Näherungen waren schon in der Antike bekannt:

- Papyrus Rhind (≈ 1650 v. u. Z.): $\pi \approx 4\left(\frac{8}{9}\right)^2 = 3,16\ldots$;
- Altes Testament (≈ 1000 v. u. Z.): $\pi \approx 3$;
- Archimedes ($287 - 212$ v. u. Z.): $\pi \approx \frac{22}{7} = 3,142\ldots$;
- Tsu Chung Chi (≈ 500): $\pi \approx \frac{355}{113} = 3,14159\,29\ldots$.

Es ist interessant zu sehen, wie Archimedes seine exzellente Approximation fand: Konstruiert man ein regelmäßiges n-Eck derart, dass seine Ecken auf einem Kreis vom Radius eins zu liegen kommen, so nähert sich der Flächeninhalt des n-Ecks bei wachsendem n immer mehr dem Flächeninhalt π des Kreises an; ebenso kann man auch ein regelmäßiges n-Eck um den Kreis legen, so dass die Kanten die Kreislinie berühren und auch dies liefert eine Approximation. Analog kann man auch mit dem Umfang arbeiten und auf diese Weise fand Archimedes für $n = 96$ die Ungleichungen

$$\frac{223}{71} < \pi < \frac{22}{7}.$$

Diese so genannte *Exhaustionsmethode* liefert beliebig gute Approximationen an π, ist aber leider algorithmisch ineffizient. Die wahre Bedeutung dieser Idee erschließt sich durch die *Analysis*, ist doch die Exhaustion (Ausschöpfung) einer Fläche der erste Ansatz zur Integralrechnung. Yasumasa Kanada und Daisuke Takahashi haben mit einer anderen Methode die ersten 206 Milliarden Nachkommastellen von π berechnet (mit massivem Mathematik- und Computereinsatz!); die entsprechende Näherung ist also bei weitem genauer als die Planck Konstante 10^{-34}, welches die *kleinste* Größeneinheit in der Quantenmechanik ist.

Aufgabe 3.8. *Vollziehe das Argument des Archimedes nach und beweise seine Ungleichung für π.*

---

[3] Die ersten Nachkommastellen von π lassen sich sehr gut mit dem Spruch „*Now I want a drink, alcoholic of course, after the heavy lectures involving quantum mechanics!*" merken.

Zurück zu diophantischen Gleichungen. Was ist zu tun, wenn eine lineare diophantische Gleichung in mehr als zwei Unbekannten zu lösen ist? Wir diskutieren hier nur folgendes Beispiel, welches sich aber sofort verallgemeinern lässt:

$$106X - 333Y + 5Z = 11.$$

Wir schreiben

$$(3.7) \qquad X = \alpha U + 333V \qquad \text{und} \qquad Y = \beta U + 106V$$

mit neuen Unbekannten U und V sowie irgendwelchen ganzzahligen α, β, welche der Gleichung $106\alpha - 333\beta = 1$ genügen. Glücklicherweise kennen wir bereits (alle) Lösungen dieser letzten linearen diophantischen Gleichung in zwei Unbekannten aus vorherigen Überlegungen und wählen etwa $\alpha = 22$ und $\beta = 7$. Durch Einsetzen der Substitute $X = 22U+333V, Y = 7U+106V$ in die Ausgangsgleichung ergibt sich

$$\begin{aligned} 11 &= 106(22U + 333V) - 333(7U + 106V) + 5Z \\ &= \underbrace{(106 \cdot 22 - 333 \cdot 7)}_{=1}U + \underbrace{(106 \cdot 333 - 333 \cdot 106)}_{=0}V + 5Z = U + 5Z. \end{aligned}$$

Dies ist wiederum eine lineare diophantische Gleichung in zwei Unbekannten, welche wir also mit unserem bisherigen Verfahren lösen können. Hier ergibt sich für dessen Lösungsgesamtheit

$$(u, z) = (1, 2) + (5, -1)w \qquad \text{mit} \quad w \in \mathbb{Z}.$$

Damit folgt nun durch Einsetzen in (3.7) unter Berücksichtigung unserer Wahl von α und β

$$x = 22(1+5w)+333v, \quad y = 7(1+5w)+106v, \quad z = 2-w \qquad \text{mit} \quad w, v \in \mathbb{Z},$$

bzw. in kurzer Vektorenschreibweise

$$(x, y, z) = (22, 7, 2) + (110, 35, -1)w + (333, 106, 0)v$$

mit beliebigen $w, v \in \mathbb{Z}$.

Zusammenfassend besteht die Strategie also darin, die lineare diophantische Gleichung in drei Unbekannten durch geschickte Substitutionen auf lineare diophantische Gleichungen in zwei Unbekannten zurückzuführen, für die wir ein Lösungsverfahren besitzen! Den Nachweis, dass dabei keine Lösungen verloren gegangen sind, überlassen wir der Leserin bzw. dem Leser.

Aufgabe 3.9. *Bestimme die Lösungsmenge der folgenden linearen diophantischen Gleichung in drei Unbekannten:*

$$X - 2Y + 3Z = -4.$$

Wie untersucht man, ob eine lineare diophantische Gleichung in vier Unbekannten lösbar ist? Wie bestimmt man gegebenenfalls deren Lösungsmenge?

Schließlich wollen wir noch kurz den Fall diskutieren, wenn ein System linearer diophantischer Gleichungen wie im Eingangsbeispiel gegeben ist. Wiederum illustrieren wir die Lösung an einem expliziten Beispiel:

$$(3.8) \qquad \begin{cases} 106X - 333Y + 5Z &= 1, \\ 7X + 22Y - Z &= 3. \end{cases}$$

Hier lösen wir etwa die zweite Gleichung nach Z auf und setzen diese in der ersten Gleichung ein. Durch diese Elimination erhalten wir eine einzige lineare Gleichung in zwei Unbekannten,

$$141X - 223Y = 16,$$

welche mit unseren gerade entwickelten Methoden gelöst werden kann. Tatsächlich reduziert sich durch die zusätzlichen Gleichung das vermeintlich komplizierte System auf eine einzige lineare Gleichung. Mehr zu diesem Thema, insbesondere der Beweis, dass auf diese Art und Weise wirklich alle Lösungen gefunden werden, lehrt die *Lineare Algebra* (wobei allerdings dort reelle Lösungen im Vordergrund stehen).

Aufgabe 3.10. *Löse das lineare diophantische Gleichungssystem (3.8). Denke dir ferner eines aus, welches keine ganzzahligen Lösungen besitzt.*

3.3 Das Briefmarkenproblem

In diesem Paragraphen wollen wir das gerade behandelte Thema vertiefen. Hierbei offenbart sich ein nahezu typisches Phänomen der Zahlentheorie: Aus einer relativ einfachen Fragestellung ergibt sich durch leichte Variation ein interessantes, aber auch schwieriges (und teilweise ungelöstes) Problem!

Gegeben seien teilerfremden Zahlen $a_1, \ldots, a_m \in \mathbb{N}$, wobei $m \geq 2$. Das **Briefmarken-Problem** (oder auch **Frobenius-Problem** nach seinem Urheber Georg Frobenius) fragt nach der größten natürlichen Zahl $g = g(a_1, \ldots, a_m)$, die sich *nicht* darstellen lässt als eine Linearkombination der Gestalt

$$g = x_1 a_1 + \ldots + x_m a_m \qquad \text{mit} \quad x_j \in \mathbb{N}_0.$$

Diese Zahl $g = g(a_1, \ldots, a_m)$ heißt **Frobenius-Zahl**. Im Wesentlichen ist das verwandt zu den linearen diophantischen Gleichungen des vorangegangenen Paragraphen; jedoch ist nun die Menge der Lösungen x_j weiter eingeschränkt durch die zusätzliche Forderung $x_j \in \mathbb{N}_0$, womit also negative ganze Zahlen verboten sind.[4] Das Problem besteht nun darin, zu gegebenen $a_1, \ldots, a_m$ die zugehörige Frobenius-Zahl zu bestimmen! Allerdings ist hierbei (wie bei jeder Art von Mathematik) Vorsicht geboten: *Wieso sollte eine solche Frobenius-Zahl $g(a_1, \ldots, a_m)$ überhaupt existieren?* Könnte es nicht vielmehr $a_1, \ldots, a_m$ geben, so dass es unendlich viele natürliche Zahlen g gibt, welche sich nicht als Linearkombination eben jener a_j darstellen lassen?

Am besten nähert man sich dieser Problemstellung durch ein Beispiel. Zunächst fragen wir, für welche Werte $c \in \mathbb{N}$ die diophantische Gleichung

$$5X_1 + 8X_2 = c$$

in ganzen Zahlen x_1, x_2 überhaupt lösbar ist. Mit dem euklidischen Algorithmus,

$$8 = 1 \cdot 5 + 3 \rightsquigarrow 5 = 1 \cdot 3 + 2 \rightsquigarrow 3 = 1 \cdot 2 + 1,$$

zeigt sich die Teilerfremdheit von 5 und 8; also ist die diophantische Gleichung nach dem Satz 3.5 von Bézout mit beliebigem ganzzahligen c lösbar. Für die Bestimmung der jeweiligen Lösungsmenge betrachten wir zunächst den Fall $c = 1$ und berechnen über den euklidischen Algorithmus rückwärts durch sukzessives Einsetzen eine spezielle Lösung

$$1 = 3 - 1 \cdot 2 = 3 - 1 \cdot (5 - 1 \cdot 3) = -1 \cdot 5 + 2 \cdot 3 = -1 \cdot 5 + 2 \cdot (8 - 1 \cdot 5) = -3 \cdot 5 + 2 \cdot 8.$$

Daraus ergibt sich die Lösungsgesamtheit im allgemeinen Fall als

$$(x_1, x_2) = c(-3, 2) + \mathbb{Z}(8, -5).$$

Zum Beispiel ist $x_1 = -6, x_2 = 4$ eine Lösung im Fall $c = 2$. Für das zugehörige Briefmarkenproblem, wenn es also gilt beliebige Briefe mit 5 bzw. 8 Cent-Briefmarken zu frankieren, sind jedoch nur Lösungen gefragt, bei denen sowohl x_1 als auch x_2 nicht-negativ sind.

Wollen wir also die Frobenius-Zahl $g(5, 8)$ bestimmen, so liefert die Lösung $x_1 = -6, x_2 = 4$ für $c = 2$ a priori keine weitere Information, die uns weiter hilft. Allerdings sehen wir leicht ein, dass Addition homogener Lösungen auch stets auf entweder positive x_1 und negative x_2 oder Umgekehrtes führen. Damit haben wir somit die Ungleichung $g(5, 8) \geq 2$

---

[4] Was denn auch den Bezug zur Philatelie, dem Sammeln von Briefmarken, erklärt!

gewonnen (unter der Prämisse, dass $g(5,8)$ überhaupt existiert). Um hier weiterzukommen, benötigen wir eine gute Idee: Angenommen, für fünf aufeinanderfolgende natürliche Zahlen $n+1, n+2, \ldots n+5$ existiert eine Darstellung der gewünschten Art, also

$$n + \ell = 5x_{1,\ell} + 8x_{2,\ell} \quad \text{mit} \quad x_{j,\ell} \in \mathbb{N}_0 \quad \text{für} \quad \ell = 1, 2, \ldots, 5,$$

dann gilt natürlich auch

$$n + \ell + 5m = 5(x_{1,\ell} + m) + 8x_{2,\ell}$$

mit denselben $x_{j,\ell} \in \mathbb{N}_0$. Es folgt also $g(5,8) \le n$. Wegen

$$28 = 4 \cdot 5 + 1 \cdot 8,$$
$$29 = 1 \cdot 5 + 3 \cdot 8,$$
$$30 = 6 \cdot 5 + 0 \cdot 8,$$
$$31 = 3 \cdot 5 + 2 \cdot 8,$$
$$32 = 0 \cdot 5 + 4 \cdot 8,$$

ergibt sich somit $g(5,8) \le 27$. Andererseits ist 27 nicht als ganzzahlige Linearkombination $5k_1 + 8k_2$ darstellbar (weil die Koeffizienten k_j nichtnegative ganze Zahlen sind, ist dies ein endliches Problem und damit leicht zu verifizieren, was wir aber trotzdem der geneigten Leserschaft überlassen wollen), womit wir nun also $g(5,8) = 27$ gezeigt haben.

Aufgabe 3.11. *Bestimme auf ähnliche Art und Weise $g(7,10)$.*

Als Nächstes wollen wir allgemein zeigen, dass $n = a_1a_2 - a_1 - a_2$ keine Darstellung $n = x_1a_1 + x_2a_2$ mit $x_j \in \mathbb{N}_0$ zulässt. Hier ist ein Ansatz für einen indirekten Beweis leicht aufzustellen: Angenommen, es bestünde $n = x_1a_1 + x_2a_2$ mit $x_j \in \mathbb{N}_0$, dann folgte durch Gleichsetzen

$$a_1a_2 - a_1 - a_2 = n = x_1a_1 + x_2a_2,$$

bzw.

$$a_1(a_2 - 1 - x_1) = (x_2 + 1)a_2$$

und mit der Teilerfremdheit von a_1 und a_2 ergäbe sich $a_1 \mid (x_2 + 1)$ sowie analog $a_2 \mid (x_1 + 1)$. Tatsächlich benutzen wir hier mit dem Lemma von Euklid und der eindeutigen Primfaktorzerlegung zwei Dinge, die wir noch gar nicht bewiesen haben (jedoch werden wir im anschließenden Paragraphen dies nachholen). Damit folgte nun insgesamt

$$n = x_1a_1 + x_2a_2 \ge (a_2 - 1)a_1 + (a_1 - 1)a_2 = 2a_1a_2 - a_1 - a_2 = n + a_1a_2,$$

ein Widerspruch! Also besitzt n tatsächlich keine solche Darstellung. Somit haben wir die Ungleichung $g(a_1, a_2) \geq a_1 a_2 - a_1 - a_2$ gewonnen. In unserem Beispiel ergibt sich so $g(5, 8) \geq 27$ (was wir bereits wussten, aber nun verallgemeinert haben). Nun wollen wir zeigen, dass hier sogar Gleichheit vorliegt.

Zu $n = a_1 a_2 - a_1 - a_2$ wollen wir hierfür zeigen, dass $n + j$ für alle $j \in \mathbb{N}$ eine gewünschte Darstellung als Linearkombination mit nicht-negativen Koeffizienten besitzt. Nach dem Satz 3.5 von Bézout existieren ganzzahlige x, y mit $a_1 x + a_2 y = 1$, wobei wir noch $0 \leq x < a_2$ auf Grund des regelmäßigen Auftretens von Lösungen fordern dürfen. Also gilt mit diesen $a_1 jx + a_2 jy = j$ und somit

$$n + j = (a_2 - 1 + jx)a_1 + (jy - 1)a_2.$$

Folglich ist $n + j$ stets darstellbar als Linearkombination $n + j = v_1 a_1 + v_2 a_2$ mit ganzzahligen v_1, v_2; wiederum dürfen wir hierbei $0 \leq v_2 < a_1$ fordern. Weil

$$-j = n - v_1 a_1 - v_2 a_2 = (-v_1 - 1)a_1 + (a_1 - 1 - v_2)a_2$$

offensichtlich keine Darstellung als Linearkombination mit nicht-negativen Koeffizienten besitzt, aber $a_1 - 1 - v_2 \geq 0$ nach Konstruktion, folgt $-v_1 - 1 < 0$ bzw. $v_1 \geq 0$. Damit ist aber $n + j = v_1 a_1 + v_2 a_2$ wie gewünscht eine Linearkombination mit nicht-negativen Koeffizienten. Also haben wir bewiesen

Satz 3.6. *Gegeben teilerfremde $a_1, a_2 \in \mathbb{N}$, so ist die Frobenius-Zahl*

$$g(a_1, a_2) = a_1 a_2 - a_1 - a_2.$$

Wir können uns unschwer Sortimente von Briefmarken vorstellen, wo es mehr als zwei verschiedene Sorten von Briefmarken mit unterschiedlichen Werten gibt. Werden nun neben den Briefmarken mit Werten 5 und 8 Cent beispielsweise auch Briefmarken mit Wert 3 angeboten, so sind sicherlich mehr Linearkombinationen möglich und also folgt sofort $g(5, 8, 3) \leq g(5, 8) = 27$. Entsprechend gilt im Falle paarweise teilerfremder $a_1, \ldots, a_m, a_{m+1}$ stets

$$g(a_1, \ldots, a_m, a_{m+1}) \leq g(a_1, \ldots, a_m).$$

Somit folgt für paarweise teilerfremde $a_1, \ldots, a_m$ per Induktion die Existenz der zugehörigen Frobenius-Zahl; den Induktionsanfang $m = 2$ hatten wir oben bereits geliefert. Trotzdem sei die Leserin hiermit aufgefordert, selbst diesen Beweis im Detail zu führen:

Aufgabe 3.12. *Zeige, dass zu gegebenen paarweise teilerfremden* $a_1, \ldots, a_m \in \mathbb{N}$ *und hinreichend großem* n *stets eine Linearkombination*

$$n = x_1 a_1 + \ldots + x_m a_m \qquad mit \quad x_j \in \mathbb{N}_0.$$

gefunden werden kann. Insbesondere existiert die Frobenius-Zahl $g(a_1, \ldots, a_m)$.

Bereits der Nachweis der Existenz der Frobenius-Zahl im allgemeinen Fall *nicht notwendig teilerfremder* $a_1, \ldots, a_m$ ist deutlich aufwendiger.[5] Übrigens ist bereits für $m > 3$ im allgemeinen Fall kein geschlossener Ausdruck für $g(a_1, \ldots, a_m)$ bekannt!

3.4 Primzahlen – die multiplikativen Bausteine

Im antiken Griechenland bezeichneten *Atome* die unteilbaren Bestandteile jeglicher Materie.[6] Zwar bestehen auch diese Grundbausteine aus noch kleineren Bauteilen (wie wir seit Anfang des zwanzigsten Jahrhunderts wissen), jedoch ist die Idee einer diskreten Struktur, aus der unsere Welt aufgebaut ist, weiterhin präsent in der modernen Physik.[7] Ganz ähnlich führten die alten Griechen den Begriff ,unzerlegbarer' Zahlen in die Mathematik ein.

Eine natürliche Zahl $n > 1$ heißt **Primzahl** oder kurz **prim**, wenn sie nur durch sich selbst und 1 teilbar ist (innerhalb der Menge $\mathbb{N}$); ansonsten nennt man n **zusammengesetzt**.[8] Das Auffinden der *ersten* Primzahlen ist nicht besonders schwierig:

$$2, 3, 5, 7, 11, 13, 17, \ldots, 30.449, \ldots$$

Die größte zur Zeit bekannte Primzahl ist

$$2^{57.885.161} - 1.$$

---

[5] Und wir verweisen hierzu auf das lesenswerte Buch: J.L. RAMIREZ ALFONSIN, *The Diophantine Frobenius Problem*, Oxford University Press 2005.

[6] Griech.: átomos für ,das Unzerschneidbare'; Leukipp und Demokrit verwendeten im fünften Jahrhundert v. u. Z. dieses Wort erstmals für kleinste Teile von Materie.

[7] In der Stringtheorie sind die fundamentalen Bausteine, aus denen sich alles Materielle zusammensetzt, keine Teilchen im Sinne von Punkten, sondern vibrierende eindimensionale Objekte. Übrigens benutzte der englische Lehrer und Naturphilosoph John Dalton bereits 1803 das Atomkonzept der Griechen, um zu erklären, wieso chemische Elemente stets in Verhältnissen kleiner ganzer Zahlen miteinander reagieren.

[8] Die Zahl 1 ist also per Definition weder prim noch zusammengesetzt; in alten Schriften wird 1 bisweilen als Primzahl geführt, jedoch ist es aus gewissen Gründen sinnvoll (z. B. im Blick auf das Lemma von Euklid), die Eins gesondert zu betrachten.

Diese Zahl hat mehr als *17 Millionen Stellen* und wurde im Januar 2013 im Rahmen des GIMPS-Projektes gefunden.[9] Die Primzahlen sind die multiplikativen *Atome* aus denen alle natürlichen Zahlen – im Wesentlichen sogar alle ganzen Zahlen – aufgebaut sind; z. B.:

$$2014 = 2 \cdot 19 \cdot 53, \quad 47 = 47, \quad -363 = -1 \cdot 3 \cdot 11^2.$$

Warum Primzahlen faszinieren, hat verschiedene Gründe. Obwohl sie vermeintlich einfache Objekte sind, gibt es trotzdem eine Fülle von schwierigen, teilweise ungelösten Problemen, die mit ihnen zusammenhängen. Um die Relevanz von Primzahlen und Vermutungen über diese wirklich verstehen zu können, wollen wir zunächst einige grundlegende Eigenschaften herausarbeiten.

Wir starten mit dem Lemma des Euklid, welches wir bereits in Abschn. 1.1 (und diverse Male später) benutzt hatten:

Lemma 3.7 (Lemma von Euklid). *Teilt eine Primzahl p ein Produkt ganzer Zahlen, so teilt sie mindestens einen der Faktoren:*

$$p \mid ab \quad \Rightarrow \quad p \mid a \quad oder \quad p \mid b.$$

Beim Beweis dürfen wir natürlich kein Ergebnis verwenden, welches wir bereits mit Hilfe des euklidschen Lemmas bewiesen haben, ansonsten entstünde ein *Zirkelschluss* und nichts wäre wirklich bewiesen.

Beweis. Angenommen, $p \nmid a$, dann ist insbesondere $\mathrm{ggT}(p, a) = 1$ (da p eine Primzahl ist). Nach Korollar 3.2 existieren dann ganze Zahlen x, y mit

$$px + ay = 1 \quad \text{bzw.} \quad bpx + aby = b.$$

Wegen $p \mid pbx$ und $p \mid aby$ nach Annahme folgt $p \mid b$ (nach Rechenregel (iv) aus Abschn. 3.1). ●

Die Aussage des euklidschen Lemmas ist falsch für zusammengesetzte Zahlen: Beispielsweise teilt 6 das Produkt $2 \cdot 3$, jedoch keinen der Faktoren. Insofern charakterisiert das Lemma von Euklid sogar Primzahlen! Im Beweis ging die Primalität von p einzig, aber entscheidend, in der Teilerfremdheit zu a ein.

---

[9] Mehr dazu im Internet unter http://www.mersenne.org/ Tatsächlich hilft die spezielle Struktur dieser Zahl (fast eine Zweierpotenz zu sein). Normalerweise ist es schwierig bis unmöglich, Zahlen dieser Größe als prim nachzuweisen.

Wir haben schon die multiplikative Zerlegbarkeit ganzer Zahlen in Primfaktoren angesprochen. Diese Faktorisierung in Primzahlen ist sogar eindeutig. So simpel dieser Sachverhalt auch sein mag, bildet er einen der wichtigsten Sätze der Zahlentheorie überhaupt! Eigentlich hätte die entsprechende Aussage bereits in Euklids *Elementen* stehen sollen,[10] sie wurde wie eine Selbstverständlichkeit über Jahrhunderte benutzt, jedoch findet man sie mit Beweis erst bei Gauß in seinen berühmten ,*Disquisitiones Arithmeticae*' aus dem Jahre 1801.

Satz 3.8 (Fundamentalsatz der Arithmetik). *Jede natürliche Zahl* n *besitzt eine eindeutige Primfaktorzerlegung, d. h. es gibt eindeutig bestimmte Exponenten* $\nu_p(n) \in \mathbb{N}_0$*, so dass folgende Produktdarstellung besteht:*

$$n = \prod_p p^{\nu_p(n)}.$$

Diese Produktdarstellung heißt **eindeutige Primfaktorzerlegung**. Hierbei läuft das Produkt über alle Primzahlen. Tatsächlich sind stets jedoch nur endlich viele Exponenten $\nu_p(n)$ verschieden von null und nur aus diesen Primzahlen sind die Teiler von n zusammengesetzt; für $n = 1$ verschwinden alle Exponenten und das Produkt ist leer.

Beweis. Wir nutzen die Wohlordnung von $\mathbb{N}$ (Satz 2.5) und zeigen zunächst die Existenz einer solchen Darstellung: Ist $n \in \mathbb{N}$ die kleinste Zahl, für die eine solche Primfaktorzerlegung nicht bekannt ist, so ist n entweder prim oder ein Produkt kleinerer natürlicher Zahlen, für die die Aussage bereits bekannt ist. Also folgt letztlich die Existenz einer Primfaktorzerlegung von n. Nun der Nachweis der Eindeutigkeit: Angenommen, n ist minimal mit zwei *wesentlich verschiedenen* Primfaktorzerlegungen,

$$n = p_1 p_2 \cdot \ldots \cdot p_r = q_1 q_2 \cdot \ldots \cdot q_s,$$

wobei ,*wesentlich verschieden*' $p_i \neq q_j$ für alle i, j bedeutet (ansonsten könnten wir ja kürzen). Jedes p_i teilt $n = q_1 q_2 \cdot \ldots \cdot q_s$, also nach dem Lemma 3.7 von Euklid auch einen Faktor q_k. Da p_i und q_k jeweils prim sind, folgte $p_i = q_k$, ein Widerspruch zu unserer Annahme. $\bullet$

---

[10] Es wird gemutmaßt, dass die Griechen zu *geometrisch* dachten und ein Produkt von mehr als drei Zahlen eben nicht mehr als Länge, Fläche oder Volumen gedeutet werden konnte; dem gegenüber steht aber der euklidische Beweis der Unendlichkeit der Primzahlmenge (Satz 3.9).

Aufgabe 3.13. *Beweise für die Zahlen a und b mit jeweiligen Primfaktorzerlegungen*

$$a = \prod_p p^{\nu_p(a)} \qquad bzw. \qquad b = \prod_p p^{\nu_p(b)}$$

die Formeln

$$\mathrm{ggT}(a,b) = \prod_p p^{\min\{\nu_p(a),\nu_p(b)\}} \qquad bzw. \qquad \mathrm{kgV}[a,b] = \prod_p p^{\max\{\nu_p(a),\nu_p(b)\}}.$$

Ein Wort der Warnung: Die Berechnung des größten gemeinsamen Teilers mit Hilfe des euklidischen Algorithmus ist i. A. wesentlich *schneller* als über die Bestimmung der jeweiligen Primfaktorzerlegungen, da letztere für *wirklich große* Zahlen bislang nur mit erheblichem Zeitaufwand ermittelt werden können (was erfolgreich in der Kryptographie benutzt wird) und wahrscheinlich ein *schwieriges* Problem der Mathematik darstellt (im Sinne, dass es keinen *schnellen* Faktorisierungsalgorithmus gibt). !

Die Nachrichtenagentur HEISE online berichtete am 16.11. 2008:

> *„In den USA leben Zikaden, die sich nur alle 13 oder 17 Jahre paaren. Sowohl die 13 als auch die 17 sind Primzahlen, und das ist kein Zufall, wie Biologen meinen. Auch an anderen Stellen in der Biologie kommen Primzahlen vor. Offensichtlich sind solche Primzahl-Zeitabstände ein Ergebnis der Evolution. Sie sorgen dafür, dass es selten zu Überschneidungen mit den Zyklen von Fressfeinden oder Parasiten kommt."*

In einem gewissen Sinne hat also die Evolution Primzahlen *entdeckt* und für ihre Belange nutzbar gemacht. Hier mag man einmal mehr darüber philosophieren, ob wir Mathematik entdecken oder erfinden. Diese verschiedenen Standpunkte sind bestens vertreten durch die Positionen Platons bzw. Hilberts, ihre Diskussion ist äußerst interessant, eine definitive Antwort aber nicht zu erwarten. Für unsere Belange existieren die Primzahlen einfach auf Grund unserer Erfahrung und obiger Definition, und wir wollen ihre Eigenschaften unabhängig von irgendeinem philosophischen Standpunkt erkunden. Die allererste Frage hierzu lautet: *Wie reichhaltig ist die Menge der multiplikativen Bausteine der ganzen Zahlen?* Eine erste Antwort auf diese Frage gibt ein berühmtes Resultat von Euklid:[11]

Satz 3.9 (Euklid). *Es gibt unendlich viele Primzahlen.*

---

[11] Welches auch eine zeitlang als Musterbeispiel eines Beweises in der Schule gelehrt wurde.

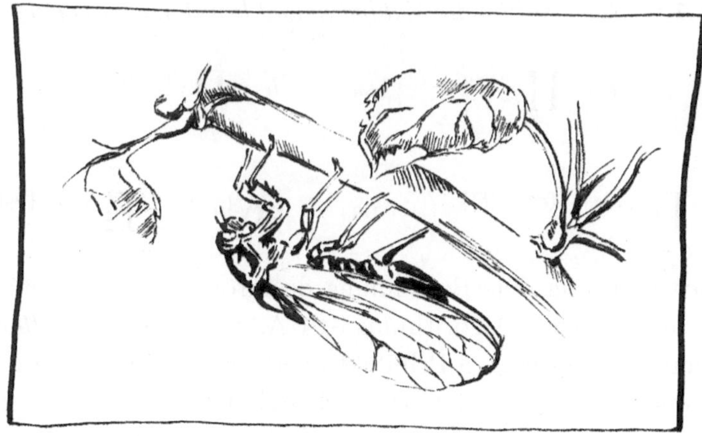

Abbildung 3.6. Primzahlen treten in der Natur auf!

Beweis. Wir zeigen: *Zu jeder gegebenen endlichen Menge von Primzahlen existiert eine weitere*; damit ist die Menge der Primzahlen sicherlich nicht endlich! Sei also $p_1 = 2, p_2, \ldots, p_m$ eine Menge von Primzahlen. (Hierbei haben wir p_1 explizit mit dem Wert 2 belegt, damit wir nicht mit einer leeren Primzahlmenge argumentieren!) Dann ist die natürliche Zahl

$$q := p_1 p_2 \cdot \ldots \cdot p_m + 1$$

größer als 1 und besitzt also nach dem Fundamentalsatz 3.8 (mindestens) einen Primfaktor p, d. h. $p \mid q$. (Sie kann dabei auch selbst prim sein, aber das ist hier nicht weiter von Belang!) Käme nun die Primzahl p unter den Primzahlen $p_1, \ldots, p_m$ vor, so folgte

$$p \mid p_1 p_2 \cdot \ldots \cdot p_m = q - 1.$$

Mit der Teilbarkeit von q und $q - 1$ durch p würde dann aber auch jede Linearkombination dieser beiden Zahlen ein Vielfaches von p sein (nach Rechenregel (iv) aus Abschn. 3.1), also gilt insbesondere

$$p \mid (q - (q - 1)) = 1,$$

ein Widerspruch (mittels Rechenregel (ii), denn p ist eine Primzahl, also größer 1). Also war unsere Annahme falsch, d. h. p kommt nicht unter den Primzahlen $p_1, \ldots, p_m$ vor und der Satz ist bewiesen. ●

Der Beweis liefert sogar ein (wenn auch nicht effizientes) Verfahren, zu einer gegebenen Liste von Primzahlen weitere zu finden. Zum Beispiel:

$$2 + 1 = 3 \quad \rightsquigarrow \quad 3 \text{ ist prim,}$$
$$2 \cdot 3 + 1 = 7 \quad \rightsquigarrow \quad 7 \text{ ist prim,}$$
$$2 \cdot 3 \cdot 7 + 1 = 43 \quad \rightsquigarrow \quad 43 \text{ ist prim,}$$
$$2 \cdot 3 \cdot 7 \cdot 43 + 1 = 1807 = 13 \cdot 139 \quad \rightsquigarrow \quad 13, \ 139 \text{ sind prim.}$$

Auch erlaubt sie den Nachweis von unendlich vielen Primzahlen einer bestimmten Form: Beispielsweise zeigt sich so, dass die arithmetische Progression $4n + 3$ (also bei $\mathbb{N}$ durchlaufendem n) unendlich viele Primzahlen enthält:

$$4\mathbb{Z} + 1 : \quad \ldots \quad 1 \quad \mathbf{5} \quad 9 \quad \mathbf{13} \quad \mathbf{17} \quad \ldots$$
$$4\mathbb{Z} + 2 : \quad \ldots \quad \mathbf{2} \quad 6 \quad 10 \quad 14 \quad 18 \quad \ldots \quad \leftarrow \text{einzige Primzahl 2}$$
$$4\mathbb{Z} + 3 : \quad \ldots \quad \mathbf{3} \quad \mathbf{7} \quad \mathbf{11} \quad 15 \quad \mathbf{19} \quad \ldots$$
$$4\mathbb{Z} + 0 : \quad \ldots \quad 4 \quad 8 \quad 12 \quad 16 \quad 20 \quad \ldots \quad \leftarrow \text{keine Primzahl}$$

Aufgabe 3.14. *Zeige: Es gibt unendlich viele Primzahlen der Form* $p = 4n+3$. Hinweis: Benutze Euklids Beweisidee! *Funktioniert das Argument auch für den Nachweis unendlich vieler Primzahlen der Gestalt* $p = 4n + 1$? *Was ist über das Auftreten solcher Primzahlen zu vermuten?* ⟨Diese Aufgabe wird in Abschn. 9.7 besprochen!⟩

    *****

Wir wollen noch einen alternativen Beweis für Euklids Satz über die Existenz unendlich vieler Primzahlen führen. Ein weiterer Beweis ist immer dann interessant, wenn er aus mathematischer Sicht etwas Neues zu bieten hat – tatsächlich geht es hier also weniger um die Aussage, denn um die **!** Argumentation zum Nachweis derselben!

Für unser Anliegen definieren wir die **Fermat-Zahlen**

$$f_n := 2^{2^n} + 1 \qquad \text{für} \quad n = 0, 1, 2, \ldots .$$

Die ersten sechs dieser Fermat-Zahlen lauten $3, 5, 17, 257, 65.537, 4.294.967.297$. Wie man leicht sieht, sind die ersten vier alle prim und mit ein wenig Mehraufwand (oder einem Computer) zeigt sich auch, dass $f_4 = 65.537$ eine Primzahl ist. Wir sind also versucht zu vermuten, dass alle Fermat-Zahlen prim sind. Damit wären wir in bester Gesellschaft: Fermat glaubte tatsächlich mit den f_n eine *Primzahlformel* gefunden zu haben, allerdings widerlegte dies Leonhad Euler gut einhundert Jahre später durch das Beispiel

$$(3.9) \qquad f_5 = 4.294.967.297 = 641 \cdot 6.700.417.$$

Fermat-Zahlen sind also nicht immer prim; allerdings besitzen sie immerhin keine gemeinsamen Teiler, wie wir uns nun überlegen wollen: Wir starten hierzu mit folgender Formel

$$(3.10) \qquad \prod_{n=0}^{m-1} f_n = f_m - 2 \qquad \text{für} \quad m \in \mathbb{N}.$$

Für den größten gemeinsamen Teiler $d = \text{ggT}(f_m, f_n)$ mit o. B. d. A. $n < m$ folgt dann wegen

$$d \mid \prod_{n=0}^{m-1} f_n = f_m - 2$$

und $d \mid f_m$, dass auch deren Differenz ein Vielfaches von d ist. Also gilt $d = 1$ oder $d = 2$, wobei letzteres jedoch auszuschließen ist, weil Fermat-Zahlen ungerade sind. Wir haben somit

$$\text{ggT}(f_m, f_n) = 1 \quad \text{für} \quad m \neq n$$

bewiesen. Nun das Argument, welches die Unendlichkeit der Menge der Primzahlen beschert: Es gibt unendlich viele verschiedene Fermat-Zahlen; diese sind paarweise teilerfremd. Also treten nach dem Fundamentalsatz in den unendlich vielen, verschiedenen Primfaktorzerlegungen derselben lauter verschiedene Primzahlen auf, was nur mit unendlich vielen Primzahlen zu bewerkstelligen ist. Die Erkenntnis, dass verschiedene Fermat-Zahlen teilerfremd sind, geht auf Christian Goldbach zurück, einem Zeitgenossen Eulers; dass sich hieraus auf die Existenz unendlich vieler Primzahlen schließen lässt, wurde wohl erst von Adolf Hurwitz vor etwas mehr als einhundert Jahren entdeckt.[12]

Aufgabe 3.15. *Verifiziere Formel (3.10) und Eulers Gegenbeispiel (3.9) zu Fermats Vermutung ohne Zuhilfenahme einer elektronischen Rechenhilfe. Vervollständige hierzu die folgenden Beobachtungen: Wegen $641 = 5 \cdot 2^7 + 1$ ist $5^4 \cdot 2^{28} - 1$ ein Vielfaches von 641 und wegen $641 = 2^4 + 5^4$ ist auch f_5 durch 641 teilbar. Beweise darüberhinaus in analoger Schlussweise die Existenz unendlich vieler Primzahlen mit Hilfe der Folgen ganzer Zahlen a_n und b_n, welche rekursiv definiert sind durch $a_0 = b_0 = 1$ sowie*

$$a_n = a_{n-1} + b_{n-1} \qquad \text{und} \qquad b_n = a_{n-1}b_{n-1} \qquad \text{für} \quad n \in \mathbb{N}.$$

⟨Diese Aufgabe wird in Abschn. 9.7 besprochen!⟩

---

[12] Siehe hierzu: R. HAAS, Goldbach, Hurwitz, and the Infinitude of Primes: Weaving a Proof across the Centuries, *Math. Intelligencer* **36** (2013), 54-60.

Die Unendlichkeitsaussage von Euklid gibt nur eine unzulängliche Beschreibung für das Auftreten von Primzahlen. Auf den ersten Blick scheinen die Primzahlen wie zufällig aufzutreten, aber wir fragen darüber hinaus:

Wie sind die Primzahlen innerhalb der natürlichen Zahlen verteilt?

Um ein erstes Bild von der Verteilung der Primzahlen zu gewinnen, benutzen wir ein Siebverfahren, das so genannte **Sieb des Eratosthenes**[13]: Wir streichen sukzessive die *echten* Vielfachen der Primzahlen aus einer Liste der natürlichen Zahlen größer eins:

$$2\ 3\ 4\ 5\ 6\ 7\ 8\ 9\ 10\ 11\ 12\ 13\ 14\ 15\ 16\ 17\ 18\ 19\ 20\ \ldots$$

Die kleinste Zahl dieser Liste ist eine Primzahl (muss eine Primzahl sein!), nämlich $p = 2$; die echten Vielfachen derselben sind die geraden Zahlen > 2 und keine von denen ist prim:

$$2\ 3\ \cancel{4}\ 5\ \cancel{6}\ 7\ \cancel{8}\ 9\ \cancel{10}\ 11\ \cancel{12}\ 13\ \cancel{14}\ 15\ \cancel{16}\ 17\ \cancel{18}\ 19\ \cancel{20}\ \ldots$$

Die kleinste ungestrichene Zahl unserer Liste > 2 ist wiederum eine Primzahl, nämlich $p = 3$; Streichen aller echten Vielfachen von 3 liefert:

$$2\ 3\ \cancel{4}\ 5\ \cancel{6}\ 7\ \cancel{8}\ \cancel{9}\ \cancel{10}\ 11\ \cancel{12}\ 13\ \cancel{14}\ \cancel{15}\ \cancel{16}\ 17\ \cancel{18}\ 19\ \cancel{20}\ \ldots$$

Wir beobachten, dass die verbleibenden Zahlen dieser Liste genau die Primzahlen $p \leq 20$ sind:

$$2,\ 3,\ 5,\ 7,\ 11,\ 13,\ 17,\ 19.$$

Hätten wir eine längere Liste natürlicher Zahlen angelegt, so wären womöglich noch zusammengesetzte Zahlen übriggeblieben; beispielsweise besitzt $25 = 5^2$ nur Primfaktoren, die echt größer als die Primzahlen sind, mit Hilfe derer wir unsere Liste gesiebt haben. Ist $n = ab$ eine zusammengesetzte Zahl und in deren Faktorisierung weder a noch $b = 1$, so sprechen wir von einer *echten* Faktorisierung. In diesem Fall muss mindestens einer der Faktoren $\leq \sqrt{n}$ sein (ansonsten wären ja beide $> \sqrt{n}$ und also ihr Produkt echt größer als n, ein Widerspruch). Um also mit dem Sieb des Eratosthenes alle Primzahlen aus der Menge aller natürlichen Zahlen $\leq n$ herauszusieben, müssen alle echten Vielfachen der Primzahlen $p \leq \sqrt{n}$ gestrichen werden (im obigen Beispiel $p \leq \sqrt{20} = 4{,}472\ldots$). Ansonsten blieben womöglich auch zusammengesetzte Zahlen stehen. Hier nun ein größeres Beispiel:

---

[13] Eratosthenes, * 276 v. u. Z. in Kyrene (Libyen) – † 194 v. u. Z. in Alexandria; Universalgelehrter und Direktor der legendären alexandrinischen Bibliothek. Eratosthenes bestimmte in einem Experiment den Erdumfang mit einer erstaunlichen Genauigkeit als 39.375 Kilometer.

	2	**3**	4	**5**	6	**7**	8	9	10
11	12	**13**	14	15	16	**17**	18	**19**	20
21	22	**23**	24	25	26	27	28	**29**	30
31	32	33	34	35	36	**37**	38	39	40
41	42	**43**	44	45	46	**47**	48	49	50
51	52	**53**	54	55	56	57	58	**59**	60
61	62	63	64	65	66	**67**	68	69	70
71	72	**73**	74	75	76	77	78	**79**	80
81	82	**83**	84	85	86	87	88	**89**	90
91	92	93	94	95	96	**97**	98	99	...

Allerdings liefert das Sieb zu viele Informationen – nämlich sämtliche Faktorisierungen *aller* Zahlen der Liste –, um ein schneller Test zu sein, eine gegebene ‚große‘ Zahl auf Primalität zu testen. Gerade dies jedoch ist eine wichtige Fragestellung, u. a. in der Kryptographie (auf die wir später noch eingehen werden).

Die Verteilung der Primzahlen genügt tatsächlich einer erstaunlichen Gesetzmäßigkeit. Um diese zu entdecken, muss man allerdings deren Auftreten im Großen studieren. Zählt $\pi(x)$ die Anzahl der Primzahlen $p \le x$, so besagt der **Primzahlsatz**

$$\lim_{x \to \infty} \pi(x) \frac{\log x}{x} = 1;$$

dies ist die analytische Ausdrucksweise dafür, dass die Anzahl der Primzahlen $p \le x$ annähernd

$$\pi(x) \approx \frac{x}{\log x}$$

für große x ist, wobei die Differenz beider Seiten relativ zur Größenordnung mit immer weiter wachsenden x kleiner und kleiner wird.[14] Dieser wichtige Satz der Zahlentheorie wurde 1896 von Jacques Hadamard und (unabhängig) Charles de la Vallée-Poussin bewiesen;[15] wichtige Vorarbeiten lieferte Bernhard Riemann bereits 1859.

---

[14] Das Zeichen ‚lim‘ spricht sich *limes* (von lat. Grenze) und steht für den Grenzwert bei dem angezeigten Wachstum.

[15] Jacques Hadamard, * 8. Dezember 1865 in Versailles, – † 17. Oktober 1963 in Paris. Charles Jean Gustave Nicolas Baron de la Vallée-Poussin, * 14. August 1866, – † 2. März 1962 in Louvain (Belgien). Beides bedeutende Mathematiker, hauptsächlich auf dem Gebiet der Analysis; auf Grund ihres hohen Lebensalters bestand lange der Glaube, dass ein Beweis des Primzahlsatzes zu Unsterblichkeit verhülfe!

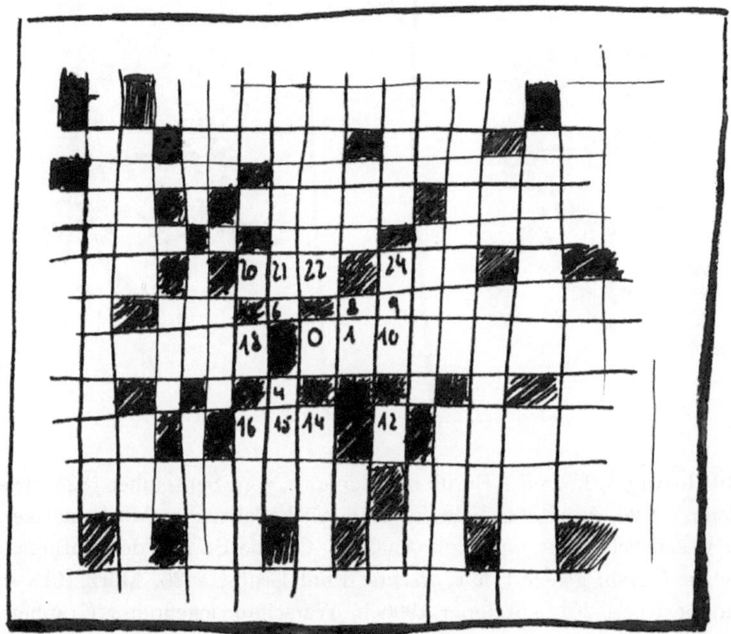

Abbildung 3.7. Keine ferne Galaxis, sondern die Spirale von Stanisław Ulam: Die ersten natürlichen Zahlen spiralförmig angeordnet; dabei sind die Primzahlen schwarz und die zusammengesetzten Zahlen weiß eingefärbt. Die Mitte des Bildes (wo die kleinen natürlichen Zahlen sitzen) ist deutlich dunkler als die äußeren Bereiche. Mit einem Computer berechnete, größere Spiralen dieser Art findet man auf http://mathworld.wolfram.com/PrimeSpiral.html von WOLFRAMMATHWORLD.

Ein Beweis des Primzahlsatzes ist schwierig,[16] aber immerhin kann man mit einfachen Mitteln die euklidische Aussage über die Unendlichkeit der Menge der Primzahlen quantifizieren: Bezeichnet p_n die n-te Primzahl (der Größe nach geordnet), so zeigt sich per Induktion leicht

$$p_n < \exp(2^{n-1}) \qquad \text{bzw.} \qquad \log p_n < 2^{n-1};$$

hierbei bezeichnet exp die (aus der Schule bekannte) Exponentialfunktion und log hier (wie stets) den *natürlichen* Logarithmus zur Basis $e = \exp(1)$. Mittels

$$p_n \le x < p_{n+1} < \exp(2^n) \qquad \text{und} \qquad \pi(x) = \pi(p_n) = n$$

---

[16] Und wir verweisen auf [**4**] für einen elementaren Beweis.

Abbildung 3.8. *Links*: Bernhard Riemann, $*$ 17. September 1826, Breselenz – † 20. Juli 1866, Selasca (Italien); bedeutender Mathematiker, der wesentliche Leistungen zur Analysis, Geometrie und der mathematischen Physik geliefert hat. *Rechts*: Paul Erdös, $*$ 26. März 1913 in Budapest, – † 20. September 1996 in Warschau; legendärer Graphen- und Zahlentheoretiker, der ohne festen Wohnsitz in der Welt herumreiste und mehr als 1600 Publikationen verfasste. Er fand u. a. einen *elementaren* (aber länglichen) Beweis des Primzahlsatzes (der also ohne tiefliegende Ergebnisse) auskommt.

ergibt sich daraus unmittelbar die Abschätzung

$$\pi(x) > \frac{1}{\log 2} \log \log x$$

für $x \geq 2$. Im Vergleich zum Primzahlsatz ist das aber nur eine sehr dürftige untere Schranke für $\pi(x)$.

x	100	10^6	10^{10}
$\pi(x)$	25	78.498	455.052.511
$x/\log x$	$21,7\ldots$	$72.382,4\ldots$	$434.294.481,9\ldots$
Fehler in %	$15,2\ldots$	$8,4\ldots$	$4,7\ldots$

Die berühmte **Riemannsche Vermutung** bringt zum Ausdruck, dass der Fehler der noch besseren Approximation

$$\pi(x) \approx \int_2^x \frac{\mathrm{d}u}{\log u}$$

durch den rechts auftretenden Integrallogarithmus gewissermaßen so klein ist wie nur möglich, nämlich kaum größer als $\sqrt{x}$.[17] Diese Vermutung ist bis heute unbewiesen.[18]

Kaum ein mathematisches Objekt lädt so sehr zu Vermutungen ein wie die Primzahlen. Die **Primzahlzwillingsvermutung** besagt, dass es unendlich viele Pärchen von Primzahlen der Form $p, p + 2$ gibt. Beispiele solcher Primzahlzwillinge findet man schnell:

$$3 \;\&\; 5, \quad 5 \;\&\; 7, \quad 11 \;\&\; 13, \quad 17 \;\&\; 19, \quad \ldots, \quad 101 \;\&\; 103, \quad \ldots$$

Die größten zur Zeit bekannten Primzahlzwillinge sind

$$3.756.801.695.685 \cdot 2^{666.669} \pm 1,$$

also Zahlen mit mehr als zweihunderttausend Ziffern; sie wurden von der Internetplattform **Twin Prime Search** im Dezember 2011 gefunden. Trotzdem suchen die Mathematikerinnen bislang noch ohne Erfolg nach einem Beweis für die Unendlichkeit der Menge der Primzahlzwillinge![19]

Aufgabe 3.16. *Zeige, dass es beliebig große Lücken zwischen aufeinanderfolgenden Primzahlen gibt.* Hinweis: Betrachte die Zahlen $(m + n)!$ für $n = 0, 1, 2, \ldots$ hinsichtlich Teilerfremdheit mit m.

Ein weiteres Beispiel ist die noch ungelöste **Goldbachsche Vermutung**, die besagt, dass jede gerade Zahl ≥ 4 sich als Summe zweier Primzahlen darstellen lässt. Für explizit gegebene Zahlen ist diese leicht zu verifizieren, z. B.

$$10 = 3 + 7, \quad = 5 + 5 \,.$$

Tatsächlich scheint dieses Problem sogar einfacher zu werden, je größer die Zahl ist, die in Primzahlen zerlegt werden soll; z. B.:

$$100 = 3 + 97, \quad = 11 + 89, \quad = 17 + 83, \quad = 29 + 71, \quad \ldots,$$

---

[17] Tatsächlich wird ein Fehlerterm der Größenordnung $x^{\frac{1}{2}+\epsilon}$ erwartet, wobei das ϵ eine beliebige positive Zahl ist. Ein solcher Fehler entspricht der *normalen* Abweichung vom Erwartungswert beim x-maligen Werfen einer Münze.

[18] Dieser ‚heilige Gral' der Mathematik ist eines der sieben Millenniumsprobleme; siehe www.claymath.org/millennium/.

[19] Vor kurzem zeigte Yitang Zhang das spektakuläre Ergebnis, dass es unendlich viele Pärchen von Primzahlen p, p' gibt, deren Differenz kleiner als siebzig Millionen ist; dieses Ergebnis wurde durch eine Reihe von Mathematikern unter dem Kürzel Polymath8project mit einer solchen Differenz von lediglich 252 noch wesentlich verbessert. Mehr hierzu in Terry Taos Blog: http://terrytao.wordpress.com/.

und für beispielsweise 1000 ergeben sich noch weitaus mehr solche Darstellungen. Natürlich wachsen die Möglichkeiten solcher Zerlegungen mit der Größe der geraden Zahl, die so dargestellt werden soll. Man kann tatsächlich mit Hilfe sehr fortgeschrittener Methoden zeigen, dass auch *die meisten* geraden Zahlen *eine Vielzahl* solcher Zerlegungen besitzen, jedoch können Ausnahmen bislang nicht ausgeschlossen werden.[20]

Warum sind die oben genannten Probleme schwierig? Sie verbinden multiplikative Strukturen (Primzahlen) mit additiven Fragestellungen, und das ist eine höchst unglückliche Verquickung; hierbei bilden nämlich die Primzahlen eine recht *dünne* Menge in $\mathbb{N}$, was ihre Lokalisierung erschwert. Diese Art von Problemen sind tatsächlich oft sehr hartnäckig. Paul Erdös formulierte dies einmal folgendermaßen:

> „. . . *jeder Dummkopf kann Fragen über Primzahlen stellen, auf die auch der klügste Mensch keine Antwort hat.*"

3.5 Algebraische Strukturen

Kennzeichnend für die Mathematik ist, wie sie sich oftmals durch das Bearbeiten von schwierigen Problemen weiterentwickelt. Zu jeder Zeit existieren Aufgabenstellungen, zu deren Lösung weitaus anspruchsvollere Mittel nötig sind, als sie gerade zur Verfügung stehen. Manchmal sind zwischen der Formulierung eines Problems und seiner Lösung viele Jahre oder gar Jahrhunderte vergangen und mit der Problemlösung ist letztlich ein völlig neues Teilgebiet entstanden. Auch negative Antworten, etwa der Beweis der Unlösbarkeit eines Problems, kann die Mathematik voranbringen: So ist aus gescheiterten Versuchen zur Auflösung algebraischer Gleichungen (ein Thema, auf das wir später in Abschn. 8.1 noch einmal zurückkommen werden) die Gruppentheorie entstanden. Mittlerweile ist der Begriff einer Gruppe aus der Mathematik nicht mehr weg zu denken.

Eine **Gruppe** ist ein Paar $(G, \circ)$ bestehend aus einer Menge G, versehen mit einer so genannten Verknüpfung

$$\circ : G \times G \to G, \ (a, b) \mapsto a \circ b,$$

---

[20] Hinsichtlich des ternären Goldbachproblems, dass nämlich jede ungerade natürliche Zahl ≥ 7 sich als Summe von drei Primzahlen darstellen lässt, ist ein Erfolg zu vermelden: Nach wichtigen Vorarbeiten von Godfrey H. Hardy, John E. Littlewood und Ivan V. Vinogradov konnte vor kurzem durch Harald A. Helfgott eine endliche Menge von potentiellen Ausnahmen ausgeschlossen werden, so dass eine solche Darstellung tatsächlich stets existiert; mehr hierzu in: H.A. HELFGOTT, The ternary Goldbach problem, arXiv:1404.2224.

die folgenden Axiomen genügt:

- **Assoziativität:**
  $(a \circ b) \circ c = a \circ (b \circ c)$ für alle $a, b, c \in G$;
- **Existenz eines neutralen Elementes:**
  Es gibt ein $e \in G$ mit $a \circ e = e \circ a = a$ für alle $a \in G$;
- **Existenz eines inversen Elements:**
  Zu jedem $a \in G$ existiert ein $x \in G$ mit $a \circ x = x \circ a = e$.

Eine Gruppe $(G, \circ)$ heißt **kommutativ** bzw. **abelsch**,[21] wenn zusätzlich gilt

- $a \circ b = b \circ a$ für alle $a, b \in G$.

Ist aus dem Kontext klar, um welche Verknüpfung es sich handelt, so notieren wir die entsprechende Gruppe auch kurz mit G. Bei der Verknüpfung kann es sich beispielsweise um Addition oder auch Multiplikation handeln, aber wir werden auch weitere Möglichkeiten kennen lernen und auf Grund dieser Vielseitigkeit den Gruppenbegriff schätzen lernen.

Sowohl das neutrale Element $e \in G$ einer Gruppe ist eindeutig bestimmt als auch das Inverse eines gegebenen Gruppenelements $a \in G$; im Falle einer additiven Gruppe notieren wir dieses Inverse oft mit $-a$ und im Fall einer multiplikativen Gruppe mit a^{-1}. Die Eindeutigkeit des neutralen Elementes zeigt sich wie folgt: Angenommen, es gibt Elemente $e, e' \in G$ mit

$$a \circ e = e \circ a = a = e' \circ a = a \circ e'$$

für ein beliebiges $a \in G$, so folgte nach Verknüpfung mit einem Inversen a^{-1} von a sofort

$$e = a^{-1} \circ a \circ e = a^{-1} \circ a \circ e' = e';$$

hierbei sind wir (in der Notation) von einer multiplikativen Gruppe ausgegangen, der additive Fall kann natürlich genauso abgehandelt werden. Die Eindeutigkeit des Inversen zeigt man mit einem ähnlichen Argument (was wir hier aber dem Leser überlassen wollen).

Auf Grund eben dieser Eindeutigkeiten ergeben sich folgende Regeln:

$$(a \circ b)^{-1} = b^{-1} \circ a^{-1}, \quad (a^{-1})^{-1} = a$$

(denn $(a \circ b) \circ (b^{-1} \circ a^{-1}) = a \circ (b \circ b^{-1}) \circ a^{-1} = a \circ e \circ a^{-1} = e$) sowie

$$\left. \begin{array}{rcl} a^{-1} \circ (a^{-1})^{-1} & = & e \\ a^{-1} \circ a & = & e \end{array} \right\} \quad \text{und also} \quad a = (a^{-1})^{-1}.$$

---

[21] Nach Niels Hendrik Abel, einem Mathematiker des frühen neunzehnten Jahrhunderts.

Im Falle von multiplikativen Verknüpfungen schreiben wir auch ab statt $a \circ b$. Per Induktion verifiziert man dann die wohlbekannten Potenzregeln

$$a^{m+n} = a^m a^n \qquad \text{und} \qquad (a^m)^n = a^{mn} \quad \text{für alle } m, n \in \mathbb{Z}.$$

Die Anzahl der Elemente einer Gruppe nennt man auch die **Ordnung** der Gruppe; besitzt die Gruppe unendlich viele Elemente, so hat sie unendliche Ordnung.

Es ist nun an der Zeit, ein paar Beispiele von Gruppen kennenzulernen. Für das Erlernen einen neuen Begriffes – wie etwa den der Gruppe – und dessen Verständnis ist es darüber hinaus auch sinnvoll, über *Gegenbeispiele* nachzudenken, also in unserem Falle Mengen mit Verknüpfungen, die *keine* Gruppen sind. Die uns bekannten Zahlbereiche liefern uns beides:

- $\mathbb{N}$ ist weder mit der Addition noch mit der Multiplikation eine Gruppe (z. B. besitzt 2 kein Inverses in $\mathbb{N}$).

- $\mathbb{Z}$ ist eine abelsche Gruppe mit der Addition, jedoch keine Gruppe mit der Multiplikation (mit demselben Beispiel 2 wie eben).

- $\mathbb{Q}$ bzw. $\mathbb{R}$ (und auch $\mathbb{C}$) sind abelsche Gruppen mit der Addition und $\mathbb{Q}^*$ bzw. $\mathbb{R}^*$ (und auch $\mathbb{C}^*$) mit der Multiplikation; hierbei bedeutet das angehängte Sternchen, dass wir jeweils die Null entfernen; z. B.: $\mathbb{Q}^* := \mathbb{Q} \setminus \{0\}$.

Wir wollen am Beispiel der Menge $\mathbb{Z}$ der ganzen Zahlen erläutern, wie man $\mathbb{Z}$ als Gruppe mit der uns vertrauten Addition ‚+‘ nachweist: Der Nachweis des Assoziativgesetzes folgt unmittelbar aus unserer Definition ganzer Zahlen und deren Addition aus Abschn. 2.3; das neutrale Element bzgl. der Addition ist natürlich die Null: $a + 0 = 0 + a = a$ für alle $a \in \mathbb{Z}$ und das additiv Inverse einer ganzen Zahl a ist offensichtlich $-a$ (da dann ja $a + (-a) = 0$). Auch die Kommutativität $a + b = b + a$ für beliebige $a, b \in \mathbb{Z}$ ist uns bereits begegnet. Ganz ähnlich verifiziert man die weiteren Beispiele als abelsche Gruppen.

Aufgabe 3.17. *Zeige: Es existiert (im Wesentlichen) eine Gruppe mit genau zwei Elementen. Wie muss eine Verknüpfung $\circ$ auf einer zwei-elementigen Menge $\{a, b\}$ mit $a \neq b$ notwendig erklärt sein, damit $(\{a, b\}, \circ)$ eine Gruppe ist?*

Um nicht den Eindruck zu bekommen, dass alle Gruppen abelsch sind, hier nun ein Beispiel einer nicht-abelschen Gruppe: Gegeben ein gleichseitiges Dreieck, nummerieren wir dessen Ecken mit $1, 2, 3$ gegen den Uhrzeigersinn.[22] Dann bilden die Drehungen um ein ganzzahliges Vielfaches von $120°$ um den Mittelpunkt des Dreiecks eine Gruppe; hierbei werden die Ecken aufeinander abgebildet und wir identifizieren alle Drehungen, die zu ein und derselben Eckennumerierung führen. Das ist nicht unmittelbar einsichtig. Ein Beispiel eines nicht-trivialen Elementes dieser Gruppe ist etwa eine Drehung entgegen dem Uhrzeigersinn um 120 Grad:

$$\begin{array}{ccc} & 1 & \\ 2 & \triangle & 3 \end{array} \quad \longrightarrow \quad \begin{array}{ccc} & 3 & \\ 1 & \triangle & 2 \end{array}.$$

Wir bezeichnen diese Drehungen nun mit $\left(\begin{smallmatrix} 1\,2\,3 \\ i\,j\,k \end{smallmatrix}\right)$ mit paarweise verschiedenen $i, j, k \in \{1, 2, 3\}$, gemäß ihrem Abbildungsverhalten

$$\begin{pmatrix} 1 & 2 & 3 \\ i & j & k \end{pmatrix} : \{1, 2, 3\} \to \{1, 2, 3\}, \quad \begin{array}{ccc} 1 & \mapsto & i, \\ 2 & \mapsto & j, \\ 3 & \mapsto & k. \end{array}$$

Also wird die Drehung um 120 Grad gegen den Uhrzeigersinn im obigen Beispiel mit

$$\begin{pmatrix} 1 & 2 & 3 \\ 2 & 3 & 1 \end{pmatrix} \qquad \left(\text{denn} \quad \begin{array}{ccc} 1 & \mapsto & 2, \\ 2 & \mapsto & 3, \\ 3 & \mapsto & 1 \end{array} \right)$$

notiert; beispielsweise ist die obere Ecke zunächst mit der Hausnummer 1 belegt, und die Drehung um 120 Grad gegen den Uhrzeigersinn bewirkt, dass diese Ecke auf die Position mit der vormaligen Belegung 2 rutscht, d. h. $1 \mapsto 2$. Die Gruppe aller Drehungen ist gegeben durch die drei Elemente:

$$\mathrm{id} := \begin{pmatrix} 1 & 2 & 3 \\ 1 & 2 & 3 \end{pmatrix}, \begin{pmatrix} 1 & 2 & 3 \\ 2 & 3 & 1 \end{pmatrix}, \begin{pmatrix} 1 & 2 & 3 \\ 3 & 1 & 2 \end{pmatrix}$$

bzgl. der Hintereinanderschaltung von Abbildungen (vornehm ‚Komposition‘ genannt). Hierbei rechnet man nach, dass id das neutrale Element ist[23]

---

[22] Tatsächlich ist die übliche Orientierung in der Mathematik gegen den Uhrzeigersinn; dass analoge Uhren in der *falschen* Richtung laufen, muss daran liegen, dass kein Mathematiker unter den ersten Optikern war, die diese Tradition ins Leben riefen. Tatsächlich bietet sich der Uhrzeigersinn in der Optik insofern an, als er in natürlicher Art und Weise bei Sonnenuhren auftritt!

[23] Das Kürzel id steht für ‚Identität‘, da diese Abbildung nichts an der Eckenbelegung ändert.

und die beiden anderen Drehungen zueinander invers sind, d. h.

$$\begin{pmatrix} 1 & 2 & 3 \\ 3 & 1 & 2 \end{pmatrix}^{-1} = \begin{pmatrix} 1 & 2 & 3 \\ 2 & 3 & 1 \end{pmatrix},$$

was sich geometrisch auch ganz leicht dadurch erklärt, dass sie Drehungen um 120° und 240° repräsentieren (und 360° eine volle Drehung ausmacht, was wiederum id ist). Rechnerisch kann man sich dies durch die Zuordnung

$$\begin{pmatrix} 1 & \mapsto & 3 \\ 2 & \mapsto & 1 \\ 3 & \mapsto & 2 \end{pmatrix} \mapsto \begin{pmatrix} 1 & \mapsto & 2 \\ 2 & \mapsto & 3 \\ 3 & \mapsto & 1 \end{pmatrix} = \begin{pmatrix} 1 & \mapsto & 1 \\ 2 & \mapsto & 2 \\ 3 & \mapsto & 3 \end{pmatrix} = \mathrm{id}$$

veranschaulichen. Dass wir es hier tatsächlich mit einer Gruppe zu tun haben, mag im Prinzip klar sein, u. a. weil natürlich die Komposition von Drehungen wieder eine Drehung ist; allerdings wollen wir explizit darauf hinweisen, wie mit den Elementen dieser Gruppen zu rechnen ist. Hierzu berechnen wir die Verknüpfung einer der beiden von id verschiedenen Drehungen mit sich selbst:

$$\begin{pmatrix} 1 & \mapsto & 3 \\ 2 & \mapsto & 1 \\ 3 & \mapsto & 2 \end{pmatrix} \mapsto \begin{pmatrix} 1 & \mapsto & 3 \\ 2 & \mapsto & 1 \\ 3 & \mapsto & 2 \end{pmatrix} = \begin{pmatrix} 1 & \mapsto & 2 \\ 2 & \mapsto & 3 \\ 3 & \mapsto & 1 \end{pmatrix}.$$

In unserer Kurzschreibweise notieren wir dies wie folgt

$$\begin{pmatrix} 1 & 2 & 3 \\ 3 & 1 & 2 \end{pmatrix} \circ \begin{pmatrix} 1 & 2 & 3 \\ 3 & 1 & 2 \end{pmatrix} = \begin{pmatrix} 1 & 2 & 3 \\ 2 & 3 & 1 \end{pmatrix}.$$

Man mache sich schließlich noch klar, dass es keine weiteren Drehungen als eben diese oben genannten gibt!

Tatsächlich können wir aber auch noch andere Vertauschungen der Ecken an dem Dreieck realisieren, nämlich durch Spiegeln an den Winkelhalbierenden des Dreieckes. Dies liefert die zusätzlichen Abbildungen

$$\begin{pmatrix} 1 & 2 & 3 \\ 1 & 3 & 2 \end{pmatrix}, \begin{pmatrix} 1 & 2 & 3 \\ 2 & 1 & 3 \end{pmatrix}, \begin{pmatrix} 1 & 2 & 3 \\ 3 & 2 & 1 \end{pmatrix};$$

bei diesen ist stets genau ein so genannter *Fixpunkt* vorhanden: 1 bei der ersten, 3 bei der zweiten und 2 bei der dritten Abbildung. Weitere als diese gibt es nicht. Um dies einzusehen, gruppieren wir sämtliche Vertauschungen gemäß der jeweiligen Anzahl von Fixpunkten (Elementen, die also unverändert bleiben); hierbei gibt es offensichtlich genau zwei Abbildungen mit jeweils keinem Fixpunkt sowie drei Abbildungen mit genau einem Fixpunkt und eine mit drei Fixpunkten (nämlich id). Mit diesen weiteren Vertauschungen können wir rechnen wie zuvor mit den Drehungen. Als Beispiel starten wir mit folgender Verknüpfung:

$$\begin{pmatrix} 1 & \mapsto & 3 \\ 2 & \mapsto & 1 \\ 3 & \mapsto & 2 \end{pmatrix} \mapsto \begin{pmatrix} 1 & \mapsto & 3 \\ 2 & \mapsto & 2 \\ 3 & \mapsto & 1 \end{pmatrix} = \begin{pmatrix} 1 & \mapsto & 1 \\ 2 & \mapsto & 3 \\ 3 & \mapsto & 2 \end{pmatrix};$$

und wir notieren dies wie folgt:

$$\begin{pmatrix} 1 & 2 & 3 \\ 3 & 2 & 1 \end{pmatrix} \circ \begin{pmatrix} 1 & 2 & 3 \\ 3 & 1 & 2 \end{pmatrix} = \begin{pmatrix} 1 & 2 & 3 \\ 1 & 3 & 2 \end{pmatrix}.$$

Hier ist Vorsicht geboten: Die Komposition $\circ$ dieser Abbildungen wird entgegen der in Europa verbreiteten Leserichtung gelesen, nämlich von rechts nach links! Diese Konvention orientiert sich an folgendem Kalkül: Für Abbildungen f, g ist die Komposition $f \circ g$ durch $(f \circ g)(x) := f(g(x))$ definiert; hier steht g *näher* an dem Argument x, weshalb zunächst g und erst im Nachhinein f anzuwenden ist. Entsprechend können wir auch verschiedene Abbildungen in unterschiedlicher Reihenfolge miteinander verknüpfen: in dem obigen Beispiel entsteht so die weitere Komposition

$$\begin{pmatrix} 1 & 2 & 3 \\ 3 & 1 & 2 \end{pmatrix} \circ \begin{pmatrix} 1 & 2 & 3 \\ 3 & 2 & 1 \end{pmatrix} = \begin{pmatrix} 1 & 2 & 3 \\ 2 & 1 & 3 \end{pmatrix},$$

wie die Leserin leicht nachrechnet. Im Vergleich mit der vorangegangenen Rechnung zu der umgekehrten Komposition beobachten wir

$$\begin{pmatrix} 1 & 2 & 3 \\ 3 & 2 & 1 \end{pmatrix} \circ \begin{pmatrix} 1 & 2 & 3 \\ 3 & 1 & 2 \end{pmatrix} \neq \begin{pmatrix} 1 & 2 & 3 \\ 3 & 1 & 2 \end{pmatrix} \circ \begin{pmatrix} 1 & 2 & 3 \\ 3 & 2 & 1 \end{pmatrix},$$

weshalb die Komposition von Verknüpfungen also – wie angekündigt – nicht abelsch ist! Im Beispiel von Drehungen macht die Reihenfolge übrigens keinen Unterschied.

Wir hatten bereits beobachtet, dass unsere sechs Abbildungen sämtliche Vertauschungen, oder etwas vornehmer ausgedrückt, **Permutationen** der drei-elementigen Menge $\{1, 2, 3\}$ wiedergeben. Entsprechend nennt man die Menge

$$S_3 := \left\{ \mathrm{id}, \begin{pmatrix} 1 & 2 & 3 \\ 2 & 1 & 3 \end{pmatrix}, \begin{pmatrix} 1 & 2 & 3 \\ 1 & 3 & 2 \end{pmatrix}, \begin{pmatrix} 1 & 2 & 3 \\ 3 & 2 & 1 \end{pmatrix}, \begin{pmatrix} 1 & 2 & 3 \\ 2 & 3 & 1 \end{pmatrix}, \begin{pmatrix} 1 & 2 & 3 \\ 3 & 1 & 2 \end{pmatrix} \right\}$$

die **Permutationsgruppe** bzw. die **symmetrische Gruppe mit drei Elementen**. Dies ist tatsächlich eine Gruppe, wie man der umseitigen Gruppentafel entnimmt: Offensichtlich ist id das neutrale Element der S_3; die Existenz eines Inversen ergibt sich dadurch, dass in jeder Zeile (bzw.

$\circ$	id	$\begin{pmatrix}1&2&3\\2&1&3\end{pmatrix}$	$\begin{pmatrix}1&2&3\\1&3&2\end{pmatrix}$	$\begin{pmatrix}1&2&3\\3&2&1\end{pmatrix}$	$\begin{pmatrix}1&2&3\\2&3&1\end{pmatrix}$	$\begin{pmatrix}1&2&3\\3&1&2\end{pmatrix}$
id	id	$\begin{pmatrix}1&2&3\\2&1&3\end{pmatrix}$	$\begin{pmatrix}1&2&3\\1&3&2\end{pmatrix}$	$\begin{pmatrix}1&2&3\\3&2&1\end{pmatrix}$	$\begin{pmatrix}1&2&3\\2&3&1\end{pmatrix}$	$\begin{pmatrix}1&2&3\\3&1&2\end{pmatrix}$
$\begin{pmatrix}1&2&3\\2&1&3\end{pmatrix}$	$\begin{pmatrix}1&2&3\\2&1&3\end{pmatrix}$	id	$\begin{pmatrix}1&2&3\\2&3&1\end{pmatrix}$	$\begin{pmatrix}1&2&3\\3&1&2\end{pmatrix}$	$\begin{pmatrix}1&2&3\\1&3&2\end{pmatrix}$	$\begin{pmatrix}1&2&3\\3&2&1\end{pmatrix}$
$\begin{pmatrix}1&2&3\\1&3&2\end{pmatrix}$	$\begin{pmatrix}1&2&3\\1&3&2\end{pmatrix}$	$\begin{pmatrix}1&2&3\\3&1&2\end{pmatrix}$	id	$\begin{pmatrix}1&2&3\\2&3&1\end{pmatrix}$	$\begin{pmatrix}1&2&3\\3&2&1\end{pmatrix}$	$\begin{pmatrix}1&2&3\\2&1&3\end{pmatrix}$
$\begin{pmatrix}1&2&3\\3&2&1\end{pmatrix}$	$\begin{pmatrix}1&2&3\\3&2&1\end{pmatrix}$	$\begin{pmatrix}1&2&3\\2&3&1\end{pmatrix}$	$\begin{pmatrix}1&2&3\\3&1&2\end{pmatrix}$	id	$\begin{pmatrix}1&2&3\\2&1&3\end{pmatrix}$	$\begin{pmatrix}1&2&3\\1&3&2\end{pmatrix}$
$\begin{pmatrix}1&2&3\\2&3&1\end{pmatrix}$	$\begin{pmatrix}1&2&3\\2&3&1\end{pmatrix}$	$\begin{pmatrix}1&2&3\\3&2&1\end{pmatrix}$	$\begin{pmatrix}1&2&3\\2&1&3\end{pmatrix}$	$\begin{pmatrix}1&2&3\\1&3&2\end{pmatrix}$	$\begin{pmatrix}1&2&3\\3&1&2\end{pmatrix}$	id
$\begin{pmatrix}1&2&3\\3&1&2\end{pmatrix}$	$\begin{pmatrix}1&2&3\\3&1&2\end{pmatrix}$	$\begin{pmatrix}1&2&3\\1&3&2\end{pmatrix}$	$\begin{pmatrix}1&2&3\\3&2&1\end{pmatrix}$	$\begin{pmatrix}1&2&3\\2&1&3\end{pmatrix}$	id	$\begin{pmatrix}1&2&3\\2&3&1\end{pmatrix}$

Abbildung 3.9. Die Gruppentafel der S_3

Spalte) der Gruppentafel id als Ergebnis einer Komposition mit einem weiteren Gruppenelement auftritt. Tatsächlich ist jedes Element der Gruppe genau einmal in jeder Zeile bzw. in jeder Spalte einer solchen Gruppentafel vertreten; dies ist kein Zufall mit der S_3, sondern ein Charakteristikum beliebiger Gruppen. Die Assoziativität ist am mühsamsten nachzurechnen.

Aufgabe 3.18. *Beweise, dass in der Gruppentafel einer beliebigen Gruppe $(G, \circ)$ jedes Element genau einmal in jeder Spalte bzw. jeder Zeile auftritt.*

Wir hatten oben bereits gesehen, dass die symmetrische Gruppe S_3 nicht abelsch ist, da die Kompositionen verschiedener Permutationen unterschiedlich ausfallen können. Man kann unschwer die symmetrischen Gruppen n-elementiger Mengen konstruieren und beobachtet, dass diese jeweils $n! := n \cdot (n-1) \cdot \ldots \cdot 3 \cdot 2 \cdot 1$ viele Elemente besitzen und für $n \geq 3$ allesamt nicht abelsch sind. Die Fälle

$$S_1 = \{\mathrm{id}\} \quad \text{und} \quad S_2 = \left\{ \mathrm{id}, \begin{pmatrix} 1 & 2 \\ 2 & 1 \end{pmatrix} \right\}$$

hingegen sind abelsch und relativ langweilig.

Aufgabe 3.19. *Konstruiere die symmetrische Gruppe S_4, erstelle eine Gruppentafel und zeige, dass diese nicht abelsch ist. Folgere, dass keine der Gruppen S_n für $n \geq 3$ abelsch ist.*

Wir hatten oben gesehen, dass die Drehungen in S_3 eine drei-elementige Gruppe bilden. Solche Unterstrukturen sind sehr interessant – manchmal sogar interessanter als die größere, diese enthaltende Gruppe. Insofern verwundert es nicht, dass diese einen eigenen Namen bekommt: Eine nicht-leere Teilmenge U einer Gruppe G heißt **Untergruppe von G**, wenn gilt:

- $e \in U$,
- $a, b \in U \Rightarrow a \circ b \in U$,
- $a \in U \Rightarrow a^{-1} \in U$;

hierbei ist e dasselbe neutrale Element wie in G. Für Untergruppen sind sämtliche Gruppenaxiome notwendig wieder erfüllt; insbesondere ist jede Untergruppe $(U, \circ)$ selbst wieder eine Gruppe (wie man durch Nachrechnen der Axiome verifiziert). Mit diesem Kunstgriff erhalten wir viele weitere Beispiele von Gruppen und Gegenbeispiele. Die uns aus Korollar 3.2 bekannten Mengen

$$d\mathbb{Z} = \{m : d \mid m\} = \{\ldots, -d, 0, d, 2d, \ldots\} \quad \text{für ein } d \in \mathbb{Z}$$

sind nämlich Untergruppen von $\mathbb{Z}$ mit der üblichen Addition; sie sind zudem abelsch, was sie direkt von $\mathbb{Z}$ erben. Hingegen ist etwa die Menge $1 + d\mathbb{Z} = \{1 + m \ : \ d \mid m\} = \{\ldots, 1 - d, 1, 1 + d, \ldots\}$ keine Untergruppe von $\mathbb{Z}$; insbesondere auch keine Gruppe.

Warum möchte man so abstrakte Begriffe wie der einer Gruppe in der Mathematik haben? Sie sind sicherlich eine große Hürde beim Kennenlernen von Mathematik, aber tatsächlich sind sie letztlich auch eine große Erleichterung beim späteren Arbeiten mit Mathematik. Gerade die Abstraktheit des Gruppenbegriffs erlaubt die *universelle* Einsetzbarkeit dieser Struktur in vielen verschiedenen Bereichen der Mathematik! Wir haben oben einige Mengen mit Verknüpfungen kennen gelernt, die alle ähnliche Strukturen besitzen. Da diese Strukturen sich im Laufe der Entwicklung der Mathematik als sehr nützlich erwiesen haben, hat sich der Begriff der Gruppe herauskristallisiert. Weniger relevante Begriffe (bzw. weniger ‚griffige‘ Axiome) verschwinden hingegen mit der Zeit aus der Mathematik (was einen gewissen evolutionären Charakter hat). Beweisen wir nun eine Aussage für eine beliebige Gruppe, so gilt sie insbesondere für alle Gruppen, also auch für jene, die wir bereits kennengelernt haben. Nebenbei treten Gruppen in den verschiedensten mathematischen Disziplinen auf: Sie spielen eine wichtige Rolle in der Geometrie und Algebra; aber auch hinter dem Zauberwürfel (‚Rubik's cube‘) steht eine Gruppe, deren Elemente Drehungen des Würfels sind; obwohl diese letztgenannte Gruppe endlich ist, d. h. nur endlich viele Elemente besitzt – im Gegensatz zu etwa $(\mathbb{Z}, +)$ –, stellen sich sofort interessante Fragen. Beispielsweise konnte (dank erheblichen Einsatzes algebraischer Methoden in Verbindung mit rechenstarken Computern) gezeigt werden, dass man aus einer beliebigen Position in höchstens zwanzig Zügen (Drehungen) zur Zielposition gelangen kann.[24]

Als nächst höhere Struktur stehen so genannte Ringe an. Ein **kommutativer Ring** ist ein Tripel, bestehend aus einer Menge R versehen mit zwei Verknüpfungen

$$+ : R \times R \to R \quad \text{und} \quad \cdot : R \times R \to R$$
$$(a, b) \mapsto a + b \qquad\qquad (a, b) \mapsto a \cdot b$$

sowie Elementen $0, 1 \in R$, die den folgenden Regeln genügen:

- *Additionsregeln.* Für alle $a, b, c \in R$ gelten

---

[24] T. Rokicki, H. Kociemba, M. Davidson, J. Dethridge, The diameter of the Rubik's cube group is twenty, *SIAM J. Discrete Math.* **27** (2013), 1082-1105

(i) **Assoziativität:**
$$(a + b) + c = a + (b + c);$$

(ii) **Kommutativität:**
$$a + b = b + a;$$

(iii) **Existenz der Null:**
$$0 + a = a + 0 = a;$$

(iv) **Existenz der add. Inversen:**
Zu jedem $a \in R$ gibt es (genau) ein Element $x \in R$ mit $x + a = 0$; wir schreiben hierfür $x = -a$.

- *Multiplikationsregeln.* Für alle $a, b, c \in R$ gelten

(v) **Assoziativität:**
$$(a \cdot b) \cdot c = a \cdot (b \cdot c);$$

(vi) **Kommutativität:**
$$a \cdot b = b \cdot a;$$

(vii) **Distributivgesetz:**
$$(a + b) \cdot c = (a \cdot c) + (b \cdot c);$$

(viii) **Existenz der Eins:**
$$1 \cdot a = a \cdot 1 = a.$$

Offensichtlich sind diese Regeln für die Menge der ganzen Zahlen erfüllt, also ist $\mathbb{Z}$ bzgl. üblicher Addition $+$ und Multiplikation $\cdot$ ein kommutativer Ring. Hingegen ist etwa $\mathbb{N}_0$ kein Ring, da z. B. zu $a = 1$ kein additives Inverses existiert.

All die notwendigen Axiome merkt man sich am besten wie folgt: Ein Ring ist eine Menge R mit einer Addition und einer Multiplikation, so dass R *mit der Addition eine abelsche Gruppe mit neutralem Element* 0 *bildet, multiplikativ abgeschlossen ist und die Assoziativ- und Distributivgesetze gelten.* In unserem Fall fordern wir noch die Existenz eines bzgl. der Multiplikation neutralen Elementes 1 und Kommutativität. Natürlich kann R mit der Multiplikation keine Gruppe sein, da das additiv neutrale Element 0 nicht multiplikativ invertierbar ist.

Aufgabe 3.20. *Es sei* $(R, +, \cdot)$ *ein kommutativer Ring. Zeige, dass zu jedem Paar* $a, b \in R$ *es (genau) ein Element* $x \in R$ *mit* $x + b = a$ *gibt. Sei ferner* $c \in R$*; ist dann* $cx + b = a$ *ebenfalls lösbar?*

Ein wichtiges Beispiel eines Ringes liefern Polynome. Ein **Polynom** ist ein (zunächst einmal) formaler Ausdruck der Gestalt

$$P(X) = a_n X^n + a_{n-1} X^{n-1} + \ldots + a_1 X + a_0$$

mit einer Unbestimmten X und Koeffizienten $a_n, \ldots, a_1, a_0$; hierbei heißt a_n im Falle $a_n \neq 0$ der **Leitkoeffizient**[25] und mit n wird der **Grad** von P bezeichnet. Entstammen die Koeffizienten a_j allesamt einem kommutativen Ring, so bilden sämtliche Polynome obiger Gestalt ebenfalls einen kommutativen Ring. Speziell in der Situation der ganzen Zahlen notieren wir den zugehörigen **Polynomring** als

$$\mathbb{Z}[X] := \{P(X) = a_n X^n + \ldots + a_1 X + a_0 \,:\, a_n, \ldots, a_1, a_0 \in \mathbb{Z}\};$$

sind die Koeffizienten Elemente eines kommutativen Rings R, so notieren wir den zugehörigen Polynomring als $R[X]$. Hierbei wird die Addition von Polynomen auf die Addition ganzer Zahlen (bzw. die Addition in R) zurückgeführt:

$$\left(\sum_{j \geq 0} a_j X^j\right) + \left(\sum_{j \geq 0} b_j X^j\right) := \sum_{j \geq 0}(a_j + b_j)X^j;$$

hingegen definiert man die Multiplikation durch die Potenzregeln und Zusammenfassung gleicher Terme:

$$\left(\sum_{k \geq 0} a_k X^k\right) \times \left(\sum_{\ell \geq 0} b_\ell X^\ell\right) := \sum_{j \geq 0} c_j X^j \qquad \text{mit} \quad c_j := \sum_{\substack{k, \ell \geq 0 \\ j = k + \ell}} a_k b_\ell.$$

Beispielsweise zeigt sich so

$$(X - 1) \times \{(X^2 + X + 2) + (X^2 - 1)\} = 2X^3 - X^2 - 2X + 1$$

(und dies ist in der Tat genau das, was in der Schule mit Polynomen praktiziert wurde). Die ganzen Zahlen treten in diesem Zusammenhang als konstante Polynome auf und beinhalten die bzgl. der Addition und Multiplikation neutralen Elemente 0 und 1; hierbei steht 0 für das **Nullpolynom**, welches sämtliche Koeffizienten gleich null hat. In diesem Sinne gilt $\mathbb{Z} \subset \mathbb{Z}[X]$, weshalb die neutralen Elemente in beiden Ringen identisch sein müssen; dasselbe gilt auch, wenn der Ring $\mathbb{Z}$ gegen einen anderen kommutativen Ring R ausgetauscht wird.

　　Polynome werden uns noch diverse Male wiederbegegnen. Große Bedeutung besitzen Polynome insbesondere als Funktionen der Unbestimmten X. Zur Vertiefung der abstrakten Begriffsbildung sei hier unbedingt die folgende Aufgabe dem Leser ans Herz gelegt:

---

[25] Gibt dieser doch für *große* x das wesentliche Verhalten von $P(x)$ an.

Aufgabe 3.21. *Beweise, dass $\mathbb{Z}[X]$ ein Ring ist (mit allen Details). Leiste selbiges für $R[X]$ mit einem beliebigen kommutativen Ring R. Wieso ist die Menge aller Polynome mit Koeffizienten aus $\mathbb{N}_0$ kein Ring?*

Addition oder Multiplikation in einem Ring muss übrigens nicht viel mit den uns von den ganzen Zahlen bekannten Verknüpfungen zu tun haben. Hier ein exotisch anmutendes Beispiel: Sei M eine beliebige Menge und $R = 2^M$ deren Potenzmenge und die Addition und Multiplikation für $A, B \in R = 2^M$ (bzw. $A, B \subset M$) definiert durch

$$A + B := (A \cup B) \setminus (A \cap B),$$
$$A \cdot B := A \cap B,$$

wobei $0 := \emptyset$ und $1 := M$. Dann verifiziert man leicht, dass sämtliche Ringaxiome (i)-(viii) gelten. Wir zeigen hier nur (iv): Zu beliebigen $A, B \in R$ wähle man $X := A + B$. Dann gilt (wegen (i))

$$A + X = A + (A + B) = (A + A) + B$$
$$= (A \cup A) \setminus (A \cap A) + B = (A \setminus A) + B = \emptyset + B = B.$$

Nach Definition besteht $A + B$ aus genau den Elementen der Vereinigung von A und B, welche nicht im Schnitt von A und B liegen; also gilt

$$A + B = X = (A \setminus B) \cup (B \setminus A).$$

In einiger Literatur wird $A + B$ auch **symmetrische Differenz** von A und B genannt. Somit ist R ein kommutativer Ring. In diesem Ring gilt für beliebige A die merkwürdige Regel

$$2 \cdot A := A + A = 0.$$

Übrigens haben wir noch nicht verifiziert, dass das additive Inverse eindeutig bestimmt ist, allerdings dürfen wir uns dies sparen, denn dies gilt wie bei den Gruppen. Gleiches trifft auf die Eindeutigkeit der neutralen Elemente $0, 1$ in einem beliebigen kommutativen Ring zu: Sind nämlich $0 \in R$ und $0' \in R$ beides neutrale Elemente bzgl. der Addition, die also (iii) erfüllen, so folgt für jedes $a \in R$ dann

$$0 + a = a \qquad \text{und} \qquad 0' + a = a.$$

Mit $a = 0'$ folgt hieraus

$$0' = 0 + 0' = 0' + 0 = 0.$$

Wir haben hier u. a. die Eindeutigkeit der Null in der Menge der ganzen Zahlen gezeigt. Analog beweist man die Eindeutigkeit des neutralen Elementes bzgl. der Multiplikation. (Im Wesentlichen ist das wiederum dieselbe Herangehensweise wie bei Gruppen.)

Ringe können ungewohnte Eigenschaften haben. So ist es möglich, dass für ein Produkt von Ringelementen a, b die Gleichung $ab = 0$ besteht, ohne dass notwendig einer der Faktoren a, b gleich null sein muss. Gutartige Ringe R sind jedoch meist **nullteilerfrei**; dieses Adjektiv wird vergeben, wenn für beliebige $a, b \in R$ gilt:

$$ab = 0 \quad \Rightarrow \quad a = 0 \ \text{ oder } \ b = 0.$$

Ein Beispiel für einen nullteilerfreien, kommutativen Ring ist der Ring der ganzen Zahlen $\mathbb{Z}$. Der Mengenring 2^M, bestehend aus den Teilmengen von M, ist jedoch nicht nullteilerfrei:

$$A \cdot B = A \cap B = \emptyset$$

ist möglich für $A, B \neq \emptyset$, nämlich genau für disjunkte Mengen A, B (wie etwa realisiert durch $B = M \setminus A$).

Unsere letzte Struktur: Eine spezielle, aber in der Mathematik sehr wichtige Klasse von Ringen sind Körper. Ein Ring $\mathbb{K}$, in dem $\mathbb{K} \setminus \{0\}$ mit der Multiplikation eine kommutative Gruppe ist und die neutralen Elemente der Addition und der Multiplikation verschieden sind, nennt man **Körper**; zusätzlich zu den Ringaxiomen (i)-(viii) gilt also noch

(ix) Für beliebige $a, b \in K$, wobei $a \neq 0$, gibt es (genau) ein Element $x \in K$ mit $a \cdot x = b$; man schreibt $x = ba^{-1} = a^{-1}b$.

Körper zeichnen sich u. a. dadurch aus, dass jedes Element $\neq 0$ ein multiplikatives Inverses besitzt. Die Menge $\mathbb{Z}$ ist also kein Körper, wohl aber der Quotient $\mathbb{Q}$ der rationalen Zahlen oder die Menge $\mathbb{R}$ der reellen Zahlen.

Ein interessantes Beispiel eines Körpers ist gegeben durch die Menge

$$\mathbb{Q}(\sqrt{2}) := \{a + b\sqrt{2} : a, b \in \mathbb{Q}\}$$

der Linearkombinationen von 1 und $\sqrt{2}$ mit rationalen Koeffizienten, ausgestattet mit der üblichen Addition und Multiplikation. Damit ist $\mathbb{Q}(\sqrt{2})$ eine Teilmenge von $\mathbb{R}$ und enthält Zahlen wie z. B. $2, -\frac{3}{5}, \sqrt{2}, 1 - \frac{1}{3}\sqrt{2}$ und $(1 - \frac{1}{3}\sqrt{2})^3$ und viele mehr. Für diese Zahlen gelten mit beliebigen $a, b, c, d \in \mathbb{Q}$ die Verknüpfungen

$$(a + b\sqrt{2}) + (c + d\sqrt{2}) := a + c + (b + d)\sqrt{2}$$

und

$$(a + b\sqrt{2}) \cdot (c + d\sqrt{2}) := ac + 2bd + (ad + bc)\sqrt{2},$$

wobei sich die Terme in der letzten Gleichung entsprechend den Rechenregeln mit Quadratwurzeln (genauer gesagt $\sqrt{2}^2 = 2$) mischen. Das explizite Rechnen einiger Beispiele wird schnell das Ungewohnte an dieser Struktur beseitigen. Letztlich sind diese Verknüpfungen nur die Addition und Multiplikation reeller Zahlen eingeschränkt auf $\mathbb{Q}(\sqrt{2})$. Dass es sich tatsächlich um einen Körper handelt, verifiziert man durch Nachrechnen der Körperaxiome; hier sei nur die Existenz des multiplikativen Inversen nachgewiesen: Seien a und b rational und nicht beide null, so gilt

$$\begin{aligned}
(a + b\sqrt{2})^{-1} &= \frac{1}{a + b\sqrt{2}} = \frac{1}{a + b\sqrt{2}} \cdot \frac{a - b\sqrt{2}}{a - b\sqrt{2}} = \frac{a - b\sqrt{2}}{a^2 - 2b^2} \\
&= \frac{a}{a^2 - 2b^2} + \frac{-b}{a^2 - 2b^2}\sqrt{2},
\end{aligned}$$

womit also tatsächlich das Inverse von $a + b\sqrt{2}$ von der geforderten Gestalt ist. Hierbei ist sicher $a^2 - 2b^2$ ungleich null, da ansonsten $\sqrt{2}$ rational wäre. Das Erweitern mit $a - b\sqrt{2}$ hat den *Nenner rational gemacht*, ein wichtiger Trick, der uns später noch öfter begegnen wird. Die Menge $\mathbb{Q}(\sqrt{2})$ ist ein erstes Beispiel eines so genannten *Zahlkörpers*; weitere Beispiele ergeben sich unmittelbar aus

Aufgabe 3.22. *Es sei $d \in \mathbb{N}$ kein Quadrat. Zeige, dass*

$$\mathbb{Q}(\sqrt{d}) := \{a + b\sqrt{d} : a, b \in \mathbb{Q}\}$$

ein Körper ist. Was hat diese Menge mit der Menge aller Zahlen gemeinsam, die entsteht, wenn in die Polynome mit rationalen Koeffizienten für die Unbestimmte $X = \sqrt{d}$ eingesetzt wird? ⟨Diese Aufgabe wird in Abschn. 9.20 besprochen!⟩

An dieser Stelle kehren wir noch einmal kurz zu den Polynomen zurück. Eine Struktur ähnlich den ganzen Zahlen mit den Primzahlen als multiplikative Bausteine liefern die Polynome mit ganzen (bzw. rationalen) Koeffizienten. Hier existieren nämlich Polynome, welche sich nicht weiter innerhalb des Polynomrings $\mathbb{Z}[X]$ zerlegen lassen, wie beispielsweise $X^2 - 2$. Der Ansatz

$$X^2 - 2 = (X - \alpha)(X - \beta)$$

führt nach Ausmultiplizieren der rechten Seite auf $X^2 - (\alpha + \beta)X + \alpha\beta$ und ein Koeffizientenvergleich liefert

$$\alpha + \beta = 0 \quad \text{und} \quad \alpha\beta = 2,$$

was für rationale α, β unmöglich ist. Ein ähnliches Beispiel ist $X^2 + 1$, denn eine Faktorisierung würde hier nach sich ziehen, einen Linearfaktor mit einer Quadratwurzel aus -1 im Reservoir der Polynome $\mathbb{Z}[X]$ zu haben. Hingegen besteht für $X^3 - 1$ folgende Zerlegung

$$X^3 - 1 = (X - 1)(X^2 + X + 1)$$

(wie sie sich aus der Formel für die endliche geometrische Reihe oder mit Polynomdivision ergibt). Ein Polynom, das sich nicht als ein Produkt von Polynomen kleineren Grades darstellen lassen, heißt **irreduzibel**; andernfalls, wenn also eine Faktorisierung des Polynoms in Polynome kleineren Grades existiert, nennt man es **reduzibel**. Diese Begriffe hängen wesentlich von den Nullstellen des Polynoms und dem zugrundeliegenden Reservoir von Polynomen ab, denn während $P = X^2 - 2$ innerhalb des Rings $\mathbb{Q}[X]$ irreduzibel ist (weil die Quadratwurzel aus zwei irrational ist), zeigt die Faktorisierung

$$X^2 - 2 = (X - \sqrt{2})(X + \sqrt{2})$$

die Reduzibilität von P in dem Polynomring $R[X]$ mit $R = \mathbb{Q}(\sqrt{2})$. Diese algebraischen Überlegungen werden im Folgenden an verschiedenen Stellen eine entscheidende Rolle spielen.

$$* \qquad * \qquad * \qquad * \qquad *$$

Weiterführende Konzepte der Mathematik erschließen sich nicht unmittelbar! Insbesondere die Vertrautheit mit abstrakten Objekten benötigt den ausdauernden Umgang mit Beispielen und Gegenbeispielen zu ebendiesen Begrifflichkeiten (und oftmals ein Zurückblättern zu den zugrundeliegenden Definitionen und Eigenschaften). Dies trifft insbesondere auf die soeben kennen gelernten Strukturen *Gruppen, Ringe, Körper* zu: Nachdem wir uns mit $\mathbb{Z}$ und $\mathbb{Q}$ die grundlegenden Zahlbereiche erschlossen und deren Struktur untersucht haben, werden wir uns im nächsten Kapitel eingehend mit deren zahlentheoretischen Eigenschaften beschäftigen. Diese erschließen sich durch eine Konstruktion, die aus der unendlichen Menge der ganzen Zahlen *endliche* Ringe mit sehr schönen arithmetischen Strukturen produzieren!

Weitere Aufgaben zum dritten Kapitel

Zahlen einer bestimmten Struktur haben oftmals gemeinsame Teiler. Beispielsweise ist $5n^3 + 7n^5$ stets ein Vielfaches von 12. Manchmal sind diese jedoch nicht so einfach aufzufinden.

Aufgabe 3.23. *Beweise mit vollständiger Induktion:*

- *Es ist $5^n + 7$ ein Vielfaches von 4 für jedes $n \in \mathbb{N}_0$;*
- *6552 teilt $m^{13} - m$ für jedes $m \in \mathbb{N}$.* Hinweis: Vielleicht ist es hilfreich, sich zunächst einmal mit dem Nachweis dieser Aussage für einen Teiler von 6552 (wie etwa 7) zu beschäftigen.
- $n^2 \mid (1^n + 2^n + \ldots + n^n)$ *für jedes $n \in \mathbb{N}$.*
- *Denke Dir selbst eine solche Aufgabe aus!*

Aufgabe 3.24. *Bestimme den größten gemeinsamen Teiler von*

- 1287 *und* 871;
- 1777 *und* 1855;
- 71.894 *und* 45.327.

Aufgabe 3.25. *Bestimme den größten gemeinsamen Teiler von 4081 und 2585. Finde sämtliche ganzzahligen Lösungen der Gleichung*

$$11 = 4081X + 2585Y.$$

Der euklidische Algorithmus tritt kurz nach Euklids Entdeckung auch in der chinesischen Kultur auf. In der Kalenderrechnung wurde er benutzt, um gewisse Ereignisse zu berechnen.

Aufgabe 3.26. *Am zwölften Tag eines Jahres sei Vollmond. Nach wieviel Jahren ist am dreizehnten Tag des Jahres Vollmond? Was hat dies mit der Gleichung*

$$118X - 1461Y = 4$$

zu tun? Hinweis: Ein Jahr besteht aus ca. $365\frac{1}{4}$ und ein Monat aus ca. $29\frac{1}{2}$ Tagen.

Aufgabe 3.27. *Zeige, dass sich jede natürliche Zahl $n > 6$ als Summe zweier teilerfremder Zahlen darstellen lässt, von denen jede größer eins ist.*

Aufgabe 3.28. *Seien a, b, c beliebige ganze Zahlen und $n \in \mathbb{N}$. Zeige die Gültigkeit der folgenden Aussagen:*

(i) $\mathrm{ggT}(na, nb) = n \cdot \mathrm{ggT}(a, b)$;

(ii) *Gilt $\mathrm{ggT}(a, b) = d$, dann ist $\mathrm{ggT}\left(\frac{a}{d}, \frac{b}{d}\right) = 1$;*

(iii) $a + b \leq \mathrm{ggT}(a, b) + \mathrm{kgV}[a, b]$.

Aufgabe 3.29. *Sei $n \in \mathbb{N}$. Zeige, dass die Anzahl der Darstellungen von $\frac{1}{n}$ als Summe zweier Stammbrüche, also*

$$\frac{1}{n} = \frac{1}{x} + \frac{1}{y}$$

mit $x, y \in \mathbb{N}$, gleich der Anzahl der Teiler von n^2 ist. Hinweis: Versuche n^2 über x und y auszudrücken!

Viele wirklich gute Aufgaben zum Thema finden sich in der ein oder anderen Form in verschiedenen Quellen, so dass manchmal deren tatsächliche Herkunft nicht leicht auszumachen ist. Im Folgenden einige solcher Beispiele mit Praxisbezug:

Aufgabe 3.30. *(Ein Problem mit einer Waage nach Bachet)*

* *Welches ist die kleinste Anzahl von Gewichten, mit denen jedes ganzzahlige Gewicht von 1 bis 40 Kilogramm auf einer Balkenwaage gemessen werden kann?* Hinweis: Hierbei muss unterschieden werden, ob in eine oder beide Waagschalen Gewichte gelegt werden dürfen.
* *Welche Massen können mit einer Balkenwaage gewogen werden, wenn beliebig viele Gewichte von 70 Gramm und 125 Gramm zur Verfügung stehen und in* **beide** *Waagschalen Gewichte gelegt werden dürfen?*

⟨Diese Aufgabe wird in Abschn. 9.10 besprochen!⟩

Aufgabe 3.31. *Du besitzt zwei Eimer, die neun bzw. vier Liter fassen. Kannst Du aus einem nahegelegenen Fluss, fünf Liter Wasser abführen? Schaffst Du auch, sechs Liter zu schöpfen? Welche Wassermengen sind möglich?*

Als Nächstes eine klassische Aufgabe aus dem China des sechsten Jahrhunderts:

Aufgabe 3.32. *Wenn ein Hahn fünf Geldstücke kostet, eine Henne drei Geldstücke und drei Küken zusammen ein Geldstück, wie viele Hähne, Hühner und Küken, insgesamt an Zahl einhundert, kann man für einhundert Geldstücke kaufen?*

Aufgabe 3.33. *In einem Schwimmbad befinden sich einhundert Schließfächer. Axel kommt herein und öffnet alle. Danach betritt Berta* *die Szene und schließt diejenigen, deren Schließfachnummer gerade ist. Als Dritter kommt Carsten in den Raum und öffnet sämtliche Schließfächer mit einer durch drei teilbaren Nummer. Dies geht so weiter bis letztlich Zacharias als einhundertste Person am einhundertsten Schließfach (und nur dort) tätig wird. Welche Schließfächer sind danach geöffnet?*

Dieses Rätsel entstammt im Wesentlichen dem äußerst empfehlenswerten, mit einer Vielzahl von ähnlich reizvollen Problemen und deren Lösung bestückten Buch *Mathematical Puzzles* von Peter Winkler.[26]

Aufgabe 3.34. *Das folgende Gedicht findet sich auf einem Blatt mit den kantonalen Prüfungen für die Zulassung zum gymnasialen Unterricht im neunten Schuljahr im Kanton Bern in der Schweiz:*

> *Tiere sind es, große, kleine,*
> *dreißig Köpfe, siebzig Beine.*
> *Teils sind's Kröten, teils auch Enten,*
> *wenn wir doch die Anzahl kennten!*

Gesucht sind also die Anzahl an Kröten und Enten.

Aufgabe 3.35. *Eine Rechenaufgabe des Adam Ries: Einer hat 100 Gulden. dafür will er 100 Haupt Vihes kauffen/nemlich/ Ochsen/Schwein/Kälber/ und Geissen/ Kost ein Ochs 4 Gulden. ein Schwein anderthalb Gulden. ein Kalb einen halben Gulden. und ein Geiss ein Viertel von einem Gulden. wie viel sol er jeglicher haben für die Gulden?*

Das folgende Problem basiert auf einer Kurzgeschichte mit Titel *Coconuts* von Ben Ames Williams, veröffentlicht in der *Saturday Evening Post* vom 9. Oktober 1926:

Aufgabe 3.36. *Fünf Piraten und ein Affe erleiden Schiffbruch und werden auf eine entlegene Insel verschlagen. Kokosnüsse sind die einzige Nahrungsquelle, und diese sammeln die Männer am ersten Tag. Während der ersten Nacht erwacht einer der Piraten misstrauisch und teilt die Kokosnüsse in fünf gleich große Haufen, wobei jedoch eine übrig bleibt; er wirft diese eine Kokosnuss dem Affen zu, versteckt seinen Haufen und legt die übrigen Haufen wieder zu einem zusammen. Ein wenig später erwacht ein zweiter Pirat mit derselben Idee wie der erste: Er teilt den Haufen Kokosnüsse in fünf gleich große Haufen, wobei wiederum eine Kokosnuss übrig bleibt, welche auch er dem Affen zu fressen gibt, versteckt seinen Haufen und legt die*

---

[26] P. WINKLER, *Mathematical Puzzles*, A K Peters, 2004

anderen anschließend zusammen. Mit der Zeit wachen die anderen Piraten auf und verfahren auf dieselbe Art und Weise. Am nächsten Morgen werden die verbliebenen Kokosnüsse geteilt, dieses Mal ergeben sich fünf gleich große Haufen ohne Rest, und zum Frühstück verzehrt. Jeder weiß, dass Kokosnüsse fehlen, aber alle schwiegen. Wie viele Kokosnüsse waren ursprünglich vorhanden?

Weiter geht es mit Primzahlen:

Aufgabe 3.37. *Beweise, dass $2^m + 1$ nur dann eine Primzahl sein kann, wenn $m = 2^n$ für ein $n \in \mathbb{N}_0$ gilt. Zeige ferner, dass $2^p - 1$ nur dann eine Primzahl sein kann, wenn p prim ist. Finde ein Beispiel einer Primzahl p, so dass $2^p - 1$ keine Primzahl ist.* Hinweis: Denke an die Formel für die endliche geometrische Reihe!

Primzahlen der Form $2^p - 1$ heißen **Mersenne-Primzahlen** nach Marin Mersenne, einem Brieffreund Fermats. Interessant ist auch der Zusammenhang mit vollkommenen Zahlen. Hierbei wird eine natürliche Zahl n **vollkommen** genannt, wenn sie gleich der Summe ihrer echten Teiler ist, wie etwa $n = 6 = 1 + 2 + 3$. Es ist unbekannt, ob es ungerade vollkommene Zahlen gibt.

Aufgabe 3.38. *Bereits Euklid wusste, dass $n = 2^{p-1}(2^p - 1)$ vollkommen ist, wenn $2^p - 1$ prim ist; Euler zeigte darüberhinaus, dass jede gerade vollkommene Zahl n von dieser Gestalt ist. Beweise sowohl Euklids als auch Eulers Resultat. Gib fünf Beispiele vollkommener Zahlen!* Hinweis: Hilfe findet sich etwa in [**13**].

Aufgabe 3.39. *Zeige, dass die Summen der Reziproken der Primzahlen bzw. aller natürlicher Zahlen $\leq x$*

$$\sum_{2 \leq p \leq x} \frac{1}{p} \qquad und \qquad \sum_{n \leq x} \frac{1}{n}$$

niemals eine ganze Zahl sind für $x \geq 2$. Hinweis: Das Rechnen von Beispielen könnte den richtigen Ansatz suggerieren!

Fakultäten wachsen rasant. Trotzdem lässt sich deren Primfaktorzerlegung nach einer Formel von Adrien-Marie Legendre explizit angeben:

Aufgabe 3.40. *Beweise*

$$n! = \prod_{p \leq n} p_p^{\nu} \qquad mit \qquad \nu_p := \sum_{k \geq 1} \left\lfloor \frac{n}{p^k} \right\rfloor;$$

Hinweis: Hierbei mache man sich zunächst klar, dass für jede der Primzahlen $p \leq n$ die ν_p definierende Summe endlich und $\lfloor x \rfloor$ die größte ganze Zahl $\leq x$ ist.

Aufgabe 3.41. *Zeige, dass*

$$\mathcal{M} := \{a + b\sqrt[3]{2} : a, b \in \mathbb{Q}\}$$

kein Körper ist. Was macht den Unterschied zu $\mathbb{Q}(\sqrt{2})$ *aus? Finde einen möglichst kleinen Körper, der* $\mathcal{M}$ *enthält!* ⟨Diese Aufgabe wird in Abschn. 9.20 besprochen!⟩ *

Aufgabe 3.42. *Beweise, dass in einem Körper, in dem jede Summe* $1 + \ldots + 1$ *von Einsen verschieden von null ist, den Körper* $\mathbb{Q}$ *(oder eine strukturgleiche Menge) enthält.*

4

Modulare Arithmetik

Welcher Wochentag war der Tag der ersten Mondlandung, also der 21. Juli 1969 (3:56 Uhr MEZ)? Warum sagen wir oft 2 Uhr Nachmittags anstatt 14 Uhr oder gar 26, 38, ... Uhr? Und wie hängen diese Fragestellungen zusammen? Beide Überlegungen lassen sich mit Hilfe einer festen Einheit, eines so genannten *Moduls*, klären. Im Fall unserer alltäglichen Zeitrechnung benutzen wir routiniert die natürliche Zahl 12 als solche Einheit: Sobald die 13. Stunde beginnt, zählen wir mit $13 - 12 = 1$ Uhr von vorne.

Wie hilft dies nun bei der Suche nach dem Wochentag der Mondlandung? Wir könnten natürlich alle Tage seit diesem Ereignis zählen und dann explizit berechnen, wie viele Tage bis zu einer vollen Woche übrig bleiben und daraus letztlich schließen, welcher Wochentag an besagtem Datum vorlag. Tatsächlich liefert dieser Ansatz mit der Anzahl aller seitdem vergangenen Tage aber eine Information, die wir gar nicht benötigen. Es ist einfacher, von Anfang an nur in Wochentagen zu denken. Damit können wir uns auf das Modul einer Woche, also eine Rechnung in 7er Einheiten, beschränken. Die Anzahl der Tage eines Jahres lässt sich somit bezüglich der Wochentage zerlegen in $365 = 7 \cdot 52 + 1$ bzw. $366 = 7 \cdot 52 + 2$, je nach dem ob es sich um ein normales Jahr oder ein Schaltjahr handelt. Seit dem 21. Juli 1969 sind etwas mehr als vierzig Jahre vergangen. Zwischen dem Datum der ersten Mondlandung und beispielsweise Neujahr 2014 liegen etwa genau 44 Jahre und (wie man wirklich leicht nachrechnet) 164 Tage. Mit der obigen Überlegung ergeben sich folglich $44 \cdot 1 + 164$ Tage. Beachtet man die 11 dazwischen liegenden Schaltjahre, so sind es tatsächlich $44 + 164 + 11$ Tage. Insgesamt errechnen wir damit eine Differenz von zwei Tagen zu einer vollen Woche, denn

$$44 + 164 + 11 = 219 = 31 \cdot 7 + \mathbf{2}.$$

Da der 1. Januar 2014 ein Mittwoch ist, war der Tage der ersten Mondlandung also ein Montag!

Relevant ist hier also nur das Rechnen mit den Resten, die sich bei Division durch 7 ergeben!

Aufgabe 4.1. *Entwickle einen ‚Ewigen Kalender‘, also eine Formel zur Bestimmung des Wochentages eines beliebigen Datums seit (mindestens) dem 1. Januar 1900.* Vorsicht: Man beachte die genaue Regelung der Schaltjahre im Gregorianischen Kalender! ⟨Diese Aufgabe wird in Abschn. 9.8 besprochen!⟩

4.1 Rechnen mit Restklassen

Eine ganze Zahl ist genau dann durch drei teilbar, wenn ihre Quersumme durch drei teilbar ist, also wenn die Summe ihrer Ziffern ein Vielfaches von drei ist (was wahrscheinlich aus der Schule bekannt ist). Zum Beispiel:

$$3 \mid 123.456.789 \quad \text{und} \quad 3 \nmid 123.456.788.$$

Für derartige Überlegungen hilft es, sich bewusst zu machen, dass jede natürliche Zahl n eine eindeutige Dezimalentwicklung

$$n = \sum_{j=0}^{k} a_j 10^j \qquad \text{mit Ziffern } a_j \in \{0, 1, 2, \ldots, 9\}$$

besitzt, wobei k eine nicht-negative ganze Zahl ist (die natürlich von n abhängt). Betrachten wir das vorangegangene Beispiel, so gilt etwa

$$123.456.789 = 9 \cdot 10^0 + 8 \cdot 10^1 + \cdots + 1 \cdot 10^8 = \sum_{j=0}^{8} a_j 10^j$$

mit den Ziffern $a_j = 9 - j$. Hier ist die Summe der Ziffern gleich $1 + 2 + \ldots + 8 + 9 = 45 = 3 \cdot 15$ (vgl. hierzu auch Satz 2.2), so dass also 123.456.789 durch drei teilbar ist. Alternativ kann man hier die Dreierpäckchen 123 und 456 sowie 789 betrachten, wovon ein jedes eine durch drei teilbare Ziffernsumme aufweist (weil es sich bei den Ziffern jeweils um drei aufeinanderfolgende natürliche Zahlen handelt). Ganz ähnlich zur obigen Aussage zur Teilbarkeit durch drei, gilt der

Satz 4.1 (Satz von der Neunerprobe). *Eine ganze Zahl n ist genau dann durch neun teilbar, wenn ihre Quersumme durch neun teilbar ist:*

$$9 \mid n = \sum_{j=0}^{k} a_j 10^j \qquad \Longleftrightarrow \qquad 9 \mid \sum_{j=0}^{k} a_j$$

mit beliebigen $a_j \in \{0, 1, 2, \ldots, 9\}$.

Dieser Sachverhalt geht wohl auf Adam Ries zurück und wird heute noch in
der Buchhaltung als Probe benutzt. Das Rechnen einer Probe ist übrigens
stets eine gute Idee, natürlich vorausgesetzt, dass eine solche überhaupt
möglich ist.

Beweis. Mit der Dezimalentwicklung erhält man für die Differenz von n
und ihrer Quersumme $Q(n) := \sum_{j=0}^{k} a_j$

$$n - Q(n) = \sum_{j=0}^{k} a_j(10^j - 1) = \sum_{j=1}^{k} a_j \cdot \underbrace{99\ldots99}_{j \text{ Neunen}};$$

man beachte, dass $10^j - 1 = 0$ für $j = 0$ gilt, weshalb wir diesen Summand
rechts aussparen dürfen. Die Differenz $n - Q(n)$ ist also stets durch 9 teilbar
(summandenweise), was sofort den Satz beweist. •

Wichtig ist somit nur, dass die Differenz $n - Q(n)$ ein Vielfaches von 9 ist;
die komplementären Teiler sind für die Fragestellung unerheblich!

Aufgabe 4.2. *Beweise die* **Dreierprobe**

$$3 \mid n = \sum_{j=0}^{k} a_j 10^j \qquad \Longleftrightarrow \qquad 3 \mid \sum_{j=0}^{k} a_j$$

sowie die Elferprobe

$$11 \mid n = \sum_{j=0}^{k} a_j 10^j \qquad \Longleftrightarrow \qquad 11 \mid \sum_{j=0}^{k} (-1)^j a_j$$

mit jeweils beliebigen $a_j \in \{0, 1, 2, \ldots, 9\}$.

Gewisse arithmetische Sachverhalte lassen sich durch Teilbarkeitseigenschaften ganzer Zahlen charakterisieren; dabei ist oft nicht die Teilbarkeit
durch jede ganze Zahl von Nöten, sondern es genügt, sich auf bestimmte Teiler zu begrenzen. Manchmal ist allerdings a priori nicht klar, welche
Teilbarkeitseigenschaften zur Problemlösung auszunutzen sind.

Nun wollen wir einen einfacheren Formalismus für derartige Überlegungen einführen. Dieser mag auf den ersten Blick ungewohnt scheinen, wird
sich jedoch als sehr lohnenswert erweisen. Sei hierzu m eine natürliche Zahl,
so definiert

$$a \sim b \quad :\Longleftrightarrow \quad m \mid (a - b)$$

eine Äquivalenzrelation auf $\mathbb{Z}$. Gemäß der Definition in Abschn. 2.3 prüfen
wir die entsprechenden Eigenschaften nach: Zunächst gilt $m \mid 0 = a - a$ für

beliebiges $a \in \mathbb{Z}$, womit die Reflexivität folgt: $a \sim a$. Für den Nachweis der Symmetrie $a \sim b \iff b \sim a$ bemerken wir, dass jeder Teiler von $b - a$ auch ein Teiler von $a - b$ ist und umgekehrt. Ferner folgt im Falle $m \mid (b - a)$ und $m \mid (c - b)$ auch

$$m \mid (c - b + (b - a)) = c - a,$$

also die Transitivität. Damit ist der Nachweis der Äquivalenzrelationseigenschaft erbracht. Um diese spezielle Äquivalenzrelation von anderen abzugrenzen, führen wir statt $a \sim b$ die neue Schreibweise

$$a \equiv b \bmod m \qquad :\iff \qquad m \mid (a - b)$$

ein und sagen *a ist kongruent b modulo m*; hierbei heißt m der **Modul** und $a \equiv b \bmod m$ nennt man eine **Kongruenz**. Wir schreiben $a \not\equiv b \bmod m$ und sagen *a ist **inkongruent** b modulo m*, wenn $m \nmid (b - a)$ gilt.

Kongruenzen sind eine Verallgemeinerung von Gleichungen,[1] denn mit $a = b$ gilt sicherlich auch $a \equiv b \bmod m$ für jedes beliebige $m \in \mathbb{N}$. Die Umkehrung gilt i.A. natürlich nicht (ansonsten wäre der Kongruenzbegriff auch überflüssig). Man verinnerlicht den Umgang mit Kongruenzen am besten anhand einiger Beispiele:

$$1234 \equiv 4 \bmod 10, \qquad 1234 \not\equiv 4 \bmod 100,$$
$$1234 \equiv 34 \bmod 10, \qquad 1234 \equiv 34 \bmod 100,$$
$$1234 \equiv 54 \bmod 10, \qquad 1234 \not\equiv 54 \bmod 100.$$

Es bestehen folgende Rechenregeln: Für beliebige $a, b, c, d, x, y \in \mathbb{Z}$ und $m \in \mathbb{N}$ gelten

   (i) $a \equiv a \bmod m$,

   (ii) $a \equiv b \bmod m \iff b \equiv a \bmod m$,,

   (iii) $a \equiv b, b \equiv c \bmod m \Rightarrow a \equiv c \bmod m$,

   (iv) $a \equiv b, c \equiv d \bmod m \Rightarrow ax + cy \equiv bx + dy \bmod m$,

   (v) $a \equiv b, c \equiv d \bmod m \Rightarrow ax \cdot cy \equiv bx \cdot dy \bmod m$,

   (vi) $ac \equiv bc \bmod m \Rightarrow a \equiv b \bmod (m/\mathrm{ggT}(m, c))$,

   (vii) $a \equiv b \bmod m \Rightarrow a^n \equiv b^n \bmod m$ für jedes $n \in \mathbb{N}$.

Die ersten drei Rechenregeln reflektieren, dass es sich bei der Kongruenz um eine Äquivalenzrelation handelt (s. o.). Man beachte, dass Rechenregel (vi) tatsächlich auch für $c = 0$ richtig ist (weil dann $\mathrm{ggT}(m, 0) = m$). Von

---

[1] Dies wird auch mit den verwandten Symbolen ,=' und ,$\equiv$' ausgedrückt.

diesen Rechenregeln beweisen wir hier nur (vi): Nach Voraussetzung gilt $m \mid (a-b)c$ und, weil $\mathrm{ggT}(m, c)$ sowohl m als auch c teilt, folgt

$$\big(m/\mathrm{ggT}(m, c)\big) \cdot \mathrm{ggT}(m, c) \;\mid\; (a-b) \cdot \big(c/\mathrm{ggT}(m, c)\big) \cdot \mathrm{ggT}(m, c).$$

Zusammen mit der Teilerfremdheit von $m/\mathrm{ggT}(m, c)$ und $c/\mathrm{ggT}(m, c)$ ergibt sich (vi). Die weiteren Rechenregeln verifiziert man ganz ähnlich (mit Hilfe der Definition und ggf. unter Verwendung vollständiger Induktion); dies sei dem Leser überlassen.

Aufgabe 4.3. *Jemand teilt Dir folgendes Argument mit:* Genau die ganzen Zahlen $n \not\equiv 2 \bmod 4$ sind darstellbar als Differenz zweier Quadratzahlen, denn i) jede ungerade Zahl $2k+1$ lässt sich darstellen als $(k+1)^2 - k^2$ und ii) besitzt 2 offensichtlich keine solche Darstellung. *Überzeugt? Ist die Aussage richtig und das Argument korrekt? Oder muss hier korrigiert werden?*

Wir schreiben die Äquivalenzklassen bzgl. $\sim$ als

$$a \bmod m := \{b \in \mathbb{Z} : b \equiv a \bmod m\} = \{b = a + mk : k \in \mathbb{Z}\} =: a + m\mathbb{Z}$$

und sprechen von der **Restklasse a modulo m**. Tatsächlich bilden die Elemente einer Restklasse eine beidseitig unbeschränkte arithmetische Progression:

$$\ldots, \; a - 2m, \; a - m, \; a, \; a + m, \; a + 2m, \; a + 3m, \; \ldots$$

Eine Restklasse $a \bmod m$ besteht also aus allen ganzen Zahlen, die denselben Rest bei Division durch m lassen. Statt a könnte natürlich auch jedes andere Element $b \in a \bmod m$ als Repräsentant dieser Restklasse herhalten, also etwa

$$\ldots = -11 \bmod 12 = 1 \bmod 12 = 13 \bmod 12 = 25 \bmod 12 = \ldots$$

Hier steht jeweils dieselbe Menge, nämlich die Menge all der ganzen Zahlen die bei Division durch 12 einen bestimmten Rest lassen, der stets in der Form $1 + 12k$ darstellbar ist. Die Verteilung der Zahlen in den Restklassen kann man sich gut mit einer *modularen Uhr* veranschaulichen:

Hier wie auch des öfteren im Folgenden schreiben wir der Einfachheit halber a statt $a \bmod m$ schreiben. Natürlich sollte aus dem Kontext stets klar sein, ob es sich um eine Restklasse oder um eine Zahl handelt. Auch in Rechnungen mit Restklassen verfahren wir auf diese Art und Weise; hierbei ersetzen wir dann das Gleichheitszeichen durch das Kongruenzsymbol ‚$\equiv$‘ und fügen ein $\bmod\, m$ hinten an.

Abbildung 4.1. Restklassenarithmetik im Alltag

Als Nächstes wollen wir Restklassen addieren und multiplizieren. Auch an dieser Stelle vergegenwärtige man sich, dass eine jede Restklasse eine unendliche Menge von ganzen Zahlen ist, wir also nun erklären wollen, was unter der Summe zweier solcher Mengen zu verstehen ist. Tatsächlich ist a priori nicht klar, dass dies überhaupt in einer sinnvollen Art und Weise möglich ist, geschweige denn, wie eine geeignete Definition gefunden werden kann! Zunächst mag man vielleicht die Addition mit Hilfe der Vereinigung von Mengen erklären wollen. Beispielsweise findet sich jede ganze Zahl in der disjunkten Vereinigung der geraden Zahlen und der ungeraden Zahlen wieder: $\mathbb{Z} = 0 \bmod 2 \cup 1 \bmod 2$, womit keine der beiden Restklassen modulo 2 somit als neutrales Element bzgl. dieser Verknüpfung (der Vereinigung) dienen könnte. Insofern ist die Vereinigung sowohl als Addition als auch als Multiplikation ungeeignet. Nach diesem Missgriff erinnern wir uns an die seltsame Arithmetik, die wir in Abschn. 2.3 mit den Mengen der geraden Zahlen $G = 0 \bmod 2$ und der Menge der ungeraden Zahlen $U = 1 \bmod 2$ entwickelt hatten. Und tatsächlich führt dieser Weg zum Ziel. Es wird sich als sinnvoll erweisen, die von der Arithmetik ganzer Zahlen bekannten Verknüpfungen vermöge ihrer Repräsentanten auf die Restklassen zu übertragen. Dabei stellt sich heraus, dass man mit Restklassen zu einem fest fixierten Modul wie mit Zahlen rechnen kann! Hierzu definieren wir die

Addition vermöge

$$(a \bmod m) + (b \bmod m) := (a + b) \bmod m$$

sowie die Multiplikation durch

$$(a \bmod m) \cdot (b \bmod m) := (a \cdot b) \bmod m.$$

Diese Verknüpfungen hängen nicht vom gewählten Repräsentanten ab, wie wir am Beispiel der Addition illustrieren: Mit $a \equiv A$ und $b \equiv B \bmod m$ existieren per Definition ganze Zahlen k, ℓ mit $a = A + km$ und $b = B + \ell m$, so dass

$$\begin{aligned}
(a \bmod m) + (b \bmod m) &= (a + b) \bmod m \\
&= (A + B + (k + \ell)m) \bmod m \\
&= (A + B) \bmod m = (A \bmod m) + (B \bmod m).
\end{aligned}$$

Damit sind die Verknüpfungen also unabhängig vom gewählten Repräsentanten und also wohldefiniert. Ein Zahlenbeispiel zur Veranschaulichung hierzu:

$$\begin{aligned}
(6 \bmod 7) \cdot \{(5 \bmod 7) + (4 \bmod 7)\} &= (6 \bmod 7) \cdot (9 \bmod 7) \\
&= 54 \bmod 7 = 5 \bmod 7.
\end{aligned}$$

Hier wurde zunächst die Klammer berechnet. Multipliziert man hingegen zuerst $6 \bmod 7$ in die Klammer hinein, so entsteht

$$30 \bmod 7 + 24 \bmod 7 = 54 \bmod 7 = 5 \bmod 7,$$

in Übereinstimmung mit dem anderen Rechenweg. Hier stehen übrigens jeweils Gleichheitszeichen, weil es sich um Identitäten von Mengen handelt.

Nun, da wir uns davon überzeugt haben, dass man mit Restklassen zu einem fixierten Modul im Wesentlichen wie mit ganzen Zahlen rechnen kann, wollen wir im Folgenden abkürzend und vereinfachend oft a statt $a \bmod m$ schreiben. Beispielsweise lassen sich die obigen Rechnungen damit wie folgt umformulieren:

$$\begin{aligned}
6 \cdot \{5 + 4\} &\equiv \quad 6 \cdot 9 \quad \equiv 54 \equiv 5 \bmod 7, \\
'' \quad &\equiv 30 + 24 \equiv 54 \equiv 5 \bmod 7.
\end{aligned}$$

Jetzt betrachten wir sämtliche Restklassen eines festen Moduls gemeinsam. Modulo m bilden die Restklassen

$$0 \bmod m, \ 1 \bmod m, \ \ldots, \ m - 1 \bmod m$$

ein **vollständiges Restsystem modulo** m. Dieser Name ist gerechtfertigt, denn mit $a \bmod m = b \bmod m$ folgt unmittelbar $m \mid (b - a)$, was für $a, b \in \{0, 1, \ldots, m - 1\}$ nur mit $a = b$ möglich ist; ferner lässt sich jede Restklasse $b \bmod m$ mittels Divison mit Rest (Satz 3.1) als eine der obigen Restklassen $a \bmod m$ mit einem $a \in \{0, 1, \ldots, m - 1\}$ identifizieren. Manchmal nennen wir einen solchen *minimalen* Repräsentanten a auch den **Rest** von b modulo m, und hierbei ist keiner der m Reste $0, 1, \ldots, m - 1$ überflüssig. Es gibt also genau m verschiedene Restklassen modulo m. Wir notieren die Menge der Restklassen modulo m als

$$\mathbb{Z}/m\mathbb{Z} := \{0 \bmod m,\ 1 \bmod m,\ \ldots,\ m - 1 \bmod m\}.$$

Aufgepasst! Hierbei handelt es sich um eine Menge, deren Elemente wiederum Mengen sind, genauer: um eine *endliche* Menge, deren Elemente jeweils *unendliche* Mengen sind. Speziell für $m = 3$ gibt es beispielsweise drei verschiedene Restklassen und diese lassen sich etwa als die Mengen der ganzen Zahlen beschreiben, die bei Division durch 3 entweder den Rest $0, 1$ oder 2 lassen. Mit der oben eingeführten Addition und Multiplikation von Restklassen ergeben sich die folgenden Tabellen:

<table>
<tr><td>

+	0	1	2
0	0	1	2
1	1	2	0
2	2	0	1

</td><td>und</td><td>

·	0	1	2
0	0	0	0
1	0	1	2
2	0	2	1

</td></tr>
</table>

Wir erinnern uns an den Begriff der Gruppe bzw. des Rings aus Abschn. 3.5. Tatsächlich zeigt die obige ‚Gruppentafel', dass die Menge $\mathbb{Z}/3\mathbb{Z}$ der Restklassen modulo 3 eine Gruppe mit der oben eingeführten Addition von Restklassen bildet; ferner erweist sich $\mathbb{Z}/3\mathbb{Z}$ als abgeschlossen bzgl. der Multiplikation von Restklassen. Auch gelten die Distributivgesetze. Also ist $\mathbb{Z}/3\mathbb{Z}$ mit diesen Operationen ein Ring. Tatsächlich ist $\mathbb{Z}/3\mathbb{Z}$ sogar ein Körper, wie man der Gruppentafel für die Multiplikation entnimmt.

Ein weiteres Beispiel liefert $m = 4$. Hier findet man ganz ähnlich:

<table>
<tr><td>

+	0	1	2	3
0	0	1	2	3
1	1	2	3	0
2	2	3	0	1
3	3	0	1	2

</td><td>und</td><td>

·	0	1	2	3
0	0	0	0	0
1	0	1	2	3
2	0	2	0	2
3	0	3	2	1

</td></tr>
</table>

Auch hier ist $\mathbb{Z}/4\mathbb{Z}$ ein Ring, allerdings kein Körper, da etwa $2 \cdot 2 \equiv 0 \bmod 4$ gilt (ein Phänomen, das wir später noch eingehend studieren werden). Diese

Abbildung 4.2. Carl Friedrich Gauß, $*$ 30. April 1777 in Braunschweig, $-$ † 23. Februar 1855 in Göttingen; Verfasser des zahlentheoretischen Standardwerkes *Disquisitionae Arithmeticae* und Begründer etlicher mathematischer Theorien. Nach Gauß ist „*Mathematik die Königin der Wissenschaften und Zahlentheorie die Königin der Mathematik*".

Strukturen sind kein Zufall und wir fassen unsere Betrachtungen wie folgt zusammen:

Satz 4.2 (Gauß, 1801). *Sei $m \geq 2$ eine natürliche Zahl, dann ist die Menge $\mathbb{Z}/m\mathbb{Z}$ mit der oben definierten Addition und Multiplikation ein kommutativer Ring, der so genannte* **Restklassenring modulo m**.

Das Rechnen mit Restklassen wurde von dem berühmten Mathematiker und Astronom Carl Friedrich Gauß[2] eingeführt. Dieses Kalkül und die damit verbundenen Strukturen stehen am Ende einer langen Entwicklung seit den Beginnen der Arithmetik bei den alten Griechen und am Anfang der modernen

---

[2] Sehr lesenswert ist auch der Roman *Die Vermessung der Welt* von DANIEL KEHLMANN über das Leben von Gauß und Alexander von Humboldt und deren Zusammentreffen.

Zahlentheorie, die mit diesem Hilfsmittel ein schlagkräftiges Werkzeug zur Hand bekommen hat.[3]

Beweis. Die Gruppe $\mathbb{Z}/m\mathbb{Z}$ ist mit der oben eingeführten Addition eine abelsche Gruppe mit neutralem Element $0 \bmod m$ bzgl. der Addition (was sich aus unseren bisherigen Überlegungen unmittelbar ergibt). Mit der oben definierten Multiplikation ist $\mathbb{Z}/m\mathbb{Z}$ eine multiplikativ abgeschlossene Menge mit $1 \bmod m$ als neutralem Element; ferner gelten Kommutativität und die Distributiv- und Assoziativgesetze. Damit ist $\mathbb{Z}/m\mathbb{Z}$ ein kommutativer Ring und der Satz bewiesen. •

Die Idee der Restklassenbildung ist oft hilfreich, um redundante Information los zu werden, mit dem Vorteil von der *unendlichen* Menge $\mathbb{Z}$ zur *endlichen* Menge von Restklassen modulo m übergehen zu können. Manchmal gelingt es mit Hilfe *modularer Arithmetik*, wie man den Restklassenkalkül auch bezeichnet, Informationen zu verschlüsseln.

Ein erstes Beispiel liefert die dreizehnstellige *Internationale Standard-Buchnummer*, die ISBN. Seit Anfang 2007 wird sie jedem Buch zugeordnet (vormals war es ein zehnziffriger ISBN-Code). Mit den ersten zwölf Ziffern werden wichtige Informationen über den Sprachraum, den Verlag und die Titelnummer bereitgestellt; dabei werden die Zahlen $0, 1, 2, 3, \ldots, 9$ für die Ziffern verwendet. Die letzte Ziffer ist eine *Prüfziffer*: Bezeichnet a_j die j-te Ziffer, so berechnet sich die Prüfziffer gemäß

$$a_{13} \equiv -(a_1 + a_3 + a_5 + a_7 + a_9 + a_{11} + 3(a_2 + a_4 + a_6 + a_8 + a_{10} + a_{12})) \bmod 10.$$

Liest etwa ein Preisscanner den ISBN-Code falsch, macht sich dies *womöglich* durch eben diese Prüfziffer bemerkbar: Nach Konstruktion ist die gewichtete Quersumme der Ziffern

$$\sum_{\substack{1 \leq j \leq 13 \\ j \equiv 1 \bmod 2}} a_j + \sum_{\substack{1 \leq j \leq 13 \\ j \equiv 0 \bmod 2}} 3a_j \equiv 0 \bmod 10;$$

hier geht die erste Summe über die ungeraden Indizes $j \equiv 1 \bmod 2$ und die zweite über die geraden. Weicht die vom Scanner gelesene Zahl hiervon ab, muss ein Fehler vorliegen – ISBN ist somit ein Beispiel eines **Fehler erkennenden Codes**. Ganz ähnlich besitzt auch jede Kreditkarte oder die Matrikelnummer eine Prüfziffer, die bei Verletzung einer analogen Kongruenz einen Fehler meldet. Auch dieses Buch besitzt eine dreizehnstellige

---

[3] Historisch war der Begriff der Gruppe bzw. des Rings zu Gauß' Zeiten noch nicht eingeführt, allerdings war sich Gauß der jeweiligen Rechengesetze sehr wohl bewusst, weshalb wir diesen Satz ihm auch zuschreiben.

ISBN; weil es sich um ein Buch aus dem deutschsprachigen Raum handelt, ist die vierte Ziffer übrigens ‚3'.

Aufgabe 4.4. *Leicht: überprüfe die* ISBN *dieses Buches! Schwieriger: Warum arbeitet man nicht einfach nur mit der üblichen Quersumme? Welchen Vorteil liefert eine gewichtete Quersumme?* Hinweis: Wie so oft könnten explizite Beispiele weiterhelfen! ⟨Diese Aufgabe wird in Abschn. 9.10 besprochen!⟩   *

Numerologie hat natürlich nichts mit Mathematik zu tun; trotzdem werden in den verschiedensten Kulturkreisen seit Ewigkeiten gewissen Zahlen Bedeutungen zugewiesen. So ist die Acht in China sehr positiv besetzt, während die 13 in Europa oft im Zusammenhang mit negativen Ereignissen hervorgehoben wird.[4] In diesem Zusammenhang ein weiteres Beispiel für Anwendungen der Restklassenarithmetik:

Aufgabe 4.5. *Zeige, dass im Julianischen Kalender jeder Wochentag im langjährigen Durchschnitt gleich oft mit dem dreizehnten Tag eines Monats belegt ist; zeige ferner, dass im Gregorianischen Kalender der Dreizehnte am häufigsten ein Freitag ist! Ist damit auch besonders oft der 24. Dezember an einem Dienstag?* ⟨Diese Aufgabe wird in Abschn. 9.8 besprochen!⟩   *

4.2 Der ‚kleine' Fermat und Primzahltests

Eine Restklasse $a \bmod m$ heißt **prim**, wenn a und m teilerfremd sind. Wegen $\mathrm{ggT}(a + km, m) = \mathrm{ggT}(a, m)$ ist entweder jedes Element einer Restklasse oder keines teilerfremd zum Modul m. Die primen Restklassen modulo $m = 8$ sind damit

$$1, \ 3, \ 5, \ 7 \ \bmod 8.$$

Die Menge der primen Restklassen modulo m ist offensichtlich multiplikativ abgeschlossen (denn mit a und b ist auch das Produkt ab teilerfremd zu m). Die **Eulersche φ-Funktion** zählt die Anzahl $\varphi(m)$ der primen Restklassen mod m. Es gelten (wie man sich leicht überlegt)

$$\varphi(8) = \sharp\{1, 3, 5, 7 \bmod 8\} = 4 \qquad \text{und} \qquad \varphi(2^k) = 2^{k-1}$$

bzw.

$$\varphi(p) = p - 1 \qquad \text{und} \qquad \varphi(p^k) = p^k\left(1 - \tfrac{1}{p}\right) \qquad \text{für prime } p\,;$$

hier und überall notieren wir die Anzahl der Elemente einer endlichen Menge $\mathcal{M}$ mit $\sharp\mathcal{M}$.

---

[4] Was womöglich daran liegt, dass sie das früher gebräuchliche Dutzend um eins übersteigt.

Aufgabe 4.6. *Erstelle eine Liste der Werte $\varphi(n)$ für $n \leq 50$. Beweise die obigen Formeln für $\varphi(p)$ und $\varphi(p^k)$ mit einer Primzahl p und natürlichem k. Wann ist $\varphi(n)$ gerade? Und stelle eine Vermutung auf, unter welchen Umständen $\varphi(mn) = \varphi(m)\varphi(n)$ gilt.*

Ein Vertretersystem der $\varphi(m)$ vielen primen Restklassen mod m heißt **primes Restsystem modulo m**. *Ist $b_1, \ldots, b_{\varphi(m)}$ ein primes Restsystem* mod m, *so auch $ab_1, \ldots, ab_{\varphi(m)}$, sofern a teilerfremd zu m ist.* Ein illustrierendes Beispiel: Multiplizieren wir das prime Restsystem modulo 8 von oben mit 3, so entsteht

$$3 \cdot 1 = 3, \ 3 \cdot 3 \equiv 1, \ 3 \cdot 5 \equiv 7, \ 3 \cdot 7 \equiv 5 \ \mod 8;$$

Multiplizieren wir hingegen mit einer nicht zum Modul teilerfremden Zahl, etwa 2, so entstehen zwangsläufig nicht prime Restklassen (z. B. $2 \cdot 1 = 2 \bmod 8$). Diese unscheinbar anmutende Aussage wird sich als noch sehr wichtig erweisen, weshalb wir sie verifizieren: Es ist klar, dass mit einem zum Modul teilerfremden a mit b_j auch ab_j eine prime Restklasse modulo m ist. Aus $ab_j \equiv ab_k \bmod m$ folgt mit Rechenregel (vi) (aus Abschn. 4.1) sofort $b_j \equiv b_k \bmod m$. Also sind mit b_j und b_k auch ab_j und ab_k inkongruente Restklassen modulo m. Damit gelingt nun der wichtige

Satz 4.3 (Satz von Euler, 1750). *Für teilerfremde a und m gilt*

$$a^{\varphi(m)} \equiv 1 \bmod m \ .$$

Beweis. Es sei

$$A := \prod_{\substack{1 \leq b < m \\ \mathrm{ggT}(b,m)=1}} b$$

das Produkt aller primen Restklassen modulo m. Weil mit b auch ab alle primen Restklassen modulo m durchläuft (da a nach Voraussetzung zu m teilerfremd ist; s. o.), gilt

$$\prod_{\substack{1 \leq b < m \\ \mathrm{ggT}(b,m)=1}} b \equiv \prod_{\substack{1 \leq b < m \\ \mathrm{ggT}(b,m)=1}} ab = a^{\varphi(m)} \prod_{\substack{1 \leq b < m \\ \mathrm{ggT}(b,m)=1}} b \bmod m \ ,$$

bzw.

$$A \equiv a^{\varphi(m)} A \bmod m.$$

Weil A (faktorweise) teilerfremd zu m ist, folgt nach Kürzen (gemäß Rechenregel (vi) aus Abschn. 4.1) nun $1 \equiv a^{\varphi(m)} \bmod m$, also die Behauptung.   ●

Der Beweis des Eulerschen Satzes ist ein außergewöhnlich schöner und eleganter Beweis. Der Zahlentheoretiker Godfrey Harold Hardy sagte:

> *„Beauty is the first test: there is no permanent place in the world for ugly mathematics."*

Hierüber ließe sich diskutieren – genauso sicher wie sich über Geschmack nicht streiten lässt! Tatsächlich ist der obige Beweis des Satzes von Euler so wunderbar einfach, dass er eine weitreichende Verallgemeinerung auf beliebige endliche Gruppen zulässt, welche zuerst von Joseph-Louis Lagrange gefunden wurde; dessen **Satz von Lagrange** lautet nämlich: Ist $(G, \circ)$ eine endliche Gruppe und U eine Untergruppe von G, dann ist die Ordnung von U (also die Anzahl der Elemente von U) ein Teiler der Gruppenordnung, also $\sharp U \mid \sharp G$. Ist insbesondere e das neutrale Element und g ein beliebiges Element von G, so gilt $g^{\sharp G} = g \circ \ldots \circ g = e$.[5] Inwiefern auch in unserem Spezialfall eine Gruppe verborgen ist, werden wir sogleich erörtern, zunächst illustrieren wir aber noch den Beweis mit einem Beispiel: Sei $m = 8$, dann sind $1, 3, 5, 7$ Repräsentanten der primen Restklassen modulo 8 und wir erhalten für $a \equiv \mathbf{3} \bmod 8$ etwa

$$A = 1 \cdot 3 \cdot 5 \cdot 7 (= 105 \equiv 1) \bmod 8$$

sowie

$$3^4 \cdot A = (\mathbf{3} \cdot 1) \cdot (\mathbf{3} \cdot 3) \cdot (\mathbf{3} \cdot 5) \cdot (\mathbf{3} \cdot 7)$$
$$= 3 \cdot 9 \cdot 15 \cdot 21 \equiv 3 \cdot 1 \cdot 7 \cdot 5 \equiv A \bmod 8$$

und also $3^{\varphi(8)} \equiv 1 \bmod 8$ (ohne, dass wir A tatsächlich berechnen mussten). Speziell für Primzahlmoduln $m = p$ ist $\varphi(p) = p - 1$ und es ergibt sich als unmittelbare Konsequenz der historische Vorläufer:[6]

Korollar 4.4 (Kleiner Fermatscher Satz). *Sei p eine Primzahl und $p \nmid a$. Dann gilt*

$$a^{p-1} \equiv 1 \bmod p \ .$$

Ohne die Voraussetzung $p \nmid a$ kann man dies auch so formulieren:

$$a^p \equiv a \bmod p.$$

---

[5] Und ein Beweis findet sich etwa in [**17**].

[6] Tatsächlich formulierten weder Fermat noch Euler ihre Sätze in der obigen Form; ihre Notation und Sprache war wesentlich komplizierter, geht die Kongruenzschreibweise doch auf den jüngeren Gauß zurück.

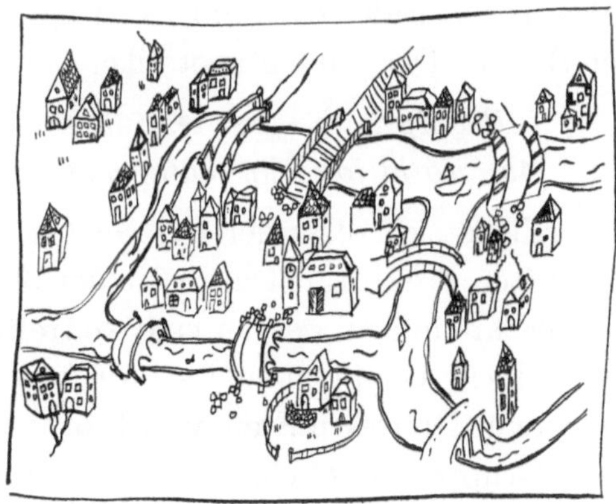

Abbildung 4.3. *Links*: Leonhard Euler, ∗ 15. April 1707 in Basel – †
18. September 1783 in St. Petersburg; Verfasser bedeutsamer Arbeiten
zu Analysis, Zahlentheorie, Physik und sogar Musiktheorie und Philosophie. Er löste u. a. das *Königsberger Brückenproblem*, ob es einen
Spazier- oder gar Rundgang durch das Königsberg (Abbildung *rechts*)
des 18. Jahrhunderts gibt, bei dem alle sieben Brücken über den Pregel
genau einmal überquert werden; damit erschuf Euler die *Graphentheorie*
und die *Topologie*. Trotz seiner Erblindung füllen Eulers Werke ‚mehrere
Meter Bibliothek'.

Der irreführende Name ‚kleiner Fermat' grenzt ab von dem so genannten
‚großen Fermatschen Satz', die Fermatsche Vermutung, die erst seit einigen
Jahren tatsächlich diesen Namen tragen darf (siehe Abschn. 7.3).[7]

Aufgabe 4.7. *Zeige, dass jede Primzahl p unendlich viele Schnapszahlen
teilt (also Zahlen wie etwa 1111, die ausschließlich aus einer Ziffer aufgebaut
sind).*

Aufgabe 4.8. *Obwohl es nichts mit Primzahlen oder dem Gegenstand dieses Kapitels zu tun hat: Löse das Königsberger Brückenproblem (von dem
in der Unterschrift von Abb. 4.3 die Rede ist)!*

Die Umkehrung des kleinen Fermatschen Satzes gilt *leider* nicht, wie
etwa das Beispiel

$$2^{340} \equiv 1 \bmod 341 \, , \quad \text{aber} \quad 341 = 11 \cdot 31$$

zeigt. Eine Zahl m, für die also $a^{m-1} \equiv 1 \bmod m$ besteht, ist nicht notwendig prim. Zusammengesetzte Zahlen m, für die es ein $a \geq 2$ mit

---

[7] Und bezieht sich also nicht auf die Körpergröße Fermats, über die unseres Wissens nichts
bekannt ist.

$a \not\equiv 1 \bmod m$ und

$$a^{m-1} \equiv 1 \bmod m$$

gibt, heißen **Pseudoprimzahlen zur Basis a**. Gilt die letzte Kongruenz sogar für alle zu m teilerfremden $a \geq 2$, so ist m eine **Carmichael-Zahl** nach ihrem Entdecker Robert Daniel Carmichael im Jahre 1912. Die kleinste Carmichaelzahl ist $561 = 3 \cdot 11 \cdot 17$. Und noch schlimmer: Es gibt sogar unendlich viele. Glücklicherweise treten Carmichaelzahlen dabei jedoch viel seltener auf als Primzahlen. Insofern lässt sich der kleine Fermat zwar nicht als Primzahltest gebrauchen, aber es lassen sich damit immerhin sehr effizient gute Primzahlkandidaten erzeugen.

Aufgabe 4.9. *Zeige: i)* 561 *ist eine Carmichael-Zahl. ii) Wenn eine ungerade Zahl $m \geq 3$ keine Primteiler p besitzt, so dass für jeden Primteiler p von m*

$$(p-1) \mid (m-1) \qquad und \qquad p^2 \nmid m$$

gilt, dann ist m eine Carmichael-Zahl. Hinweis: Benutze den chinesischen Restsatz aus Abschn. 4.3; es gilt übrigens auch die Umkehrung der Aussage!

Aus dem Satz 4.3 von Euler folgt unmittelbar: *Jede prime Restklasse besitzt ein multiplikativ Inverses*, denn es gilt

$$a \cdot a^{\varphi(m)-1} = a^{\varphi}(m) \equiv 1 \bmod m$$

für jedes a, welches teilerfremd zu m ist. Insbesondere liefert diese Kongruenz also eine Methode, das Inverse einer primen Restklasse explizit zu berechnen! Hierzu ein Beispiel: Sei $m = 25$ und $a \equiv 11 \bmod 25$, dann ist   **!**

$$\varphi(25) = \varphi(5^2) = 5^2(1 - \tfrac{1}{5}) = 20$$

(nach einer Formel von oben oder mühsam durch Abzählen der primen Restklassen). Nun ist also

$$61.159.090.448.414.546.291 = 11^{18} \bmod 25$$

das gesuchte Inverse zu $a \equiv 11 \bmod 25$, aber wie findet man einen *kleinen* Repräsentanten dieser Restklasse? Hier hilft ein zumindest auf den zweiten Blick verblüffend einfacher Trick, das sukzessives Reduzieren – in diesem Fall modulo 25 – in Kombination mit der Binärdarstellung des Exponenten:

$$11^2 = 121 \equiv 21 \equiv -4 \bmod 25,$$

also

$$11^8 \equiv (-4)^4 = 256 \equiv 6 \bmod 25$$

und schließlich

$$11^{19} = 11^{8\cdot2+2+1} = (11^8)^2\cdot11^2\cdot11 \equiv 6^2\cdot(-4)\cdot11 = 36\cdot(-44)\cdot11\cdot6 \equiv 16 \bmod 25.$$

Die Probe zeigt:

$$16 \cdot 11 = 176 \equiv 1 \bmod 25.$$

Wir haben somit die mühsame Potenzrechnung in kleine Blöcke zerlegt. Diese Rechenmethode läuft unter dem Stichwort *binäre* oder auch *schnelle Exponentiation* und wurde schon vor über zweitausend Jahren in Indien praktiziert!

Ist hingegen a nicht teilerfremd zum Modul m, so ist die Restklasse $a \bmod m$ nicht prim und insbesondere auch nicht invertierbar, denn für alle $x, y \in \mathbb{Z}$ ist $ax + my$ nach Korollar 3.2 ein Vielfaches von $\mathrm{ggT}(a, m) > 1$ und also stets $ax + my \equiv ax \not\equiv 1 \bmod m$. Damit ist $a \bmod m$ genau dann bzgl. der Restklassenmultiplikation invertierbar, wenn $\mathrm{ggT}(a, m) = 1$ ist, es sich folglich um eine prime Restklasse handelt!

In Ergänzung zu Satz 4.2 gilt deshalb:

Satz 4.5 (Gauß, 1801). *Die Menge*

$$(\mathbb{Z}/m\mathbb{Z})^* := \{a \bmod m \ : \ ggT(a, m) = 1\}$$

der primen Restklassen modulo m ist mit der Multiplikation von Restklassen eine abelsche Gruppe der Ordnung $\varphi(m)$ mit neutralem Element $1 \bmod m$, die **prime Restklassengruppe modulo m**. *Genau für Primzahlen $m = p$ ist der Restklassenring $\mathbb{Z}/m\mathbb{Z}$ ein Körper, der so genannte* **Restklassenkörper modulo p**.

Beweis. Da wir nach Satz 4.2 bereits wissen, dass $\mathbb{Z}/m\mathbb{Z}$ ein kommutativer Ring ist, ungeachtet ob m prim ist oder nicht, genügt es also nun noch, die Menge $\mathbb{Z}/m\mathbb{Z} \setminus \{0\}$ zu betrachten. Ist $m = p$ prim, so besitzt jede Restklasse $a \not\equiv 0 \bmod p$ ein multiplikativ Inverses und

$$\mathbb{Z}/p\mathbb{Z} \setminus \{0\} = (\mathbb{Z}/p\mathbb{Z})^*$$

ist eine abelsche Gruppe und damit $\mathbb{Z}/p\mathbb{Z}$ ein Körper. Ist hingegen m zusammengesetzt, sagen wir $m = ab$ mit $1 < a, b < m$, so gilt $ab \equiv 0 \bmod m$ und also besitzt $\mathbb{Z}/m\mathbb{Z}$ Nullteiler und ist in diesem Fall kein Körper. •

In der Sprache der Algebra ist die prime Restklassengruppe $(\mathbb{Z}/m\mathbb{Z})^*$ die ‚Einheitengruppe' des Rings $\mathbb{Z}/m\mathbb{Z}$. Satz 4.5 charakterisiert die Restklassenringe, die maximal viele prime Restklassen besitzen und damit Körper sind. Entscheidend ist hier, dass der Modul eine Primzahl ist. In einem gewissen

Sinne können wir den obigen Satz 4.5 als Primzahltest ansehen, aber als solcher ist er alles andere als praktikabel. Nun zu einem der ältesten Primzahltests überhaupt, nämlich einer Perle aus dem achtzehnten Jahrhundert, entdeckt von John Wilson, aber womöglich schon zuvor Gottfried Wilhelm Leibniz bekannt:

Satz 4.6 (Satz von Wilson). *Es ist p genau dann eine Primzahl, wenn*

$$(p - 1)! \equiv -1 \bmod p.$$

Hier steht die Fakultät $m!$ für das Produkt der natürlichen Zahlen $\leq m$ (vgl. Abschn. 2.3). Wir testen den Satz von Wilson an der zusammengesetzten Zahl 10:

$$1 \cdot \mathbf{2} \cdot 3 \cdot 4 \cdot \mathbf{5} \cdot 6 \cdot 7 \cdot 8 \cdot 9 \equiv \mathbf{10} \equiv 0 \bmod 10.$$

Dieses Beispiel verrät bereits, wie sich eine Implikation des Satzes beweisen lässt:

Beweis. Ist p nicht prim, so besitzt p einen echten Primteiler q, und dieser kommt unter den Faktoren von $(p - 1)!$ vor. Es gilt somit $q \mid (p - 1)!$. Insbesondere folgt $(p - 1)! \not\equiv -1 \bmod p$ (denn $-1 \bmod p$ ist eine prime Restklasse). Ist hingegen $p > 2$ prim, dann können wir Paare von Restklassen $a, b \bmod p$ finden, so dass $ab \equiv 1 \bmod p$ gilt; b ist dann das eindeutig bestimmte multiplikativ Inverse von $a \bmod p$ und umgekehrt. Damit entstehen viele Paare, deren Produkt jeweils $\equiv 1 \bmod p$ ist. Hiervon sind lediglich jene Restklassen auszuschließen, für die $a^2 \equiv 1 \bmod p$ gilt (denn dann sind sie *selbstinvers*). Nun ist

$$a^2 \equiv 1 \qquad \Longleftrightarrow \qquad (a - 1)(a + 1) = a^2 - 1 \equiv 0 \bmod p,$$

was auf $a \equiv 1$ oder $a \equiv p - 1 \bmod p$ führt. Damit gilt also

$$(p - 1)! \equiv 1 \cdot (p - 1) \equiv -1 \bmod p$$

und der Satz ist bewiesen. $\bullet$

Wir illustrieren den zweiten Teil des Beweises noch an dem Beispiel $p = 11$:

$$1 \cdot 2 \cdot 3 \cdot 4 \cdot 5 \cdot 6 \cdot 7 \cdot 8 \cdot 9 \cdot 10 \equiv -1 \bmod 11,$$

denn $1 \equiv 2 \cdot 6 \equiv 3 \cdot 4 \equiv 5 \cdot 9 \equiv 7 \cdot 8 \bmod 11$. Aber auch der Satz von Wilson ist als Primzahltest nicht besonders praktikabel, wenn es darum geht wirklich *große* Zahlen zu testen.

Ein *schneller* Primzahltest wurde von Manindra Agrawal, Neeraj Kayal und Nitin Saxena[8] gefunden. Hierbei bedeutet *schnell*, dass deren so genannter AKS-Test sicher in Polynomialzeit entscheidet, ob eine gegebene große Zahl N prim ist. Primzahltests wie dieser, die also in Polynomialzeit (in Abhängigkeit von der Eingabegröße N) ein deterministisches Ergebnis liefern, waren zuvor nicht bekannt gewesen; die schnellsten zuvor verfügbaren Algorithmen benötigten hingegen eine weitaus längere Laufzeit.[9] Die Idee des AKS-Testes basiert auf folgender Verallgemeinerung des kleinen Fermat: *Sei N eine ganze Zahl, dann ist N genau dann prim, wenn*

$$(X + 1)^N = X^N + 1 \quad \text{in} \quad (\mathbb{Z}/N\mathbb{Z})[X].$$

Achtung! Diese Gleichung ist als Polynomgleichung im Ring $(\mathbb{Z}/N\mathbb{Z})[X]$ der Polynome in der Variablen X mit Restklassen modulo N als Koeffizienten zu verstehen. So gilt für die Carmichael-Zahl $N = 561$ zwar $(a + 1)^N \equiv a^N + 1 \mod N$ für $a \in (\mathbb{Z}/N\mathbb{Z})^*$, aber das Polynom $(X + 1)^{561} \mod 561$ hat zahlreiche von null verschiedene Koeffizienten.

4.3 Der chinesische Restsatz

Die Idee der primen Restklassen (bzw. multiplikativ Inversen) hilft auch beim Lösen von linearen Kongruenzen, wie etwa

$$11\,X \equiv 7 \mod 25.$$

Nach dem Beispiel aus Abschn. 4.2 zum kleinen Fermatschen Satz gilt $11^{-1} \equiv 16 \mod 25$ und Multiplikation unserer Kongruenz mit diesem Inversen liefert

$$11^{-1} \cdot 11\,X \equiv X \equiv 11^{-1} \cdot 7 \equiv 16 \cdot 7 = 112 \equiv 12 \mod 25.$$

Wir haben also letztlich diese lineare Kongruenz ganz ähnlich gelöst, wie wir lineare Gleichungen wie z. B. $11X = 7$ lösen, nämlich durch Multiplikation mit dem Inversen des Koeffizienten 11 (welches in $\mathbb{Q}$ gleich $\frac{1}{11}$ ist). Diese Idee lässt sich verallgemeinern:

Satz 4.7. *Seien $a, b \in \mathbb{Z}$ und $m \in \mathbb{N}$. Dann ist die Kongruenz*

$$aX \equiv b \mod m$$

---

[8] M. Agrawal, N. Kayal & N. Saxena, PRIMES is in P, *Ann. Math.* **160** (2004), 781-793; siehe auch J. Steuding, A. Weng, Primzahltests – von Eratosthenes bis heute, *Math. Semesterber.* **51** (2004), 231-252.

[9] Eine so genannte ‚erwartete' Exponentialzeit.

genau dann lösbar, wenn $\mathrm{ggT}(a, m) \mid b$. *In diesem Fall gibt es genau* $\mathrm{ggT}(a, m)$ *inkongruente Lösungen modulo* m.

Beweis. Nach dem Satz 3.5 von Bézout ist die lineare diophantische Gleichung

$$aX = b + mY \qquad \text{bzw.} \qquad aX - mY = b$$

genau dann lösbar, wenn b ein Vielfaches von $\mathrm{ggT}(a, m)$ ist. In diesem Fall existieren also ganze Zahlen x und y, so dass

$$ax = b + my \qquad \text{bzw.} \qquad ax \equiv b \bmod m.$$

Damit ist eine lösende Restklasse modulo m also gefunden. Ist $\mathrm{ggT}(a, m) > 1$, so ergeben sich mehrere Lösungen modulo m über die Kürzungsregel (vi) und Satz 3.5. $\bullet$

Der Beweis ist konstruktiv (dank des euklidischen Algorithmus versteckt im Satz 3.5 von Bézout). Hierzu berechnen wir für unser Eingangsbeispiel $11X \equiv 7 \bmod 25$ mit dem euklidischen Algorithmus den größten gemeinsamen Teiler von 25 und 11:

$$
\begin{aligned}
25 &= 2 \cdot 11 + 3, \\
11 &= 3 \cdot 3 + 2, \\
3 &= 1 \cdot 2 + 1.
\end{aligned}
$$

Wir lesen ab, dass 11 mod 25 in der Tat eine prime Restklasse ist und finden das Inverse durch Lesen des euklidischen Algorithmus von unten nach oben:

$$1 = 3 - 1 \cdot 2 = 3 - 1 \cdot (11 - 3 \cdot 3) = 4 \cdot 3 - 1 \cdot 11 = 4(25 - 2 \cdot 11) - 1 \cdot 11 = 4 \cdot 25 - 9 \cdot 11,$$

was modulo 25 auf eben

$$1 \equiv -9 \cdot 11 \equiv 16 \cdot 11 \bmod 25$$

führt. Dieses Verfahren stellt eine effiziente Alternative zum kleinen Fermatschen Satzes bereit!

Aufgabe 4.10. *Bestimme die Lösungen folgender linearer Kongruenzen*

$$aX \equiv b \bmod 37 \qquad \text{für} \quad a \in \{2, 3, 5, 10, 15\}, \ b \in \{1, 2\}.$$

Nun wollen wir Systeme linearer Kongruenzen untersuchen. Auf Grund der soeben getätigten Überlegungen dürfen wir annehmen, dass jede lineare

Kongruenz bereits in der Form $X \equiv a_j \bmod m_j$ vorliegt (also gewissermaßen modulo m_j gelöst ist). Hier ein erstes Beispiel eines solchen Systems:

$$\begin{cases} X & \equiv & 4 \bmod 6, \\ X & \equiv & 5 \bmod 7. \end{cases}$$

Gesucht sind die Lösungen, welche beiden Kongruenzen genügen; hierbei können wir ganze Zahlen als Lösungen ansehen oder – und das ist die Sichtweise, die wir im Folgenden vertreten wollen – die Restklassen (also Mengen von ganzen Zahlen), welche diese Kongruenzen erfüllen. Tatsächlich ist mit einer ganzen Zahl x auch jede weitere ganze Zahl $x + (6 \cdot 7)m$ mit beliebigem ganzzahligen m eine Lösung, d. h. die Zahllösungen, wenn existent, sind gegeben durch eine oder mehrere Restklassen modulo 42. Zur Lösung des obigen Beispiels mag man die Idee haben, durch Probieren zum Ziel zu kommen. Man sieht leicht für die Lösungsmengen der einzelnen linearen Kongruenzen:

$$X \equiv 4 \bmod 6 \quad : \quad \ldots, 4, 10, 16, 22, 28, 34, \mathbf{40}, 46, \ldots$$
$$X \equiv 5 \bmod 7 \quad : \quad \ldots, 5, 12, 19, 26, 33, \mathbf{40}, 47, \ldots.$$

Wir lesen ab, dass $\mathbf{40}$ eine Lösung beider Kongruenzen ist, also auch unseres Kongruenzsystems. Darüber hinaus ergibt sich, dass es keine weitere Lösung modulo 42 gibt. Für kleine Moduln ist das eine praktikable Vorgehensweise, allerdings mag man bei großen Systemen, oder aber wenn sehr große Moduln auftreten, verzweifeln. In einem alten chinesischen Mathematikbuch vor ca. zweitausend Jahren stellte sein Verfasser Sun-Tsu[10] folgende Aufgabe:

Aufgabe 4.11. *Finde eine Zahl, welche bei Division durch 3 den Rest 2, bei Division durch 5 den Rest 3 und bei Division durch 7 den Rest 2 lässt.*

Hierher rührt auch der Name des folgenden Resultats:

Satz 4.8 (Chinesischer Restsatz). *Es seien $m_1, \ldots, m_n \in \mathbb{N}$ paarweise teilerfremd und $a_1, \ldots, a_n \in \mathbb{Z}$ beliebig. Dann besitzt das lineare Kongruenzsystem*

$$\begin{cases} X & \equiv & a_1 \bmod m_1, \\ & \cdots & \\ X & \equiv & a_j \bmod m_j, \\ & \cdots & \\ X & \equiv & a_n \bmod m_n \end{cases}$$

---

[10] Chinesischer Universalgelehrter der späten Antike, nicht zu verwechseln mit dem bekannten Kriegsherrn gleichen Namens.

eine eindeutige Lösung $x \bmod m$, wobei $m := m_1 \cdot \ldots \cdot m_n$.

Eine interessante Interpretation des chinesischen Restsatzes ist die folgende: !
In einem hinreichend kleinen Intervall ist eine ganze Zahl eindeutig durch
ihre Reste modulo kleiner Primzahlen bestimmt!

Beweis. Wir haben die *Existenz* und die *Eindeutigkeit* dieser Lösung zu
zeigen. Hierzu setzen wir

$$x = \sum_{i=1}^{n} a_i (m/m_i)^{\varphi(m_i)}.$$

Dabei ist m/m_i eine ganze Zahl (klar) mit $m/m_i \equiv 0 \bmod m_j$ für $i \neq j$;
ansonsten, wenn also $i = j$, sind m/m_j und m_j teilerfremd nach unserer
Voraussetzung über die paarweise Teilerfremdheit der Module. Mit dem
Satz von Euler 4.3 folgt

$$(m/m_i)^{\varphi(m_i)} \equiv \begin{cases} 1 \bmod m_i\,, \\ 0 \bmod m_j & \text{für } j \neq i. \end{cases}$$

Also gilt $x \equiv a_j \bmod m_j$ für $1 \leq j \leq n$ und x ist eine Lösung unseres
linearen Kongruenzsystems. Dies beweist die *Existenz* einer Lösung; es verbleibt der Nachweis der *Eindeutigkeit*: Eine Restklasse y ist genau dann eine
Lösung, wenn $m_i \mid (x - y)$ für $1 \leq i \leq n$ gilt (nach Satz 4.7). Mit der paarweisen Teilerfremdheit der m_j ist dies äquivalent zu $m = m_1 \cdot \ldots \cdot m_n \mid (x-y)$
bzw. $x \equiv y \bmod m$, was zu zeigen war. • (Alternativ kann man den Beweis
zunächst für Systeme zweier linearer Kongruenzen führen und dann den allgemeinen Fall durch sukzessive Hinzunahme weiterer linearer Kongruenzen
zur jeweiligen Lösung herleiten.)

Wir illustrieren den *konstruktiven* Beweis an unserem ersten Beispiel: Hier !
sind $m_1 = 6$ und $m_2 = 7$, also $m = 6 \cdot 7 = 42$ und die Lösungsformel des
Beweises des chinesischen Restsatzes liefert

$$x = 4 \cdot 7^{\varphi(6)} + 5 \cdot 6^{\varphi(7)} \equiv 4 \cdot 7^2 + 5 \cdot 6^6 \equiv 40 \bmod 42.$$

Auch wenn hier mit den Potenzen der einzelnen Moduln große Zahlen stehen, so können sie doch jeweils modulo $m = 42$ reduziert werden, was diese explizite Lösungsformel auch bei Kongruenzsystemen mit recht großen
Zahlen zu einem praktikablen Werkzeug macht! Die Rechnerei ist wenigstens in diesem Beispiel gar nicht so umfangreich, nutzt man hier nämlich
$6^2 = 36 \equiv -6 \bmod 42$ wieder und wieder aus.

Aber wie ist vorzugehen, wenn die Moduln der Kongruenzen nicht paarweise teilerfremd sind, der chinesische Restsatz 4.8 also nicht sofort angewendet werden kann? Dazu betrachten wir wiederum ein Beispiel:

$$\begin{cases} X \equiv 2 \bmod 3, \\ X \equiv 3 \bmod 4, \\ X \equiv 5 \bmod 6. \end{cases}$$

Hier sind die Moduln tatsächlich nicht paarweise teilerfremd (denn $\mathrm{ggT}(3,6) = 3$ und $\mathrm{ggT}(4,6) = 2$). Um weiterzukommen, wenden wir den chinesischen Restsatz zunächst *rückwärts* an, in dem wir die letzte Kongruenz zum Modul $6 = 2 \cdot 3$ in zwei Kongruenzen modulo 2 bzw. modulo 3 zerlegen. Tatsächlich gilt

$$X \equiv 5 \bmod 6. \qquad \Longleftrightarrow \qquad \begin{cases} X \equiv 1 \bmod 2, \\ X \equiv 2 \bmod 3. \end{cases}$$

Es folgt die Implikation von links nach rechts einfach durch Reduktion modulo 2 bzw. 3 gemäß

$$5 \equiv 1 \bmod 2 \qquad \text{und} \qquad 5 \equiv 2 \bmod 3.$$

Die Implikation von rechts nach links hingegen ergibt sich mit dem chinesischen Restsatz 4.8 und die Leserin sei zum Nachrechnen aufgefordert! Wir beobachten, dass eine der Kongruenzen rechts in unserem Ausgangssystem von linearen Kongruenzen bereits vorkommt. Mit dieser äquivalenten Umformung schreibt sich dieses also um zu

$$(4.1) \qquad \begin{cases} X \equiv 1 \bmod 2, \\ X \equiv 2 \bmod 3, \\ X \equiv 3 \bmod 4. \end{cases}$$

Hier sind die Moduln immer noch nicht paarweise teilerfremd. Wir werfen von den drei Kongruenzen die erste über Bord, besagt sie doch nur, dass jede Lösung x ungerade sein muss, während die dritte restriktiver die Restklasse 3 mod 4 festlegt. Nun können wir das System mit dem Verfahren aus dem Beweis des chinesischen Restsatzes problemlos lösen.

Tatsächlich kann ein lineares Kongruenzsystem auch unlösbar sein. Nehmen wir hierzu an, im System (4.1) stünde zusätzlich die Kongruenz $X \equiv 1 \bmod 15$, so könnte diese Bedingung mit Hilfe des chinesischen Restsatzes in ein System aus zwei linearen Kongruenzen modulo 3 bzw. 5 zerlegt werden; die dabei auftretende Kongruenz $X \equiv 1 \bmod 3$ widerspräche nun aber der ersten Kongruenz in (4.1) und es folgte die Unlösbarkeit des modifizierten Systems, da keine ganze Zahl gleichzeitig in zwei inkongruenten

Restklassen zu ein und demselben Modul enthalten sein kann. In jedem Fall können wir aber mit obigem Trick auch ein System linearer Kongruenzen mit nicht notwendig paarweise teilerfremden Moduln analysieren und entweder dessen Lösungsmenge explizit bestimmen oder aber dessen Unlösbarkeit nachweisen.

Aufgabe 4.12. *Untersuche das lineare Kongruenzsystem*

$$\begin{cases} X &\equiv a \bmod 8, \\ 2X &\equiv 2 \bmod 7, \\ 3X &\equiv 1 \bmod 10. \end{cases}$$

Hierbei sei $a \in \{0,1,2,\dots,7\}$. Für welche Werte von a ist das System lösbar und für welche nicht? Gebe die Lösungen im Falle der Existenz an.

Rekapitulieren wir den Trick, den wir zur Lösung des obigen linearen Kongruenzsystems mit nicht paarweise teilerfremden Moduln herangezogen haben, so offenbart sich eine interessante Struktur der Restklassenringe. Der Einfachheit halber betrachten wir hier das obige Beispiel. Nach dem chinesischen Restsatz 4.8 besteht die Zuordnung

$$\mathbb{Z}/2\mathbb{Z} \times \mathbb{Z}/3\mathbb{Z} \quad\leftrightarrow\quad \mathbb{Z}/(2\cdot3)\mathbb{Z}$$
$$(a \bmod 2, b \bmod 3) \quad\longleftrightarrow\quad c \bmod (2\cdot3).$$

Hierbei stehen die Pfeile ‚$\leftrightarrow$' für eine *eineindeutige* Korrespondenz; der untere Pfeil für die Zuordnung zwischen dem Paar (a,b) links und c rechts; in obigem Beispiel war dies $(1,2) \leftrightarrow 5$. Diese Verbundenheit beweist der chinesische Restsatz. Tatsächlich kann eine solche Korrespondenz für alle Moduln $n > 1$ mit Hilfe der Primfaktorzerlegung von n angegeben werden.

Aufgabe 4.13. *Zeige für teilerfremde natürliche Zahlen m,n*

$$\varphi(mn) = \varphi(m)\varphi(n).$$

Hinweis: Mache vom chinesischen Restsatz und der vorangegangenen Idee der ‚Faktorisierung' von Restklassenringen Gebrauch. *Beweise ferner die Produktformel*

$$(4.2) \qquad \varphi(n) = n \prod_{p\mid n} \left(1 - \frac{1}{p}\right),$$

wobei das Produkt über alle Primteiler p von n läuft. ⟨Diese Aufgabe wird in Abschn. 9.9 besprochen!⟩

Wir schließen mit einer unerwarteten Anwendungen der Kongruenzrechnung. Rechnen mit Restklassen offenbart manchmal nämlich ganz erstaunliche Eigenschaften ganzer Zahlen und Einsichten in ihre Teilbarkeitsverhältnisse. Dem Außenstehenden mag dies manchmal wie *Zauberei* vorkommen:

Aufgabe 4.14. *Der Zauberer Harry P. legt 35 verschiedene Karten in Form eines Rechtecks mit fünf Zeilen und sieben Spalten mit dem Bild nach oben auf den Tisch. Du sollst dir eine der Karten aussuchen und Harry die Spalte mitteilen, in der die Karte liegt. Daraufhin werden die Karten in derselben Reihenfolge in Form eines Rechteckes mit sieben Zeilen und fünf Spalten ausgeteilt. Nun teilst Du Harry die Zeile deiner Karte mit, woraufhin dieser die richtige Karte benennt. Was ist Harrys Trick?*

4.4 Kryptographie mit RSA

In unserem digitalen Zeitalter ist das Verschlüsseln von Daten alltäglich. Beim *online-banking* oder wenn immer wir *smart cards* benutzen, versenden wir brisante Daten, die dritten Personen verborgen bleiben sollen. In früheren Zeiten wurde ein Text mit Geheimtinte verfasst oder ein geschriebenes Schriftstück nachträglich zerschnitten und verborgen an den Adressaten übermittelt. Im Laufe der Zeit haben sich etwas fortgeschrittenere Chiffriertechniken herausgebildet; beispielsweise basiert das nach Cäsar benannte Verfahren durch das Ersetzen sämtlicher Buchstaben durch ihre jeweiligen Nachbarn, so dass also etwa Hallo chiffriert zu Ibmmp wird,[11] oder ähnliche Konstrukte.[12] Heutzutage wird relativ viel anspruchsvolle Mathematik in der *Kryptographie*, also der Lehre vom geheimen Schreiben, benutzt. Viele in der Praxis relevanten Methoden zur sicheren Datenübermittlung basieren auf dem Konzept einer so genannten *Falltürfunktion*. Das ist eine Operation, die in einer Richtung *leicht* auszuführen bzw. zu berechnen ist, dessen Inverses jedoch nahezu *unberechenbar* ist (d. h. in annehmbarer Zeit). Diese Idee geht auf die Mathematiker Whitfield Diffie, Martin Hellman und Ralph Merkle zurück, die hiermit 1976 die geheime Datenübertragung revolutionierten. Im Nachhinein stellte sich heraus, dass der britische Geheimdienst ähnliche Methoden bereits Anfang der 1970er Jahre benutzte. *Aber wie funktioniert dies genau und wie sieht solch eine geeignete Falltürfunktion aus?*

---

[11] Die ersten drei Buchstaben des Chiffres treten als Name eines sehr sensiblen Computers in Arthur C. Clarkes *2001: a Space Odyssey* in Anspielung auf eine Branchengröße.

[12] Einen guten Einblick in die klassische Verschlüsselungslehre liefert *Geheime Botschaften. Die Kunst der Verschlüsselung von der Antike bis in die Zeiten des Internet* von Simon Singh.

Hierzu holen wir etwas aus und erinnern an Gauß' Worte aus seinen *Disquisitiones Arithmeticae* von 1801(!):

> *„Dass die Aufgabe, die Primzahlen von den zusammenge-*
> *setzten zu unterscheiden und letztere in ihre Primfactoren*
> *zu zerlegen, zu den wichtigsten und nützlichsten der gesam-*
> *ten Arithmetik gehört [...] ist so bekannt, dass es überflüssig*
> *wäre, hierüber viele Worte zu verlieren [...]. Trotzdem muss*
> *man gestehen, dass alle bisher angegebenen Methoden entwe-*
> *der auf sehr specielle Fälle beschränkt oder so mühsam und*
> *weitläufig sind, dass sie [...] auf grössere Zahlen aber mei-*
> *stenteils kaum angewendet werden können.“*

Es sind also zwei Probleme zu unterscheiden: Gegeben sei ein $N \in \mathbb{N}$;

- ein **Primzahltest** entscheidet, ob N prim oder zusammengesetzt ist, und

- ein **Faktorisierungsalgorithmus** liefert die Primfaktorzerlegung von N.

Wahrscheinlich sind diese zwei Probleme *unterschiedlich schwierig*: Die Primfaktorzerlegung von N benötigt a priori mehr Informationen als zur Beantwortung der Frage nach der Anzahl der Primfaktoren notwendig sind. Beispielsweise ist es recht aufwendig, die neun-stellige Zahl

$$239.707.129$$

in ihre Primfaktoren zu zerlegen; andererseits ist es ein Leichtes (und womöglich nur eine Arbeit von ein oder zwei Minuten), das Produkt

$$12.373 \cdot 19.373$$

zu berechnen. Allerdings ist auch nicht auszuschließen, dass eines Tages jemand einen *schnellen* Faktorisierungsalgorithmus entwickelt und diese Aufgabe in gleicher Zeit erledigen kann, jedoch wäre dies eher unerwartet. Diese vermutliche Asymmetrie der Schwierigkeiten bildet das Fundament vieler moderner Kryptosysteme. Genauer: Die Tatsache, dass es zwar leicht ist, zwei große Primzahlen miteinander zu multiplizieren, aber – jedenfalls nach heutigem Kenntnisstand – sehr aufwendig, aus dem Produkt auf die Faktoren zu schließen, wird in der Kryptographie seit der bahnbrechenden Arbeit von Ronald Linn Rivest, Adi Shamir und Leonard Adleman[13] Mitte der siebziger Jahre des vergangenen Jahrhunderts verwendet. Bei dem – nach den Initialen seiner Erfinder benannten[14] – RSA-Verfahren wird als öffentlicher

---

[13] R. RIVEST, A. SHAMIR, L. ADLEMAN, A method for obtaining digital signatures and public-key cryptosystems, *Comm. ACM* **21** (1978), 120-126.

[14] Nicht mit der NSA zu verwechseln, welche ganz andere Interessen vertritt!

Schlüssel das Produkt zweier großer Primzahlen eingesetzt. Die Sicherheit
dieses Systems basiert auf der Unkenntnis einer *schnellen* Faktorisierungs-
methode; das Sieb des Eratosthenes ist tatsächlich unpraktikabel langsam.
Zur Erzeugung des öffentlichen Schlüssels hingegen benötigt man Algorithmen zur Generierung von *großen* Primzahlen, also effiziente Primzahltests,
die auch die Primalität *großer* Zahlen *schnell* erkennen können.[15]

Wie funktioniert RSA? Ein Benutzer, nennen wir ihn Bob, wählt zwei
große (verschiedene) Primzahlen p und q (sagen wir mit ca. 100 Stellen) und
berechnet $N = pq$ sowie

$$(4.3) \qquad \varphi(N) = (p-1)(q-1) = N + 1 - p - q;$$

hierbei haben wir die Multiplikativität der Eulerschen φ-Funktion benutzt,
was eine nicht gerade leichte Übungsaufgabe des vergangenen Paragraphen
war, aber natürlich muss Bob davon nichts wissen, er berechnet einfach die
rechte Seite der Gleichung. Dann wählt Bob *zufällig* eine ganze Zahl e, so
dass $1 < e < \varphi(N)$ und e teilerfremd zu $\varphi(N)$ ist; hierbei kann die Teilerfremdheit leicht mit dem euklidischen Algorithmus (Satz 3.3) nachgeprüft
werden. Dann bestimmt Bob das multiplikative Inverse d zu $e \bmod \varphi(N)$,
also

$$d \equiv e^{-1} \bmod \varphi(N)$$

(wiederum mit dem euklidischen Algorithmus). Nach Satz 4.7 ist dies gleichbedeutend mit der Existenz einer ganzen Zahl f mit

$$(4.4) \qquad de = 1 + f\varphi(N).$$

Nun ist Bobs *öffentlicher Schlüssel* das Paar (N, e); die Zahl d, die Faktorisierung von N, und ebenso $\varphi(N)$ sind jedoch *geheim*. Der öffentliche
Schlüssel mag nun beispielsweise in etwas wie einer Art Telefonbuch bekannt gemacht werden. Damit muss ein Schlüssel nicht gesendet werden –
ein großer Vorteil gegenüber klassischen Verfahren, und außerdem erleichtert
dies die Nutzung kryptographischer Methoden für eine breite Öffentlichkeit.

Nun stellen wir uns vor, dass Alice eine geheime Botschaft an Bob
schicken möchte. Dazu muss Alice diese in eine Zahlenfolge umwandeln und

---

[15] Mit dem so genannten **P≠NP**-Problem der theoretischen Informatik ist hier ein weiteres Millenniumproblem zu erwähnen. Dabei steht **P** für die Klasse der in Polynomialzeit
lösbaren Probleme und **NP** für die Klasse der Probleme, bei denen ein Nachweis einer
positiven Antwort in Polynomialzeit vollzogen werden kann. Das Faktorisierungsproblem
wird allgemein als ein Beispiel für die Differenz zwischen diesen beiden Komplexitäts-
klassen erwartet. Es ist jedoch bislang unbekannt, ob diese beiden Klassen überhaupt
verschieden sind.

dies mag für alle Benutzer (insbesondere Bob) auf ein und dieselbe Art geregelt sein. Stellen wir uns der Einfachheit halber also vor, dass die folgende Zuordnung besteht:

$$\_ \mapsto 99, \ A \mapsto 10, \ B \mapsto 11, \ \ldots, \ Z \mapsto 35, \ ! \mapsto 36, \ \ldots.$$

Eine Textnachricht wird dann einfach in eine Zahlenfolge übersetzt, indem Buchstaben in die entsprechenden Zahlen kodiert werden, wobei wir Päckchen von einer Größe $< N$ bilden (in der Praxis muss man allerdings etwas vorsichtiger zu Werke gehen). Die geheime Nachricht ist also gegeben als eine große ganze Zahl M. Alice kennt Bobs öffentlichen Schlüssel (N, e) und bildet dementsprechend M^e und reduziert dieses modulo N. Nennen wir das Ergebnis C, so gilt somit

$$C = M^e \bmod N,$$

wobei hier und im folgenden $c = a \bmod N$ für den kleinsten positiven Rest c in der Restklasse a modulo N steht. Jetzt wird diese Zahl C Bob zugesendet. Bob dekodiert C nun durch Berechnung der d-ten Potenz von C modulo N. Mit dem Satz 4.3 von Euler gilt nämlich

$$(4.5) \qquad C^d \equiv (M^e)^d = M^{de} = M^{1+f\varphi(N)} = M \cdot (M^f)^{\varphi(N)} \equiv M \bmod N.$$

Nun kann Bob Alices Nachricht lesen. Tatsächlich benötigt man hier für die Anwendung des Eulerschen Satzes, dass M und N teilerfremd sind, was nur in seltenen Fällen verletzt ist; dieses Problem kann man leicht mit einigen technischen Voraussetzungen beheben, worauf wir der Einfachheit halber aber verzichten.

Wir geben ein Beispiel. Alices Nachricht !REVOLUTION! schreibt sich nach dem öffentlich bekannten Kodierung als $M = $ 36 27 14 31 24 21 30 29 18 24 23 36. Angenommen, Bob hat sich geheim für die Primzahlen $p = $ 19.373 und $q = $ 12.373 entschieden, so ist $N = 239.707.129$ und $\varphi(N) = 239.670.384$; wählt er ferner $e = 54.119.119$, so ergibt sich zudem $d = 31$. (Allerdings sollten in der Praxis mindestens hundertstellige Primzahlen benutzt werden!) Mit Bobs öffentlichem Schlüssel (N, e) verschlüsselt Alice ihre geheime Nachricht $M = M_1 M_2 M_3$ in Blöcken $M_1 = 36\,27\,14\,31$ und $M_2 = 24\,21\,30\,29$ sowie $M_3 = 18\,24\,23\,36$ (s. o.) jeweils als $C_j \equiv M_j^e \bmod N$, also

$$C_1 = 23.5051.452 \equiv 36.271.431^{31} \bmod 239.707.129.$$

und $C_2 = 66.009.306$ sowie $C_3 = 7.159.085$ (wie man mit einer geeigneten Rechenmaschine nachrechnet). Mit Hilfe seines geheimen Schlüssels liest

Bob dann

$$M_1 \equiv C_1^d = 23\,5051\,452^{31} \equiv 36.271.431 \bmod 239.707.129$$

und so weiter.

Aufgabe 4.15. *Berechne im obigen Beispiel $M_j \equiv C_j^{31} \bmod 239.707.129$ für $j = 2,3$. Verschlüssele ferner eine geheime Nachricht mit Hilfe von Bobs öffentlichem Schlüssel und sende die verschlüsselte Nachricht an eine Freundin. Entschlüssele ferner eine verschlüsselte Nachricht, die Dir wiederum diese Freundin zugeschickt hat.*

Genauso alt wie die Kryptographie, und damit fast so alt wie die Menschheit, ist die *Kryptoanalyse*, also die Lehre von den Versuchen ein gegebenes Verschlüsselungsverfahren zu brechen. In früheren Zeiten wurden hierzu verschiedenste Methoden, zunächst nicht-wissenschaftlicher Natur, verwendet, um geheime Botschaften zu entschlüsseln. Mit einer gewissen Professionalisierung der Branche der Kryptographen und -analytiker zogen mathematische Methoden ein, wie etwa die statistische Analyse der chiffrierten Texte.[16] Heutzutage existieren mit immer leistungsstärkeren Computern gewaltige Werkzeuge, die schon allein auf Grund ihrer Rechenleistung eine Vielzahl von Angriffsmöglichkeiten auf ein Verschlüsselungsverfahren erlauben. Wie sieht es bei dem RSA-Verfahren aus? Wir beschränken uns hier auf rein mathematische Attacken.

Will etwa die neugierige Eva[17] wissen, was denn Alice dem dubiosen Bob mitzuteilen hatte, so könnte sie versuchen die öffentlich bekannte Zahl $N = 239.707.129$ zu faktorisieren, um an den geheimen Exponenten d zu gelangen. Ist N klein, kann sie es mit so genannter ‚Probedivision'[18] versuchen, also dem sukzessiven Ausprobieren aller potentiellen Primteiler $\leq \sqrt{N}$ (denn jede zusammengesetzte Zahl $N = ab$ muss ja mindestens einen Faktor $\leq \sqrt{N}$ haben, da ja sonst $ab > N$ gelten würde). Allerdings ist für große N mit mehr als hundert Dezimalstellen dieses Verfahren aussichtslos: Für eine einhundertstellige Zahl N existieren ungefähr 10^{48} potentielle Primteiler (nämlich alle Primzahlen kleiner 10^{100}). Verarbeitet ein guter Prozessor

---

[16] Man suche etwa im Internet nach dem damit verbundenen Begriff ETAOIN SHRDLU, um hier weiteres zu erfahren.

[17] In der englischsprachigen Literatur heißt dieser Charakter oft ‚Eve' in Anspielung auf das Wort ‚eavesdropping', welches Lauschen bzw. Abhören bedeutet; vielleicht erklärt dieses Wortspiel die Geschlechterverteilung unter den Beteiligten dieses Szenarios...

[18] Im Englischen auch *trial division* genannt.

etwa 10^{12} Probedivisionen pro Sekunde und besitzt Eva vielleicht eine Millionen solcher Prozessoren, so würde sie im unglücklichsten Falle noch länger als 10^{22} Jahre benötigen, um N letztendlich zu faktorisieren. Das Alter des Universums beträgt wohl ca. 10^{15} Jahre.

Die Hauptschwierigkeit für unsere Angreiferin Eva ist, dass der geheime Exponent d nicht aus den öffentlich bekannten Größen N und e, sondern nur aus der Faktorisierung von N oder dem Wissen von $\varphi(N)$ gewonnen werden kann – *zumindest nach dem heutigen Erkenntnisstand!*

Aufgabe 4.16. *Zeige für $N = pq$ mit verschiedenen Primzahlen p und q: Ist $\varphi(N)$ bekannt, dann auch die Primfaktorzerlegung von N und umgekehrt.* ✻
⟨Diese Aufgabe wird in Abschn. 9.9 besprochen!⟩

Werden gewisse Bedingungen bei der Wahl der Schlüsselgrößen nicht berücksichtigt, so gibt es weitere Attacken gegen RSA; hier ein erster Appetitanreger:

Aufgabe 4.17. *Angenommen, für die Primzahlen p und q gilt $p < q < 2p$ und für den geheimen Schlüssel d gilt $d < \frac{1}{3}N^{1/4}$. Zeige, dass dann für f mit $de = 1 + f\varphi(N)$ und $1 \leq f < d$ die Ungleichung* ✻

$$\left| \frac{f}{d} - \frac{e}{N} \right| < \frac{1}{d^2}$$

besteht. Angenommen, Du bist in Evas Rolle, wie lässt sich diese Information nutzen? ⟨Diese Aufgabe wird in Abschn. 9.9 besprochen!⟩

Für eine Implementierung des RSA-Verfahrens – hier denke man etwa an einen Geheimdienst, eine Bank oder einen Automobilhersteller – sind allerdings u. a. zwei wichtige mathematische Probleme zu lösen. Zunächst einmal müssen Primzahlen für die Erzeugung der Schlüssel (womöglich sehr vieler Schlüssel) gefunden werden, weshalb Primzahltests hier also Anwendung finden. Ferner muss sichergestellt werden, gerade im Hinblick auf viele Benutzer, dass Bob möglichst *zufällig* seinen Exponenten e bestimmt; tatsächlich ist dies ein beachtliches Problem und als gewissen Ersatz werden hier so genannte *Pseudozufallszahlen* benutzt, die erheblich leichter zu generieren sind, allerdings nicht zufällig in einem streng wahrscheinlichkeitstheoretischen Sinn sind. Kryptographie ist mittlerweile ein sehr spannendes und modernes Gebiet der Mathematik mit vielerlei Anwendungen, in dem viele zahlentheoretische Konzepte und Ideen umgesetzt werden. Seit kurzem werden auch Versuche betrieben, sichere Kryptographie mit Hilfe der Physik zu realisieren. Erste erfolgreiche Kryptosysteme basieren auf Phänomenen der Quantenmechanik und insbesondere der Heisenbergschen Unschärferelation.[19]

∗   ∗   ∗   ∗   ∗

In diesem Kapitel haben wir die Grundlagen der elementaren Zahlentheorie kennen gelernt. Wir haben mit der modularen Arithmetik und den Restklassenringen bzw. -körpern wichtige Konzepte und Strukturen und auch deren Anwendungen vorgestellt und untersucht; insbesondere der chinesische Restsatz, prime Restklassen und der Satz von Euler seien hier erwähnt, und wie diese in kryptographischen Verfahren genutzt werden. Allerdings haben wir hier auch auf diverse Ergebnisse verzichtet, die dennoch Grundpfeiler der Zahlentheorie bilden: den Nachweis der Zyklizität primer Restklassengruppen modulo Primzahlen und also die Existenz von Primitivwurzeln (siehe ebenso Abschn. 9.11); darüber hinaus haben wir keine Untersuchungen über die Lösbarkeit quadratischer Kongruenzen geführt und damit die gesamte Gaußsche Theorie quadratischer Reste bei Seite gelassen (wenngleich wir dies in Abschn. 8.2 rudimentär angehen werden). Diese ‚highlights' der Zahlentheorie findet die geneigte Leserin in der einschlägigen Literatur, wie etwa [13].

Weitere Aufgaben zum vierten Kapitel

Teilbarkeitsphänomene und modulare Arithmetik finden sich versteckt in gewissen Rechnungen mit ganzen Zahlen, wie wir sie aus der Schule kennen.

Aufgabe 4.18. *Bilde verschiedene Schnapszahlen mit der Ziffer* 1 *und dividiere jeweils durch* 9. *Was lässt sich beobachten? Stelle dies in Zusammenhang mit dem Muster in den folgenden Gleichungen:*

$$1 \cdot 9 + 2 = 11,$$
$$12 \cdot 9 + 3 = 111,$$
$$123 \cdot 9 + 4 = 1111,$$

---

[19] Werner Heisenberg, ∗ 5. Dezember 1901 in Würzburg(!), − † 1. Februar 1976 in München; bedeutender Physiker des zwanzigsten Jahrhunderts und Nobelpreisträger. Er formulierte die nach ihm benannte Heisenbergsche Unschärferelation und spielte eine undurchsichtige Rolle im dritten Reich.

$$1234 \cdot 9 + 5 = 11.111,$$

$$\ldots$$

$$123.456.789 \cdot 9 + 10 = 1.111.111.111.$$

Verifiziere die obigen Gleichungen durch ein möglichst einfaches Argument!

Aufgabe 4.19. *Entwickle ein Kriterium für Teilbarkeit durch 7 bzw. durch* 13. Hinweis: Es ist $1001 = 7 \cdot 11 \cdot 13$.

Aufgabe 4.20. *Berechne ohne Computereinsatz die letzten drei Dezimalstellen von* 3^{400}. Hinweis: Benutze den Satz von Euler!

Die folgende Aufgabe zeigt, dass sich der binomische Lehrsatz modulo Primzahlen wesentlich vereinfacht; dieser Sachverhalt wird manchmal auch kurz als *idiot's binomial theorem* bezeichnet:

Aufgabe 4.21. *Es sei p eine Primzahl. Beweise für beliebige a, b mod p*

$$(a + b)^p \equiv a^p + b^p \mod p$$

ohne den kleinen Fermat oder den Satz von Euler zu benutzen; verwende stattdessen den binomischen Lehrsatz und untersuche die auftretenden Binomialkoeffizienten auf ihre Teilbarkeit bzgl. p.

Mit Hilfe der nächsten Aufgabe mag man sich selbst auf die Suche nach Primzahlzwillingen machen:

Aufgabe 4.22. *Beweise folgendes Primzahlzwillingskriterium: Für alle $n \geq$ 2 gilt: Die Zahlen n und $n + 2$ sind genau dann beide prim, wenn*

$$(n - 1)! \not\equiv 0 \mod n \qquad und \qquad (n - 1)! \not\equiv 0 \mod (n + 2).$$

Neben den Restklassenkörpern existieren viele weitere endliche Körper. Einen ersten Eindruck hiervon vermittelt

Aufgabe 4.23. *Gesucht ist ein Körper mit genau vier Elementen, der den Körper $\mathbb{Z}/2\mathbb{Z} = \{0, 1\}$ als Teilmenge enthält.* ⟨Diese Aufgabe wird in Abschn. 9.20 besprochen!⟩ ✳

Die Eulersche φ-Funktion besitzt ein sehr unregelmäßiges Verhalten. Für Zahlen n mit wenigen Primfaktoren ist $\varphi(n)$ sehr groß; hingegen ist $\varphi(n)$ klein, wenn n viele verschiedene Primteiler besitzt.

Aufgabe 4.24. *Bestimme alle n, für die $\varphi(n)$ gerade ist. Bestimme ferner alle n für die $\varphi(n) \leq 10$ gilt.*

Aufgabe 4.25. *Zeige, dass genau dann $\varphi(mn) > \varphi(m)\varphi(n)$ gilt, wenn m und n nicht teilerfremd sind.* Hinweis: Benutze (4.2) aus Aufgabe 4.13!

Der chinesische Restsatz gibt Anlass zu vielen Übungen zum Thema lineare Kongruenzen.

Aufgabe 4.26.

(i) *Bestimme die Lösungsmenge der folgenden linearen Kongruenzsysteme:*

$$a) \qquad 2X \equiv 1 \bmod 5, \qquad X \equiv 3 \bmod 7;$$

$$b) \qquad 2X \equiv 1 \bmod 10, \qquad X \equiv 3 \bmod 7.$$

(ii) *Sind die folgenden linearen Kongruenzsysteme lösbar?*

$$c) \qquad 2X \equiv 1 \bmod 15, \qquad X \equiv 3 \bmod 7;$$

$$d) \qquad 2X \equiv 1 \bmod 35, \qquad X \equiv 3 \bmod 7.$$

Aufgabe 4.27. *Beweise, dass es zu jedem $n \geq 2$ stets n aufeinanderfolgende quadratbehaftete Zahlen gibt (die also einen quadratischen Teiler größer eins besitzen).*

Aufgabe 4.28. *Du spielst Schach auf der Oberfläche eines donuts[20]; dieser sei in seiner Breite in m Felder und in seiner Länge in n Felder zerlegt, wobei m und n teilerfremd seien. Zeige: Befindet sich auf diesem Schachbrett bestehend aus mn Feldern außer den beiden Königen nur noch ein schwarzer Läufer, so ist der weiße König automatisch matt.*

Wir empfehlen ausdrücklich, nicht nur die von uns gestellten Aufgaben zu bearbeiten, sondern sich auch selbst Aufgaben auszudenken!

Aufgabe 4.29. *Denke Dir eine leichte und eine schwierige Aufgabe zum chinesischen Restsatz aus.*

Eine quadratische Anordnung der natürlichen Zahlen $1, 2, \ldots, n^2 - 1, n^2$ heißt ein **magisches Quadrat**, wenn die Einträge einer jeden Zeile, einer jeden Spalte und jeder der beiden Diagonalen gleich ist. Hier ist ein Beispiel:

8	1	6
3	5	7
4	9	2

---

[20] In mathematischer Fachsprache ist das ein Torus.

Abbildung 4.4. *Rechts*: Albrecht Dürer, ∗ 21. Mai 1471 – † 6. April 1528 jeweils in Nürnberg; bedeutender Künstler. In seinem Buch *Underweysung in der messung mit dem zirckel und richtscheyt in Linien ebnen und gantzen corporen* gibt er mit expliziten Konstruktionen des regulären Fünfecks (was wir in Abschn. 8.3 behandeln werden) und approximativen Methoden für beliebige reguläre n-Ecke seinen Einstand als Mathematiker. *Links*: Ein magisches Quadrat, das auf Dürers ‚Melencolia I' zu finden ist.

Aufgabe 4.30. *Konstruiere weitere magische Quadrate zu $n = 3$.* Hinweis: Betrachte das obere magische Quadrat und bilde die Reste der Einträge modulo 3. Siehst Du etwas?

Aufgabe 4.31. *Für welche $n \in \mathbb{N}$ gibt es magische Quadrate? Wie hängt die Zeilensumme (bzw. Spalten- oder Diagonalensumme) von n ab? Konstruiere weitere magische Quadrate zu $n = 4$ und, wenn möglich, zu $n = 5$.*

Und hier eine schöne, mit magischen Quadraten verwandte Aufgabe, inspiriert durch ein Rätsel aus dem Buch *Mathematical Puzzles* von Peter Winkler (welches auch die Lösung enthält):[21]

Aufgabe 4.32. *Tick und Tack spielen folgendes Spiel: Sie wählen abwechselnd eine natürliche Zahl von 1 bis 15 (ohne sich zu wiederholen). Derjenige, der zuerst drei Zahlen gefunden hat, welche sich zu 15 aufaddieren, schreit ‚Toe' und hat gewonnen. Gibt es eine Gewinnstrategie für den Startspieler? Warum wird ‚Toe' geschrien?*

---

[21] P. Winkler, *Mathematical Puzzles*, A K Peters, 2004

Abschließend eine weitere, in dieser oder ähnlicher Form weit verbreitete Knobelaufgabe, die mit Division mit Rest (oder gar Restklassenrechnerei modulo drei) lebensrettend sein kann:

Aufgabe 4.33. *Der böse Lord Woldemar hat einhundert Gefangene in seinem Verlies. Eines Tages lässt er sie antreten und zaubert ihnen jeweils einen roten, grünen oder blauen Hut auf den Kopf, so dass jeder Gefangene die Hutfarbe der anderen Gefangenen sehen kann, nicht aber seine eigene. Die Gefangenen sollen nun der Reihe nach die Farbe ihrer Hüte raten und werden bei dem richtigen Ergebnis frei gelassen. Glücklicherweise hören die Gefangenen bereits am Vorabend von der Absicht Woldemars und haben nun eine Nacht lang die Gelegenheit, eine Strategie zu entwickeln, möglichst viele Gefangene frei zu bekommen. Was ist zu tun?*

5

Das Kontinuum

Mit dem Wort ‚Kontinuum'[1] bezeichnet man jede Menge, welche dieselbe *Mächtigkeit* wie die Menge $\mathbb{R}$ der reellen Zahlen besitzt. Der Begriff der Mächtigkeit einer Menge suggeriert eine Vorstellung von der Größe einer Menge, die genaue Definition werden wir weiter unten geben. Aber hier sei bereits bemerkt, dass es verschiedene Möglichkeiten gibt, die *Größe* einer Menge zu beschreiben. Wie wir sehen werden, besitzt das Kontinuum deutlich mehr Elemente als etwa die Menge $\mathbb{Q}$ der rationalen Zahlen. Gewissermaßen kann man $\mathbb{Q}$ als lückenhaft bezeichnen, liegen doch zwischen je zwei verschiedenen rationalen Zahlen unendlich viele Irrationalzahlen. Insofern ist eine auf die rationalen Zahlen beschränkte *Analysis* problematisch, und die Einführung der reellen Zahlen als ‚Lückenfüller' bzw. Vervollständigung der rationalen Zahlen eine wundervolle Idee. Um die Darstellung einfach zu halten, werden wir einige Begriffe (wie etwa der des *Intervalls*) verwenden, ohne diese exakt zu definieren.

5.1 Konvergente und divergente Folgen

In Intelligenztests wird manchmal gefragt wie eine Zahlenfolge fortzusetzen sei, z. B.

$$1, 4, 9, 16, \ldots$$

Tatsächlich ist dies eine *schlecht formulierte* Frage, da es sehr viele Möglichkeiten gibt, die obige Folge fortzusetzen; beispielsweise könnte die nächste Zahl die Quadratzahl $25 = 5^2$ sein (dann stünden in der Liste womöglich die Quadrate n^2 mit wachsendem n) oder aber auch etwa 27 (dann wären die Differenzen aufeinanderfolgender Paare gerade die ungeraden Primzahlen $3, 5, 7, 11 = 27 - 16$). Wir gehen im Folgenden genauer zu Werke, um derartige Unklarheiten zu vermeiden!

---

[1] Etymologisch rührt dieses Wort von dem lateinischen *continuare*, was ‚fortsetzen' bedeutet. In der Physik steht dieser Begriff für einen Bereich, innerhalb dessen alle Werte einer physikalischen Größe lückenlos und stetig zusammenhängen.

Unter einer **Folge** von rationalen (bzw. reellen) Zahlen $(a_n)_{n\in\mathbb{N}}$ (oder kurz $(a_n)_n$ bzw. (a_n)) verstehen wir eine unendliche Liste von Zahlen $a_1, a_2, a_3, \ldots$ bzw., mathematisch korrekter, eine Abbildung

$$\mathbb{N} \to \mathbb{Q} \ (\text{bzw. } \mathbb{R}) , \quad n \mapsto a_n.$$

Solche Folgen lassen sich durch Auflistung oder durch direkte oder indirekte Beschreibung der Folgeglieder a_n erklären. Zur Illustration geben wir ein paar Beispiele:

- $a_n = n$ führt auf die Folge der natürlichen Zahlen ihrer Größe nach geordnet:

$$(a_n)_n = \{1, 2, 3, 4, \ldots\}.$$

  Diese Beschreibung ist etwas problematisch, wie unser einleitendes Beispiel illustriert hat; so etwas sollte möglichst vermieden werden, allerdings gibt die Literatur eine Vielzahl solcher Beispiele her. Wünschenswerter wäre eine Beschreibung wie $(n)_{n\in\mathbb{N}}$.
- Für $b_n = \frac{1}{n}$ ist $(b_n)_{n\in\mathbb{N}}$ die Folge der so genannten *Stammbrüche*,[2] also der Reziproken der natürlichen Zahlen:

$$\tfrac{1}{1}, \ \tfrac{1}{2}, \ \tfrac{1}{3}, \ \tfrac{1}{4}, \ \tfrac{1}{5}, \ \ldots$$

- $c_n = \frac{(-1)^n}{n}$ gibt Anlass zu der alternierenden Folge

$$(c_n)_{n\in\mathbb{N}} = \{-1, \tfrac{1}{2}, -\tfrac{1}{3}, \tfrac{1}{4}, \ldots\}.$$

Eine weitere außerordentlich interessante Folge ist die Fibonacci-Folge, die der italienische Mathematiker Leonardo da Pisa (auch als Fibonacci bekannt, was wohl von ‚figlio di Bonaccio‘, also Sohn des Bonaccio, herrührt) eingeführt hat. Die nach ihm benannten **Fibonacci-Zahlen**

$$0, 1, 1, 2, 3, 5, 8, 13, 21, 34, 55, 89, 144, \ldots$$

sind durch die Rekursion

$$F_0 = 0, \ F_1 = 1 \quad \text{und} \quad F_{n+1} = F_n + F_{n-1} \quad \text{für} \quad n \in \mathbb{N}$$

definiert. Allgemein spricht man von einer *Rekursion*, wenn ein zu definierender Begriff (wie F_{n+1}) durch zuvor definierte verwandte Objekte (hier die Vorgänger F_n, F_{n-1}) erklärt wird. Berühmt ist die Folge der Fibonacci-Zahlen deshalb, weil sich mit ihrer Hilfe diverse Prozesse in der Natur (Größe

---

[2] Auch ‚ägyptische Brüche‘ genannt, da diese sehr beliebt im alten Ägypten waren, die eine spezielle Bruchrechnung für eben diese entwickelten; wir haben diese Bereits in einigen Aufgaben im zweiten Kapitel behandelt und thematisieren sie auch in Exkurs Abschn. 9.5.

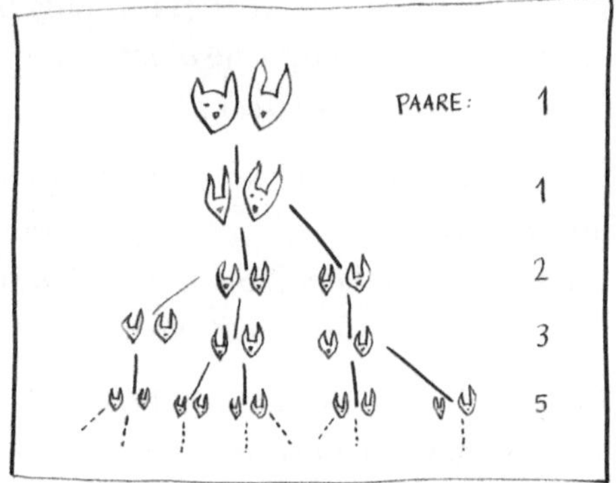

Abbildung 5.1. Leonardo da Pisa, ∗ 1170, – † 1250, wahrscheinlich in Pisa; bedeutender Mathematiker des Mittelalters. In seinem Buch *liber abaci* von 1228 finden sich u. a. die Fibonacci-Zahlen im Zusammenhang mit der Größe einer Kaninchenpopulation.

von Populationen, Anzahl von Blütenblätter) beschreiben lassen; darüber hinaus findet man sie auch in effizienten Suchalgorithmen oder in anderen modernen Anwendungen der Arithmetik wieder, z. B. in Roger Penroses aperiodischen Pflasterungen der Ebene.[3] Ein Klassiker ist die folgende

Aufgabe 5.1. *Ein Bauer hält ein Paar Kaninchen und beobachtet folgendes Wachstum: Jedes Paar von Kaninchen bringt jeden Monat ein neues Paar auf die Welt und diese gebären erstmals im zweiten Monat nach ihrer Geburt ein neues Paar von Kaninchen. Nach dem ersten Monat sind also zwei Paare da und nach dem zweiten drei Paare. Fibonacci fragt: Wieviele Paare von Kaninchen gibt es nach zehn Monaten, nach einhundert Monaten bzw. ganz allgemein nach n Monaten?* ⟨Diese Aufgabe wird in Abschn. 9.17 besprochen!⟩

Edouard Zeckendorf (1901–1983) entdeckte folgenden Sachverhalt: *Jede natürliche Zahl lässt sich als eindeutige Summe verschiedener, nicht direkt aufeinanderfolgender Fibonacci-Zahlen schreiben.* Wir geben ein Beispiel für diesen **Satz von Zeckendorf**: Sei $M = 100$ gegeben, so folgt nach Subtraktion der größten Fibonacci-Zahl kleiner oder gleich M die Zahl $m := 100 - 89 = 11 < M$; nun verfahren wir mit m wie vormals mit M und erhalten so $11 - 8 = 3$, bzw. sukzessive

$$100 = 89 + 8 + 3.$$

---

[3] Ron Knott's Webseite www.mcs.surrey.ac.uk/Personal/R.Knott/Fibonacci/fib.html zeigt ein paar schöne Beispiele.

Diese Vorgehensweise führt ganz allgemein zum Ziel und lässt sich zu einem Beweis ausbauen; *wieso ist diese Darstellung aber eindeutig und die Summanden alle verschieden?*

Aufgabe 5.2. *Man gebe einen strengen Beweis für die Existenzaussage im Satz von Zeckendorf, also einer eindeutigen Darstellung einer beliebigen gegebenen natürlichen Zahl n als Summe von verschiedenen, nicht aufeinanderfolgenden Fibonacci-Zahlen.*

Bevor wir uns weiter mit Folgen beschäftigen, erinnern wir an die Definition des Absolutbetrags:

$$|x| := \begin{cases} +x & \text{falls} \quad x \geq 0, \\ -x & \text{falls} \quad x < 0. \end{cases}$$

Damit gibt $|x-y|$ den Abstand zweier Zahlen x, y an (genauer: zweier reeller Zahlen auf der Zahlengeraden). Wie man leicht mit einer Fallunterscheidung sieht, gilt stets $|x - y| \geq 0$ sowie auch $|x - y| = 0$ genau dann, wenn $x = y$; schließlich gilt noch $|x - y| = |y - x|$. Damit ist der Absolutbetrag symmetrisch und positiv.

Eine Folge (a_n) heißt **konvergent mit Grenzwert a**, falls zu jeder noch so kleinen Zahl $\epsilon > 0$ ein $N \in \mathbb{N}$ existiert, so dass

$$|a_n - a| < \epsilon \qquad \text{für alle} \quad n \geq N$$

gilt. Im Falle der Konvergenz schreiben wir

$$\lim_{n \to \infty} a_n = a \qquad \text{oder einfach} \qquad a_n \to a$$

und sagen a_n *strebt gegen a bei $n \to \infty$*.[4] Geometrisch bedeutet dies, dass für alle hinreichend großen Indizes n alle Folgeglieder a_n beliebig nahe beim Grenzwert a liegen, also die Terme a_n gegen a streben. Ansonsten heißt die Folge **divergent**. Für die Konvergenz oder Divergenz sind also die ‚frühen' Folgeglieder unerheblich; lediglich das Verhalten der a_n bei immer größeren n ist hier von Belang. Wir machen einige Beispiele:

Die Folge der natürlichen Zahlen

$$(a_n)_n = \{1, 2, 3, 4, \ldots\}.$$

ist divergent, da ihre Folgeglieder mindestens den Abstand 1 von einander halten. (Gäbe es nämlich einen Grenzwert a, so müsste im Falle der Konvergenz insbesondere $|n - a| < \epsilon = \frac{1}{2}$ für alle hinreichend großen n sein, was

---

[4] Hierbei steht das Symbol ‚lim' für *Limes*, womit nicht der römische Schutzwall, sondern das lateinische Wort für Grenze gemeint ist.

offensichtlich unmöglich ist.) Aus demselben Grund ist auch die Folge der Fibonacci-Zahlen divergent.

Bei der Diskussion der Konvergenz oder Divergenz von Folgen ist oftmals die folgende Beobachtung nützlich: Die so genannte **archimedische Eigenschaft** besagt, dass *für beliebige positive rationale (reelle) Zahlen x, y eine natürliche Zahl n existiert, so dass*

$$nx > y.$$

Der Beweis ist so einfach, dass die Aussage nicht verdient, ein Satz genannt zu werden: Seien $x = \frac{a}{b}$ und $y = \frac{c}{d}$ mit natürlichen Zahlen a, b, c, d. Dann gilt mit $n = bc + 1$ sicherlich, dass

$$nx = (bc + 1)\frac{a}{b} = ac + \frac{a}{b} \geq c + \frac{a}{b} > c \geq \frac{c}{d} = y,$$

und also besteht die zu beweisende Ungleichung. Egal wie klein also $x > 0$ und wie groß $y > 0$ sein mögen, es gibt stets eine natürliche Zahl n (und damit sogar unendlich viele) mit $nx > y$.

Wir wollen die Nützlichkeit gleich mit einem Beispiel belegen. Die Folge der Stammbrüche $b_n = \frac{1}{n}$,

$$\frac{1}{1}, \ \frac{1}{2}, \ \frac{1}{3}, \ \frac{1}{4}, \ \frac{1}{5}, \ \cdots \ ,$$

ist konvergent gegen den Grenzwert null. Hierzu haben wir nachzuweisen, dass also zu beliebig vorgegebenem $\epsilon > 0$

$$\left|\tfrac{1}{n} - 0\right| < \epsilon \qquad \text{bzw.} \qquad 1 < \epsilon n$$

für alle hinreichend großen natürlichen Zahlen n gilt. Zu einem solchen $\epsilon > 0$ existiert ein $N \in \mathbb{N}$, so dass $\epsilon N > 1$ gilt, denn N-fache Addition der positiven Größe ϵ übertrifft bei hinreichend großem N jede vorgegebene Größe auf Grund der archimedischen Eigenschaft. Dann ist aber erst recht $\epsilon n > 1$ für alle $n \geq N$, was unmittelbar die zu zeigende Ungleichung impliziert.

Tatsächlich ist der Grenzwert einer konvergenten Folge eindeutig bestimmt: *Es kann nur einen geben!* Das passt zu unserer Intuition, und wir können uns auch leicht mit einem rigorosen Argument überzeugen. Hierbei mag die geometrische Interpretation der Ungleichung für den Grenzwert einer Folge hilfreich sein.

Aufgabe 5.3. *Gib einen rigorosen Beweis dieser Behauptung: Der Grenzwert einer konvergenten Folge ist eindeutig bestimmt.*

Oft hat man bei der Bestimmung eines Grenzwertes im Falle der Konvergenz richtig zu raten und dann die entsprechende Ungleichung für alle hinreichend großen Indizes geschickt umzuformen. In dem obigen Beispiel der $b_n = \frac{1}{n}$ sahen wir, dass die Folgeglieder allesamt positiv sind und immer näher bei null liegen. Mit ein wenig Fantasie mag man sich jedoch vorstellen, eine konvergente Folge gegeben zu haben, deren Grenzwert jedoch nicht explizit bekannt ist. Wie weist man in diesem Fall tatsächlich die Konvergenz dieser Folge nach? Beispielsweise scheint die Folge der Quotienten aufeinanderfolgender Fibonacci-Zahlen zu konvergieren,

$$\frac{F_{n+1}}{F_n}: \quad \frac{2}{1} = 2, \ \frac{3}{2} = 1.5, \ \frac{5}{3} = 1.\overline{6}, \ \frac{8}{5} = 1.6, \ \frac{13}{8} = 1.625, \ \ldots, \ \frac{89}{55} = 1.6\overline{18}, \ \ldots,$$

aber was ist der Grenzwert? Stattdessen wollen wir zunächst einfachere Beispiele betrachten.

Aufgabe 5.4. *Ist die Folge*

$$(c_n)_{n\in\mathbb{N}} = \left\{-1, \tfrac{1}{2}, -\tfrac{1}{3}, \tfrac{1}{4}, \ldots\right\}.$$

konvergent oder divergent? Im Falle der Konvergenz bestimme man den Grenzwert!

Die Folge (x^n) kann sowohl konvergent als auch divergent sein, je nachdem, welchen Wert x besitzt:

Satz 5.1. *Die Folge $(x^n)_n$ konvergiert für $|x| < 1$ gegen den Grenzwert*

$$\lim_{n\to\infty} x^n = 0.$$

Für $|x| > 1$ und $x = -1$ hingegen divergiert die Folge.

Für $x = 1$ ist die Folge der x^n konstant $x = 1$ und also konvergent mit Grenzwert eins.

Beweis. Sei zunächst o. B. d. A. $0 < x < 1$ (der allgemeine Fall $|x| < 1$ folgt daraus unmittelbar). Dann ist $\frac{1}{x} = 1 + y$ mit einem positiven y und nach dem binomischen Lehrsatz (siehe Aufgabe 2.21) folgt

$$\frac{1}{x^n} = (1 + y)^n \geq 1 + ny$$

bzw.

$$0 \leq x^n \leq \frac{1}{1 + ny} < \frac{1}{ny},$$

und dieses strebt mit wachsendem n gegen null. Also folgt die Konvergenz der x^n gegen null in diesem Fall. Für $|x| > 1$ wächst entsprechend $|x|^n$ bei wachsendem n über alle Maßen; für $x = -1$ ist die Folge der x^n alternierend ± 1, also auch divergent. •

Unter den Rechenregeln für den Absolutbetrag findet sich insbesondere

Satz 5.2 (Dreiecksungleichung). *Für beliebige x, y gilt*

$$|x + y| \leq |x| + |y|;$$

hierbei besteht genau dann Gleichheit, wenn x und y dasselbe Vorzeichen haben.

Die Dreiecksungleichung gilt nicht nur für rationale Zahlen, sondern auch für reelle und sogar für komplexe Zahlen (wenngleich wir diese erst im weiteren Verlauf des Buches kennen lernen werden). Außerdem besitzt sie eine geometrische Deutung, wenn ihr Analogon für Vektoren im Rahmen der *analytischen Geometrie* hergeleitet wird: In der euklidischen Ebene besagt diese Ungleichung, dass die Länge einer beliebigen Seite eines Dreiecks kleiner oder gleich der Summe der Längen der anderen beiden Seiten des Dreiecks ist. (Man mache sich diesen elementargeometrischen Sachverhalt an einer Skizze klar!)

Beweis. Wegen $-x \leq |x|$ und $x \leq |x|$ sowie $-y \leq |y|$ und $y \leq |y|$ folgt

$$x + y \leq |x| + |y| \qquad \text{und} \qquad -(x + y) = -x - y \leq |x| + |y|,$$

woraus sich die Dreiecksungleichung unmittelbar ableitet. •

Die Dreiecksungleichung ist ein wichtiges Hilfsmittel bei der Behandlung von Folgen. Hierbei interessieren uns vor allem die konvergenten Folgen! Es gelten die folgenden Rechenregeln für konvergente Folgen: Sind (a_n) und (b_n) konvergent mit Grenzwerten a bzw. b, so konvergieren auch $(a_n + b_n)$ und $(a_n \cdot b_n)$; ferner konvergiert auch (a_n/b_n), sofern $b \neq 0$, und für die jeweiligen Grenzwerte gelten

$$\lim_{n \to \infty} (a_n + b_n) = a + b,$$

$$\lim_{n \to \infty} (a_n \cdot b_n) = ab,$$

$$\lim_{n \to \infty} \frac{a_n}{b_n} = \frac{a}{b}.$$

Wir geben hier nur den Beweis für die Addition zweier konvergenter Folgen: Gilt etwa $\lim_{n \to \infty} a_n = a$ und $\lim_{n \to \infty} b_n = b$, so existiert zu gegebenem $\epsilon > 0$ ein N mit

$$|a_n - a| < \tfrac{\epsilon}{2} \qquad \text{und} \qquad |b_n - b| < \tfrac{\epsilon}{2} \qquad \text{für} \quad n \geq N.$$

Mit der Dreiecksungleichung (Satz 5.2) ergibt sich dann für diese n

$$|a_n + b_n - (a + b)| = |a_n - a + (b_n - b)|$$

$$\leq |a_n - a| + |b_n - b| < 2\tfrac{\epsilon}{2} = \epsilon.$$

Damit ist diese Rechenregel bewiesen; die anderen beweist man ganz ähnlich (in der *Analysis*). Dass wir hierbei für die a_n und b_n ein Abweichen von a bzw. b von höchstens $\frac{\epsilon}{2}$ gefordert haben (und nicht ϵ) hat nur kosmetischen Charakter (andernfalls wären wir mit einer Abschätzung $< 2\epsilon$ statt ϵ geendet, was bei beliebig kleinem ϵ natürlich unerheblich ist).

Hier noch ein Beispiel: Die Folge (c_n) sei gegeben durch

$$c_n = \frac{2n^2 - 3}{n^2 + n + 1}.$$

Die ersten Folgeglieder lauten $-\frac{1}{3}, \frac{5}{7}, \frac{15}{13}$ und ein Grenzwertverhalten ist nicht ohne Weiteres zu erahnen. Wir beobachten, dass sowohl die Zählerfolge $2n^2 - 3$ als auch die Nennerfolge $n^2 + n + 1$ (als Polynome) divergieren, aber daraus folgt nicht unbedingt die Divergenz der Folge der c_n. Für große n dominieren die Terme $2n^2$ im Zähler bzw. n^2 im Nenner. Hätten wir es tatsächlich mit der Folge $\frac{2n^2}{n^2}$ zu tun, würde sich der Grenzwert 2 ergeben. Mit einem kleinen Trick und den obigen Rechenregeln ergibt sich dieser Grenzwert auch für die Folge der c_n:

$$\begin{aligned}
\lim_{n\to\infty} c_n &= \lim_{n\to\infty} \frac{n^2(2 - \frac{1}{n^2})}{n^2(1 + \frac{1}{n} + \frac{1}{n^2})} \\
&= \lim_{n\to\infty} \frac{2 - \frac{1}{n^2}}{1 + \frac{1}{n} + \frac{1}{n^2}} = \frac{\lim_{n\to\infty}(2 - \frac{1}{n^2})}{\lim_{n\to\infty}(1 + \frac{1}{n} + \frac{1}{n^2})} \\
&= \frac{2 - 0}{1 + 0 + 0} = 2.
\end{aligned}$$

Im vorletzten Schritt haben wir hier die Rechenregeln für den Quotienten zweier konvergenter Folgen angewandt. Wir merken uns, dass also der Quotient zweier divergenter Folgen selbst konvergent sein *kann*, aber nicht notwendig konvergent sein *muss*: Beispielsweise divergiert die Folge $(\frac{2n^3-3}{n^2+n+1})$, wie man mit dem gerade gebenen Ansatz leicht schließt.

Aufgabe 5.5. *Untersuche die Folgen* $(a_n), (b_n), (c_n)$ *auf Konvergenz bzw. Divergenz und berechne im Falle der Konvergenz den Grenzwert:*

$$a_n = \frac{3n^4 + 5n^3 - 7}{2n^4 - 1}, \quad b_n = \frac{n}{n^2 + 7}, \quad c_n = \frac{5n^3 + 2}{45n + 1}.$$

Im Folgenden bezeichne

$$G = \frac{1}{2}(\sqrt{5} + 1) \qquad \text{und} \qquad g := \frac{1}{G} = \frac{1}{2}(\sqrt{5} - 1).$$

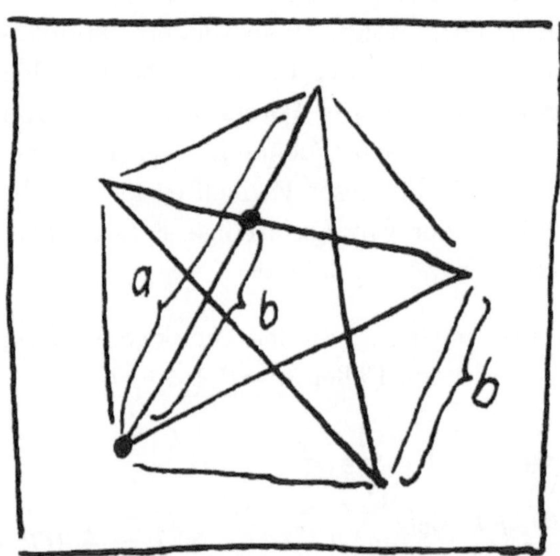

Abbildung 5.2. Zwei reelle Zahlen $a > b > 0$ stehen genau dann im Verhältnis des goldenen Schnittes, wenn die Gleichung $\frac{a}{b} = \frac{a+b}{a}$ besteht; dieses Verhältnis gilt klassischerweise als besonders ästhetisch. In einem regulären Fünfeck ist das Verhältnis einer Diagonale zu einer Seite gleich dem goldenen Schnitt, und damit teilen sich auch die Diagonalen in diesem Verhältnis $\frac{a}{b}$. In seinem berühmten Kunstwerk *Der vitruvianische Mensch* aus dem Jahre 1492 beschreibt Leonardo da Vinci gewisse Proportionen des menschlichen Körpers mit Hilfe des goldenen Schnittes.

Hierbei ist G der uns bereits bekannte goldene Schnitt (vgl. sein Auftreten beim Spiel Euklid in Abschn. 3.1).[5]

Satz 5.3 (Binetsche Formel). *Für $n \in \mathbb{N}_0$ gilt für die n-te Fibonacci-Zahl*

$$F_n = \frac{1}{\sqrt{5}}(G^n - (-g)^n).$$

Mit der Formel von Jacques können also die eingangs dieses Kapitel rekursiv definierten Fibonacci-Zahlen *explizit* berechnet werden. Beispielsweise ist

$$F_{100} = \frac{1}{\sqrt{5}}(G^{100} - (-g)^{100})$$

$$\approx 3{,}54224\,84817\,92619\,15075\,00000\,00000\,00000\,00000\,0565\ldots \cdot 10^{20},$$

---

[5] Der goldene Schnitt tritt u. a. auch in Dan Browns Roman *Der da Vinci Code* auf, allerdings ist G dort fälschlicherweise als rationale Zahl 1,618 dargestellt.

woraus wegen der Ganzzahligkeit der F_n also F_{100} = 354.224.848.179.261.915.075 folgt. Insbesondere ergibt sich hier noch einmal die Divergenz der Folge der Fibonacci-Zahlen, denn die Folge der Potenzen G^n divergiert und die der Potenzen $(-g)^n$ konvergiert nach Satz 5.1 (da $G > 1 > g > 0$). Der nachstehende Beweis gibt ohne Weiteres keinen tieferen Einblick in die Natur dieser Formel; es sei aber bemerkt, dass für rekursive Folgen ähnlich der Fibonacci-Folge stets explizite Darstellungen der Folgeglieder gefunden werden können.

Beweis per Induktion nach n. Für den Induktionsanfang weisen wir die Binetsche Formel nach in den Fällen $n = 0, 1$:

$$F_0 = 0 = \frac{1}{\sqrt{5}}(1 - 1) = \frac{1}{\sqrt{5}}(G^0 - (-g)^0),$$

$$F_1 = 1 = \frac{1}{\sqrt{5}}\left(\frac{1}{2}(\sqrt{5}+1) + \frac{1}{2}(\sqrt{5}-1)\right) = \frac{1}{\sqrt{5}}(G^1 - (-g)^1).$$

Wir weisen ausdrücklich darauf hin, dass wir im Induktionsanfang mit $n = 0$ und $n = 1$ also zwei aufeinanderfolgende Fälle behandelt haben. Dies ist hier notwendig, da wir im Induktionsschritt unten die Binetsche Formel auch für zwei aufeinanderfolgende n benutzen werden; erst dadurch ist der Induktionsschritt ordentlich verankert! Wir nehmen nun also an, dass die Formel für n und $n - 1$ richtig ist und zeigen, dass sie dann auch für n Bestand hat. Hier also der Induktionsschritt $n - 1, n \mapsto n + 1$: Auf Grund der Rekursionsformel für die Fibonacci-Zahlen gilt

$$F_{n+1} = F_n + F_{n-1} = \frac{1}{\sqrt{5}}\left(G^n - (-g)^n + G^{n-1} - (-g)^{n-1}\right).$$

Nun berechnen wir zunächst $(X - G)(X + g) = X^2 - X - 1$ und folgern daraus

$$G^2 = G + 1 \qquad \text{bzw.} \qquad g^2 = -g + 1.$$

Wir erhalten daher

$$G^n + G^{n-1} = G^{n+1} \qquad \text{sowie} \qquad (-g)^n + (-g)^{n-1} = (-g)^{n+1}.$$

Substituieren wir dies in unserer Ausgangsgleichung, so ergibt sich die Binetsche Formel für F_{n+1}. Der Induktionsbeweis ist abgeschlossen. •

Was lässt sich mit der Binetschen Formel anfangen? Zunächst sehen wir einmal mehr, dass die Folge der Fibonacci-Zahlen F_n divergiert. Aber die

Binetsche Formel liefert tatsächlich viel mehr Information, z. B. die Konvergenz der Folge aufeinanderfolgender Quotienten gegen den goldenen Schnitt:

$$\lim_{n\to\infty} \frac{F_{n+1}}{F_n} = G = \frac{1}{2}(\sqrt{5} + 1).$$

Aufgabe 5.6. *Für welche Zahlen ist der euklidische Algorithmus besonders langsam? Gib eine Abschätzung der Schrittanzahl an.* Hinweis: Diese Aufgabe wurde bereits in Abschn. 3.1 gestellt; mit Hilfe der Binetschen Formel lässt sich jedoch eine optimale Abschätzung angeben! ⟨Diese Aufgabe wird in Abschn. 9.6 besprochen!⟩

Wir schließen unsere Untersuchungen zur Konvergenz mit einem interessanten Phänomen: Gegeben sei die rekursiv definierte Folge

$$a_{n+1} = \frac{1}{2}\left(a_n + \frac{2}{a_n}\right);$$

als Startwert nehmen wir etwa $a_1 = 1$. Dann ergeben sich der Reihe nach

$$a_1 = 1, \quad a_2 = \frac{3}{2} = 1{,}4, \quad a_3 = \frac{17}{12} = 1{,}41\overline{6}, \quad a_4 = \frac{577}{408} = 1{,}41421\,5\ldots\,.$$

Tatsächlich ist $\sqrt{2} = 1{,}41421\,3562\ldots$ und betrachten wir weitere Folgeglieder, so liefern die a_n immer bessere Approximationen, und es ist naheliegend zu vermuten, dass die Folge der a_n gegen $\sqrt{2}$ konvergiert. Dies ist wirklich der Fall und wir wollen die wesentliche Beweisidee skizzieren: Angenommen, die Folge konvergiert gegen den uns unbekannten Grenzwert a und es gilt $a \neq 0$. Dann

$$a = \lim_{n\to\infty} a_{n+1} = \lim_{n\to\infty} \frac{1}{2}\left(a_n + \frac{2}{a_n}\right)$$

$$= \frac{1}{2}\left(\lim_{n\to\infty} a_n + \frac{2}{\lim_{n\to\infty} a_n}\right) = \frac{1}{2}\left(a + \frac{2}{a}\right),$$

also

$$2a = \frac{a^2 + 2}{a} \qquad \text{bzw.} \qquad a^2 = 2.$$

Wenn der Grenzwert also existiert und ungleich null ist, so sollte er gleich einer Quadratwurzel aus 2 sein. Ist der Startwert a_1 der Folge positiv, so sind auch alle Folgeglieder a_n positiv und mit ein wenig mehr Hilfe aus der *Analysis* ergibt sich dann tatsächlich

$$\lim_{n\to\infty} a_n = \sqrt{2}.$$

Dieses Verfahrten nennt man **Heronsches Wurzelziehen** nach Heron[6].
Übrigens ist der Startwert nahezu unwichtig.

Aufgabe 5.7. *Untersuche diese Folge für verschiedene Startwerte. Versuche eine analoge Formel zur Approximation anderer Wurzeln aufzustellen und finde so eine Folge, die gegen $\sqrt{13}$ konvergiert!* ⟨Diese Aufgabe wird in Abschn. 9.16 besprochen!⟩

Die nächste Aufgabe hat tatsächlich auch etwas mit Divergenz zu tun
(und ist nicht so einfach zu lösen):

Aufgabe 5.8. *Gegeben seien n identische quaderförmige Bausteine (etwa Dominosteine), so sollen diese so an einer Kante gestapelt werden, dass ein möglichst großer Überhang entsteht! Wie viel Überhang ist möglich? Kann der Überhang beliebig groß werden?* Hinweis: Diese Aufgabe erfordert Experimentieren! *Beschaffe Dir Dominosteine und versuche einen möglichst großen Überhang zu erzielen! Berechne den Überhang in Abhängigkeit von der Anzahl der verwendeten Steine.* ⟨Diese Aufgabe wird in Abschn. 9.13 besprochen!⟩

5.2 Unendliche Reihen und Dezimalbrüche

Unendliche Reihen sind eine spezielle Art von Folgen. Es sei $(a_n)_{n\in\mathbb{N}}$ eine Folge rationaler Zahlen, dann heißt die Folge der Summen

$$s_N := \sum_{n=1}^{N} a_n \qquad \text{für} \quad N \in \mathbb{N}$$

eine **unendliche Reihe** mit den Gliedern a_n und wir notieren diese als $\sum_{n=1}^{\infty} a_n$; die s_N heißen **Partialsummen**. Das Symbol $\sum_{n=1}^{\infty} a_n$ steht also für die Folge der Partialsummen der a_n und im Falle der Konvergenz dieser Folge bezeichnen wir mit diesem Symbol auch den Grenzwert dieser unendlichen Reihe

$$\sum_{n=1}^{\infty} a_n = \lim_{N\to\infty} s_N = \lim_{N\to\infty} \sum_{n=1}^{N} a_n.$$

Wir dürfen uns in diesem Fall diese unendliche Reihe als eine unendliche Summe $a_1 + a_2 + \ldots$ vorstellen! Allerdings darf man die Summanden nicht ohne weiteres beliebig umordnen (wie der Riemannsche Umordnungssatz lehrt, der in der *Analysis* behandelt wird).

---

[6] Griechischer Mathematiker des ersten Jahrhunderts, der sich hauptsächlich mit Geometrie, Mechanik und Astronomie beschäftigte.

Ein Beispiel einer solchen konvergenten Reihe ist die Summe der Potenzen einer hinreichend großen Zahl:

Satz 5.4 (unendliche geometrische Reihe). *Für $|x| < 1$ konvergiert die unendliche geometrische Reihe $\sum_{n=0}^{\infty} x^n$ mit Grenzwert*

$$\sum_{n=0}^{\infty} x^n = \frac{1}{1-x}.$$

Die Partialsummen dieser *unendlichen geometrischen Reihe* sind genau die endlichen geometrischen Reihen, die wir in Satz 2.4 (mit Hilfe des Induktionsprinzip behandelt hatten).

Beweis. Nach Satz 2.4 gilt für die Partialsummen

$$s_N = \sum_{n=0}^{N} x^n = \frac{1 - x^{N+1}}{1-x}.$$

Da $|x| < 1$, gilt $\lim_{N \to \infty} x^{N+1} = 0$ nach Satz 5.1 und also folgt mit den Rechenregeln für konvergente Folgen

$$\sum_{n=0}^{\infty} x^n = \lim_{N \to \infty} \sum_{n=0}^{N} x^n = \lim_{N \to \infty} \frac{1 - x^{N+1}}{1-x} = \frac{1}{1-x},$$

was zu zeigen war. ●

Nun eine Legende, auch *Zenons Paradoxon* genannt: Der bekannte griechische Philosoph Zenon (fünftes Jahrhundert v. u. Z.) behauptete, der seinerzeit berühmte Athlet Achill (bekannt aus der Ilias und auf Grund seiner Ferse) wäre unfähig, ein Wettrennen gegen eine Schildkröte zu gewinnen, falls diese vor ihm einen gewissen Vorsprung habe, sagen wir einhundert Meter. Vor zweihundert Jahren wäre Achill vielleicht gegen den gestiefelten Kater oder heutzutage gegen Usain Bolt auszutauschen, doch auch dies würde an der folgenden Situation nichts ändern: Nehmen wir ferner an, dass Achill doppelt so schnell läuft wie die Schildkröte. Hat Achill dann die einhundert Meter Vorsprung zurückgelegt und ist also am Startpunkt der Schildkröte angelangt, so ist diese fünfzig Meter weitgekommen. Läuft Achill auch diese fünfzig Meter, so ist die Schildkröte nun noch 25 Meter vor Achill. Mit diesem Argument ist Achill stets hinter der Schildkröte und kann diese also niemals erreichen. Tatsächlich ist sogar der Vorsprung und auch die Geschwindigkeit bei dieser Argumentation völlig unerheblich. Was passiert hier? *Wie können wir dieses Paradoxon auflösen?*

Abbildung 5.3. Die Schildkröte liegt vorn!

Tatsächlich steckt ein Denkfehler in dem Argument: Es wird nicht berücksichtigt, dass eine unendliche Reihe einen endlichen Wert haben kann, also konvergent sein kann. Genauer: Der Weg – vor dem Einholpunkt –, den Achilles zurückgelegt hat, kann beliebig oft in Vorsprünge der Schildkröte unterteilt werden. Aus der Tatsache, dass diese Teilungshandlung beliebig oft durchgeführt werden kann, folgt aber nicht, dass die zu durchlaufende Strecke unendlich wäre oder, dass unendlich viel Zeit erforderlich wäre, sie zurückzulegen. Wir veranschaulichen dies an einem quantitativen Beispiel: Die Summe der Distanzen zwischen Achill und der Schildkröte beträgt nach Satz 5.4

$$100+50+25+\ldots = 100\left(1+\frac{1}{2}+\frac{1}{4}+\ldots\right) = 100\sum_{k=0}^{\infty}\left(\frac{1}{2}\right)^k = \frac{100}{1-\frac{1}{2}} = 200$$

Meter. Also holt Achill die Schildkröte nach eben diesen zweihundert Metern ein; bei Konstanz der Geschwindigkeit also nach der doppelten Zeitspanne, die Achill für die ersten einhundert Meter benötigt. Worauf Zenon uns mit diesem Beispiel (welches natürlich in keinster Weise paradox ist) aufmerksam machen möchte, ist, dass eine unendliche Reihe bestehend aus unendlich vielen positiven Summanden einen endlichen Wert haben kann!

Aufgabe 5.9. *Vier kannibalische und hungrige Käfer sitzen auf den Ecken eines Quadrates der Seitenlänge d. Plötzlich beginnen alle gleichzeitig und mit derselben Geschwindigkeit auf den nächsten Käfer gegen den Uhrzeigersinn loszukrabbeln; dabei bewegen sie sich zu jedem Zeitpunkt direkt auf ihren jeweiligen Nachbarn zu. Was wird passieren? Werden sich die Käfer* *treffen? Und wenn ja, wann und wo? Es gibt viel Symmetrie: jeder Käfer ist Verfolger und Verfolgter zugleich!* ⟨Diese Aufgabe wird in Abschn. 9.14 besprochen!⟩

Nun aber etwas zur Divergenz. Ein Beispiel einer divergenten unendlichen Reihe ist die **harmonische Reihe**, welche die Reziproken der natürlichen Zahlen aufsummiert:

$$\sum_{n=1}^{\infty} \frac{1}{n} = 1 + \frac{1}{2} + \frac{1}{3} + \frac{1}{4} + \dots.$$

Obwohl die Summanden immer kleiner werden, wachsen die Partialsummen $1 + \frac{1}{2} + \dots + \frac{1}{N}$ bei immer größer werdendem N ins Unermessliche (wenngleich auch sehr langsam). Es gelten nämlich die folgenden Ungleichungen

$$\frac{1}{3} + \frac{1}{4} > 2 \times \frac{1}{4},$$
$$\frac{1}{5} + \frac{1}{6} + \frac{1}{7} + \frac{1}{8} > 4 \times \frac{1}{8},$$
$$\frac{1}{9} + \frac{1}{10} + \frac{1}{11} + \dots + \frac{1}{16} > 8 \times \frac{1}{16},$$

wobei die rechte Seite jeweils gleich $\frac{1}{2}$ ist, bzw. allgemein

$$\frac{1}{2^k + 1} + \frac{1}{2^k + 2} + \dots + \frac{1}{2^{k+1}} > \frac{1}{2}$$

bei beliebigem ganzzahligem $k \geq 0$. Addieren wir diese Ungleichungen für $0 \leq k < K$ auf, so ergibt sich

$$\sum_{2 \leq m \leq 2^K} \frac{1}{m} = \sum_{0 \leq k < K} \left(\frac{1}{2^k + 1} + \frac{1}{2^k + 2} + \dots + \frac{1}{2^{k+1}} \right) > \frac{K}{2}$$

und damit gilt für die $N = 2^K$-te Partialsumme

$$s_{2^K} > 1 + \frac{K}{2},$$

was bei hinreichend großem K jede vorgegebene Schranke übertrifft. Also ist die harmonische Reihe divergent.

Dieses Beispiel zeigt, dass die Konvergenz der Folge der Summanden a_n einer unendlichen Reihe $\sum_{n=1}^{\infty} a_n$ nicht notwendig die Konvergenz der Reihe impliziert (sogar im Fall einer gegen null konvergierenden Folge (a_n)). Jedoch gilt die Umkehrung:

Satz 5.5. *Konvergiert $\sum_{n=1}^{\infty} a_n$, so ist $\lim_{n \to \infty} a_n = 0$.*

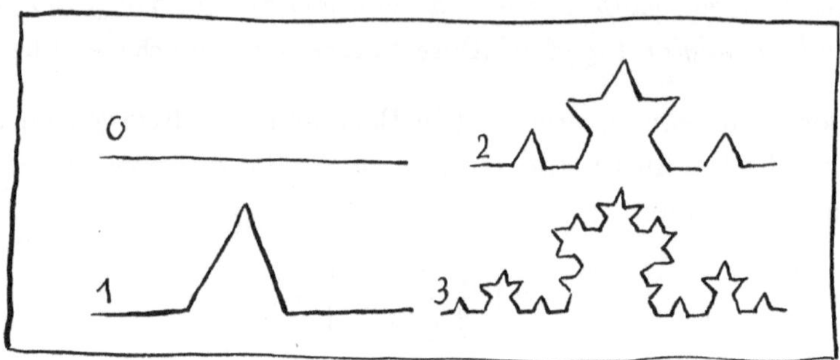

Abbildung 5.4. Die ersten Iterationen auf dem Weg zur Kochschen Insel

Beweis. Für die Partialsummen $s_m = \sum_{n=1}^{m} a_n$ existiert nach Voraussetzung zu $\epsilon > 0$ ein $N \in \mathbb{N}$ mit

$$|s_m - a| < \tfrac{\epsilon}{2} \qquad \text{für alle} \quad m \geq N,$$

wobei $a := \sum_{n=1}^{\infty} a_n$ sei. Mit der Dreiecksungleichung (Satz 5.2) folgt durch Hinzufügen einer *intelligenten Null*

$$|a_m| = |s_m - s_{m-1}| = |(s_m - a) - (s_{m-1} - a)|$$
$$\leq |s_m - a| + |s_{m-1} - a| < 2\tfrac{\epsilon}{2} = \epsilon$$

für alle $m \geq N + 1$. Damit konvergiert die Folge der a_n gegen null. ●

Nun ein Beispiel aus der Landschaftsmathematik: Die **Kochsche Insel**[7] entsteht aus einem gleichseitigen Dreieck K_0 der Kantenlänge eins durch wiederholtes Anwenden folgender Iteration: Auf dem mittleren Drittel einer jeden Kante wird ein gleichseitiges Dreieck errichtet und das ursprüngliche mittlere Drittel entfernt; gewissermaßen wird also ein Dreieck angeklebt. Ausgehend von einem gleichseitigen Dreieck entsteht nach Behandlung von dessen drei Kanten so zunächst ein sechszackiger *Weihnachtsstern*; führt man die Iteration an dessen zwölf Kanten durch entsteht ein noch ausgefransteres Objekt, usw. Wir nennen diese Vorstadien der Kochschen Insel K_0, K_1 und K_2 entsprechend den durchgeführten Iterationen; also steht K_n für das Gebilde, welches durch Anwenden der Iteration auf jede Kante von K_{n-1} entsteht. So ähnlich wie eine wirkliche Insel durch angespülten Sand wächst, entsteht die Kochsche Insel als *Grenzwert* der K_n bei $n \to \infty$.

---

[7] Benannt nach dem Mathematiker Helge von Koch; in mancher Literatur auch *Schneeflocke* genannt.

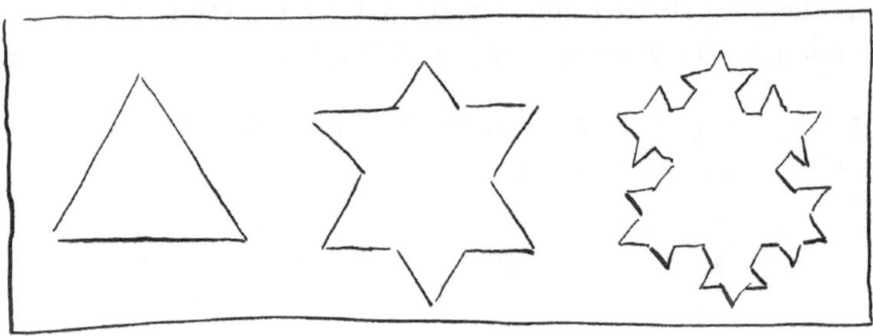

Abbildung 5.5. Mit jeder Iteration wächst die Kochsche Insel.

Obwohl wir nicht in der Lage sind, uns ein genaues Bild der Kochschen Insel zu machen, wir also in unserer Vorstellung mit Approximationen K_n vorlieb nehmen müssen, lassen sich mit Hilfe analytischer Methoden interessante Beobachtungen anstellen und folgende erste Gedanken präzisieren: Die Küstenlinie, also die begrenzende Randkurve, verlängert sich bei jeder Iteration deutlich, während die Ausdehnung der Approximationen nicht sonderlich zunimmt.

Aufgabe 5.10. *Wie lang ist die Küstenlinie und wie viel Fläche hat die Kochsche Insel? Wie lang ist die Küste und wie groß ist die Fläche der Approximation K_n?* ⟨Diese Aufgabe wird in Abschn. 9.12 besprochen!⟩ *

Nun zu etwas ganz anderem: Ein sehr erfolgreiches Konzept im praktischen Umgang mit Zahlen ist die Dezimalentwicklung. Wir starten mit ihrer einfachsten Erscheinungsform, wenn es sich nämlich um ganze Zahlen handelt. Mittels Division mit Rest (Satz 3.1) zeigt man leicht, dass jede natürliche Zahl eine endliche **Dezimalentwicklung** der Form

$$n = \sum_{j=0}^{m} a_j 10^j \qquad \text{mit} \quad a_j \in \{0, 1, 2, \dots, 9\}$$

besitzt (und tatsächlich haben wir hiervon auch schon mehrfach Gebrauch gemacht). Wir gehen aber noch einen Schritt weiter: Die Basis 10 ist bei einer solchen Darstellung nicht wesentlich, wenn auch bequem im Hinblick auf Rechnungen. Tatsächlich können hier auch andere Basen gewählt werden. So wird die Basis 2 von Computern genutzt[8], während die alten Babylonier

---

[8] Diese so genannte Binärdarstellung lässt sich wunderbar in elektronischen Schaltkreisen umsetzen: 1 bedeutet, dass ein Strom fließt, während 0 bedeutet, dass kein Strom fließt.

vor mehr als drei Jahrtausenden zur Basis 60 rechneten, was sich übrigens auch heute noch in der Zeitrechnung und Winkelmessung niederschlägt.

Aufgabe 5.11. *Sei $g \geq 2$ eine natürliche Zahl. Zeige: Jedes $n \in \mathbb{N}$ besitzt eine eindeutige g-adische Darstellung*

$$n = \sum_{j=0}^{m} a_j g^j \qquad mit \quad a_j \in \{0, 1, 2, \ldots, g-1\},$$

wobei $g \geq 2$ eine fest gewählte natürliche Zahl ist. Wir notieren diese Darstellung von n auch als $n =_g a_m \ldots a_1 a_0$. Welche natürliche Zahl verbirgt sich hinter der 2-adischen (binären) Entwicklung Zahl $n =_2 10101$?

Nun spezifizieren wir die Basis und setzen $g = 10$. Für rationale (oder später gar irrationale) Zahlen benötigen wir gegenüber der Darstelllung im vorangegangenen Satz Dezimalbrüche, also zusätzliche Summen von Zehnerpotenzen mit negativem Exponenten, jeweils multipliziert mit den entsprechenden Ziffern. Dabei kommen wir in den seltensten Fällen mit endlich vielen Summanden aus, wie das folgende Resultat zeigt:

Satz 5.6. *Die unendliche Reihe*

$$\alpha = \sum_{k=0}^{\infty} a_k 10^{-k} \qquad mit \quad a_0 \in \mathbb{Z},\ a_k \in \{0, 1, 2, \ldots, 9\}\ für\ k \in \mathbb{N},$$

konvergiert genau dann gegen eine rationale Zahl α, wenn die Ziffernfolge (a_k) periodisch ist, d. h. es existieren $K \in \mathbb{N}_0, \ell \in \mathbb{N}$, so dass

$$a_{k+\ell} = a_k \qquad für\ alle \quad k \geq K.$$

Im Falle einer periodischen Ziffernfolge deuten wir die Periode mit einem Überstrich an:

$$\alpha = a_0, a_1 a_2 a_3 \ldots a_K a_{K+1} \ldots a_{K+\ell} a_{K+\ell+1} \cdots$$
$$= a_0, a_1 a_2 a_3 \ldots a_K \overline{a_{K+1} \ldots a_{K+\ell}}.$$

Ferner schreiben wir kurz $\alpha = a_0, a_1 a_2 a_3 \ldots a_K = a_0, a_1 a_2 a_3 \ldots a_K \overline{0}$, falls $a_k = 0$ für $k > K$.

Beweisidee. Ist etwa die Zahl $\alpha = 1{,}2\overline{34}$ gegeben, so ist

$$
\begin{array}{rcl}
100\alpha & = & 123{,}4\overline{34} \\
- \quad \alpha & = & \phantom{123{,}}1{,}2\overline{34} \\
\hline
99\alpha & = & 122{,}2
\end{array}
\quad ,
$$

woraus sich sofort

$$\alpha = \frac{122{,}2}{99} = \frac{122{,}2 \cdot 5}{99 \cdot 5} = \frac{611}{495}$$

ergibt. Dabei haben wir implizit die unendliche geometrische Reihe benutzt:
Es gilt nämlich mit Satz 5.4 und ein wenig Rechnerei

$$\alpha = 1{,}2\overline{34} = 1 + \frac{2}{10} + \frac{34}{10^3} \sum_{\ell=0}^{\infty} \left(\frac{34}{100}\right)^{\ell} = 1 + \frac{2}{10} + \frac{34}{1000 - 340} = \frac{611}{495}.$$

Ganz ähnlich verfährt man mit beliebigen periodischen Dezimalbrüchen.

Ist umgekehrt eine rationale Zahl gegeben, etwa $\alpha = \frac{611}{495}$, so berechnet
sich die Dezimalbruchentwicklung gemäß

$$
\begin{array}{llll}
6\,1\,1 & : \quad 495 & = & 1{,}2\ldots \\
\underline{4\,9\,5} & & & \\
1\,1\,6\,0 & & & \\
\underline{9\,9\,0} & & & \\
\cdots & & &
\end{array}
$$

Hier entsteht bei der Division durch 495 zunächst der Rest **116**. Bei fort-
gesetzter Division mit Rest können nur 495 verschiedene Reste auftreten,
was bedeutet, dass nach höchstens 496 Divisionen mit Rest eine Wiederholung aufgetreten sein muss oder aber eine Division ganz aufgegangen ist
(was dem Rest null entspräche). Im letzten Fall haben wir es mit einer Periode $\overline{0}$ zu tun, ansonsten ergibt sich eine nicht-triviale Periode. Führt man
obiges Beispiel weiter aus, ergibt sich genau der Dezimalbruch $1{,}2\overline{34}$. Der
allgemeine Fall kann ganz ähnlich behandelt werden. $\bullet$

Aufgabe 5.12. *Baue die obige Beweisskizze zu einem vollständigen Beweis
des Satzes 5.6 aus. Zeige ferner: Positive rationale Zahlen $\frac{a}{b}$, deren Nenner nur aus den Primfaktoren 2 und 5 zusammengesetzt sind, besitzen eine
abbrechende Dezimalbruchentwicklung.*

Aufgabe 5.13. *Die reelle Zahl ξ sei gegeben durch sukzessives Belegung
der Ziffern in der Dezimalbruchentwicklung durch die aufsteigende Folge
der Quadrate natürlicher Zahlen:*

$$\xi = 0{,}1\,4\,9\,16\,25\,49\,64\,81\,100\,\ldots\,.$$

Zeige, dass ξ irrational ist.

Sei nun m eine zu 10 teilerfremde natürliche Zahl, so gibt es ein $k \in \mathbb{N}$
mit $m \mid (10^k - 1)$ (im Wesentlichen folgt dies aus dem Satz von Euler) und
der Stammbruch $\frac{1}{m}$ lässt sich als unendlicher Dezimalbruch mit Periode k
schreiben. Der Übergang von $\frac{1}{m}$ zu $\frac{\ell}{m}$ mit einem zu m teilerfremden ℓ ändert

die Ziffernfolge, nicht aber die Periodizität. Eine Besonderheit stellt hier der Fall $m = 7$ dar:

$$\frac{1}{7} = 0,\overline{142857}, \qquad \frac{2}{7} = 0,\overline{285714}, \qquad \frac{3}{7} = 0,\overline{428571} \quad \ldots .$$

Wir beobachten, dass die Länge der Periode gleich $6 = \varphi(7)$ mit der Eulerschen φ-Funktion ist und die Potenzen von $10 \equiv 3 \bmod 7$ die gesamte prime Restklassengruppe bilden:

$$10 \equiv 3, \ 10^2 \equiv 2, \ 10^3 \equiv 6, \ 10^4 \equiv 4, \ 10^5 \equiv 5, \ 10^6 \equiv 1 \bmod 7.$$

Erstaunlicherweise entstehen die Zahlen $3, 2, 6, 4, 5, 1$ genau in dieser Reihenfolge, wenn wir den Dezimalbruch von $\frac{1}{7}$ berechnen. *Wie lässt sich dies erklären?*

Aufgabe 5.14. *Führe die obigen Berechnungen aus und beschreibe das Phänomen um die Dezimalbruchentwicklung von $\frac{\ell}{7}$. Erläutere zudem die auftretenden Perioden. Finde ferner weitere Beispiele wie $m = 7$.* ⟨Diese Aufgabe wird in Abschn. 9.11 besprochen!⟩

Im nächsten Abschnitt wollen wir die reellen Zahlen einführen. Alle Aussagen, die wir bisher über Folgen rationaler Zahlen getroffen haben, lassen sich ohne weiteres auf Folgen reeller Zahlen ausdehnen. Trotzdem wollen wir einige *berühmte* Irrationalzahlen bereits jetzt behandeln. Eine der wichtigsten Funktionen der Analysis ist die aus der Schule bestens bekannte Exponentialfunktion; diese ist gegeben durch die **Exponentialreihe**

$$\exp(x) = \sum_{n=0}^{\infty} \frac{x^n}{n!} = 1 + x + \tfrac{1}{2}x^2 + \tfrac{1}{6}x^3 + \ldots .$$

Wie üblich schreiben wir auch e^x statt $\exp(x)$; ferner ist $0! := 1$ (wie wir bereits in Abschn. 2.3, als es um die Fakultät ging, definiert hatten). Diese Reihe ist tatsächlich für alle x konvergent, was wir aber hier nicht beweisen wollen (sondern wofür wir wiederum auf die *Analysis* verweisen). Die **Eulersche Zahl** ist definiert als spezieller Wert der Exponentialfunktion:

$$e = \exp(1) = \sum_{n=0}^{\infty} \frac{1}{n!} = 2.71828\,18284 \ldots .$$

Die Exponentialreihe konvergiert sehr schnell und kann deshalb zur Approximation von e herangezogen werden; beispielsweise liefern die ersten 15 Terme die obige Näherung. Ferner erweist sie sich als sehr nützlich beim Nachweis von

Satz 5.7. e *ist irrational.*

Die ersten Beweise hiervon gaben Euler 1737 und Johann Lambert 1760 (mit Kettenbrüchen, einem späteren Thema dieses Buches). Hier ist ein viel einfacherer

Beweis von Joseph Fourier. Angenommen, e wäre rational, dann gäbe es natürliche Zahlen a, b, so dass $e = \frac{a}{b}$. Sei nun m eine ganze Zahl $\geq b$. Dann teilt b die Zahl $m!$ und folglich ist

$$\alpha := m! \left(e - \sum_{n=0}^{m} \frac{1}{n!} \right) = a\frac{m!}{b} - \sum_{n=0}^{m} \frac{m!}{n!}$$

ebenfalls eine ganze Zahl (summandenweise). Wir finden mittels der Exponentialreihe

$$\alpha = \sum_{n=m+1}^{\infty} \frac{m!}{n!} < \frac{1}{m+1} \sum_{k=0}^{\infty} \left(\frac{1}{m+1} \right)^{k}.$$

(Tatsächlich bedarf dies einiger Begründung, allerdings wollen wir hier der *Analysis* nicht zu sehr vorgreifen und nur kurz anmerken, dass die Summanden in einer unendlichen Reihe nicht ohne weiteres manipuliert werden dürfen!) Mit der Formel für die geometrische Reihe (Satz 5.4) ergibt sich

$$0 < \alpha < \frac{1}{m+1} \cdot \frac{1}{1 - \frac{1}{m+1}} = \frac{1}{m} \leq 1.$$

Da das Intervall $(0, 1)$ keine ganzen Zahlen enthält, ergibt sich ein Widerspruch; hierbei deuten die runden Klammern an, dass die Intervallgrenzen von dem Intervall ausgenommen sind, während eckige Klammern die Grenzen mit einbeziehen. Also ist e irrational und der Satz bewiesen. •

Im Allgemeinen ist es schwierig, eine vorgegebene Zahl auf Irrationalität zu untersuchen; zum Beispiel ist ungeklärt, ob die **Euler-Mascheroni-Konstante** $\lim_{N \to \infty}(\sum_{n \leq N} \frac{1}{n} - \log N)$ irrational ist.

5.3 Die Irrationalität von π

Eine andere wichtige Konstante ist die Kreiszahl (der Quotient des Umfangs und Durchmesser eines Kreises)

$$\pi = 3{,}141592653589793\ldots,$$

in der Mathematik üblicherweise als die kleinste positive Nullstelle des Sinus definiert.

Satz 5.8. π *und* π^2 *sind irrational.*

Der erste Beweis geht zurück auf wiederum Lambert 1761 (und wiederum mit Kettenbrüchen). Unser Beweis folgt Ivan Niven[9] und ist viel leichter als der ursprüngliche, wenn auch schwieriger als der Irrationalitätsbeweis von e. In unsere Argumentation gehen trotzdem einige *analytische* Werkzeuge ein, die wir bislang nicht thematisiert haben und welche vielleicht auch nicht in jedem Schulunterricht angesprochen wurden. Wem der mathematische Hintergrund fehlt, der blättere einfach zum nächsten Kapitel.

Beweis. Wir beginnen mit einigen Vorbereitungen. Für $n \in \mathbb{N}$ definieren wir Polynome

$$(5.1) \qquad f_n(x) = \frac{1}{n!} x^n (1-x)^n.$$

Offensichtlich gilt

$$(5.2) \qquad 0 < f_n(x) < \frac{1}{n!} \qquad \text{für} \quad 0 < x < 1.$$

Nach dem binomischen Satz (Aufgabe 2.21 in Abschn. 2.3 und vielleicht auch aus der Schule bekannt) gilt

$$(1-x)^n = \sum_{j=0}^{n} \binom{n}{j} (-x)^j.$$

Da die Binomialkoeffizienten $\binom{n}{j} := \frac{n!}{j!(n-j)!}$ ganze Zahlen sind (denn sie zählen Darstellungen; siehe Satz 2.7), ergibt sich

$$f_n(x) = \frac{1}{n!} \sum_{j=n}^{2n} c_j x^j,$$

wobei die c_j ganze Zahlen sind; tatsächlich ist es nicht schwer zu zeigen, dass $c_j = \pm \binom{n}{j}$ gilt, aber wir benötigen diese Information nicht weiter. Die Funktionen $f_n(x)$ sind allesamt punktsymmetrisch bzgl. $x = \frac{1}{2}$, d. h. es gilt $f_n(x) = f_n(1-x)$. Differentiation dieser Funktionalgleichung liefert

$$f_n^{(k)}(x) = (-1)^k f_n^{(k)}(1-x),$$

wobei $f^{(k)}$ für die k-te Ableitung von f steht. Man beachte hier, dass mit der (hoffentlich aus der Schule bekannten) Kettenregel

$$\frac{\partial}{\partial x} f_n(1-x) = \left(\frac{\partial}{\partial x} (1-x) \right) f_n'(1-x) = -f_n'(1-x)$$

---

[9] I. Niven, A simple proof that π is irrational, *Bull. Am. Math. Soc.* **53** (1947), 509.

gilt; hierbei verwenden wir für die Ableitung die vielleicht aus Schulzeiten noch nicht geläufige Notation

$$\frac{\partial}{\partial x}\, f(x) = f'(x) = \lim_{h\to 0} \frac{f(x+h)}{h}$$

für den Grenzwert des Differenzenquotienten einer (differenzierbaren) Funktion f im Punkte x. Per Induktion (oder mit Hilfe der wahrscheinlich unbekannten *Taylor-Entwicklung*) folgt daraus

$$(5.3) \qquad (-1)^k f_n^{(k)}(1) = f_n^{(k)}(0) = \begin{cases} 0 & \text{falls} \quad 0 \le k < n, \\ \frac{k!}{n!} c_k & \text{falls} \quad n \le k \le 2n. \end{cases}$$

Alle diese Werte sind somit ganze Zahlen.

Jetzt können wir den Satz beweisen. Offensichtlich genügt es zu zeigen, dass π^2 irrational ist. (Wäre nämlich π rational, dann auch das Quadrat π^2.) Wir nehmen im Folgenden also an, dass $\pi^2 = \frac{a}{b}$ mit natürlichen Zahlen a und b. Wir betrachten das Polynom

$$F_n(x) := b^n \left(\pi^{2n} f_n(x) - \pi^{2n-2} f_n^{(2)}(x) \pm \ldots + (-1)^n f_n^{(2n)}(x) \right).$$

Dann folgt $b^n \pi^{2k} = b^{n-k} a^k \in \mathbb{Z}$ für $0 \le k \le n$, und aus (5.3) ergibt sich $F_n(0), F_n(1) \in \mathbb{Z}$. Eine kurze Berechnung zeigt

$$\left(F_n'(x) \sin(\pi x) - \pi F_n(x) \cos(\pi x) \right)' = \pi^2 a^n f_n(x) \sin(\pi x).$$

Wegen $\sin(\pi) = \sin(0) = 0$ liefert dies mit dem (aus der Schule bekannten) Hauptsatz der Differential- und Integralrechnung

$$\mathcal{I}_n := \pi a^n \int_0^1 f_n(x) \sin(\pi x)\mathrm{d}\,x = F_n(0) + F_n(1).$$

In Anbetracht unserer vorangegangenen Betrachtungen folgt, dass $\mathcal{I}_n$ eine ganze Zahl ist. Auf der anderen Seite ergibt sich mittels (5.2)

$$0 < \mathcal{I}_n < \pi \frac{a^n}{n!}.$$

Da die Exponentialreihe konvergiert, bilden ihre Summanden eine Nullfolge und somit wächst $n!$ schneller als a^n mit $n \to \infty$ (dies benutzt implizit den Satz 5.5); damit ist die rechte Seite < 1 für hinreichend große n (der in *Analysis* unerfahrene Leser versuche sich an einem elementaren Beweis). Das widerspricht $\mathcal{I}_n \in \mathbb{Z}$ und der Satz ist bewiesen. $\bullet$

Der soeben gegebene Beweis hat es natürlich ‚in sich'. Insgesamt benutzt er neben einfachen zahlentheoretischen Argumenten (wie Teilbarkeit) jedoch nur *einfache* analytische Konzepte oder Objekte (trigonometrische Funktionen, Integration usw.), ist also eigentlich in der *Analysis* angesiedelt.

Tatsächlich ist der obige Beweis ein sehr gutes Beispiel für das mathematische Arbeiten mit Werkzeugen aus verschiedenen Teildisziplinen.

Die Summe der Reziproken der Quadrate natürlicher Zahlen konvergiert und für den Grenzwert gilt

$$(5.4) \qquad \sum_{n=1}^{\infty} \frac{1}{n^2} = 1 + \frac{1}{4} + \frac{1}{9} + \frac{1}{16} + \ldots = \frac{\pi^2}{6}.$$

Diesen erstaunlichen Zusammenhang zwischen Quadraten und der Kreiszahl π entdeckte Euler 1737 (was damals eine kleine Sensation war). Der Nachweis der Konvergenz und vor allem dieses Grenzwertes ist allerdings nicht ganz einfach und erfordert mehr *Analysis*, als wir hier bereit stellen wollen.[10]

Aufgabe 5.15. *Ausgehend von (5.4) beweise man die Existenz unendlich vieler Primzahlen!* Hinweis: Benutze die eindeutige Primfaktorzerlegung der ganzen Zahlen, um zunächst eine Darstellung

$$\sum_{n=1}^{\infty} \frac{1}{n^2} = \prod_{p} \left(1 + \frac{1}{p^2} + \frac{1}{p^4} + \ldots \right)$$

zu gewinnen, wobei das Produkt über sämtliche Primzahlen p erhoben ist. ⟨Diese Aufgabe wird in Abschn. 9.7 besprochen!⟩

Für verwandte Reihen ist das Wissen um Irrationalität recht dürftig. Erst 1978 bewies Roger Apéry die Irrationalität von $\sum_{n \geq 1} n^{-3}$ (für einen Beweis konsultiere man [15]); ungeklärt ist aber, ob etwa $\sum_{n \geq 1} n^{-13}$ irrational ist.

5.4 Färbungen der natürlichen Zahlen

Statt Ostereier färben wir nun die natürlichen Zahlen! Für eine reelle Zahl $\alpha > 1$ ist die **Beatty-Folge** erklärt durch[11]

$$\mathsf{B}(\alpha) := \{\lfloor n\alpha \rfloor : n \in \mathbb{N}\},$$

wobei $\lfloor x \rfloor := \max\{z \in \mathbb{Z} : z \leq x\}$ der Ganzteil von x sei (vgl. Abschn. 3.1), was manchmal auch mit dem Namen Gauß-Klammer versehen wird. Die Zahlen $\frac{22}{7}, \frac{355}{113}$ und die Kreiszahl π liegen nahe beieinander. *Wird das auch*

---

[10] Tatsächlich wurden Eulers Methoden seinerzeit heftig diskutiert und waren wohl auch nicht rigoros. Mittlerweile kennt man viele Beweise der Eulerschen Formel.

[11] Wir verwenden hier die Mengenschreibweise.

in den zugehörigen Beatty-Folgen sichtbar sein? Wir lassen einen Computer die entsprechenden Mengen $\mathsf{B}(\alpha)$ berechnen:

$$\mathsf{B}\left(\tfrac{22}{7}\right) = \{3, 6, 9, 12, 15, 18, \mathbf{22}, 25, 28, 31, 34, 37, 40, \mathbf{44}, 47, 50, \dots\},$$
$$\mathsf{B}\left(\tfrac{355}{113}\right) = \{3, 6, 9, 12, 15, 18, \mathbf{21}, 25, 28, 31, 34, 37, 40, \mathbf{43}, 47, 50, \dots\},$$
$$\mathsf{B}(\pi) = \{3, 6, 9, 12, 15, 18, \mathbf{21}, 25, 28, 31, 34, 37, 40, \mathbf{43}, 47, 50, \dots\}.$$

Tatsächlich hätten wir zumindest für die erste der gelisteten Folgen keinen Computer benötigt. Wir beobachten nämlich, dass die Folge $\mathsf{B}(\tfrac{22}{7})$ einem gewissen Muster genügt; hierfür verifizieren wir:

$$\left\lfloor \frac{\mathbf{22}(n+\mathbf{7})}{\mathbf{7}} \right\rfloor = \left\lfloor \frac{22n}{7} + \mathbf{22} \right\rfloor = \mathbf{22} + \left\lfloor \frac{22n}{7} \right\rfloor.$$

Die Anfangssequenz $3, 6, 9, 12, 15, 18, \mathbf{22}$, bestehend aus den ersten sieben Folgegliedern, gliedweise mit 22 addiert, liefert den nächsten Block gleicher Länge, nämlich $25, 28, 31, 34, 37, 40, \mathbf{44}$; mit einer suggestiven Schreibweise, die wir nicht genauer definieren (und im Weiteren auch nicht weiter verwenden wollen), gilt also

$$\mathsf{B}\left(\tfrac{22}{7}\right) = \{3, 6, 9, 12, 15, 18, 22\} + 22\mathbb{N}.$$

Ganz ähnlich sieht es bei $\mathsf{B}(\tfrac{355}{113})$ aus, wenngleich diese Folge in ihrem Anfangsstück noch mehr der dritten im Bunde, nämlich $\mathsf{B}(\pi)$, gleicht. Allerdings ist $\mathsf{B}(\pi)$ von anderer Struktur, denn die zugrundeliegende Größe ist irrational nach Satz 5.8.

Aufgabe 5.16. *Untermauere die letzte Aussage. Zeige hierzu, dass keine natürlichen Zahlen ℓ und m existieren, so dass*

$$\lfloor \pi(n+\ell) \rfloor = m + \lfloor \pi n \rfloor \qquad \text{für alle} \quad n \in \mathbb{N}.$$

Um zu verstehen, wieso die Anfangsterme der obigen drei Folgen einander gleichen, betrachten wir die ersten Folgeglieder der Reihe nach: Welche Bedingungen an α ergeben sich, wenn $\mathsf{B}(\alpha) = \{3, 6, 9, \dots, 18, \dots\}$ bekannt ist? Für $n = 1$ ergibt sich $3 = \lfloor 1 \cdot \alpha \rfloor \leq \alpha < 4$ und $n = 2$ führt auf $6 = \lfloor 2 \cdot \alpha \rfloor \leq 2\alpha < 7$, woraus sich restriktiver $3 \leq \alpha < 3 + \tfrac{1}{2}$ ergibt. Tatsächlich folgt aus

$$3n = \lfloor n\alpha \rfloor \leq n\alpha < 3n + 1 \qquad \rightsquigarrow \qquad 3 \leq \alpha < 3 + \frac{1}{n}$$

für alle $n \leq 6$. Diese Einschränkung von α in das Intervall $[3, 3 + \tfrac{1}{n})$ trifft sowohl auf $\alpha = \tfrac{22}{7}, \tfrac{355}{113}$ als auch auf π zu. Erst für das siebte Folgeglied gibt es einen Unterschied hinsichtlich $\alpha = \tfrac{22}{7}$ zu beobachten, während die erste

Abweichung zwischen $\mathsf{B}(\frac{355}{113})$ und $\mathsf{B}(\pi)$ tatsächlich erst bei $n = 113$ auftritt. Hier berechnet sich

$$\mathsf{B}(\tfrac{355}{113}) = \{\ldots, 345, 348, 351, \mathbf{355}, 358, 361, \ldots\},$$
$$\mathsf{B}(\pi) = \{\ldots, 345, 348, 351, \mathbf{354}, 358, 361, \ldots\}.$$

Das zu der ersten Abweichung gehörige n entspricht den Nennern der jeweiligen rationalen α, welche beide sehr gute rationale Approximationen an π sind. *Wie ähnlich aber sehen sich die Folgen bei größerem n? Lässt sich eine reelle Zahl α anhand ihrer Beatty-Folge bestimmen?*

Bevor wir diese Fragen weiter untersuchen, hier ein interessanter Satz über solche Folgen:

Satz 5.9 (Satz von Rayleigh). *Ist $\alpha > 1$ irrational und β durch $\frac{1}{\alpha} + \frac{1}{\beta} = 1$ festgelegt, dann sind $\mathsf{B}(\alpha)$ und $\mathsf{B}(\beta)$ disjunkt und ihre Vereinigung*

$$\mathsf{B}(\alpha) \cup \mathsf{B}(\beta) = \mathbb{N}$$

bildet eine Partition der natürlichen Zahlen.

In der Problemecke einer Ausgabe des Jahres 1926 des weitverbreiteten Journals *American Mathematical Monthly* fragte Samuel Beatty nach einem Beweis dieser Aussage; er selbst hatte einen solchen.[12] Allerdings hatte bereits John W. Strutt, dritter Baron Rayleigh und späterer Nobelpreisgewinner in der Sparte Physik,[13] 1894 in der zweiten Ausgabe seines Buches *The Theory of Sound* dasselbe Resultat erschöpfend behandelt.

Beweis. Sei

$$A := A(\xi; N) := \sum_{\substack{n \in \mathbb{N} \\ n\xi \leq N}} 1.$$

In der Summe A werden alle $n \in \mathbb{N}$ gezählt, für die $n\xi \leq N$ bzw. $n \leq \frac{N}{\xi}$ gilt. Mit der Gauß-Klammer folgt also $A(\xi, N) = \lfloor \frac{N}{\xi} \rfloor$. Wegen $x - 1 < \lfloor x \rfloor \leq x$ ergibt sich somit

$$\frac{N}{\xi} - 1 < A = \left\lfloor \frac{N}{\xi} \right\rfloor \leq \frac{N}{\xi}.$$

Damit gewinnen wir die Ungleichung

$$A \leq \frac{N}{\xi} < A + 1.$$

---

[12] Siehe Problem 3173 in der Rubrik *Problems and Solutions* der Ausgabe *Amer. Math. Monthly* **33** (1926), no. 3, auf Seite 159.

[13] Für die Bestimmung der Dichte wichtiger Gase und die Entdeckung von Argon, Ar, dem häufigsten der auf der Erde vorkommenden Edelgase.

Daraus folgt

$$A(\alpha; N) + A(\beta; N) \le N \left(\frac{1}{\alpha} + \frac{1}{\beta} \right) = N < A(\alpha; N) + A(\beta; N) + 2.$$

Da α irrational ist, gilt $A(\alpha, N) = \lfloor \frac{N}{\alpha} \rfloor < \frac{N}{\alpha}$. Damit ist die erste Ungleichung oben strikt, so dass sich sogar

$$A(\alpha; N) + A(\beta; N) < N \left(\frac{1}{\alpha} + \frac{1}{\beta} \right) = N < A(\alpha; N) + A(\beta; N) + 2$$

ergibt. Damit folgt nun $N = A(\alpha; N) + A(\beta; N) + 1$. Das gleiche Argument mit $N+1$ statt N zeigt $A(\xi, N+1) = \lfloor \frac{N+1}{\xi} \rfloor$ und somit

$$N + 1 = A(\alpha; N+1) + A(\beta; N+1) + 1.$$

Im Vergleich ergibt sich daher

$$A(\alpha; N+1) + A(\beta; N+1) = A(\alpha; N) + A(\beta; N) + 1.$$

Damit liegt in jedem Intervall $(N, N+1)$ genau eine der Zahlen $n\alpha$ bzw. $m\beta$ mit ganzzahligen m, n. Man beachte, dass mit α auch $\beta = \frac{\alpha}{\alpha-1}$ irrational ist und somit $n\alpha, m\beta \notin \mathbb{N}$ gilt. Der Satz ist bewiesen. $\bullet$

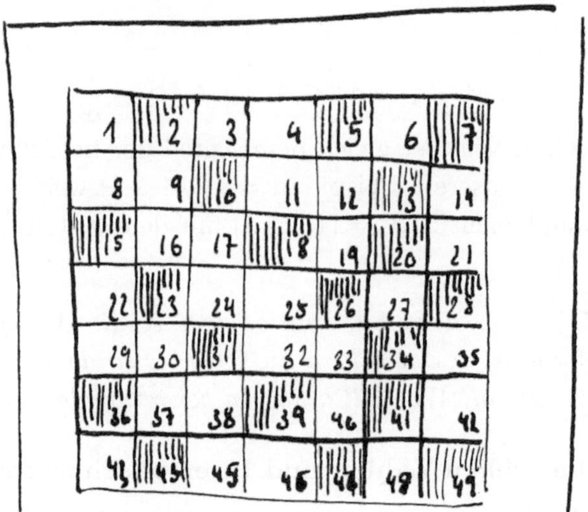

Abbildung 5.6. Die Anfänge der Beatty-Folgen aus dem Text zu $\alpha = \frac{1}{2}(\sqrt{5}+1)$ und $\beta = \frac{1}{2}(\sqrt{5}+3)$. Es treten mehr weiße als grau schraffierte Quadrate auf.

Und noch ein abschließendes Beispiel: Sei $\alpha = \frac{1}{2}(\sqrt{5}+1)$ der goldene Schnitt, dann ist $\beta = \frac{1}{2}(\sqrt{5}+3) = \alpha + 1$. Der Satz von Rayleigh liefert eine Partition der Menge der natürlichen Zahlen in die komplementären Beatty-Folgen $\mathsf{B}(\frac{1}{2}(\sqrt{5}+1))$ und $\mathsf{B}(\frac{1}{2}(\sqrt{5}+3))$; diese Mengen färben wir nun mit unterschiedlichen Farben ein. Um das Farbspektrum nicht zu sehr auszureizen, wählen wir weiß für Elemente von $\mathsf{B}(\frac{1}{2}(\sqrt{5}+1))$ und grau für $\mathsf{B}(\frac{1}{2}(\sqrt{5}+3))$. Dann ergibt sich eine weiß-graue Einfärbung der natürlichen Zahlen (und Abb. 5.6 zeigt ein entsprechend eingefärbtes Bild für die ersten 49 natürlichen Zahlen). Wie viele natürliche Zahlen sind dann weiß eingefärbt? Präziser formuliert: *Wie groß ist der Anteil der weiß eingefärbten natürlichen Zahlen?* Existiert überhaupt der Grenzwert

$$\lim_{N\to\infty} \frac{1}{N}\sharp\{\lfloor n\alpha \rfloor \leq N \ : \ n \in \mathbb{N}\} \quad ?$$

Wegen $n\alpha - 1 < \lfloor n\alpha \rfloor \leq n\alpha$ ist (wie oben)

$$\frac{N}{\alpha} - 1 < \left\lfloor \frac{N}{\alpha} \right\rfloor = A(\alpha, N) = \sum_{\substack{n\in\mathbb{N} \\ n\alpha \leq N}} 1 \leq \sum_{\substack{n\in\mathbb{N} \\ \lfloor n\alpha \rfloor \leq N}} 1$$

$$< \sum_{\substack{n\in\mathbb{N} \\ n\alpha - 1 \leq N}} 1 = A(\alpha, N+1) = \left\lfloor \frac{N+1}{\alpha} \right\rfloor \leq \frac{N+1}{\alpha},$$

woraus sich

$$\lim_{N\to\infty} \frac{1}{N}\sharp\{\lfloor n\alpha \rfloor \leq N \ : \ n \in \mathbb{N}\} = \frac{1}{\alpha}$$

ableitet. Dieser Grenzwert ist gleich dem Anteil der natürlichen Zahlen in $\mathsf{B}(\alpha)$, welche also in unserem Beispiel $\alpha = \frac{1}{2}(\sqrt{5}+1)$ weiß eingefärbt sind, während das Komplement $\mathsf{B}(\beta) = \mathbb{N} \setminus \mathsf{B}(\alpha)$ mit dem Anteil $\frac{1}{\beta} = 1 - \frac{1}{\alpha}$ grau ist.

Aufgabe 5.17. *Zeige, dass bei irrationalem α die Menge $\mathsf{B}(\alpha)$ nicht-periodisch eingefärbt ist, es also kein $q \in \mathbb{N}$ gibt, so dass $m \in \mathsf{B}(\alpha) \iff m + q \in \mathsf{B}(\alpha)$ für alle m. Was gilt hingegen bei rationalem α?*

5.5 Die reellen Zahlen und Intervallschachtelung

Wir denken uns oft die reellen Zahlen als Punkte auf einer Zahlengeraden aufgetragen:

Jedem Punkt der Zahlengeraden entspricht durch Abstandsmessung von einem festen Punkt, sagen wir 0, aus genau eine reelle Zahl; dabei heißen die Punkte rechts von 0 *positiv*, die links von 0 *negativ*. Aber bevor wir diese (uns

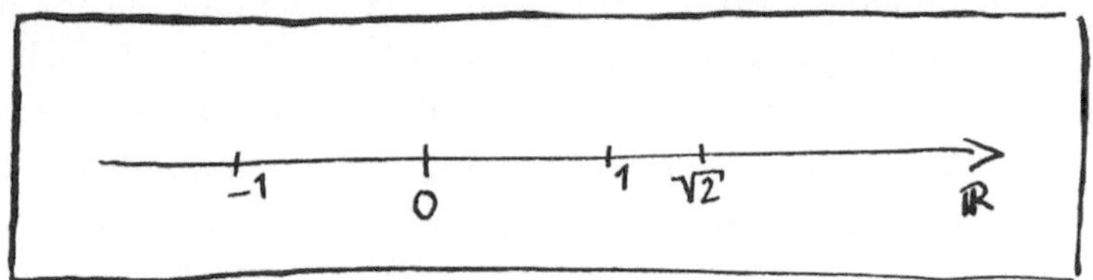

Abbildung 5.7. Ein endlicher Ausschnitt der reellen Achse

aus der Schule wohlbekannten und bereits verwendeten) Begriffe und damit verbundene Eigenschaften reeller Zahlen untersuchen und ausnutzen wollen, besteht für uns die Aufgabe, die Menge $\mathbb{R}$ der reellen Zahlen zu konstruieren (ähnlich unserem Anspruch für $\mathbb{N}, \mathbb{Z}$ und $\mathbb{Q}$ in Kap. 2). Es gibt verschiedene Wege, $\mathbb{R}$ einzuführen: Über so genannte Dedekindsche Schnitte oder mittels Cauchy-Folgen (letztere benannt nach Augustin-Louis Cauchy).[14] Hier wollen wir Intervallschachtelungen und Dezimalbrüche benutzen. Dabei legen wir nur die rationalen Zahlen und deren Anordnung bzgl. der Relation ‚$\leq$' zu Grunde.

Eine Folge von Paaren (a_n, b_n) rationaler Zahlen a_n, b_n heißt eine **Intervallschachtelung**, wenn

- $a_n \leq a_{n+1}$ und $b_{n+1} \leq b_n$ für alle $n \in \mathbb{N}$;
- $a_n < b_n$ für alle $n \in \mathbb{N}$ und $\lim_{n \to \infty}(b_n - a_n) = 0$.

Die Abstände zwischen den a_n und b_n konvergieren also gegen null!

Das Heronsche Wurzelziehen aus Abschn. 5.1 liefert etwa ein Beispiel einer solchen Intervallschachtelung. Weitaus komfortabler hingegen sind Dezimalbrüche. Zum Beispiel besteht für

$$\sqrt{2} = 1{,}4142\ldots = 1 + \frac{4}{10} + \frac{1}{10^2} + \frac{4}{10^3} + \frac{2}{10^4} + \cdots$$

die Intervallschachtelung

$$
\begin{array}{ccccc}
1 & < & \sqrt{2} & < & 2 \\
1{,}4 & < & \sqrt{2} & < & 1{,}5 \\
1{,}41 & < & \sqrt{2} & < & 1{,}42 \\
1{,}414 & < & \sqrt{2} & < & 1{,}415 \\
& & \cdots & &
\end{array}
$$

---

[14] Einen guten Überblick verschafft hier der Artikel ‚Reelle Zahlen' von Mainzer in dem lesenswerten Buch [**3**]: *Zahlen*, Ebbinghaus et al. (eds.), Springer 1983.

Die unteren Schranken a_n für $\sqrt{2}$ sind jeweils echt kleiner als $\sqrt{2}$ und entstehen durch geeignetes Abschneiden der unendlichen Dezimalbruchentwicklung, während die oberen Schranken b_n jeweils echt größer als $\sqrt{2}$ sind und ebenfalls durch Abschneiden des Dezimalbruchs und anschließendes Aufrunden der letzten Nachkommastelle entstehen. Wir erläutern dies nun im Falle eines allgemeinen Dezimalbruches einer Irrationalzahl, gegeben durch

$$\alpha = \sum_{k=0}^{\infty} c_k 10^{-k} \qquad \text{mit} \quad c_0 \in \mathbb{Z} \text{ und } c_k \in \{0,1,2,\dots,9\} \text{ für } k \in \mathbb{N}.$$

Wir notieren diese Entwicklung (wie üblich) kurz mit $\alpha = c_0, c_1 c_2 c_3 \dots$. Dass diese allgemeine Dezimalbruchentwicklung tatsächlich konvergiert, folgt (mit ein wenig *Analysis* aus der Konvergenz der unendlichen geometrischen Reihe gemäß Satz 5.4); hierzu vergleiche man Satz 5.6 über die Dezimalbruchentwicklungen mit schließlich periodischen Ziffernfolgen. Letzteres Resultat offenbart jedoch, dass wir es i.A. nicht mit einem rationalen Grenzwert zu tun haben werden, sondern wir eine weitere Zahlbereichserweiterung vornehmen müssen, eben unsere Konstruktion der reellen Zahlen! Seien nun

$$a_n := \sum_{k=0}^{n} c_k 10^{-k} \qquad \text{und} \qquad b_n := \sum_{k=0}^{n} c_k 10^{-k} + 10^{-(n+1)},$$

dann gilt offensichtlich $a_n \leq a_{n+1}$ und $b_{n+1} \leq b_n$ sowie

$$a_n < b_n \qquad \text{und} \qquad \lim_{n\to\infty} (b_n - a_n) = \lim_{n\to\infty} 10^{-(n+1)} = 0$$

mittels Satz 5.1. Dies verallgemeinert unser obiges Beispiel einer Intervallschachtelung für $\sqrt{2}$.

Wir nennen zwei Intervallschachtelungen (a_n, b_n) und (A_n, B_n) *äquivalent*, wenn stets

$$a_n \leq B_n \qquad \text{und} \qquad A_n \leq b_n$$

gelten. Dies definiert eine Äquivalenzrelation $\sim$ (wie man durch Nachrechnen feststellt) und wir erklären die **Menge $\mathbb{R}$ der reellen Zahlen** als den Quotienten

$$\mathbb{R} := \text{Menge aller Intervallschachtelungen} / \sim$$

(vgl. unsere Konstruktionen in Kap. 2). Dabei nennen wir jede Äquivalenzklasse eine **reelle Zahl**, die wir uns durch einen Dezimalbruch repräsentiert vorstellen dürfen.

Aufgabe 5.18. *Zeige, dass es sich bei der oben definierten Relation $\sim$ tatsächlich um eine Äquivalenzrelation handelt.*

Nun definieren wir die Addition von solchen Äquivalenzklassen durch

$$(a_n + c_n, b_n + d_n) := (a_n, b_n) + (c_n, d_n)$$

und für die Multiplikation setzen wir

$$(a_n \cdot c_n, b_n \cdot d_n) := (a_n, b_n) \cdot (c_n, d_n).$$

Diese Operationen setzen die auf $\mathbb{Q}$ üblichen Verknüpfungen nach $\mathbb{R}$ fort und bilden hier die uns wohl bekannte Addition bzw. Multiplikation reeller Zahlen. Ebenso bleibt die Anordnung und insbesondere die archimedische Eigenschaft (siehe Abschn. 5.1) erhalten. Wir fassen unsere Ergebnisse zusammen und formulieren

Satz 5.10. *Es gibt einen (im Wesentlichen eindeutig bestimmten) Körper $\mathbb{R}$ (mit der üblichen Addition und Multiplikation),*

- *der eine mit den Körperaxiomen verträgliche Anordnung besitzt (so, dass insbesondere Betrag und Abstand erklärt werden können), und*

- *der **vollständig** ist, d. h. zu jeder Intervallschachtelung (a_n, b_n) gibt es genau eine reelle Zahl x mit*

$$a_n \leq x \leq b_n \qquad \textit{für alle} \quad n \in \mathbb{N}.$$

Beweisskizze. Die Körperaxiome verifiziert man leicht durch Nachrechnen. Zur *Vollständigkeit*: Gegeben eine Intervallschachtelung (a_n, b_n), so gilt per Definition

$$a_n \leq a_{n+1} \leq \ldots \leq b_{n+1} \leq b_n \qquad \text{für alle} \quad n \in \mathbb{N}.$$

Auf Grund der Monotonie $a_n \leq a_{n+1}$ und der Beschränktheit $a_n \leq b_n$ konvergiert die Folge der a_n gegen einen Grenzwert a (siehe nachstehende Aufgabe); ebenso konvergiert die Folge der b_n gegen einen Grenzwert b und mit den Rechenregeln für konvergente Folgen gilt

$$0 = \lim_{n \to \infty} (b_n - a_n) = \lim_{n \to \infty} b_n - \lim_{n \to \infty} a_n = b - a \qquad \text{bzw.} \qquad b = a.$$

Sei also $x := a = b$. Dann ist $a_n \leq x \leq b_n$ für alle $n \in \mathbb{N}$. Es verbleibt noch, die Eindeutigkeit von x zu zeigen: Gäbe es ferner y mit stets $a_n \leq y \leq b_n$ bzw. $-b_n \leq -y \leq -a_n$, so folgte durch Addition dieser Ungleichungen

$$-(b_n - a_n) \leq x - y \leq b_n - a_n \qquad \text{für alle} \quad n \in \mathbb{N}.$$

Wegen $\lim_{n \to \infty} (b_n - a_n) = 0$ folgt also $y = x$. $\bullet$

Die Vollständigkeit ist ein sehr wichtiger Aspekt der *Analysis*. Insofern ist die Bearbeitung der folgenden Aufgabe und der damit verbundenen Ver*vollständigung* des vorangegangenen Beweises äußerst wünschenswert:

Aufgabe 5.19. *Zeige: Jede monoton wachsende und nach oben beschränkte Folge (a_n) konvergiert; hierbei bedeutet* **monoton wachsend**, *dass stets $a_n \leq a_{n+1}$ gilt und* **nach oben beschränkt**, *dass es eine Zahl B gibt, so dass $a_n \leq B$ für alle $n \in \mathbb{N}$ erfüllt ist.*

Auch essentiell für die Analysis ist die Anordnung der reellen Zahlen, dass wir also zwei reellen Zahlen eine Größe zuordnen können und diese mit der ‚$\leq$'-Relation vergleichen können. Hierzu eine

Aufgabe 5.20. *Gollum besitzt 666 verschiedene positive reelle Zahlen. Er stellt fest, dass jedes Produkt von zwölf dieser Zahlen immer größer als eins ist. Er fragt sich: Ist dann auch das Produkt aller 666 Zahlen größer als eins?*

Die Wahl der Basis 10 in der Dezimalbruchentwicklung ist nichts Besonderes. Tatsächlich lässt sich die Konstruktion der reellen Zahlen ganz wie im Fall der g-adischen Entwicklung ganzer Zahlen aus dem vorangegangenen Paragraphen wie folgt verallgemeinern: Sei g eine natürliche Zahl größer eins. Dann besitzt jede reelle Zahl x eine Darstellung bzgl. der Basis g, wiederum g-adische Entwicklung genannt, d. h.

$$x = \sum_{n=0}^{\infty} a_n g^{-n} \qquad \text{mit} \quad a_0 \in \mathbb{Z},\ a_n \in \{0, 1, \ldots, g-1\} \text{ für } n \in \mathbb{N}.$$

Nun heißt eine reelle Zahl x **normal zur Basis** g, falls für jedes $k \in \mathbb{N}$ jeder Ziffernblock $\alpha_1 \ldots \alpha_k$ mit $\alpha_j \in \{0, 1, \ldots, g-1\}$ mit derselben Häufigkeit in der g-adischen Entwicklung von $x = a_0, a_1 a_2 \ldots$ auftritt. Im Falle $k = 1$ bedeutet dies, dass jede Ziffer gleich häufig auftritt. Tatsächlich sind *fast alle* reellen x normal zu jeder Basis g. Jedoch ist es ein ganz anderes Problem, eine gegebene reelle Zahl als normal zu auch nur einer einzigen Basis b zu outen. Beispielsweise ist unbekannt, ob die Kreiszahl π normal bzgl. irgendeiner Basis ist.[15] Eine Ziffernstatistik der ersten 50 Milliarden(!) Nachkommastellen der Dezimalbruchentwicklung von π (siehe Abb. 5.8) zeigt bei sämtlichen Ziffern eine Abweichung von weniger als 0,002% vom Erwartungswert. Einen Beweis liefert dies natürlich nicht!

---

[15] Dieses Problem wird auch in dem extravaganten Spielfilm *Pi* von DARREN ARONOFSKY aufgegriffen.

Abbildung 5.8. Tritt Dein Geburtsdatum in den Nachkommastellen von π auf?

Eine Kuriosität: Ist π tatsächlich normal, sagen wir zur Basis $g = 26$, und weisen wir jeder der 26 Ziffern bijektiv einen Buchstaben unseres Alphabetes zu, etwa $A \mapsto 1, B \mapsto 2, \ldots$, dann ist in der 26-adischen Entwicklung von π auch ein Beweis der Normalität von π in Worten kodiert enthalten, vorausgesetzt, dass diese Behauptung beweisbar ist – und natürlich auch ewig viele falsche Beweise.[16]

Zurück zu Dezimalbruchentwicklungen: Trotz der Eindeutigkeit der Intervallschachtelung ist die Dezimalbruchentwicklung i.A. nicht eindeutig,   **!** wie das Beispiel

$$1 = 1,\overline{0} = 0,\overline{9}$$

verdeutlicht; hierzu berechnet man

$$0,\overline{9} = \frac{9}{10} \sum_{k=0}^{\infty} \left(\frac{1}{10}\right)^k = \frac{9}{10} \cdot \frac{1}{1 - \frac{1}{10}} = 1.$$

Allerdings besitzen Irrationalzahlen stets einen eindeutigen Dezimalbruch.

Aufgabe 5.21. *Beweise: Der Dezimalbruch einer Irrationalzahl ist stets eindeutig bestimmt. Zeige ferner: Zwischen je zwei verschiedenen rationalen Zahlen liegen unendlich viele Irrationalzahlen.*

Wir resümieren: Die Menge $\mathbb{R}$ der reellen Zahlen entsteht aus $\mathbb{Q}$ durch Hinzunahme aller Grenzwerte konvergenter Folgen rationaler Zahlen; $\mathbb{R}$ ist   **!**

---

[16] Unter http://www.angio.net/pi/bigpi.cgi findet man ein kleines Programm, das einem das erste Auftreten eines beliebigen Datums (etwa das Geburtsdatum) in der Dezimalentwicklung von π heraussucht.

Abbildung 5.9. *Links*: Georg Cantor, ∗ 3. März 1845 in St. Petersburg – † 6. Januar 1918 in Halle; der Begründer der Mengenlehre und einer der ersten Verfechter der Theorie, derzufolge Shakespeare nicht der wirkliche Verfasser seiner Werke sei. *Rechts*: David Hilbert, ∗ 23. Januar 1862 in Königsberg (heute Kaliningrad) – † 14. Februar 1943 in Göttingen; bedeutender Mathematiker, dem nachgesagt wird, dass er der Letzte seiner Zunft war, der einen vollkommenen Überblick über sämtliche Gebiete der Mathematik hatte.

(im Wesentlichen) eindeutig (unabhängig ihrer Einführung mittels Dezimalbrüchen oder Intervallschachtelung)!

5.6 abzählbar vs. überabzählbar

Unendlich ist ein faszinierender Begriff, der in seiner wissenschaftlichen Form in der Mathematik beheimatet ist (man denke an unsere unendlichen Folgen), wenngleich sich auch die Physik, die Philosophie und auch die Theologie mit diesem auseinandersetzen. Der Begründer der Mengenlehre, Georg Cantor, entdeckte, dass das Unendliche in verschiedenen Größen existiert; das ist das Thema dieses Paragraphen. Zunächst bemühen wir uns um eine passende Sprache.

Gegeben zwei Mengen A und B, heißt eine Abbildung $f : A \to B$ **bijektiv** bzw. eine **Bijektion**, wenn es eine eineindeutige Zuordnung zwischen den Elementen von A und denen von B gibt, wenn also

- $f(a) \neq f(a')$ für alle $a, a' \in A$ mit $a \neq a'$ (**injektiv**),
- für alle $b \in B$ ein $a \in A$ existiert, so dass $f(a) = b$ (**surjektiv**).

Ein einfaches Beispiel bieten die linearen Funktionen $f : \mathbb{R} \to \mathbb{R}$, $x \mapsto$ $f(x) = ax + b$ mit $a, b \in \mathbb{R}$; ihre Graphen (y, x) mit $y = f(x)$ liefern Geraden in der euklidischen Ebene. Eine solche Abbildung f ist genau dann bijektiv, wenn $a \neq 0$. Eine Menge M heißt **endlich**, wenn sie nur endlich viele Elemente besitzt. Sie heißt **abzählbar**, falls es eine Bijektion $f : \mathbb{N} \to M$ gibt und in diesem Fall nennt man M und $\mathbb{N}$ **gleichmächtig**. Dieser Begriff ermöglicht es, unendliche Menge ihrer Größe entsprechend miteinander zu vergleichen.

Die Menge $\mathbb{N}$ der natürlichen Zahlen ist trivialerweise abzählbar (mit der Identität $n \mapsto n$ als Bijektion). Für den Nachweis der Abzählbarkeit der Menge $\mathbb{Z}$ der ganzen Zahlen listen wir deren Elemente wie folgt auf:

$$0,\ 1,\ -1,\ 2,\ -2,\ 3,\ -3,\ 4,\ -4,\ \ldots$$

Diese Liste liefert die gewünschte eineindeutige Beziehung, welche sich auch durch die vermöge

$$f(2n - 1) = n \qquad \text{und} \qquad f(2n) = -n \quad \text{für } n \in \mathbb{N}_0$$

definierte Bijektion ausdrücken lässt. Tatsächlich geht die Begriffsbildung abzählbarer (und später auch überabzählbarer) Mengen auf Cantor zurück, jedoch gibt es historisch einen bemerkenswerten Vorläufer. So entdeckte Galilei,[17] dass die Menge der Quadratzahlen gleichmächtig wie die Menge der natürlichen Zahlen ist, denn die Abbildung $n \mapsto n^2$ definiert eine Bijektion zwischen $\mathbb{N}$ und eben der Menge der positiven Quadrate ganzer Zahlen:

$$1 \mapsto 1,\quad 2, \mapsto 4,\quad 3 \mapsto 9,\quad 4 \mapsto 16,\quad \ldots$$

In diesem Sinne kann also ein Teil genauso groß wie das Ganze sein.

Ein weiteres denkwürdiges (wenn nicht sogar merkwürdiges) Beispiel kommt aus der Hotelbranche: In einem Hotel mit endlich vielen Zimmern können keine Gäste mehr aufgenommen werden, sobald alle Zimmer belegt sind. In einem anderen Hotel mit unendlich vielen Zimmern, nennen wir es *Hilberts Hotel* nach seinem Konstrukteur David Hilbert, also in einem solchen Hotel mit Zimmern der Reihe nach von 1 bis unendlich durchnummeriert tritt dieses Problem erstaunlicher Weise nicht auf (siehe Abb. 5.10): Selbst wenn alle Zimmer belegt sind, findet noch ein Gast Platz: Um dies

---

[17] Galileo Galilei, ∗ 1564 – † 1642; bedeutender Physiker, Astronom und auch Mathematiker, der u. a. durch seinen Disput mit der katholischen Kirche als Verfechter des kopernikanischen Weltbildes und seine legendäre Abschwörung ‚Und sie bewegt sich doch!' bekannt ist.

Abbildung 5.10. On a dark desert highway – not much scenery / Except this long hotel, stretchin' far as I could see. / Neon sign in front, read ‚No Vacancy,' / But it was late and I was tired, so I went inside to plea. / The clerk said, ‚No problem. Here's what can be done– / We'll move those in a room to the next higher one. / That will free up the first room and that's where you can stay.' / I tried understanding this as I heard him say: / ‚Welcome to the HOTEL INFINITY – / Where every room is full (every room is full) / Yet there's room for more. / Yeah, plenty of room at the HOTEL INFINITY – / Move 'em down the floor (move 'em down the floor) / To make room for more. Dies ist der Anfang einer mathematischen Variation des bekannten Songs ‚Hotel California' von den Eagles durch Lawrence Mark Lesser (http://www.math.utep.edu/Faculty/lesser/hotelinfinity.html).

einzusehen, geht der Gast aus Zimmer 1 ins Zimmer 2, der Gast aus Zimmer 2 wechselt ins Zimmer 3, usw. Da die Anzahl der Zimmer unendlich ist, gibt es keinen *letzten* Gast, der nicht in ein weiteres Zimmer umziehen könnte. Tatsächlich erlaubt dies durch Wiederholung dieses Argumentes, für beliebig endlich viele neue Gäste ein Zimmer zu finden. Es ist sogar möglich, Platz für abzählbar viele neue Gäste zu schaffen: Hierzu siedelt der Gast aus Zimmer 1 wie gehabt nach Zimmer 2 über, der Gast aus Zimmer 2 wechselt nun aber nach Zimmer 4, der aus Zimmer 3 nach Zimmer 6, und allgemein geht der Gast aus Zimmer n zu Zimmer $2n$, und so weiter. Damit werden alle Zimmer mit ungerader Nummer frei für die abzählbar unendlich vielen neuen Gäste.

Satz 5.11. *Die Menge $\mathbb{Q}$ ist abzählbar.*

Beweis. Offensichtlich genügt es, die Abzählbarkeit der Menge $\mathbb{Q}_+$ aller positiven rationalen Zahlen zu zeigen (man vergleiche hierzu das Abzählbarkeitsargument für $\mathbb{N}$ und $\mathbb{Z}$ von oben). Hier liefert *Cantors Liste*

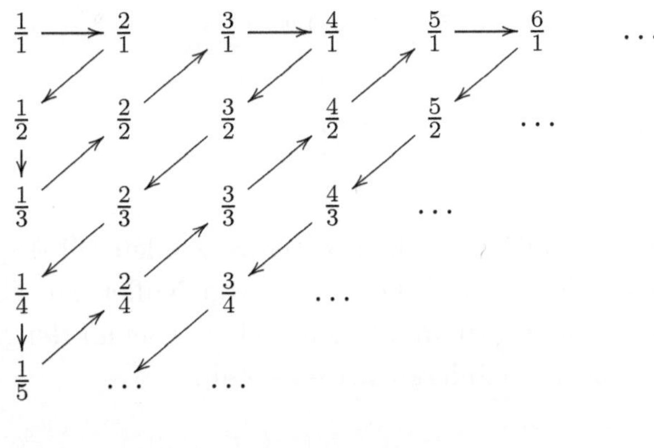

unmittelbar die gewünschte Abzählung. (Tatsächlich erscheint hier jede positive rationale Zahl $\frac{m}{n}$ unendlich oft, dabei aber nur ein einziges Mal in gekürzter Form, nämlich an der m-ten Stelle in der n-ten Zeile; diese Uneindeutigkeit ist dabei aber kein Problem.) • (Alternativ hätten wir auch den Calkin-Wilf-Baum aus Abschn. 2.3 als Abzählung verwenden können.)

Aufgabe 5.22. *An welcher Stelle steht der Bruch $\frac{355}{113}$? Man finde eine allgemeingültige Formel für die Position eines Bruches $\frac{m}{n} \in \mathbb{Q}^+$ in der Cantorschen Liste.*

Allgemein heißen zwei nicht-leere Mengen M und N **gleichmächtig**, wenn es eine Bijektion zwischen M und N gibt. Nennen wir eine Menge M **überabzählbar**, wenn sie weder endlich noch abzählbar ist, so mag man sich fragen, ob es denn solche Mengen überhaupt geben kann oder aber alle Mengen gleichmächtig wie $\mathbb{N}$ sind? Das folgende Resultat liefert eine Antwort.

Satz 5.12 (Cantor). *Die Menge $\mathbb{R}$ der reellen Zahlen ist überabzählbar.*

Im Gegensatz zu $\mathbb{Q}$ lassen sich die Elemente von $\mathbb{R}$ also nicht auflisten. Der Beweis dieses bemerkenswerten Satzes benutzt das *Cantorsche Diagonalargument* und ist eine Perle der Mathematik:

Beweis. Offensichtlich genügt es zu zeigen, dass die Menge aller reellen Zahlen x mit $0 \leq x \leq 1$ nicht abzählbar ist (denn dann ist erst recht die diese Zahlen beinhaltende Menge $\mathbb{R}$ überabzählbar). Wir argumentieren indirekt: Angenommen, es gäbe eine Abzählung und $\{r_1, r_2, \ldots\}$ wäre eine solche Folge reeller Zahlen. Dann könnten wir diese Folge reeller Zahlen in Form ihrer Dezimalbruchentwicklung auflisten:

$$r_1 = 0, a_{11}a_{12}a_{13} \ldots,$$

$$r_2 = 0, a_{21}a_{22}a_{23} \ldots,$$

$$r_3 = 0, a_{31}a_{32}a_{33} \ldots,$$

$$\ldots$$

Man beachte, dass die Ziffern a_{ij} hierbei ganze Zahlen mit $0 \leq a_{ij} \leq 9$ sind; verbieten wir zusätzlich unendliche Folgen von Nullen am Ende, dann ist diese Darstellung eindeutig (man erinnere sich hierbei an Beispiele der Form $0.1 = 0.09999\ldots$). Jetzt definieren wir eine Zahl

$$r = 0, b_1 b_2 b_3 \ldots \qquad \text{mit} \quad b_n = \begin{cases} 5 & \text{falls} \quad a_{nn} \neq 5, \\ 4 & \text{falls} \quad a_{nn} = 5. \end{cases}$$

Dann ist r sicherlich eine reelle Zahl, die $0 \leq r \leq 1$ genügt, welche aber nicht in unserer Liste der r_n auftritt; ansonsten wäre nämlich $r = r_n$ für ein $n \in \mathbb{N}$, was aber $b_n \neq a_{nn}$ widerspricht. Dies ist der gewünschte Widerspruch (erzielt durch Vergleich mit den Diagonaleinträgen in unserer Liste). •

Nicht nur der Inhalt des Cantorschen Satzes ist bemerkenswert, sondern auch die Beweismethode, die seitdem diverse Anwendungen erfahren hat. John Stillwell sieht bei diesem Beweis mit Diagonalargument eine interessante strukturelle Ähnlichkeit zu Euklids Beweis der Unendlichkeit der Primzahlen.[18]

Aufgabe 5.23. *Die Menge aller Teilmengen von* $\mathbb{N}$ *ist überabzählbar.*

Der Cantorsche Begriffs- und Beweisapparat ermöglicht sehr interessante Aussagen. Hilbert hat in diesem Zusammenhang geäußert:

> *„Aus dem Paradies, das Cantor uns geschaffen, soll uns niemand vertreiben können."*

Dieses Zitat ist insbesondere im Kontext der großen Vorbehalte und teilweise heftigen Auseinandersetzungen um Cantors Mengenlehre bei deren

---

[18] Siehe: J. Stillwell, *Wahrheit, Beweis, Unendlichkeit*, Springer 2014, S. 8,9.

Schöpfung gegen Ende des neunzehnten Jahrhunderts zu lesen.[19] Hier ein erstes paradiesisches Beispiel:

Korollar 5.13. *Die Menge $\mathbb{R} \setminus \mathbb{Q}$ der Irrationalzahlen ist überabzählbar.*

Beweis. Die abzählbare Vereinigung abzählbarer Mengen ist selbst wieder abzählbar (siehe nachstehende Aufgabe). Wäre nun $\mathbb{R} \setminus \mathbb{Q}$ abzählbar, so mittels Satz 5.11 auch

$$\mathbb{R} = (\mathbb{R} \setminus \mathbb{Q}) \cup \mathbb{Q},$$

im Widerspruch zu Satz 5.12. •

Aufgabe 5.24. *Beweise: Jede Teilmenge einer abzählbaren Menge ist abzählbar und jede abzählbare Vereinigung abzählbarer Mengen ist abzählbar.*

Nach Cantor sind also *fast alle* Zahlen irrational. Ganz ähnlich kann man die Mengen der algebraischen und transzendenten Zahlen gegeneinander abgrenzen. Hierbei heißt eine Zahl α **algebraisch**, wenn es ein Polynom P mit rationalen Koeffizienten gibt, welches nicht identisch verschwindet und $P(\alpha) = 0$ erfüllt; andernfalls nennt man α **transzendent**. Beispiele algebraischer Zahlen sind alle rationalen Zahlen (klar) sowie etwa $\sqrt{2}$ (denn $X^2 - 2$ hat $\sqrt{2}$ als Nullstelle) und auch Zahlen wie z. B.

$$\sqrt{2} + \sqrt{3}.$$

Ein zugehöriges Polynom $P(X)$, welches ebendiese Nullstelle besitzt, findet sich leicht durch den Ansatz $X = \sqrt{2} + \sqrt{3}$ und Wurzeln befreiende Umformungen:

$$X^2 - 2\sqrt{2}X + 2 = (X - \sqrt{2})^2 = \sqrt{3}^2 = 3,$$

bzw. $X^2 - 1 = 2\sqrt{2}X$; weiteres Quadrieren führt auf ein Polynom $P(X)$ vierten Grades, welches $\sqrt{2} + \sqrt{3}$ als Nullstelle besitzt.

Die Polynome P sind bei dieser Vorgehensweise oft genug von minimalem Grad. Das normierte Polynom $P \in \mathbb{Q}[X]$ mit minimalem Grad, welches eine gegebene algebraische Zahl α als Nullstelle besitzt, wird das **Minimalpolynom** von α genannt; der **Grad** von α ist dann definiert als der Grad seines Minimalpolynoms.

---

[19] In diesem Zusammenhang bemerkte Cantors früherer Lehrer Kronecker abweisend: *„Gott hat die natürlichen Zahlen geschaffen, alles andere ist Menschenwerk."* Die persönlichen Anfeindungen von Kollegen wie u. a. Kronecker führten dazu, dass Cantor etliche Jahre seines Lebens in einem Sanatorium verbrachte.

Aufgabe 5.25. *Finde vom Nullpolynom verschiedene Polynome $P(X)$, so dass $P(x) = 0$ gilt für*

   (i) $x = \sqrt{2} - \sqrt{3}$;
   (ii) $x = \sqrt[3]{2} + 1$;
   (iii) $x = \sqrt[3]{2} + \sqrt{5}$.

Kannst Du auch Minimalpolynome angeben?

Beispiele transzendenter Zahlen sind die Eulersche Zahl e, was zuerst Charles Hermite 1873 zeigte, und π, dessen Nachweis 1882 Carl Ferdinand Lindemann gelang; Beweise hierfür findet man z. B. in [15]. Transzendenzbeweise sind in der Regel sehr schwierig zu führen (und benötigen recht viel *Analysis* und *Zahlentheorie*). Mit Cantors Theorie der abzählbaren und überabzählbaren Mengen findet man jedoch relativ leicht: *Die Menge der algebraischen Zahlen ist abzählbar, die Menge der transzendenten Zahlen ist hingegen überabzählbar*, womit wir von der Existenz von transzenden-

Abbildung 5.11. *Links*: Charles Hermite, ∗ 24. Dezember 1822 in Dieuze – † 14. Januar 1901 in Paris; bedeutender französischer „Allround"mathematiker. *Rechts*: Carl Louis Ferdinand von Lindemann, ∗ 12. April 1852 in Hannover – † 6. März 1939 in München; sein Transzendenzbeweis von π impliziert insbesondere die Unmöglichkeit der ‚Quadratur des Kreises', also die Konstruktionsaufgabe, nur mit Zirkel und Lineal einen gegebenen Kreis in ein flächengleiches Quadrat zu überführen (was wir in Abschn. 8.3 behandeln werden). Lindemann habilitierte sich in Würzburg!

ten Zahlen wissen, wenngleich dieses Argument noch kein einziges explizites Beispiel einer transzendenten Zahl liefert.

Wir schließen mit einer bemerkenswerten Frage, die Cantor aufgeworfen hat: *Ist es wahr, dass jede unendliche Teilmenge der reellen Zahlen entweder abzählbar ist oder aber eine Bijektion mit $\mathbb{R}$ besteht?* Diese so genannte **Kontinuumshypothese** fragt also, ob jede Teilmenge von $\mathbb{R}$ entweder so mächtig wie $\mathbb{N}$ oder aber so mächtig wie $\mathbb{R}$ ist. Tatsächlich sind sowohl die Kontinuumshypothese als auch ihre Negation mit dem allgemeingebräuchlichen Axiomensystem ZFC (nach Zermelo und Fraenkel unter Hinzunahme des Auswahlaxioms; vgl. Abschn. 2.1) vereinbar, wie Kurt Gödel (siehe Abb. 9.2 in Abschn. 9.2) und Paul Cohen (1934–2007) gezeigt haben, also unabhängig und damit weder wahr noch falsch, sondern unentscheidbar!

$$* \qquad * \qquad * \qquad * \qquad *$$

Die Grundlagen der *Analysis* wurden erst im 19. Jahrhundert gelegt. In unserer Herangehensweise haben wir diverse Konzepte (wie etwa Stetigkeit und Differenzierbarkeit von Funktionen) unberücksichtigt gelassen. Wesentlich einfacher sind die von uns untersuchten Folgen und Reihen zu behandeln; mit diesen haben wir die reellen Zahlen kennen gelernt und verschiedene Zerlegungen derselben untersucht (rational vs. irrational sowie algebraisch vs. transzendent). Dabei sind wir immer noch nicht im zwanzigsten Jahrhundert angekommen.

Es ist interessant, dass in der Schule keine Mathematik des zwanzigsten Jahrhunderts auftritt, während die Physik bis zu den Konzepten der Relativitätstheorie und Quantenmechanik vorstößt.

Weitere Aufgaben zum fünften Kapitel

Es gibt unzählige[20] Aufgaben zur Folge der Fibonacci-Zahlen F_n.

Aufgabe 5.26. *Zeige folgenden Zusammenhang zwischen Binomialkoeffizienten und Fibonacci-Zahlen:*

$$\sum_{\substack{a \geq b \geq 0 \\ a+b=n}} \binom{a}{b} = F_{n+1},$$

wobei $n \in \mathbb{N}$. ⟨Diese Aufgabe wird in Abschn. 9.4 besprochen!⟩

---

[20] Wir sind versucht, sogar von *überabzählbar* vielen solchen Aufgaben zu sprechen.

Aufgabe 5.27. *Beweise*

$$\sum_{n=1}^{\infty} \frac{(-1)^{n+1}}{F_n F_{n+1}} = \frac{1}{1 \cdot 1} - \frac{1}{1 \cdot 2} + \frac{1}{2 \cdot 3} \mp \ldots = \frac{\sqrt{5}-1}{2}.$$

Aufgabe 5.28. *Das Fibonacci-Wort f ist Fixpunkt der einfachen Transformation $0 \mapsto 01, 1 \mapsto 0$*

$$f = 0 \ \ 10 \ \ 0 \ \ 10 \ \ 10 \ \ 0 \ldots$$
$$= 01 \ 0 \ 01 \ 01 \ 0 \ 01 \ 0 \ 01 \ 01 \ \ldots \ ;$$

es ist nicht-periodisch und Grenzwert der Rekursion

$$f_0 := 0, \ f_1 := 01 \qquad und \qquad f_{n+1} = f_n f_{n-1}.$$

Was ist damit gemeint? Bilde Dich zu ‚Wörtern in der Mathematik' und verifiziere die obigen Aussagen! Wie viele Nullen treten in den f_n bzw. in f auf?

Manchmal treten Fibonacci-Folgen auch unvermutet auf. Die folgende Aufgabe behandelt rekursiv definierte Folgen und hält neben Hinweisen zur Vergangenheit der Fibonacci-Folge weitere kleine Überraschungen bereit:

Aufgabe 5.29.

(i) *Gib eine explizite Beschreibungen der folgenden rekursiv definierten Folgen $(a_n), (b_n)$ und c_n an:*
- *$a_{n+1} = a_n - a_{n-1}$ für $n \in \mathbb{N}$ mit Startwerten $a_0 = 0$ und $a_1 = 1$;*
- *$b_{n+1} = 2b_n - b_{n-1}$ für $n \in \mathbb{N}$ mit Startwerten $b_0 = 0$ und $b_1 = 1$;*
- *$c_{n+1} = c_n + c_{n-1}$ für $n \in \mathbb{N}$ mit Startwerten $c_0 = 1$ und $c_1 = 0$;*

(ii) *Setze die Folge der Fibonacci-Zahlen F_n so fort, dass die Zahlen F_n auch für negative ganze Zahlen n erklärt sind*

Aufgabe 5.30. *Die Folge der Zahlen x_n sei definiert durch einen positiven Startwert x_0 und $x_{n+1} = \sqrt{1 + x_n}$. Ist die Folge konvergent? Berechne gegebenenfalls den Grenzwert!*

Hinter dem so genannten *Rad des Aristoteles* steckt folgende seltsame Beobachtung: Gegeben seien zwei fest miteinander verbundene Kreise mit identischem Mittelpunkt und Radien $r > s > 0$. Es besteht eine Bijektion zwischen den Punkten auf dem größeren Kreis und den Punkten auf dem kleineren Kreis (etwa jeweils gegeben durch die Schnittpunkte der Kreise mit

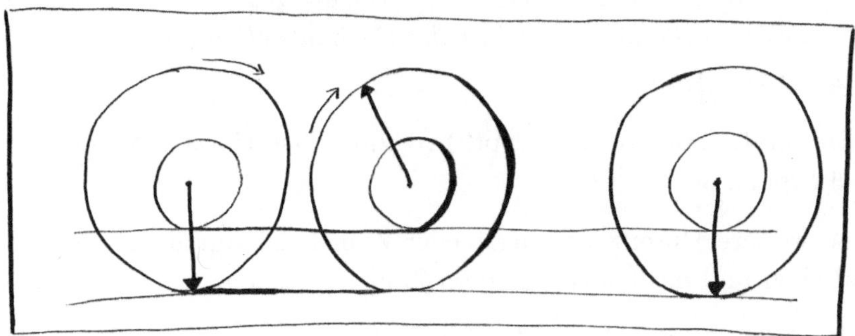

Abbildung 5.12. Punkte auf verschiedenen Kreisen legen dieselbe Distanz beim Abrollen des Rades zurück, obwohl sie unterschiedlichen Abstand von der Drehachse haben.

Geraden durch deren Mittelpunkt). Rollt man den größeren Kreis einmal ab, so wird auch der kleinere Kreis genau einmal abgerollt; dabei legen korrespondierende Punkte auf dem kleinen und auf dem größeren Kreis dieselbe Distanz zurück, welche gleich dem Umfang $2\pi r$ des größeren Kreises ist; allerdings ist der Umfang des kleinen Kreises $2\pi s$ kleiner. *Wie kann das sein?*

Aufgabe 5.31. *Man mache sich Aristoteles' Paradoxon am Rad eines Fahrrades klar. Versuche eine Erklärung zu finden!* Hinweis: Es könnte hilfreich sein, in diesem Szenario die Kreise durch regelmäßige Sechsecke (oder gar n-Ecke) zu ersetzen (und n beliebig groß werden zu lassen).[21]

Die Zahlbereichserweiterung von $\mathbb{Q}$ nach $\mathbb{R}$ wirft viele Fragen auf. Wir starten mit einer leichten. Ein Einzeiler nach Theodor Estermann beweist $\sqrt{2} \notin \mathbb{Q}$ wie folgt: Wäre $\sqrt{2} = \frac{a}{b}$ mit $\mathrm{ggT}(a,b) = 1$, dann ebenso $\sqrt{2} = \frac{2b-a}{a-b}$ und ein Widerspruch ergibt sich aus der Minimalität von b.

Aufgabe 5.32. *Beweise: Für natürliche n ist $\sqrt{n}$ genau dann irrational, wenn die Exponenten in der Primfaktorzerlegung von n alle gerade sind.*

Aufgabe 5.33. *Sind die folgenden Zahlen rational oder irrational?*

- *Die Lösung/en α der Gleichung $2^\alpha = 4^{\alpha^2}$;*
- *$\sqrt[3]{2}$ (also die reelle Lösung der Gleichung $X^3 = 2$);*
- *$\beta = \log_{10} 2$ (also die Lösung der Gleichung $10^\beta = 2$);*

---

[21] Eine erhellende Animation und Hilfestellung bietet die Webseite http://mathworld.wolfram.com/AristotlesWheelParadox.html.

- $\gamma = 0{,}182764125216343\ldots$ *(wobei die Kuben natürlicher Zahlen ihrer Größe nach geordnet die Dezimalstellen ausmachen).*

Begründe Deine Antwort!

Aufgabe 5.34. *Beweise, dass* $\exp(2)$ *irrational ist.* Hinweis: Verfahre analog zum Fall $\exp(1)$.

Eine weitere Unterscheidung reeller Zahlen ist durch die Begriffe der algebraischen und der transzendenten Zahlen gegeben.

Aufgabe 5.35. *Zeige, dass jedes Element von* $\mathbb{Q}(\sqrt{2}) = \{a + b\sqrt{2} : a, b \in \mathbb{Q}\}$ *(siehe Abschn. 3.5) algebraisch ist von einem Grad eins oder zwei.*

Aufgabe 5.36. *Ausgehend von der Transzendenz von* e *und* π, *beweise, dass* $e + \pi$ *und* $e \cdot \pi$ *nicht beide algebraisch sein können.*

Aufgabe 5.37. *Beweise, dass die Menge der algebraischen Zahlen abzählbar ist und die Menge der transzendenten Zahlen überabzählbar.*

6

Diophantische Approximation

Reelle Zahlen sind recht unhandlich – man denke etwa an deren unzureichende (approximative) Darstellung als Dezimalbrüche in Taschenrechnern. In vielen Problemstellungen sind rationale Zahlen wesentlich leichter zu handhaben. Nun liegt die Menge $\mathbb{Q}$ **dicht** in der Menge $\mathbb{R}$, d. h. in jeder noch so kleinen Umgebung einer beliebigen reellen Zahl gibt es eine (tatsächlich sogar unendlich viele) rationale Zahl(en). Insofern macht es Sinn, reelle Zahlen durch rationale approximieren zu wollen, aber *wie macht man das?* Hierzu starten wir mit einer weiteren Abzählung der rationalen Zahlen.

Aufgabe 6.1. *Beweise, dass $\mathbb{Q}$ tatsächlich dicht in $\mathbb{R}$ liegt und finde eine möglichst gute rationale Näherung $\frac{p}{q}$ an π mit einem Nenner kleiner oder gleich* 160.

6.1 Die Farey-Folge und Ford-Kreise

Wir hatten mit der expliziten Abzählung der positiven rationalen Zahlen nach Cantor in Abschn. 5.6 sowie dem Calkin-Wilf-Baum in Abschn. 2.3 Abzählungen von $\mathbb{Q}$ kennen gelernt. Eine weitere solche Liste der rationalen Zahlen und damit verbunden auch eine erste Methode zur diophantischen Approximation liefert die Farey-Folge (benannt nach dem Geologen John Farey, der sich 1816 mit dieser befasste, wenngleich bereits Charles Haros 1802 diese entdeckt hatte). Zu $n \in \mathbb{N}$ ist die **Farey-Folge** $\mathcal{F}_n$ definiert als die geordnete Liste aller reduzierter Brüche des Einheitsintervalls $[0, 1]$ mit Nenner $\leq n$:

$$\mathcal{F}_n = \left\{ \frac{a}{b} \in \mathbb{Q} : 0 \leq a \leq b \leq n \quad \text{mit} \quad \mathsf{ggT}(a, b) = 1 \right\}.$$

Zum Beispiel

$$(6.1) \quad \mathcal{F}_1 = \left\{ \frac{\mathbf{0}}{\mathbf{1}}, \frac{\mathbf{1}}{\mathbf{1}} \right\} \subset \mathcal{F}_2 = \left\{ \frac{\mathbf{0}}{\mathbf{1}}, \frac{\mathbf{1}}{\mathbf{2}}, \frac{\mathbf{1}}{\mathbf{1}} \right\} \subset \mathcal{F}_3 = \left\{ \frac{\mathbf{0}}{\mathbf{1}}, \frac{\mathbf{1}}{\mathbf{3}}, \frac{\mathbf{1}}{\mathbf{2}}, \frac{\mathbf{2}}{\mathbf{3}}, \frac{\mathbf{1}}{\mathbf{1}} \right\} \subset \cdots.$$

Offensichtlich gilt $\mathcal{F}_n \subset \mathcal{F}_{n+1}$. Jede rationale Zahl des Einheitsintervalls ist ab einem bestimmten Index n in den Farey-Folgen $\mathcal{F}_n$ enthalten. Insofern entsteht so ganz $\mathbb{Q}$ modulo $\mathbb{Z}$, und $\mathbb{Q}$ ist insbesondere abzählbar (als abzählbare Vereinigung abzählbarer Mengen):

$$\mathbb{Q} \cap [0,1] = \bigcup_{n \in \mathbb{N}} \mathcal{F}_n.$$

Zwei aufeinanderfolgende Elemente in $\mathcal{F}_n$ heißen **benachbart**.

Satz 6.1. *Sind $\frac{a}{b} < \frac{c}{d}$ benachbart in $\mathcal{F}_n$, so gilt $bc - ad = 1$.*

Beweis. Betrachte die Gleichung $bX - aY = 1$. Da a und b teilerfremd sind, gibt es nach dem Satz 3.5 von Bézout (bzw. mit dem euklidischen Algorithmus rückwärts) Lösungen $x, y \in \mathbb{Z}$; betrachten wir nebenbei die homogene Gleichung $bX - aY = 0$, so folgt, dass wir insbesondere $n - b < y \leq n$ für unsere Lösung annehmen dürfen. Damit sind auch x und y teilerfremd und es gilt

$$(6.2) \qquad \frac{x}{y} - \frac{a}{b} = \frac{1}{by}.$$

Angenommen, $\frac{c}{d} < \frac{x}{y}$, so folgt

$$\frac{x}{y} - \frac{c}{d} = \frac{dx - cy}{dy} \geq \frac{1}{dy}.$$

Ferner

$$\frac{c}{d} - \frac{a}{b} = \frac{bc - ad}{bd} \geq \frac{1}{bd}.$$

Diese Abschätzungen implizieren

$$\frac{x}{y} - \frac{a}{b} = \frac{x}{y} \underbrace{- \frac{c}{d} + \frac{c}{d}}_{=0} - \frac{a}{b} \geq \frac{1}{dy} + \frac{1}{bd} = \frac{y + b}{bdy} > \frac{n}{bdy}.$$

Wegen (6.2) folgt $n < d$, im Widerspruch zu $\frac{c}{d} \in \mathcal{F}_n$. Also gilt $\frac{x}{y} \leq \frac{c}{d}$. Weil $\frac{a}{b} < \frac{c}{d}$ Nachbarn sind, muss $\frac{x}{y} = \frac{c}{d}$ gelten und also nach Konstruktion

$$bc - ad = by - ax = 1;$$

der Satz ist bewiesen. •

Wir definieren die **Mediante** von $\frac{a}{b}, \frac{c}{d} \in \mathcal{F}_n$ durch $\frac{a+c}{b+d}$ (falsches Addieren zweier Brüche). Falls $\frac{a}{b} < \frac{c}{d}$, dann ist offensichtlich

$$\frac{a}{b} < \frac{a + c}{b + d} < \frac{c}{d}.$$

Aufgabe 6.2. *Die Mediante ist ein Mittelwert, aber nicht monoton, denn es gilt etwa*

$$\frac{1}{6} < \frac{1}{3} \quad und \quad \frac{23}{36} < \frac{2}{3}\,, \quad aber \quad \frac{1+23}{6+36} = \frac{4}{7} > \frac{1}{2} = \frac{1+2}{3+3}.$$

Dieses Phänomen ist nach dem Kryptoanalytiker und Statistiker Edward Simpson benannt und als **Simpsons Paradoxon** *bekannt (obwohl es alles andere als paradox ist). Man zeige, dass es unendlich viele Beispiele für das Simpsonsche Paradoxon gibt.*

Medianten bilden die Farey-Folge aus $\frac{0}{1}$ und $\frac{1}{1}$:

Satz 6.2. *Die Brüche aus $\mathcal{F}_n \backslash \mathcal{F}_{n-1}$ sind Medianten von Nachbarn in $\mathcal{F}_{n-1}$.*

Insbesondere geht die Eigenschaft, dass zwei aufeinanderfolgende Farey-Brüche $\frac{a}{b}, \frac{c}{d}$ benachbart sind, verloren in $\mathcal{F}_n$ für $n = b + d$.

Beweis. Mittels Satz 6.1 gelten für aufeinanderfolgende Farey-Brüche $\frac{a}{b} < \frac{x}{y} < \frac{c}{d}$ in $\mathcal{F}_n$ die Identitäten $bx - ay = 1$ und $cy - dx = 1$. Multiplizieren wir diese mit c und a bzw. d und b, so ergibt sich

$$x(bc - ad) = a + c \quad und \quad y(bc - ad) = b + d.$$

Dies liefert

$$\frac{x}{y} = \frac{x(bc - ad)}{y(bc - ad)} = \frac{a + c}{b + d},$$

was zu zeigen war. •

Aufgabe 6.3. *Welches sind die Nachbarn von $\frac{13}{121}$ in $\mathcal{F}_{121}$ bzw. $\mathcal{F}_{212}$?*

Wie findet man nun *explizit* gute rationale Approximationen an eine gegebene reelle Zahl α im Einheitsintervall? Möchten wir eine rationale Approximation mit Nenner $\leq n$ haben, so ist dies also der Farey-Bruch $\frac{a}{b} \in \mathcal{F}_n$ mit minimalem Abstand zu α. Wie wir gleich sehen werden, erhält man durch Bildung geeigneter Medianten weitere Approximationen. Eine wichtige Frage ist dabei, wann eine rationale Zahl überhaupt eine *gute* rationale Approximation genannt werden sollte? Hier hilft folgender Satz von Peter Lejeune Dirichlet:

Satz 6.3 (Approximationssatz von Dirichlet, 1842). *Zu einer gegebenen reellen Zahl α und beliebigem $Q \geq 3$ gibt es ganze Zahlen p und $q < Q$ mit*

$$(6.3) \qquad\qquad \left| \alpha - \frac{p}{q} \right| \leq \frac{1}{qQ};$$

ist α irrational, so existieren unendlich viele gekürzte rationale Zahlen $\frac{p}{q}$ mit

$$(6.4) \qquad \left| \alpha - \frac{p}{q} \right| < \frac{1}{q^2}.$$

Beweis. Wir dürfen annehmen, dass die Ungleichung $0 < \alpha \leq 1$ erfüllt ist. Sei nun $\frac{a}{b} \in \mathcal{F}_n$ maximal mit $\frac{a}{b} < \alpha$ und sei $\frac{c}{d}$ der obere Nachbar von $\frac{a}{b}$ in $\mathcal{F}_n$. Wir setzen ferner voraus, dass $\max\{b, d\} \leq Q \leq b + d$. Dann gilt für die Mediante von $\frac{a}{b}$ und $\frac{c}{d}$

$$\text{entweder} \quad \frac{a}{b} < \alpha \leq \frac{a+c}{b+d} \qquad \text{oder} \quad \frac{a+c}{b+d} < \alpha \leq \frac{c}{d}.$$

Nach Satz 6.1 gilt

$$\frac{a+c}{b+d} - \frac{a}{b} = \frac{ab + bc - ab - ad}{b(b+d)} = \frac{1}{b(b+d)}$$

und ganz analog

$$\frac{c}{d} - \frac{a+c}{b+d} = \frac{1}{(b+d)d}.$$

Mit $\frac{p}{q} = \frac{a}{b}$ oder $\frac{p}{q} = \frac{c}{d}$ ist damit also

$$\left| \alpha - \frac{p}{q} \right| \leq \min\left\{ \frac{a+c}{b+d} - \frac{a}{b}, \frac{c}{d} - \frac{a+c}{b+d} \right\} = \min\left\{ \frac{1}{b(b+d)}, \frac{1}{(b+d)d} \right\}.$$

Wählen wir nun q als b oder d, je nachdem ob α näher bei $\frac{a}{b}$ oder $\frac{c}{d}$ liegt, dann ist $q \leq Q$ sowie

$$\min\left\{ \frac{1}{b(b+d)}, \frac{1}{(b+d)d} \right\} \leq \frac{1}{qQ}$$

und mit $\frac{p}{q}$ ist eine rationale Approximation der geforderten Qualität an α gefunden. Mit wachsenden b und d ergibt sich die erste Aussage des Satzes für beliebige $Q \geq 3$.

Die zweite Aussage behandelt irrationale α. Ist $\alpha \in \mathbb{R} \setminus \mathbb{Q}$, so gilt $|\alpha - \frac{p}{q}| > 0$, und die linke Seite ist echt größer als $\frac{1}{m}$ für eine hinreichend große natürliche Zahl m (auf Grund der archimedischen Eigenschaft der reeller Zahlen). Nun gilt für Nachbarn $\frac{A}{B} < \frac{C}{D}$ in $\mathcal{F}_m$ nach Satz 6.1

$$\frac{C}{D} - \frac{A}{B} = \frac{BC - AD}{BD} = \frac{1}{BD} \leq \frac{1}{m} < \left| \alpha - \frac{p}{q} \right|$$

(denn der Abstand von Nachbarn in $\mathcal{F}_m$ ist maximal $\frac{1}{m}$). Besteht nun $\frac{A}{B} < \alpha < \frac{C}{D}$, so folgt

$$\alpha - \frac{A}{B}, \frac{C}{D} - \alpha < \frac{1}{m} < \left| \alpha - \frac{p}{q} \right|.$$

Damit sind die Brüche $\frac{A}{B}$ bzw. $\frac{C}{D}$ verschieden von der bereits gefundenen Näherung $\frac{p}{q}$, und wir können unser obiges Argument nun mit sukzessive $\frac{A}{B}$ statt $\frac{a}{b}$ und $\frac{C}{D}$ statt $\frac{c}{d}$ ad infinitum fortsetzen. $\bullet$

Tatsächlich ist dieser Dirichletsche Approximationssatz von großer Bedeutung, denn die enthaltene Approximationseigenschaft charakterisiert Irrationalzahlen:

Satz 6.4. *Für rationale Zahlen α gibt es nur endlich viele rationale Zahlen $\frac{p}{q}$ mit*

$$\left| \alpha - \frac{p}{q} \right| < \frac{1}{q^2}.$$

Die Frage, ob eine gegebene reelle Zahl α irrational ist, lässt sich also durch die Qualität rationaler Näherungen beantworten. Im Falle eines irrationalen α existieren unendlich viele $\frac{p}{q}$, die um weniger als $\frac{1}{q^2}$ von α abweichen, while für rationale α nur endlich viele solche existieren.

Beweis. Ist $\alpha = \frac{m}{n}$ mit teilerfremden m, n und $\frac{m}{n} \neq \frac{p}{q}$, so gilt

$$\left| \frac{m}{n} - \frac{p}{q} \right| = \frac{|mq - np|}{qn} \geq \frac{1}{qn},$$

und also kann die Ungleichung des Satzes nur mit $q < n$ erfüllt sein. Zu jedem $1 < q < n$ gibt es aber nur höchstens ein p mit dieser Eigenschaft, was die Endlichkeitsaussage beweist. $\bullet$

Aufgabe 6.4. *Man finde alle $\frac{p}{q} \in \mathbb{Q}$ mit $\left| \frac{355}{113} - \frac{p}{q} \right| < \frac{1}{q^2}$.*

Der Beweis des Dirichletschen Approximationssatzes 6.3 zeigt, wie sich unser Approximationsproblem tatsächlich lösen lässt. Gegeben eine Irrationalzahl, die wir durch rationale Zahlen annähern wollen, finden wir durch Mediantenbildung sukzessive bessere und bessere Approximationen; hieraus lässt sich auch eine Intervallschachtelung an die zu approximierende Irrationalzahl konstruieren. Wir geben mit dem goldenen Schnitt ein illustrierendes Beispiel (vgl. Abschn. 5.1):

$$G = \tfrac{1}{2}(\sqrt{5} + 1) = 1{,}6180339\ldots.$$

Eine rationale Approximation durch Abschneiden der Dezimalbruchentwicklung wäre etwa $1{,}61 = \frac{161}{100}$. Allerdings liefert dies mit $0{,}008\ldots$ einen recht großen Fehler für einen Bruch mit einem bereits dreistelligen Nenner. Mit

Hilfe der Farey-Folge gewinnt man hingegen beispielsweise

$$G - \tfrac{8}{5} = 0{,}018\ldots,$$

$$\tfrac{13}{8} - G = 0{,}0069\ldots,$$

$$G - \tfrac{21}{13} = 0{,}0026\ldots,$$

$$\ldots$$

$$\tfrac{144}{89} - G = 0{,}00005\ldots,$$

(Dabei arbeitet man zunächst mit $g = G - 1 = \tfrac{1}{2}(\sqrt{5} - 1) = 0{,}6180339\ldots$, um eine Zahl im Einheitsintervall zu haben.) Bereits der Bruch $\tfrac{13}{8}$ liefert trotz seines kleinen Nenners mit weniger als sieben Tausendstel eine bessere Approximation an G als die Dezimalbruchentwicklung! Bemerkenswerterweise sind die besten rationalen Näherungen an den Goldenen Schnitt jeweils Quotienten aufeinanderfolgender Fibonacci-Zahlen – ein Phänomen, welches wir später noch erklären werden.

Aufgabe 6.5. *Erstelle eine Liste aller rationalen Zahlen $\tfrac{a}{b} < \sqrt{2} - 1 < \tfrac{c}{d}$ minimalen Abstands in $\mathcal{F}_n$ für $n \leq 20$ und gib mit Hilfe eines elektronischen Rechners jeweils minimalen Abstand auf acht Nachkommastellen gerundet an.*

Die Farey-Folge stellt eine bemerkenswerte Geometrie bereit, was zuerst Lester Ford[1] entdeckte. Dazu betrachte man das Einheitsintervall $[0, 1]$ in der euklidischen Ebene $\mathbb{R}^2$ eingebettet und definiere zu jedem $\tfrac{a}{b} \in \mathcal{F}_n$ den sogenannten **Ford-Kreis** durch

$$\mathcal{C}\left(\frac{a}{b}\right) = \left\{ (x, y) \in \mathbb{R}^2 : \left(x - \frac{a}{b}\right)^2 + \left(y - \frac{1}{2b^2}\right)^2 = \left(\frac{1}{2b^2}\right)^2 \right\}.$$

Man mache sich klar, dass dies einen Kreis vom Radius $\tfrac{1}{2b^2}$ um den Mittelpunkt $(\tfrac{a}{b}, \tfrac{1}{2b^2})$ beschreibt. Die besten rationalen Approximationen an eine gegebene Zahl α findet man nun durch den Schnitt der Geraden $x = \alpha$ mit etwaigen Fordkreisen in der euklidischen Ebene; dabei stehen größere Kreise für kleine Nenner und ergeben sich als erste Schnitte wenn man sich auf dieser Geraden von oben nach unten bewegt. Gemäß des Dirichletschen Approximationssatzes 6.3 gibt es genau im Falle irrationaler α unendlich viele schneidende, mit wachsendem b immer kleiner werdende Ford-Kreise, stellvertretend für die immer besser approximierenden rationalen x-Koordinaten der jeweiligen Mittelpunkte (siehe Abb. 6.1).

---

[1] L.R. Ford, Fractions, *Am. Math. Mon.* **45** (1938), 586-601

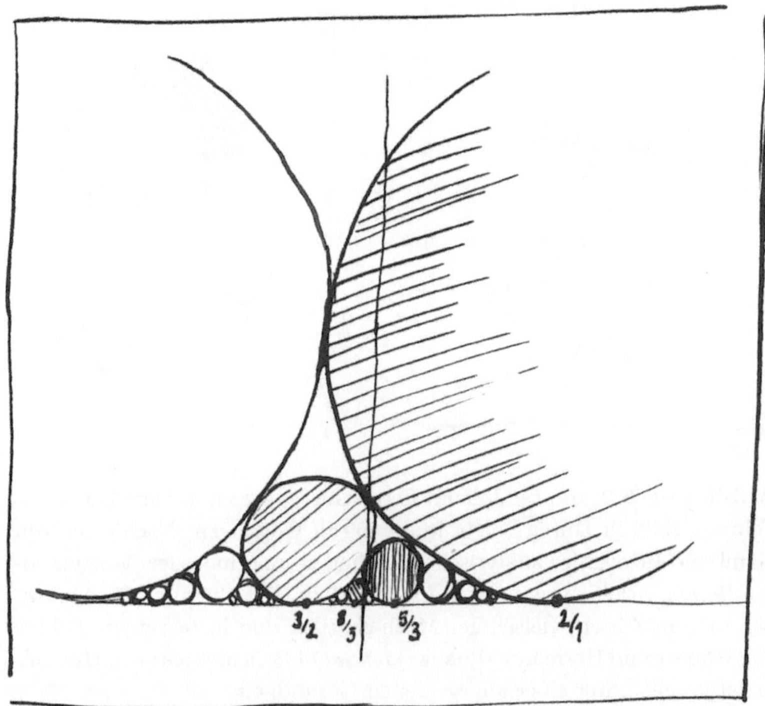

Abbildung 6.1. Ford-Kreise liefern eine schöne Kreispackung; ferner können sie zur visuellen Auffindung geeigneter rationaler Approximationen benutzt werden. Auf der reellen Achse eingezeichnet die ersten besten rationalen Approximationen an den goldenen Schnitt G; je dunkler die Kreise werden, desto besser ist die Approximation der entsprechenden x-Koordinate an G.

Aufgabe 6.6. *Man beweise, dass zwei Ford-Kreise sich genau dann berühren, wenn die zugehörigen Farey-Brüche in einem $\mathcal{F}_n$ benachbart sind; ansonsten ist deren Schnitt leer.*

6.2 Der Approximationssatz von Hurwitz

Die Folge der besten rationalen Approximationen an den goldenen Schnitt $G = \frac{1}{2}(\sqrt{5}+1) = 1.61803\,39890\ldots$ (der Nennergröße nach geordnet) startet mit

$$\frac{2}{1}, \frac{3}{2}, \frac{5}{3}, \frac{8}{5}, \frac{13}{8}, \frac{21}{13}, \frac{34}{21}, \ldots$$

Abbildung 6.2. *Links*: Johann Peter Gustav Lejeune Dirichlet, ∗ 13. Februar 1805 in Düren – † 5. Mai 1859 in Göttingen; Nachfolger von Gauß und Begründer analytischer Methoden innerhalb der Zahlentheorie. *Rechts*: Adolf Hurwitz, ∗ 26. März 1859 in Hildesheim – † 18. November 1919 in Zürich; vielseitiger Mathematiker und insbesondere Lehrer von Hilbert und Hermann Minkowski. Sowohl Dirichlet als auch Hurwitz litten jeweils unter einer angegriffenen Gesundheit.

Eine numerische Berechnung, die wir dem Leser überlassen, legt nahe, dass $q|qG - p|$ wohl gegen den Grenzwert $0.447\ldots$ konvergiert, was den Dirichletschen Approximationssatz 6.3 deutlich verschärft. Tatsächlich gilt eine solche Verschärfung nicht nur im Falle des goldenen Schnittes, sondern in größter Allgemeinheit:

Satz 6.5 (Approximationssatz von Hurwitz). *Ist α irrational, dann gibt es unendlich viele rationale Zahlen $\frac{p}{q}$, so dass*

$$\left| \alpha - \frac{p}{q} \right| < \frac{1}{\sqrt{5}q^2};$$

die Konstante $\sqrt{5}$ ist hierbei bestmöglich: Wird $\sqrt{5}$ durch eine größere Konstante ersetzt, so gibt es im Falle $\alpha = G$ nur noch endlich viele p, q, die obiger Ungleichung genügen.

Beweis. Angenommen, $\frac{a}{b} < \frac{c}{d}$ sind benachbart in $\mathcal{F}_n$ mit

$$(6.5) \qquad \frac{a}{b} < \alpha < \frac{c}{d}.$$

Wir dürfen ferner voraussetzen, dass $\alpha > \frac{a+c}{b+d}$ (ansonsten ersetzen wir α durch $1 - \alpha$). Falls nun

$$\alpha - \frac{a}{b} \geq \frac{1}{\sqrt{5}b^2} \ , \qquad \alpha - \frac{a+c}{b+d} \geq \frac{1}{\sqrt{5}(b+d)^2},$$

(6.6)
$$\text{und} \qquad \frac{c}{d} - \alpha \geq \frac{1}{\sqrt{5}d^2},$$

dann liefert Addition dieser Ungleichungen

$$\frac{c}{d} - \frac{a}{b} \geq \frac{1}{\sqrt{5}} \left(\frac{1}{b^2} + \frac{1}{d^2} \right) = \frac{1}{\sqrt{5}} \frac{b^2 + d^2}{b^2 d^2}$$

sowie

$$\frac{c}{d} - \frac{a+c}{b+d} \geq \frac{1}{\sqrt{5}} \left(\frac{1}{d^2} + \frac{1}{(b+d)^2} \right) = \frac{1}{\sqrt{5}} \frac{(b+d)^2 + d^2}{d^2(b+d)^2}.$$

Jetzt folgt mit Satz 6.1 und 6.2

$$\frac{c}{d} - \frac{a}{b} = \frac{1}{bd} \qquad \text{und} \qquad \frac{c}{d} - \frac{a+c}{b+d} = \frac{1}{d(b+d)}.$$

Daraus ergeben sich

$$\sqrt{5}bd \geq b^2 + d^2 \qquad \text{und} \qquad \sqrt{5}(b+d)d \geq (b+d)^2 + d^2.$$

Addition beider Ungleichungen liefert

$$\sqrt{5}(d^2 + 2bd) \geq 3d^2 + 2bd + 2b^2,$$

bzw.

$$0 \geq 4b^2 - 4(\sqrt{5} - 1)bd + (5 - 2\sqrt{5} + 1)d^2 = (2b - (\sqrt{5} - 1)d)^2,$$

was unmöglich ist, da $b, d \in \mathbb{Z}$, aber $\sqrt{5} \notin \mathbb{Q}$. Also folgt wegen (6.6), dass mindestens eine der Ungleichungen

$$\left| \alpha - \frac{a}{b} \right| < \frac{1}{\sqrt{5}b^2}, \quad \left| \alpha - \frac{a+c}{b+d} \right| < \frac{1}{\sqrt{5}(b+d)^2} \quad \text{oder} \quad \left| \alpha - \frac{c}{d} \right| < \frac{1}{\sqrt{5}d^2}$$

besteht. Unsere Argumentation hatte mit (6.5) begonnen, indem α mit seinem Nachbarn in $\mathcal{F}_n$ verknüpft wurde. Da α irrational ist, kann α nicht identisch mit diesem Nachbarn sein. Wenden wir nun unser Argument wieder und wieder mit wachsendem n an, ergibt sich eine unendliche Folge von Nachbarn, welche unser α immer genauer entsprechend unserer Vorgabe approximieren. Es folgt also die erste Behauptung des Satzes.

Für die zweite Behauptung betrachten wir das Polynom

$$P(X) := X^2 - X - 1 = (X - G)(X + g),$$

welches schon eine herausragende Rolle im Beweis der Binetschen Formel (Satz 5.3) spielte. Angenommen, es gibt eine positive Konstante C, so dass

$$\left| G - \frac{p}{q} \right| < \frac{1}{Cq^2}$$

mit $p \in \mathbb{Z}, q \in \mathbb{N}$. Dann gilt

$$\left| P\left(\frac{p}{q}\right) \right| = \left| G - \frac{p}{q} \right| \cdot \left| g + \frac{p}{q} \right| = \left| G - \frac{p}{q} \right| \cdot \left| g \underbrace{+ G - G}_{=0} + \frac{p}{q} \right|$$

$$\leq \left| G - \frac{p}{q} \right| \left(g + G + \left| G - \frac{p}{q} \right| \right)$$

$$< \frac{1}{Cq^2} \left(g + G + \frac{1}{Cq^2} \right) = \frac{\sqrt{5}}{Cq^2} + \frac{1}{C^2 q^4}.$$

Da das Polynom P irreduzibel ist (also nicht in ein Produkt zweier linearer Polynome mit rationalen Koeffizienten faktorisierbar ist), ergibt sich

$$\left| P\left(\frac{p}{q}\right) \right| = \frac{|p^2 + pq - q^2|}{q^2} \geq \frac{1}{q^2}.$$

Vergleichen wir beide Abschätzungen für $P(\frac{p}{q})$, so erhalten wir

$$C < \sqrt{5} + \frac{1}{Cq^2}.$$

Mit gen unendlich wachsendem q liefert dies $C \leq \sqrt{5}$. Damit ist der Satz nun vollständig bewiesen. $\bullet$

Aufgabe 6.7. *Angenommen, α ist irrational und Nullstelle eines quadratischen Polynoms $aX^2 + bX + c$ mit Koeffizienten $a, b, c \in \mathbb{Z}$. Zeige, dass dann für $C > \sqrt{b^2 - 4ac}$ die Ungleichung*

$$\left| \alpha - \frac{p}{q} \right| < \frac{1}{Cq^2}$$

nur endlich viele Lösungen $p, q \in \mathbb{Z}$ besitzt.

6.3 Kettenbruchkalkül

In diesem Paragraphen werden wir Kettenbrüche kennen lernen. Sie liefern nicht nur eine weitere Darstellung reeller Zahlen, sondern eignen sich darüber hinaus als Werkzeug zur Findung geeigneter rationaler Approximationen. Kettenbrüche wurden in vielen Kulturen untersucht und benutzt; die bemerkenswertesten Leistungen gehen zurück auf Aryabhata (den Älteren) und Bhaskara (ebenfalls der Ältere) in Indien im sechsten bzw. siebten

Jahrhundert in Indien, welche Kettenbrüche bereits benutzten, um lineare diophantische Gleichungen zu lösen. Eine erste systematische Theorie hingegen wurde aber erst durch den Astronomen, Physiker und nicht zuletzt Mathematiker Christiaan Huygens im 17. Jahrhundert gegeben (als dieser ein mechanisches Modell unseres Sonnensystems bauen wollte). Zunächst betrachten wir den euklidischen Algorithmus (Satz 3.3), welchen wir umschreiben als

$$(6.7) \qquad \frac{r_{n-1}}{r_n} = \left\lfloor \frac{r_{n-1}}{r_n} \right\rfloor + \frac{r_{n+1}}{r_n} \qquad \text{mit} \quad 0 \leq r_{n+1} < r_n$$

für $n \leq m$; dabei steht $\lfloor x \rfloor$ für die größte ganze Zahl $\leq x$ (siehe Abschn. 3.1). Setzen wir $a_n = \lfloor \frac{r_{n-1}}{r_n} \rfloor$, so ergibt sich

$$\frac{a}{b} = \frac{r_{-1}}{r_0} = a_0 + \left(\frac{r_0}{r_1}\right)^{-1} = a_0 + \cfrac{1}{a_1 + \left(\cfrac{r_1}{r_2}\right)^{-1}} = \ldots \ .$$

Die erste Gleichung liefert den Ganzteil von $\frac{a}{b}$; jede weitere gibt bessere und bessere Näherungen (mit den tatsächlich kleinstmöglichen Nennern entsprechend der Approximationsqualität, wie wir weiter unten zeigen werden).

Ein illustrierendes Beispiel: *Wie konstruiert man einen guten Kalender?* Das Sonnenjahr[2] hat ungefähr

$$365 \text{ Tage 5 Stunden 48 Minuten und 45.8 Sekunden} \quad \approx \quad 365 + \frac{\mathbf{419}}{\mathbf{1730}} \text{ Tage.}$$

Unglücklicherweise ist dies keine ganze Zahl. Ein Kalender mit exakt 365 Tagen pro Jahr würde somit bereits nach vier Jahren fast einen Tag Differenz ausmachen; über die Jahre hinweg ergäbe sich eine ziemliche Schieflage mit den Jahreszeiten und Saat und Ernte wären sehr flexibel zu handhaben. Die Abweichung des Sonnenjahres von 365 Tagen beträgt ca. 0,2422 Tage, weshalb in zehntausend Jahren insgesamt 2422 zusätzliche Tage (in Schaltjahren) einzubauen sind; diese sollten dabei möglichst gleichmäßig verteilt sein. Hierzu gibt es diverse Möglichkeiten, eine sehr effiziente ergibt sich mit dem euklidischen Algorithmus für Zähler und Nenner der Abweichung $\frac{419}{1730}$:

$$1730 = 4 \cdot 419 + 54,$$
$$419 = 7 \cdot 54 + 41,$$
$$54 = 1 \cdot 41 + 13,$$
$$\ldots$$

---

[2] Auch bekannt als tropisches Jahr.

Gemäß (6.7) kommt

$$\frac{1730}{419} = 4 + \frac{54}{419},$$

bzw.

$$365 + \frac{419}{1730} = 365 + \left(\frac{1730}{419}\right)^{-1} \approx 365 + \frac{1}{4}.$$

Die Approximation rechts ist nichts anderes als der Julianische Kalender, benannt nach Gaius Julius Caesar, der festlegt, dass alle vier Jahre ein Schaltjahr ist; die wissenschaftliche Ausgestaltung tätigte hierbei nicht etwa Caesar selbst, sondern der griechische Astronomen Sosigenes von Alexandria.

Mit dem vollständigen euklidischen Algorithmus ergibt sich

$$365 + \frac{419}{1730} = 365 + \cfrac{1}{4 + \cfrac{1}{7 + \cfrac{1}{1 + \cfrac{1}{3 + \cfrac{1}{6 + \cfrac{1}{2}}}}}}.$$

Diese rationale Näherung ohne den letzten Bruch $\frac{1}{2}$ liefert die Approximation

$$365 + \frac{194}{801} \approx 365 + \frac{419}{1730},$$

welche unseren derzeitigen Gregorianischen Kalender, benannt nach dem Auftraggeber Papst Gregor XIII, repräsentiert: Vereinfachen wir nämlich den Bruch $\frac{194}{801}$ durch $\frac{194}{800}$, so lässt sich diese Approximation folgendermaßen deuten: In 800 Jahren werden 6 (= 200 − 194) der Schaltjahre ausgelassen, nämlich all diejenigen, deren Jahreszahl ein Vielfaches von 100 ist, es sei denn sie ist auch ein Vielfaches von 400. Diese Kalenderreform haben seinerzeit Aloysius Lilius und Pietro Pitati erdacht, und sie wurde 1582 in weiten Teilen Europas umgesetzt und ist heute ein weltweiter Standard.

Das war eine kurze Geschichte der europäischen Kalender in einem einzigen Kettenbruch! Dass hierbei die Kalender jeweils nach den Herrschern und nicht nach den im Hintergrund stehenden, letztlich aber verantwortlichen Mathematikern und Astronomen benannt wurden, verwundert kaum, ist aber doch bemerkenswert.

Der typographisch aufwendige Ausdruck

$$a_0 + \cfrac{1}{a_1 + \cfrac{1}{a_2 + \cfrac{\ddots}{ + \cfrac{1}{a_{m-1} + \cfrac{1}{a_m}}}}}$$

heißt **Kettenbruch** (engl. *continued fraction*); die auftretenden a_n nennen wir **Teilnenner**. Wir notieren einen solchen Kettenbruch kurz mit

$$[a_0, a_1, a_2, \ldots, a_m].$$

Zunächst betrachten wir $[a_0, \ldots, a_m]$ als eine formale Funktion in unabhängigen Variablen $a_0, \ldots, a_m$. Offensichtlich gilt

$$[a_0] = a_0 \ , \quad [a_0, a_1] = a_0 + \frac{1}{a_1} = \frac{a_1 a_0 + 1}{a_1}$$

und

$$[a_0, a_1, a_2] = \frac{a_2 a_1 a_0 + a_2 + a_0}{a_2 a_1 + 1}.$$

Per Induktion zeigt man

$$(6.8) \qquad [a_0, a_1, \ldots, a_n] = \left[a_0, a_1, \ldots, a_{n-1} + \frac{1}{a_n} \right]$$

und

$$[a_0, a_1, \ldots, a_n] = a_0 + \frac{1}{[a_1, \ldots, a_n]} = [a_0, [a_1, \ldots, a_n]].$$

Für $n \leq m$ nennen wir $[a_0, a_1, \ldots, a_n]$ den **n-ten Näherungsbruch** an $[a_0, a_1, \ldots, a_m]$. Diese Näherungsbrüche werden sich als sehr gute Approximationen an den Ausgangskettenbruch herausstellen und machen damit ihrem Namen alle Ehre. Zunächst stellt sich jedoch die Frage, wie denn der Wert eines Kettenbruchs überhaupt berechnet werden kann:

Beispielsweise sei

$$(6.9) \qquad [1, 2, 3] = 1 + \cfrac{1}{2 + \frac{1}{3}}$$

zu berechnen. Zunächst wird man wohl den Nenner $2 + \frac{1}{3}$ als $\frac{7}{3}$ berechnen und dessen Kehrwert $\frac{3}{7}$ zur 1 addieren, was auf das Ergebnis $\frac{10}{7}$ führt. Wenn der zu berechnende Kettenbruch jedoch wesentlich länger ist, erweist sich dies als recht aufwendig. Wer es nicht glaubt, der versuche sich an der Berechnung von $[1, 2, 3, \ldots, 10]$. Glücklicherweise gibt es eine effizientere Methode. Wir definieren

$$(6.10) \qquad \begin{cases} p_{-1} = 1, \; p_0 = a_0 \quad \text{und} \qquad p_n = a_n p_{n-1} + p_{n-2}, \\[2ex] q_{-1} = 0, \; q_0 = 1 \quad \text{und} \qquad q_n = a_n q_{n-1} + q_{n-2}. \end{cases}$$

Die Berechnung der Näherungsbrüche erfolgt leicht mit Hilfe von

Satz 6.6. *Für* $0 \leq n \leq m$ *gilt*

$$\frac{p_n}{q_n} = [a_0, a_1, \ldots, a_n].$$

Dabei ist

$$p_n q_{n-1} - p_{n-1} q_n = (-1)^{n-1}$$

und insbesondere sind p_n *und* q_n *teilerfremd für ganzzahlige Teilnenner* $a_0, a_1, \ldots, a_m$.

Zur Illustration dieser Rekursion wenden wir den Satz gleich auf unser obiges Beispiel (6.9) an: Mittels $a_0 = 1, a_1 = 2, a_2 = 3$ ergeben sich der Reihe nach

$$p_0 = 1, \quad p_1 = 2 \cdot 1 + 1 = 3 \quad \text{und} \quad p_2 = 3 \cdot 3 + 1 = 10,$$
$$q_0 = 1, \quad q_1 = 2 \cdot 1 + 0 = 2 \quad \text{und} \quad q_2 = 3 \cdot 2 + 1 = 7;$$

hier entnehmen wir neben $[1, 2, 3] = \frac{p_2}{q_2} = \frac{10}{7}$ noch die Näherungsbrüche $\frac{p_0}{q_0} = 1$ und $\frac{p_1}{q_1} = \frac{3}{2}$. Diese zusätzliche Information werden wir später sehr zu schätzen lernen. Es verbleibt, die Rekursion zu verifizieren:

Beweis per Induktion nach n. Der Fall $n = 0$ ist trivial. Der Fall $n = 1$ folgt unmittelbar aus

$$[a_0, a_1] = \frac{a_1 a_0 + 1}{a_1} = \frac{p_1}{q_1}.$$

Angenommen die Formel ist richtig für n. In Anbetracht von (6.8) lässt sich der Kettenbruch wie folgt verkürzen:

$$[a_0, a_1, \ldots, a_n, a_{n+1}] = \left[a_0, a_1, \ldots, a_n + \frac{1}{a_{n+1}}\right].$$

Statt a_n, a_{n+1} haben wir in einem verkürzten Kettenbruch als letzten Eintrag nunmehr $a_n + \frac{1}{a_{n+1}}$. Ersetzen wir in der Rekursionsformel (6.10) für die

p_n, q_n jeweils entsprechend den Ausdruck a_n durch $a_n + \frac{1}{a_{n+1}}$, so ergibt sich

$$\frac{\left(a_n + \frac{1}{a_{n+1}}\right) p_{n-1} + p_{n-2}}{\left(a_n + \frac{1}{a_{n+1}}\right) q_{n-1} + q_{n-2}} = \frac{(a_{n+1}a_n + 1)p_{n-1} + a_{n+1}p_{n-2}}{(a_{n+1}a_n + 1)q_{n-1} + a_{n+1}q_{n-2}}$$

$$= \frac{a_{n+1}p_n + p_{n-1}}{a_{n+1}q_n + q_{n-1}} = \frac{p_{n+1}}{q_{n+1}},$$

was die Induktion und den Beweis der ersten Aussage abschließt.

Mittels (6.10) ist

$$p_n q_{n-1} - p_{n-1}q_n = (a_n p_{n-1} + p_{n-2})q_{n-1} - p_{n-1}(a_n q_{n-1} + q_{n-2})$$

$$= -(p_{n-1}q_{n-2} - p_{n-2}q_{n-1}).$$

Wiederholen wir dieses Argument für $n-1, n-2, \ldots, 2, 1$, so ergibt sich

$$(-1)^n(p_0 q_{-1} - p_{-1}q_0) = (-1)^{n+1}$$

und damit die zweite Behauptung; die Teilerfremdheitsaussage ist eine einfache Schlussfolgerung. •

Für die Folgen der p_n und q_n gelten interessante Identitäten: Beispielsweise folgt für die Fibonacci-Zahlen (vgl. Abschn. 5.1) auf Grund ihres Bildungsgesetzes mit dem Ansatz

$$F_n = F_{n-1} + F_{n-2} = 1 \cdot p_{n-1} + p_{n-2} = p_n,$$

$$F_{n-1} = F_{n-2} + F_{n-3} = 1 \cdot q_{n-1} + q_{n-2} = q_n,$$

also

$$\frac{F_{n+1}}{F_n} = \underbrace{[1, 1, \ldots, 1]}_{n \text{ mal}} \qquad \text{und} \qquad F_n^2 - F_{n+1}F_{n-1} = (-1)^n;$$

z. B. $\frac{5}{3} = [1, 1, 1, 1]$ und $3^2 - 2 \cdot 5 = -1$ (für $n = 4$).

Aufgabe 6.8. *Zeige: Für $n \geq 1$ gilt*

$$p_n q_{n-2} - p_{n-2}q_n = (-1)^n a_n.$$

Wende dies auf die Folge der Fibonacci-Zahlen an.

Jetzt weisen wir (nicht nur beispielhaft) den Teilnennern a_n und somit auch dem Kettenbruch $[a_0, a_1, \ldots, a_m]$ numerische Werte zu. Wir fordern $a_0 \in \mathbb{Z}$ und $a_n \in \mathbb{N}$ für $1 \leq n < m$, sowie $a_m \geq 1$. Sei jetzt α irgendeine rationale Zahl. Dann gibt es teilerfremde ganze Zahlen a und $b > 0$, so dass

$\alpha = \frac{a}{b}$. Es folgt aus der Variation des euklidischen Algorithmus (6.7) angewandt auf $r_{-1} = a$ und $r_0 = b$, dass α als endlicher Kettenbruch dargestellt werden kann:

$$\frac{a}{b} = [a_0, a_1, a_2, \ldots, a_m] \,, \qquad \text{wobei} \quad a_n = \lfloor \frac{r_{n-1}}{r_n} \rfloor.$$

Diese Darstellung ist nicht eindeutig, da

$$[a_0, a_1, a_2, \ldots, a_m] = [a_0, a_1, a_2, \ldots, a_m - 1, 1];$$

beispielsweise ist $\frac{5}{3} = [1, 1, 2] = [1, 1, 1, 1]$ (s.o). Wenn wir allerdings $a_m \geq 2$ für den letzten Teilnenner fordern, so besitzt jede rationale Zahl eine *eindeutige* Darstellung als endlichen Kettenbruch.

Aufgabe 6.9. *Berechne die Kettenbrüche folgender rationaler Zahlen:*

$$\frac{57}{75}, \quad \frac{19}{25}, \quad -\frac{23}{97}, \quad \frac{23}{97}, \quad \frac{97}{23}, \quad \frac{99}{70}, \quad -\frac{351}{17}, \quad \frac{13.254}{53.412}.$$

Und umgekehrt: Zu welchen Rationalzahlen gehören die folgenden Kettenbrüche

$$[-13, 4], \quad [23, 33], \quad [23, 32, 1], \quad [1, 1, 1], \quad [1, 2, 3, 4] \ ?$$

Jetzt wollen wir Kettenbrüche zu nicht notwendig rationalen Zahlen bilden. Wir können den Algorithmus (6.7) zur Berechnung der Kettenbruchentwicklung von rationalen Zahlen umschreiben als

$$(6.11) \qquad \alpha_0 := \alpha, \quad \alpha_n = \lfloor \alpha_n \rfloor + \frac{1}{\alpha_{n+1}} \qquad \text{für} \quad n = 0, 1, \ldots \,.$$

Setzen wir $a_n = \lfloor \alpha_n \rfloor$, so erhalten wir $\alpha = [a_0, a_1, \ldots, a_n, \alpha_{n+1}]$. Und hier die Rechnung in Zeitlupe:

$$\begin{aligned}
\alpha = \alpha_0 &= \lfloor \alpha_0 \rfloor + \frac{1}{\alpha_1} \\
&= a_0 + \frac{1}{\lfloor \alpha_1 \rfloor + \frac{1}{\alpha_2}} \\
&= a_0 + \frac{1}{a_1 + \frac{1}{\lfloor \alpha_2 \rfloor + \frac{1}{\alpha_3}}}
\end{aligned}$$

usw. Dieser Algorithmus wird **Kettenbruchalgorithmus** genannt. Ist α rational, dann bricht die Iteration nach endlich vielen Schritten ab und der Kettenbruchalgorithmus ist nichts anderes als der euklidische Algorithmus in Verkleidung. Während bei der Berrechnung des größten gemeinsamen Teilers mit Hilfe des euklidischen Algorithmus die Reste relevant waren, stehen bei den Kettenbrüchen die Quotienten im Vordergrund!

Beispielsweise berechnet sich für $\alpha = \frac{7}{5}$ sukzessive

$$\alpha_0 = \frac{7}{5}, \quad a_0 = \lfloor \frac{7}{5} \rfloor = 1 \quad \leadsto \quad \frac{7}{5} = 1 + \frac{1}{\frac{5}{2}}$$

$$\alpha_1 = \frac{5}{2}, \quad a_1 = \lfloor \frac{5}{2} \rfloor = 2 \quad \leadsto \quad \frac{5}{2} = 2 + \frac{1}{2},$$

was auf den endlichen Kettenbruch

$$\frac{7}{5} = 1 + \frac{1}{2 + \frac{1}{2}} = [1, 2, 2]$$

führt (und man mit dem entsprechenden euklidischen Algorithmus vergleichen mag: $7 = 1 \cdot 5 + 2$ und $5 = 2 \cdot 2 + 1$ mit Division durch 5 bzw. 2).

Aber was passiert für eine Irrationalzahl? Zum Beispiel kommt für die Kreiszahl $\alpha = \pi = 3{,}14159 \ldots$

$$a_0 = \lfloor \pi \rfloor = 3 \quad \text{und} \quad \alpha_1 = \frac{1}{\pi - 3} = 7.06251 \ldots,$$

$$a_1 = \lfloor 7.06251 \ldots \rfloor = 7 \quad \text{und} \quad \alpha_2 = \frac{1}{7.06251 \ldots - 7} = 15.99744 \ldots,$$

$$a_2 = \lfloor 15.99744 \ldots \rfloor = 15 \quad \text{und} \quad \alpha_3 = \frac{1}{15.99744 \ldots - 15}.$$

Dies gibt $\pi = [3, 7, 15, \alpha_3]$. Übrigens ist der numerische Wert des Näherungsbruchs $[3, 7, 15]$

$$\frac{333}{106} = 3{,}14150\,94339 \ldots,$$

was bereits eine passable rationale Approximation an π darstellt!

Sei jetzt α irgendeine Irrationalzahl. Dann bricht die Iteration nicht ab, da ansonsten α ja eine Darstellung als endlicher Kettenbruch hätte und somit rational wäre. Also liefert die Iteration für Irrationalzahlen eine unendliche Folge endlicher Kettenbrüche:

$$[a_0, a_1, \ldots] := \lim_{m \to \infty} [a_0, a_1, \ldots, \alpha_m].$$

Beachte, dass hier α_m irrational ist (ansonsten wäre der Wert des Kettenbruchs rational). Der Grenzwert $[a_0, a_1, a_2, \ldots]$ heißt **unendlicher Kettenbruch** und das Erste, was wir uns zu fragen haben, ist, ob dieser unendliche Prozess konvergent ist, und wenn ja, ob der Grenzwert etwas mit α zu tun hat?

Satz 6.7. *Sei $\alpha = [a_0, a_1, \ldots, a_n, \alpha_{n+1}]$ irrational mit Näherungsbrüchen $\frac{p_n}{q_n}$. Dann gilt*

$$(6.12) \qquad \alpha - \frac{p_n}{q_n} = \frac{(-1)^n}{q_n(\alpha_{n+1} q_n + q_{n-1})}.$$

Insbesondere ist

(6.13)
$$\left| \alpha - \frac{p_n}{q_n} \right| < \frac{1}{a_{n+1} q_n^2}.$$

und

$$\alpha = \lim_{n \to \infty} \frac{p_n}{q_n} = [a_0, a_1, a_2, \ldots].$$

Beweis. Zunächst sei bemerkt, dass sich alle unsere Beobachtungen über endliche Kettenbrüche mit variablen Teilnennern auf unendliche Kettenbrüche übertragen – insbesondere (6.10) und Satz 6.6. Ausschlaggebend hierfür ist, dass wir in einem Kettenbruch $[a_0, a_1, \ldots, a_n, \alpha_{n+1}]$ die Teilnenner a_j für $j = 1, \ldots, n$ mit natürlichen Zahlen belegen können und für α_{n+1} lediglich fordern, dass es sich um eine reelle Zahl größer eins handelt. Nun zeigt eine kurze Berechnung

$$\alpha - \frac{p_n}{q_n} = \frac{\alpha_{n+1} p_n + p_{n-1}}{\alpha_{n+1} q_n + q_{n-1}} - \frac{p_n}{q_n} = \frac{p_{n-1} q_n - p_n q_{n-1}}{q_n (\alpha_{n+1} q_n + q_{n-1})}.$$

Satz 6.6 gibt Aufschluss über den hier auftretenden Zähler und impliziert damit Gleichung (6.12).

Wegen $a_{n+1} \leq \alpha_{n+1}$ folgt ferner

$$\left| \alpha - \frac{p_n}{q_n} \right| < \frac{1}{q_n (a_{n+1} q_n + q_{n-1})},$$

was bereits (6.13) beweist. Man beachte hierbei, dass im Falle eines irrationalen α die Folgen der p_n und der q_n jeweils streng monoton gen unendlich wachsen für $n \geq 2$ (d.h. also $p_{n+1} > p_n$ und $q_{n+1} > q_n$, wie man sofort aus dem Bildungsgesetz (6.10) folgert). Wegen (6.12) ist die Folge der Näherungsbrüche $\frac{p_n}{q_n}$ damit abwechselnd größer bzw. kleiner als α; die mit geradem Index n liegen links, die mit ungeradem Index rechts:

$$\frac{p_0}{q_0} < \frac{p_2}{q_2} < \ldots < \alpha < \ldots < \frac{p_3}{q_3} < \frac{p_1}{q_1}.$$

Ferner gilt (wiederum) nach Satz 6.6 für die Distanz zweier aufeinanderfolgender Näherungsbrüche

$$\left| \frac{p_n}{q_n} - \frac{p_{n-1}}{q_{n-1}} \right| = \frac{|p_n q_{n-1} - p_{n-1} q_n|}{q_{n-1} q_n} = \frac{1}{q_{n-1} q_n},$$

was mit $q_n \to \infty$ gegen null konvergiert. Die Folge der Näherungsbrüche bildet also eine Intervallschachtelung für α: Ist α irrational, dann terminiert der Kettenbruchalgorithmus nicht und die Folge der Nenner q_n der Näherungsbrüche ist unbeschränkt. Also lässt sich aus der ersten Behauptung schließen, dass der Abstand aufeinanderfolgender Näherungsbrüche kleiner

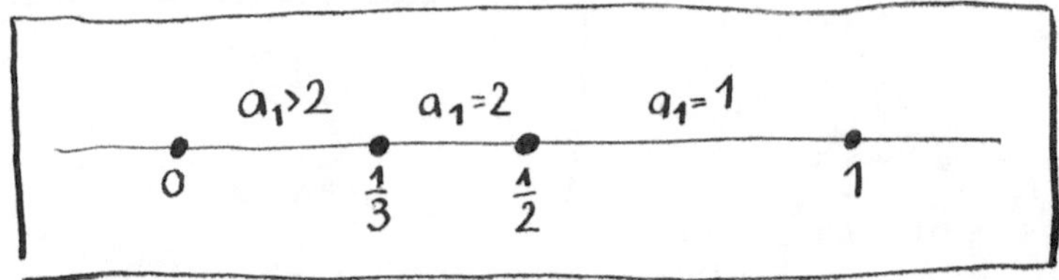

Abbildung 6.3. Die ersten Teilnenner im Einheitsintervall

und kleiner wird und gegen null konvergiert. Damit streben die $\frac{p_n}{q_n}$ gegen den Grenzwert $[a_0, a_1, \ldots]$ und dieser ist gleich α. Der Satz ist vollständig bewiesen. •

Man sieht leicht, dass die Kettenbruchentwicklung einer Irrationalzahl eindeutig ist. Dies bringt eine weitere Möglichkeit mit sich, die Menge $\mathbb{R}$ der reellen Zahlen aus der Menge $\mathbb{Q}$ der rationalen Zahlen zu konstruieren. Ferner liefert die Kettenbruchentwicklung eine Ordnung auf der reellen Achse. Gegeben zwei reelle Zahlen $\alpha = [a_0, \ldots, a_n, \alpha_{n+1}]$ und $\alpha' = [a_0, \ldots, a_n, \alpha'_{n+1}]$ mit denselben ersten Teilnennern, dann folgt, dass jedes α'', das zwischen α und α' liegt, eine Kettenbruchentwicklung besitzt, die mit denselben Teilnennern startet, wie die von α und α', nämlich:

$$\alpha'' = [a_0, \ldots, a_n, \alpha''_{n+1}]$$

für irgendein α''_{n+1} zwischen α_{n+1} und α''_{n+1}. Dies lässt sich wiederum per Induktion zeigen.

Richard Bird, Jeremy Gibbons und David Lester[3] haben entdeckt: *Die n-te Generation des Calkin-Wilf-Baumes besteht genau aus den positiven Rationalzahlen, deren endlicher Kettenbruch $[a_0, a_1, \ldots, a_m]$ eine Teilnennersumme $a_0 + a_1 + \ldots + a_m = n$ besitzt* (vgl. Abschn. 2.3). Der Beweis basiert auf dem Bildungsgesetz des Calkin-Wilf-Baumes. Für die rechten Kinder gilt

$$\frac{a}{b} = [a_0, a_1, a_2, \ldots] \quad \rightarrow \quad \frac{a+b}{b} = \frac{a}{b} + 1 = [a_0 + 1, a_1, a_2, \ldots],$$

während sich für die linken Kinder hingegen

$$\frac{a}{b} = [a_0, a_1, a_2, \ldots] \rightarrow \frac{a}{a+b} = \frac{1}{1 + \frac{b}{a}} = \begin{cases} [0, 1, a_0, a_1, a_2, \ldots] & \text{falls } a_0 > 0, \\ [0, a_1 + 1, a_2, \ldots] & \text{falls } a_0 = 0 \end{cases}$$

[3] R. Bird, J. Gibbons, D. Lester, Functional pearl: enumerating the rationals. *J. Functional Programming* **16** (2006), 281-291.

Abbildung 6.4. Zwei Pioniere der Kettenbruchtheorie: *Links*: Christiaan Huygens, ∗ 14. April 1629 – † 8. Juli 1695 in Den Haag; Astronom und Mathematiker, der als Erster eine systematische Theorie aufzubauen versuchte. *Rechts*: Joseph-Louis Lagrange, ∗ 25. Januar 1736 in Turin – † 10. April 1813 in Paris; ein wichtiger Zahlentheoretiker, der die Ideen Huygens wesentlich weiterentwickelte.

ergibt. Damit erhöht sich also in jedem Iterationsschritt von einer Generation zur nächsten jeweils die Teilnennersumme um den Wert eins.

$$
\begin{array}{c}
\frac{1}{1} = [1] \\
\end{array}
$$

$$
\frac{1}{2} = [0, 2] \qquad\qquad\qquad \frac{2}{1} = [2]
$$

$$
\frac{1}{3} = [0, 3] \qquad \frac{3}{2} = [1, 2] \qquad \frac{2}{3} = [0, 1, 2] \qquad \frac{3}{1} = [3]
$$

Links der Wurzel $\frac{1}{1}$ stehen die Kettenbrüche gerader Länge (Anzahl der Teilnenner), rechts die Kettenbrüche ungerader Länge. Mit dieser Erkenntnis lässt sich nun unschwer zu einer beliebigen positiven rationalen Zahl im Calkin-Wilf-Baum hin navigieren.

6.4 Das Gesetz der besten Approximation

Satz 6.7 zeigt, wie wichtig Kettenbrüche in der Theorie der diophantischen Approximation sind. Es folgt nämlich unmittelbar: Ist $\alpha = [a_0, a_1, \ldots]$ irrational mit Näherungsbrüchen $\frac{p_n}{q_n}$, dann gilt nach Formel (6.13)

$$
\left| \alpha - \frac{p_n}{q_n} \right| < \frac{1}{a_{n+1} q_n^2}.
$$

Dies verschärft nicht nur den Dirichletschen Approximationssatz 6.3, sondern mit der einfach berechenbaren, besser und besser approximierenden Folge der Näherungsbrüche ist ein effizienter konstruktiver Ansatz gefunden! Ein Beispiel: Wir haben oben gesehen, dass $\frac{333}{106}$ eine außerordentlich gute Näherung an π ist. Tatsächlich ist dies ein Näherungsbruch an

$$\pi = [3, 7, 15, 1, 292, 1, 1, 1, 21, 31, 14, 2, 1, 2, 2, 2, \ldots];$$

schneiden wir nämlich den Kettenbruch vor der ersten ,1' ab, so erhalten wir eben diese rationale Zahl. Nehmen wir noch den nächsten Teilnenner mit hinzu, schneiden wir also erst vor 292 ab, so ergibt sich

$$\frac{355}{113} = [3, 7, 15, 1] = \frac{p_3}{q_3}.$$

Tatsächlich liefert dies eine noch bessere Approximation an π; es gilt nämlich

$$\frac{355}{113} - \pi = 0{,}0000002 \ldots < 0{,}00008 \ldots = \pi - \frac{333}{106}.$$

Wir können diesen Gedanken aber weiter spinnen: Da $a_4 = 292$ im Vergleich zu $q_3 = 113$ sehr groß ist, liefert der Kettenbruch $[3, 7, 15, 1]$ eine noch bessere, im Hinblick auf die Nennergröße exzellente Approximation:

$$0 < \frac{355}{113} - \pi < \frac{1}{292 \cdot 113^2} = 0{,}0000002682 \ldots .$$

Außerdem folgt, dass der nächste Näherungsbruch einen extrem großen Nenner besitzt, denn $q_4 = a_4 q_3 + q_2 = 292 \cdot 113 + 106 = 33.102$. Die Folge der ersten Näherungsbrüche ist tatsächlich identisch mit den besten Approximationen an π, die man finden kann (in dem Sinne, dass es keine besseren rationalen Approximationen mit einem kleineren Nenner gibt):

$$\frac{3}{1} < \frac{333}{106} < \frac{103993}{33102} < \ldots < \pi < \ldots < \frac{355}{113} < \frac{22}{7}.$$

Beispielsweise existiert kein Bruch $\frac{p}{q}$ mit $q \leq 113$, der π besser approximiert als $\frac{p_3}{q_3} = \frac{355}{113}$. Diese Beobachtung ist erstaunlich, allerdings kein Wunder wie Lagrange 1770 bewiesen hat:

Satz 6.8 (Gesetz der besten Approximation). *Sei α irgendeine reelle Zahl mit Näherungsbrüchen $\frac{p_n}{q_n}$. Ist $n \geq 2$ und sind p, q natürliche Zahlen mit $0 < q \leq q_n$ und $\frac{p}{q} \neq \frac{p_n}{q_n}$, so gilt*

$$|q_n \alpha - p_n| < |q\alpha - p|.$$

Aus der Ungleichung des Satzes ergibt sich für $q \leq q_n$ unmittelbar

$$\left| \alpha - \frac{q_n}{p_n} \right| = \frac{1}{q_n} |q_n \alpha - p_n| < \frac{1}{q} |q\alpha - p| = \left| \alpha - \frac{p}{q} \right|.$$

! Das Gesetz der besten Approximation besagt also, dass die besten rationalen Approximationen durch die Näherungsbrüche der Kettenbruchentwicklung gegeben sind!

Beweis. Wir dürfen annehmen, dass p und q teilerfremd sind. Wegen

$$|q_n \alpha - p_n| < |q_{n-1} \alpha - p_{n-1}|$$

genügt es, die Behauptung unter der Annahme $q_{n-1} < q \leq q_n$ zu zeigen; die volle Aussage ergibt sich dann per Induktion. Gilt $q = q_n$, so ist $p \neq p_n$ und

$$\left| \frac{p}{q} - \frac{p_n}{q_n} \right| \geq \frac{1}{q_n}.$$

Allerdings gilt

$$\left| \alpha - \frac{p_n}{q_n} \right| \leq \frac{1}{q_n^2} < \frac{1}{2q_n}$$

nach Formel (6.13) aus Satz 6.7 und $q_{n+1} \geq 3$ (denn $n \geq 2$). Mit der Dreiecksungleichung (Satz 5.2) folgt

$$\left| \alpha - \frac{p}{q} \right| \geq \left| \frac{p_n}{q_n} - \frac{p}{q} \right| - \left| \alpha - \frac{p_n}{q_n} \right| > \frac{1}{2q_n} > \left| \alpha - \frac{p_n}{q_n} \right|,$$

was die zu beweisende Ungleichung nach Multiplikation mit $q = q_n$ liefert.

Es verbleibt der Fall: $q_{n-1} < q < q_n$. Nach Satz 6.6 besitzt das lineare Gleichungssystem

$$(6.14) \qquad p_n X + p_{n-1} Y = p \qquad \text{und} \qquad q_n X + q_{n-1} Y = q$$

die Lösung

$$x = \frac{pq_{n-1} - qp_{n-1}}{p_n q_{n-1} - p_{n-1} q_n} = \pm(pq_{n-1} - qp_{n-1})$$

und

$$y = \frac{pq_n - qp_n}{p_n q_{n-1} - p_{n-1} q_n} = \pm(pq_n - qp_n);$$

Dies verifiziert man durch Nachrechnen. Tatsächlich ist diese Lösung eindeutig, d. h. es gibt neben dieser Lösung keine weitere, was man mit Hilfe der *Cramerschen Regel* zeigen kann (welche vielleicht aus der Schule bekannt ist, auf jeden Fall aber Thema der *Linearen Algebra* sein wird). Insbesondere sind x und y von null verschiedene ganze Zahlen. Offensichtlich haben x und y unterschiedliches Vorzeichen (denn $q_{n-1} < q_n x + q_{n-1} y = q < q_{n+1}$)

und damit $q_n\alpha - p_n$ und $q_{n-1}\alpha - p_{n-1}$ ebenso. Also besitzen $x(q_n\alpha - p_n)$ und $y(q_{n-1}\alpha - p_{n-1})$ dasselbe Vorzeichen. Nach Konstruktion ist

$$q\alpha - p = x(q_n\alpha - p_n) + y(q_{n-1}\alpha - p_{n-1}),$$

und also folgt mit Satz 6.7

$$|q\alpha - p| > |q_{n-1}\alpha - p_{n-1}| > |q_n\alpha - p_n|,$$

was zu zeigen war. •

Aufgabe 6.10. *In einem Jahr überstreichen die Erde $359°45'40''30'''$ und der Saturn $12°13'34''18'''$ ihrer Umlaufbahn um die Sonne, was ein Verhältnis von*

$$\frac{77.708.431}{2.640.858} = 29.42544\ldots$$

ergibt. Beim Bau eines Zahnradmodells des Sonnensystems hatte Huygens Zahnräder mit möglichst wenig Zähnen zu finden, die eine Übersetzung liefern, welche diese Proportion möglichst gut approximieren. Die Näherung $\frac{294}{10} = \frac{147}{5}$ gemäß der Dezimalbruchentwicklung ist viel zu schlecht (ein Fehler von mehr als zwei Prozent). Huygens wählte $\frac{206}{7}$. Was ist der Fehler dieser Approximation und wie kam Huygens auf diesen Bruch?

Aufgabe 6.11. *In Aufgabe 4.17 wurde gezeigt, dass im Falle von Primzahlen p und q mit $p < q < 2p$ und einem geheimen Schlüssel d mit $d < \frac{1}{3}N^{1/4}$ im* RSA-*Verfahren für die Größe f mit $de = 1 + f\varphi(N)$ und $1 \le f < d$, wobei e der öffentliche Schlüssel ist, die Ungleichung*

$$\left|\frac{f}{d} - \frac{e}{N}\right| < \frac{1}{d^2}$$

*

besteht. Versuche zu gegebenen Zahlen $N = 239.707.129$ und $e = 54.119.119$ (wie im Beispiel aus Abschn. 4.4) die unbekannte Größe d zu finden! ⟨Diese Aufgabe wird in Abschn. 9.9 besprochen!⟩

Satz 6.9. *Unter je zwei Näherungsbrüchen $\frac{p}{q}$ an eine reelle Zahl α gibt es stets mindestens einen, welcher der Ungleichung*

(6.15)
$$\left|\alpha - \frac{p}{q}\right| < \frac{1}{2q^2}$$

genügt; ist $\frac{p}{q}$ ein gekürzter Bruch, der die letzte Ungleichung erfüllt, so ist $\frac{p}{q}$ ein Näherungsbruch an α.

Beweis. Nach Satz 6.7 sind die Näherungsbrüche abwechselnd größer bzw. kleiner als α. Also

$$\left|\frac{p_{n+1}}{q_{n+1}} - \frac{p_n}{q_n}\right| = \left|\alpha - \frac{p_n}{q_n}\right| + \left|\frac{p_{n+1}}{q_{n+1}} - \alpha\right|.$$

Falls (6.15) für beide Näherungsbrüche nicht zutrifft, dann folgt mit Satz 6.6 durch Kombination der Negation von (6.15) mit den obigen Gleichungen, dass

$$\frac{1}{q_{n+1}q_n} = \left|\frac{p_{n+1}q_n - p_nq_{n+1}}{q_{n+1}q_n}\right| = \left|\frac{p_{n+1}}{q_{n+1}} - \frac{p_n}{q_n}\right| \geq \frac{1}{2q_{n+1}^2} + \frac{1}{2q_n^2}$$

gilt. Das liefert $2q_{n+1}q_n \geq q_{n+1}^2 + q_n^2$ bzw. $(q_{n+1} - q_n)^2 \leq 0$, ein Widerspruch falls nicht $n = 0$, $a_1 = 1$ und $q_1 = q_0 = 1$. In diesem Falle finden wir jedoch wegen $a_2 \geq 1$

$$0 < \frac{p_1}{q_1} - \alpha = 1 - [0, 1, a_2, a_3, \ldots] < 1 - \frac{a_2}{a_2 + 1} \leq \frac{1}{2},$$

was die gewünschte Ungleichung liefert und den Beweis der ersten Behauptung abschließt. Es verbleibt, die zweite zu beweisen.

Angenommen, (6.15) ist wahr, dann genügt es zu zeigen, dass $\frac{p}{q}$ eine beste Näherung an α ist im Sinne von Satz 6.8. Sei $\frac{P}{Q}$ ein Bruch mit $\frac{P}{Q} \neq \frac{p}{q}$ und

$$|Q\alpha - P| \leq |q\alpha - p| < \frac{1}{2q}.$$

Dann folgt

$$\frac{1}{qQ} \leq \left|\frac{p}{q} - \frac{P}{Q}\right| \leq \left|\alpha - \frac{p}{q}\right| + \left|\frac{P}{Q} - \alpha\right| < \frac{1}{2q^2} + \frac{1}{2qQ} = \frac{q+Q}{2q^2Q}.$$

Dies liefert $q < Q$. Also ist $\frac{p}{q}$ eine beste Approximation an α, was die zweite Behauptung beweist. $\bullet$

Nun wollen wir uns mit einigen speziellen Irrationalzahlen beschäftigen. Wir hatten bereits für Quotienten aufeinanderfolgender Fibonacci-Zahlen $\frac{F_{n+1}}{F_n} = [1, \ldots, 1]$ mit n Teilnennern 1 gesehen (siehe Abschn. 6.3). Nun lassen wir n gegen unendlich streben:

$$\lim_{n\to\infty} \frac{F_{n+1}}{F_n} = [1, 1, 1, \ldots].$$

Nach Satz 6.7 existiert der Grenzwert $x := [1, 1, \ldots]$, aber *welche Zahl steckt hinter diesem Grenzwert?* Offensichtlich gilt mit der Periodizität der Teilnenner

$$x = [1, 1, 1, \ldots] = 1 + \frac{1}{[1, 1, \ldots]} = 1 + \frac{1}{x}$$

bzw. $x^2 = x + 1$, so dass also x die positive Nullstelle des quadratischen Polynoms

$$X^2 - X - 1 = (X - G)(X + g)$$

ist, wobei $G = \frac{1}{2}(\sqrt{5} + 1)$ (mal wieder) der goldene Schnitt und $g = G^{-1}$ ist. Also gilt

$$x = G = \frac{1}{2}(\sqrt{5} + 1) = [1, 1, \ldots] \quad \text{und} \quad g = \frac{1}{2}(\sqrt{5} - 1) = [0, 1, 1, \ldots].$$

(Tatsächlich hatten wir diesen Grenzwert bereits in einer Bemerkung zu Satz 5.3 bestimmt.) Mit Blick auf Satz 6.7 besitzt G den am langsamsten konvergierenden Kettenbruch und lässt sich also am schlechtesten rational approximieren.

Eine Irrationalzahl α heißt **quadratisch irrational**, falls sie Wurzel eines quadratischen Polynoms mit ganzzahligen Koeffizienten ist. Weil α irrational ist, kann das Polynom dabei nicht in zwei lineare Polynome mit rationalen Koeffizienten zerfallen; somit ist das Polynom irreduzibel im Polynomring $\mathbb{Q}[X]$. Jede reelle quadratische Irrationalität lässt sich darstellen als

$$(6.16) \qquad\qquad \alpha = \frac{a + b\sqrt{d}}{c},$$

wobei $a, b \in \mathbb{Z}$, $c, d \in \mathbb{N}$. Dies ergibt sich unmittelbar durch Lösen der zu Grunde liegenden quadratischen Gleichung. Da wir ferner quadratische Faktoren aus d unter der Wurzel extrahieren können, dürfen wir im Folgenden annehmen, dass d **quadratfrei** ist, also keinen quadratischen Teiler (ungleich 1) besitzt. Zum Beispiel ist der goldene Schnitt G eine quadratische Irrationalzahl.

Im Zusammenhang mit den in Abschn. 3.5 angesprochenen Zahlkörpern sei hier erwähnt, dass mit dem durch (6.16) definierten α

$$\mathbb{Q}(\alpha) = \{x + y\alpha \,:\, x, y \in \mathbb{Q}\} = \mathbb{Q}(\sqrt{d})$$

gilt. Tatsächlich ist jedes Element von $\mathbb{Q}(\alpha)$ entweder eine rationale Zahl oder eine quadratische Irrationalzahl. Algebraische Zahlen höheren Grades als zwei oder gar transzendente Zahlen (vgl. Abschn. 5.6) sind in $\mathbb{Q}(\alpha)$ hingegen nicht vertreten. Wir sprechen in diesem Fall einer quadratischen Irrationalzahl α von $\mathbb{Q}(\alpha)$ als einer quadratischen Körpererweiterung des rationalen Zahlkörpers $\mathbb{Q}$. Allgemein sprechen wir von einer **Körpererweiterung** $\mathbb{K}_2/\mathbb{K}_1$, wenn $\mathbb{K}_1$ und $\mathbb{K}_2$ beides Körper sind und $\mathbb{K}_1$ in $\mathbb{K}_2$ enthalten ist; entsteht dabei $\mathbb{K}_2$ aus $\mathbb{K}_1$ durch Hinzunahme von Zahlen, die Nullstellen von irreduziblen quadratischen Polynomen mit Koeffizienten aus $\mathbb{K}_1$ sind, so

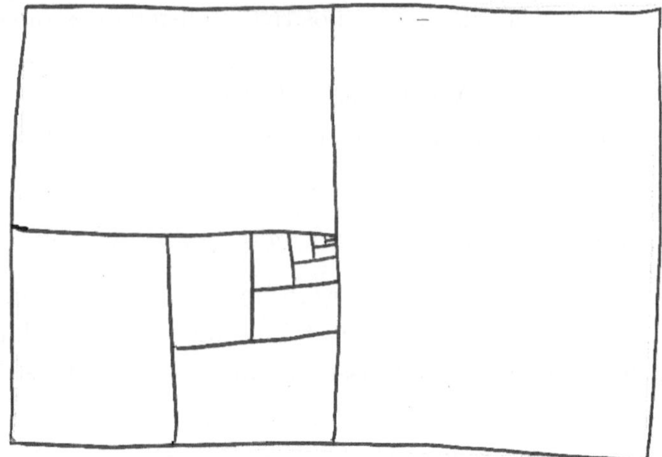

Abbildung 6.5. Seit 1922 sind die Papierformate in Deutschland in der Norm Din 476 festgelegt; diese wurde vom Berliner Ingenieur Dr. Walter Porstmann entwickelt, ähnelt aber in Vergessenheit geratenen Entwürfen aus der Zeit der Französischen Revolution. Besonders praktisch ist die folgende Halbierungseigenschaft: Beim Falten entlang der Mitte der längeren Seite wird aus einem Din An-Bogen ein Din A$(n+1)$-Bogen. Die farbige Abbildung auf S. V macht sich dieses Format auch zum Thema!

nennen wir diese eine **quadratische Erweiterung**. In diesem Fall ist stets $\mathbb{K}_2 = \mathbb{K}_1(\sqrt{\delta}) = \{x + y\sqrt{\delta} : x, y \in \mathbb{K}_1\}$ für ein $\delta \in \mathbb{K}_1$ mit $\sqrt{\delta} \in \mathbb{K}_2 \setminus \mathbb{K}_1$.

Hier noch ein weiteres Beispiel aus dem täglichen Leben (welches wir bereits in Abschn. 1.1 angesprochen hatten): Das Papierformat Din A besitzt sehr nützliche Selbstähnlichkeitseigenschaften. Falten wir ein solches Blatt Papier in der Mitte der beiden längeren Kanten, so bleibt die Proportion (nahezu) erhalten. Angenommen die kürzere Seite hat Länge eins und die längere Seite Länge x, so gilt vor dem Falten das Verhältnis $x : 1$ und nach dem Falten $1 : x/2$. Gleichsetzen beider Verhältnisse führt auf die Gleichung $x^2 = 2$. Damit ist diese Proportion also (idealerweise) $\sqrt{2} : 1$. Da aber $\sqrt{2}$ irrational ist, muss man für die praktische Realisierung von Din A-Formaten *gute* rationale Approximationen an $\sqrt{2}$ finden. Dazu berechnen wir den Kettenbruch zu $\sqrt{2}$. Es gilt

$$(6.17) \qquad \sqrt{2} - 1 = \cfrac{1}{\cfrac{1}{\sqrt{2} - 1}}.$$

Nun erinnern wir uns eines alten Tricks (aus Abschn. 3.5) zur Beseitigung von Quadratwurzeln aus Nennern: Erweitern wir den Nenner des Doppelbruchs mit $\sqrt{2} + 1$, so ist obiges gleich

$$\cfrac{1}{\cfrac{1}{\sqrt{2}-1}\cdot\cfrac{\sqrt{2}+1}{\sqrt{2}+1}} = \frac{1}{\sqrt{2}+1} = \frac{1}{2+\sqrt{2}-1}.$$

Substituieren wir (6.17), so folgt

$$\sqrt{2} - 1 = \cfrac{1}{2 + \cfrac{1}{\frac{1}{\sqrt{2}-1}}}.$$

und weiteres Einsetzen liefert nach und nach $\sqrt{2} - 1 = [0, 2, 2, \ldots]$ bzw.

$$\sqrt{2} = 1 + \sqrt{2} - 1 = [1, 2, 2, 2, \ldots].$$

Per Definition besitzt $\mathsf{Din\,A}\,4$-Papier eine Seitenlänge von $29,7$ und eine Breite von 21 Zentimetern. Diese Proportion ist ein Näherungsbruch an $\sqrt{2}$:

$$\frac{29,7}{21} = \frac{99}{70} = [1, 2, 2, 2, 2, 2] \approx \sqrt{2} = [1, 2, 2, \ldots].$$

Die Differenz beider Größen ist $0.00007\ldots$, also liefert $\frac{99}{70}$ eine hervorragende Näherung an $\sqrt{2}$.

Wir beobachten weitere Muster in der Kettenbruchentwicklung von Quadratwurzeln. Zum Beispiel:

$$\sqrt{3} = \left[1, \overline{1, 2}\right],$$

$$\sqrt{7} = \left[2, \overline{1, 1, 1, 4}\right],$$

$$\sqrt{109} = \left[10, \overline{2, 3, 1, 2, 4, 1, 6, 6, 1, 4, 2, 1, 3, 2, 20}\right].$$

Die Periode dieses letzten Kettenbruchs ist dabei fast ein Palindrom.[4] Die folgende Aufgabe liefert unendlich viele Beispiele:

Aufgabe 6.12. *Zeige: Für beliebiges $n \in \mathbb{N}$ gilt*

$$\sqrt{n^2 + 2} = [n, n, 2n, n, 2n, n, 2n, \ldots].$$

---

[4] Als ein Palindrom (von griech. palíndromos für ‚rückwärts laufend') bezeichnet man i.A. Wörter oder Worte, die von hinten wie von vorne gelesen identisch sind. Zum Beispiel: *Lagerregal, Reliefpfeiler, Eine güldne, gute Tugend: Lüge nie!, O Genie, der Herr ehre Dein Ego!* In der englischen Sprache gibt es neben dem bekannten *Madam, I'm Adam.* eine Vielzahl an Palindromen.

Alle obigen Beispiele quadratischer Irrationalitäten haben folgendes gemein: Ihre Kettenbruchentwicklung ist periodisch! Hierbei heißt ein Kettenbruch $[a_0, a_1, \ldots]$ **periodisch**, falls es einen Index ℓ gibt, so dass $a_{n+\ell} = a_n$ für alle hinreichend großen n. Wir schreiben dann

$$[a_0, a_1, \ldots, a_r, \overline{a_{r+1}, \ldots, a_{r+\ell}}]$$
$$= [a_0, a_1, \ldots, a_r, a_{r+1}, \ldots, a_{r+\ell}, a_{r+1}, \ldots, a_{r+\ell}, \ldots];$$

hier gelte $a_{n+\ell} = a_n$ für alle $n \geq r + 1$. Die Folge $a_{r+1}, \ldots, a_{r+\ell}$ heißt **Periode** und ℓ ist ihre Länge. Die minimale Periode nennt man auch die primitive Periode. Wir sprechen also von einer periodischen Kettenbruchentwicklung, wenn sich die Folge der Teilnenner a_n ab einem Index periodisch wiederholt; ist die Folge der a_n von Beginn an periodisch, so nennen wir den Kettenbruch **rein-periodisch**.

Aufgabe 6.13. *Man berechne die Kettenbruchentwicklung von* $\sqrt{97}$ *und* $\sqrt{197}$.

Die Kettenbruchentwicklung von Quadratwurzeln lässt sich in sehr expliziter Weise beschreiben: *Genau dann, wenn* $d \in \mathbb{N}$ *kein Quadrat ist, gilt*

$$(6.18) \qquad \sqrt{d} = \left[\left[\sqrt{d}\right], \overline{a_1, a_2, \ldots, a_2, a_1, 2\left[\sqrt{d}\right]} \right],$$

wobei $a_1, a_2, \ldots, a_2, a_1$ *ein Palindrom ist.* Dies wurde von Galois bewiesen, der tragisch in einem Duell verstarb und trotz seines jungen Alters unsterblich für die Algebra und Zahlentheorie ist und uns später nochmals begegnen wird. Wir verzichten hier auf den Beweis (und verweisen für denselben auf [**15**]) und zeigen stattdessen eine interessante Querverbindung zu einem Thema auf, welches uns im Weiteren noch beschäftigen wird.

6.5 Periodische Kettenbrüche

Wir wollen die Kettenbrüche mit einer periodischen Entwicklung charakterisieren. Es zeigt sich: Periodizität impliziert eine arithmetische Obstruktion:

Satz 6.10 (Satz von Lagrange). *Eine Irrationalzahl* $\alpha \in \mathbb{R}$ *ist genau dann quadratisch irrational, wenn die Kettenbruchentwicklung periodisch ist.*

Die einfache Implikation des Satzes war bereits Euler bekannt. Übrigens kann diese Eigenschaft quadratischer Irrationalitäten mit der Charakterisierung rationaler Zahlen durch ihre periodische Dezimalbruchentwicklung verglichen werden.

Beweis. Zunächst nehmen wir an, dass α eine rein-periodische Kettenbruchentwicklung besitzt, also $\alpha = [\overline{a_0, a_1, \ldots, a_{\ell-1}}] = [a_0, a_1, \ldots, a_{\ell-1}, \alpha]$. Nach Satz 6.6 gilt daher

$$\alpha = \frac{\alpha p_{\ell-1} + p_{\ell-2}}{\alpha q_{\ell-1} + q_{\ell-2}}.$$

Also

$$q_{\ell-1}\alpha^2 + (q_{\ell-2} - p_{\ell-1})\alpha - p_{\ell-2} = 0.$$

Aufgrund der Irrationalität von α ist das Polynom $q_{\ell-1}X^2 + (q_{\ell-2} - p_{\ell-1})X - p_{\ell-2}$ irreduzibel und damit ist dessen Nullstelle α quadratisch irrational. Jetzt nehmen wir an, dass

$$\alpha = [a_0, a_1, \ldots, a_r, \overline{a_{r+1}, \ldots, a_{r+\ell}}]$$
$$= [a_0, a_1, \ldots, a_r, \beta] \qquad \text{mit} \quad \beta = [\overline{a_{r+1}, \ldots, a_{r+\ell}}].$$

Wir haben bereits gezeigt, dass β als reinperiodischer Kettenbruch quadratisch irrational ist, und behaupten, dass damit ebenso

$$(6.19) \qquad\qquad \alpha = \frac{\beta p_r + p_{r-1}}{\beta q_r + q_{r-1}}$$

eine quadratische Irrationalzahl ist. Um dies einzusehen, mache man sich klar, dass $\mathbb{Q}(\beta) = \{x + y\beta : x, y \in \mathbb{Q}\}$ ein Zahlkörper ist, der aus $\mathbb{Q}$ durch Hinzufügen einer quadratischen Irrationalzahl β entstanden ist (vgl. Aufgabe 3.22); offensichtlich sind $\beta q_r + q_{r-1}$ und $\beta p_r + p_{r-1} \in \mathbb{Q}(\beta)$, also auch α. Alternativ kann man sich auf die Suche nach einem expliziten quadratischen Polynom begeben, das α als Nullstelle besitzt, was auch nicht sonderlich schwierig ist.

Sei nun umgekehrt $\alpha = [a_0, a_1, \ldots, a_{n-1}, \alpha_n]$ als quadratisch irrational vorausgesetzt. Dann gibt es ein irreduzibles Polynom $P(X) = aX^2 + bX + c$ mit Koeffizienten $a, b, c \in \mathbb{Z}$, so dass $P(\alpha) = a\alpha^2 + b\alpha + c = 0$. Wir substituieren

$$\alpha = \frac{\alpha_n p_{n-1} + p_{n-2}}{\alpha_n q_{n-1} + q_{n-2}}$$

und erhalten so

$$A_n \alpha_n^2 + B_n \alpha_n + C_n = 0,$$

wobei

$$A_n = ap_{n-1}^2 + bp_{n-1}q_{n-1} + cq_{n-1}^2,$$
$$B_n = 2ap_{n-1}p_{n-2} + b(p_{n-1}q_{n-2} + p_{n-2}q_{n-1}) + 2cq_{n-1}q_{n-2},$$
$$C_n = ap_{n-2}^2 + bp_{n-2}q_{n-2} + cq_{n-2}^2.$$

Angenommen, es gilt $A_n = 0$, dann wäre $\frac{p_{n-1}}{q_{n-1}}$ eine Nullstelle von $P(X)$ im Widerspruch zur Irreduzibilität von P. Daher ist $A_n X^2 + B_n X + C_n$ ein quadratisches Polynom mit Wurzel α_n und also insbesondere irreduzibel. Eine kurze Berechnung zeigt

$$(6.20) \quad B_n^2 - 4A_n C_n = (b^2 - 4ac) \underbrace{(p_{n-1}q_{n-2} - p_{n-2}q_{n-1})}_{=\pm 1} = \pm(b^2 - 4ac)$$

nach Satz 6.6. Diese Übereinstimmung mag sehr überraschen, ist aber kein ‚deus ex machina‘, sondern besitzt einen algebraischen Hintergrund: Die Größe $B^2 - 4AC$ ist die so genannte Diskriminante des Polynoms $AX^2 + BX + C$ und steht im engen Zusammmmenhang mit den Nullstellen dieses Polynoms (und unter der Wurzel in der Lösungsformel für die zugehörige quadratische Gleichung; mehr dazu in Abschn. 8.1). Wir fahren im Beweis fort.

Nach Satz 6.7 gilt

$$p_{n-1} = \alpha q_{n-1} + \frac{\delta_{n-1}}{q_{n-1}} \qquad \text{mit} \quad |\delta_{n-1}| < 1.$$

Deshalb ist

$$\begin{aligned}
A_n &= a\left(\alpha q_{n-1} + \frac{\delta_{n-1}}{q_{n-1}}\right)^2 + b q_{n-1}\left(\alpha q_{n-1} + \frac{\delta_{n-1}}{q_{n-1}}\right) + c q_{n-1}^2 \\
&= \underbrace{(a\alpha^2 + b\alpha + c)}_{=P(\alpha)=0} q_{n-1}^2 + 2a\alpha\delta_{n-1} + a\frac{\delta_{n-1}^2}{q_{n-1}^2} + b\delta_{n-1} \\
&= 2a\alpha\delta_{n-1} + a\frac{\delta_{n-1}^2}{q_{n-1}^2} + b\delta_{n-1}.
\end{aligned}$$

Es folgt, dass $|A_n| < 2|a\alpha| + |a| + |b|$. Wegen $C_n = A_{n-1}$ gilt dieselbe Abschätzung ebenso für C_n. Schließlich, mittels (6.20), besteht noch

$$B_n^2 \le 4|A_n C_n| + |b^2 - 4ac| < 4(2|a\alpha| + |a| + |b|)^2 + |b^2 - 4ac|.$$

Jetzt kommt der sehr schöne Beweisschluss: Da die Oberschranken für A_n, B_n und C_n unabhängig von n sind, gibt es nur endlich viele verschiedene Tripel (A_n, B_n, C_n). Also können wir ein (A, B, C) unter diesen finden, welches mindestens dreimal vorkommt (oder sogar unendlich oft), etwa

$$(A_{n_1}, B_{n_1}, C_{n_1}), \ (A_{n_2}, B_{n_2}, C_{n_2}) \qquad \text{und} \qquad (A_{n_3}, B_{n_3}, C_{n_3}).$$

Damit sind die zugehörigen Zahlen $\alpha_{n_1}, \alpha_{n_2}$ und α_{n_3} allesamt Nullstellen desselben quadratischen Polynoms $AX^2 + BX + C$ und somit mindestens zwei der drei Zahlen gleich. Angenommen, $\alpha_{n_1} = \alpha_{n_2}$, dann folgt $a_{n_1} = a_{n_2}, a_{n_1+1} = a_{n_2+1}$, und so weiter. Der Satz ist damit bewiesen. $\bullet$

Aufgabe 6.14. *Man schätze die Länge der primitiven Periode der Kettenbruchentwicklung einer quadratischen Irrationalzahl ab.*

Der Satz 6.10 von Lagrange impliziert, dass die Teilnenner quadratischer Irrationalzahlen insbesondere beschränkt sind. Aber natürlich gibt es reelle Zahlen mit einer Kettenbruchentwicklung, in der die Teilnennerfolge zwar beschränkt, aber nicht periodisch ist; diese Zahlen sind dann automatisch irrational, aber nicht quadratisch irrational. Es ist bis heute unbekannt, ob Wurzeln von irreduziblen Polynomen dritten (oder höheren) Grades mit ganzzahligen Koeffizienten (wie etwa $\sqrt[3]{2}$) Kettenbruchentwicklungen mit unbeschränkten Teilnennern besitzen!

1748 fand Euler eine Gesetzmäßigkeit in der Kettenbruchentwicklung von $e = \exp(1) = 2{,}718\ldots$ (wenngleich er wohl noch keinen vollständigen Beweis hatte):

$$e = [2, 1, 2, 1, 1, 4, 1, 1, 6, 1, \ldots, 1, 2n, 1, \ldots]$$

(einen Beweis findet man etwa in [**15**]). Da die Teilnenner unbeschränkt sind, *ist* e *also insbesondere keine quadratische Irrationalität.* Wir hatten allerdings bereits erwähnt, dass e sogar transzendent ist (siehe Abschn. 5.3). Im Gegensatz zu e kennt man bislang kein Muster in der Kettenbruchentwicklung der Kreiszahl π (und man glaubt mehrheitlich auch nicht, dass ein solches existiert). Das sieht allerdings ganz anders aus, wenn wir eine andere Form von Kettenbrüchen betrachten:

$$\frac{\pi}{4} = \cfrac{1}{1 + \cfrac{1}{2 + \cfrac{9}{2 + \cfrac{\ddots}{\quad + \cfrac{(2n+1)^2}{2 + \ddots}}}}} \; .$$

Diese Darstellung folgt mit einer Methode von Euler aus der unendlichen Reihe

$$\frac{\pi}{4} = 1 - \frac{1}{3} + \frac{1}{5} - \frac{1}{7} \pm \ldots,$$

über die Leibniz gesagt haben soll: „*Gott liebt die ungeraden Zahlen.*"

6.6 Inkommensurabilität in der Geometrie

Wir gehen etwas zurück in der Zeit. Wie bereits erwähnt wurden irrationale Größen bereits von den alten Griechen entdeckt. Nach dem Satz des Pythagoras ist die Länge einer Diagonale im Einheitsquadrat gleich $\sqrt{2}$, welches bekanntlich keine rationale Zahl ist (siehe Abschn. 1.1). Die Einführung der reellen Irrationalzahlen blieb den griechischen Denkern noch verwehrt; sie behoben ihr mathematisches Dilemma aber auf einem anderen Wege. Eudoxos (ca. $*$ 408 – † 347 v. u. Z.) entwickelte eine Proportionenlehre, welche auf geniale Weise, die Schwierigkeit keine irrationalen Zahlen zu kennen, aus dem Wege räumt.

So heißen zwei Strecken **kommensurabel**, falls es eine Strecke gibt, so dass beide Strecken jeweils ein ganzzahliges Vielfaches dieser sind (also deren Proportion rational ist); andernfalls sind die Strecken **inkommensurabel**. Kommensurabilität lässt sich mit Hilfe der **geometrischen Wechselwegnahme**, also einer Variante des euklidischen Algorithmus bzw. sukzessiver Division mit Rest, entscheiden. Zur Illustration betrachten wir ein Quadrat. Bezeichnen wir in Abb. 6.6 die Ecken des großen Quadrates mit A, B, C und D und ziehen wir um A einen Kreis durch B, so schneidet dieser die Diagonale von A nach C in einem Punkt E. Dabei gilt für die jeweiligen Längen

$$|\overline{AC}| = |\overline{AB}| + |\overline{EC}|.$$

Hierbei notieren wir die Verbindungsstrecke zwischen den Punkten A und B mit $\overline{AB}$ und deren Länge mit $|\overline{AB}|$. Wir bilden nun ein Quadrat zur Strecke EC, definieren F als den Eckpunkt auf der Geraden BC (verschieden von C) und nennen G den weiteren Eckpunkt. Dann ist das Dreieck BFE gleichschenklig und also $|\overline{BF}| = |\overline{FE}|$. Damit folgt

$$|\overline{AB}| = |\overline{BC}| = |\overline{EC}| + |\overline{FC}|.$$

Diese beiden Gleichungen bilden den Beginn des euklidischen Algorithmus für die Längen $|\overline{AC}|$ und $|\overline{AB}|$, wobei vom großen Quadrat $ABCD$ zum kleineren Quadrat $EFGC$ übergegangen wurde. Setzen wir diese Konstruktion nun fort (zunächst mit dem Schlagen eines Kreises vom Radius $|\overline{EF}|$ um F), so ergeben sich sukzessive weitere, immer kleinere Quadrate; das Pendant des euklidischen Algorithmus terminiert hier allerdings nicht, d. h. die Längen $|\overline{AC}|$ und $|\overline{AB}|$ sind inkommensurabel. Wir haben damit gezeigt:

Satz 6.11. *Diagonale und Basis eines Quadrates sind inkommensurabel.*

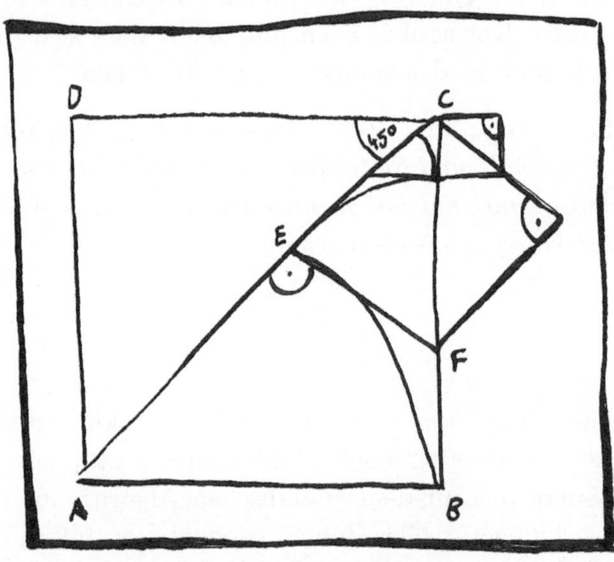

Abbildung 6.6. Erste Schritte zur Inkommensurabilität von Diagonale und Basis des Quadrates

Wir können diese Inkommensurabilität auch quantifizieren: Nach dem Satz des Pythagoras beträgt das Verhältnis von Diagonale und Seite eines Quadrates

$$|\overline{AC}|/|\overline{AB}| = \sqrt{2}$$

und obiger Satz beweist die Irrationalität von $\sqrt{2}$ geometrisch! Die nicht-terminierende geometrische Wechselwegnahme liefert übrigens einen unendlichen Kettenbruch:

$$\sqrt{2} = \quad |\overline{AC}|/|\overline{AB}| \quad = 1 + |\overline{EC}|/|\overline{AB}|$$
$$= 1 + \frac{1}{|\overline{AB}|/|\overline{EC}|} = 1 + \frac{1}{1 + |\overline{FC}|/|\overline{EC}|}$$
$$\cdots$$
$$= 1 + \frac{1}{2 + \frac{1}{2 + \frac{1}{\ddots}}} = [1, 2, , 2, \ldots];$$

es ergibt sich der unendliche Kettenbruch mit lauter ‚2'en als Teilnennern (vgl. Abschn. 6.5).

Womöglich wurde das Phänomen der Inkommensurabilität zuerst am regulären Fünfeck (vgl. auch Abschn. 8.3) entdeckt und nicht am regulären

Viereck, welches wir als Quadrat bezeichnen.[5] Euklid gibt in seinen *Elemente* ebenfalls diese Konstruktion an und zeigt, dass sich die Seiten im Pentagramm im Verhältnis des goldenen Schnittes teilen.

Aufgabe 6.15. *Beweise mit Hilfe eines regulären Fünfecks, dass das Verhältnis von Diagonale und Seite inkommensurabel ist, und folgere, dass der goldene Schnitt irrational ist! Kannst Du mit diesem Ansatz auch die Kettenbruchentwicklung von $\frac{\sqrt{5}+1}{2}$ herleiten?*

$$* \qquad * \qquad * \qquad * \qquad *$$

Mit der Farey-Folge und dem Kettenbruchkalkül haben wir zwei Möglichkeiten kennen gelernt, reelle Zahlen durch rationale zu approximieren. Insbesondere die auf dem euklidischen Algorithmus aufbauenden Kettenbruchentwicklungen reeller Zahlen α offenbaren Informationen über die im Hintergrund stehende arithmetischen Natur (wie etwa eine quadratische Irrationalität von α im Falle einer periodischen Entwicklung). Die auftretenden Näherungsbrüche liefern dabei die bestmöglichen rationalen Näherungen überhaupt. Im Falle gewisser Quadratwurzeln lassen sich die Kettenbruchentwicklungen Konstruktionen an regulären n-Ecken ablesen; hier entspricht die geometrische Wechselwegnahme dem euklidischen Algorithmus.

Weitere Aufgaben zum sechsten Kapitel

Mit Hilfe der Farey-Folge lassen sich konstruktiv die besten rationalen Näherungen an eine reelle Zahl finden.

Aufgabe 6.16. *Benutze die Farey-Folge um die besten Approximationen $\frac{p}{q}$ für $\sqrt{13}$ mit einem Nenner $q \leq 100$ zu finden.*

Aufgabe 6.17. *(zur Farey-Folge)*

    (i) *Zeige, dass $\mathcal{F}_n$ aus $1 + \sum_{k \leq n} \varphi(n)$ Elementen besteht. Gib eine obere und eine untere Abschätzung für diese Größe an!*

    (ii) *Berechne die Summe aller Elemente von $\mathcal{F}_n$.*

Oftmals ist die Irrationalität einer Zahl in der Praxis schwierig nachzuweisen. Hilfreich kann folgendes Kriterium sein:

---

[5] Wir verweisen hierfür auf: K.v. FRITZ, The discovery of Incommensurability by Hippasus of Metapontum, *Ann. Math.* **46** (1945), 242-262.

Aufgabe 6.18. *(ein Irrationalitätskriterium)*

(i) *Es seien $\delta > 0$ und α reell, und es existieren unendlich viele teilerfremde ganze Zahlen p, q mit*

$$\left| \alpha - \frac{p}{q} \right| < \frac{1}{q^{1+\delta}}.$$

Zeige, dass α irrational ist! Kannst Du auf die geforderte Teilerfremdheit von p und q verzichten?

(ii) *Benutze (i) zum Nachweis der Irrationalität von $\sum_{j \geq 1} 10^{-j!}$.*

Das Kettenbruchkalkül basiert auf einer Rekursion für die Folgen der p_n und der q_n (in der Notation von Abschn. 6.3); entsprechend verhalten sich diese Folgen in vielerlei Hinsicht ähnlich.

Aufgabe 6.19. *Es gelten die üblichen Notationen. Beweise*

$$\frac{p_n}{p_{n-1}} = [a_n, a_{n-1}, \ldots, a_2, a_1, a_0]$$

Welche Kettenbruchentwicklung besteht für $\frac{q_n}{q_{n-1}}$? Zeige ferner

$$\frac{p_n}{q_n} = a_0 + \sum_{j=1}^{n} \frac{(-1)^{j-1}}{q_j q_{j-1}}.$$

Aufgabe 6.20. *Berechne die Kettenbruchentwicklungen für*

$$\frac{2014}{1969}, \ \frac{1969}{2014}, \ \sqrt{80}, \ \sqrt{99}.$$

Welche Größen verbergen sich hinter den Kettenbruchentwicklungen

$$[1, 2, 3], \ [1, 2, 3, 4], \ [0, 1, 2, 3, 4], \ [0, \overline{1, 4}], \ [0, 1, \overline{4, 1}] \ ?$$

Bereits gut einhundert Jahre vor Huygens studierten Raffael Bombelli und Pietro Cataldi Varianten von Kettenbrüchen. Die folgende Aufgabe beschreibt einen von Bombellis Kettenbrüchen und ein damit zusammenhängendes von Cataldi entdecktes Phänomen:

Aufgabe 6.21. *Beweise die periodische Entwicklung*

$$\sqrt{13} = 3 + \cfrac{4}{6 + \cfrac{4}{6 + \cfrac{4}{6 + \cfrac{4}{\ddots}}}}.$$

Berechne die ersten Näherungsbrüche und vergleiche diese mit der Folge der Zahlen a_n definiert durch $a_0 = 3$ und

*

$$a_{n+1} = \frac{1}{2}\left(a_n + \frac{13}{a_n}\right).$$

Verallgemeinere und beweise Deine Beobachtungen! ⟨Diese Aufgabe wird in Abschn. 9.16 besprochen!⟩

Aufgabe 6.22. *Gegeben sei die Folge rationaler Zahlen*

$$\frac{3}{1},\ \frac{4}{1},\ \frac{7}{2},\ \frac{11}{3},\ \frac{18}{5},\ \frac{119}{33},\ \frac{137}{38},\ \frac{256}{71},\ \dots,$$

Verbirgt sich eine Gesetzmäßigkeit hinter dieser Folge? Wie könnte die Folge mit Blick auf die vorangegangene Aufgabe weitergehen? ⟨Diese Aufgabe wird in Abschn. 9.16 besprochen!⟩

Aufgabe 6.23. *Beweise für $n \in \mathbb{N}$ die Kettenbruchentwicklung*

$$\sqrt{n^2 + 1} = [n, \overline{2n}].$$

Welche reellen Zahlen verbergen sich hinter der Entwicklung $[0, \overline{n, 1, 2n}]$?

Wichtige Anwendungen besitzen Kettenbrüche in der Approximationstheorie reeller Zahlen:

Aufgabe 6.24. *Eine Pferdestärke (1 PS) entspricht 75 Kilopondmeter pro Sekunde, was genau 0,73549875 kW (Kilowatt) sind. Finde eine möglichst passende Beschreibung dieser Relation der Form*

$$x\ \mathsf{PS}\ =\ y\ \mathsf{kW}\ +\ Fehler$$

mit natürlichen Zahlen $x, y \leq 100$ und möglichst kleinem Fehler.

Aufgabe 6.25. *Benutze die Kettenbruchentwicklung zum Auffinden der bestmöglichen rationalen Approximation der Lösung α der Gleichung $10^\alpha = 2$ mit einer Genauigkeit 10^{-3}!*

Aufgabe 6.26. *Viele der Chipkarten (auch ‚smart cards') haben ein Format von $85{,}6 \times 53{,}98$ Millimetern. Eine ähnliche Proportion erzielt man mit den Fibonacci-Zahlen 89 und 55. Gibt es Fibonacci-Zahlen, mit denen man das Verhältnis $\frac{8560}{5398}$ besser approximieren kann als mit $\frac{89}{55}$? Erwünscht ist eine konstruktive Lösung, kein Ausprobieren!*

Aufgabe 6.27. *Beweise, dass unter drei aufeinanderfolgenden Näherungsbrüchen $\frac{p}{q}$ an den Kettenbruch einer Irrationalzahl α mindestens eine der Ungleichung im Hurwitzschen Approximationssatz 6.5 genügt, d. h.*

$$\left| \alpha - \frac{p}{q} \right| < \frac{1}{\sqrt{5}q^2}.$$

Und hier noch eine Aufgabe zur Kalenderrechnung:

Aufgabe 6.28. *Ein Jahr hat* $j := 365{,}2425$ *Tage und ein synodischer Mondumlauf* $m := 29{,}53059$ *Tage. Im antiken Griechenland ergaben 235 Monate genau 19 Jahre. Verifiziere, dass* $\frac{19}{235}$ *eine sehr gute rationale Näherung an* $\frac{m}{j}$ *ist. Tritt* $\frac{19}{235}$ *als Näherungsbruch auf? Und wieso fällt alle 19 Jahre Ostern ,fast' auf dasselbe Datum?*

Wir schließen mit einer vielleicht überraschenden Anwendungen von Kettenbrüchen:

Aufgabe 6.29. *Zeige mit Hilfe von Kettenbrüchen, dass* $\mathbb{R}^2$ *und* $\mathbb{R}$ *gleichmächtig sind.* Hinweis: Hierzu genügt es, eine bijektive Abbildung von $[0,1) \times [0,1) \to [0,1)$ anzugeben! ⟨Diese Aufgabe wird in Abschn. 9.15 besprochen!⟩ $\qquad$ *

7

Diophantische Gleichungen

Rationale Approximationen liefern manchmal einen Lösungsansatz für diophantische Gleichungen. Bereits in Abschn. 3.2 hatten wir mit der linearen diophantischen Gleichung

$$106X - 333Y = 1,$$

ein einfaches Beispiel kennen gelernt. Hier liefern die ganzzahligen Lösungen mit $\frac{x}{y} = \frac{333}{106} + \frac{1}{106y}$ immer bessere rationale Approximationen an $\frac{333}{106}$, beispielsweise ist $x = 22, y = 7$ eine solche Lösung. Diese Beobachtung kann man sich aber auch umgekehrt zu Nutze machen: Gegeben eine lineare diophantische Gleichung von einer Gestalt wie oben, so kann man eine spezielle Lösung unter den besten rationalen Approximationen an den Quotienten der Koeffizienten wiederfinden! Tatsächlich lässt sich diese Strategie auch bei gewissen komplizierteren Gleichungen anwenden. In diesem Kapitel wollen wir mit der Pellschen Gleichung eine Klasse solcher Gleichungen untersuchen (und damit ein Thema aus Abschn. 1.1 wieder aufgreifen).

7.1 Die Pellsche Gleichung

In einem Brief an Eratosthenes stellte Archimedes die Frage nach der Größe der Herde des Sonnengottes *Helios*; dieses so genannte *Rinderproblem* war lange Zeit vergessen bis es durch Gotthold Ephraim Lessing in der Bibliothek in Wolfenbüttel im Jahre 1773 wiederentdeckt wurde. Hier die Aufgabe in Distichen[1] abgefasst:

> *Sage, Freund, mir genau die Zahl von Helios' Rindern.*
> *Sorgsam rechne mir aus, wenn dir Weisheit nicht fremd,*
> *Wieviel deren es waren, die auf der Insel Sizilien*
> *Fluren weideten einst, vierfach in Herden geteilt.*
> *Jede Herde war anders gefärbt; die erste war milchweiß,*

---

[1] Ein Distichon (griech.) ist ein *Zweizeiler*, genauer: ein Verspaar bestehend aus einem Hexameter und einem Pentameter, rezitieren der Aufgabe benötigt also Rhythmus!

Aber die zweite erglänzt' von dunkelem Schwarz.

Braun war die dritte sodann, die vierte scheckig gemustert.[2]

Wir unterbrechen diesen vielleicht nicht leicht verständlichen Text und extrahieren die für uns notwendigen Informationen: Es sind die Rinder des Sonnengottes zu zählen, und derer gibt es in vier verschiedenen Farben oder Musterung. Die nachstehenden Reime liefern erste Relationen zwischen den jeweiligen Herden:

Stiere und Kühe gemischt, jede von anderer Zahl.

Mit der Anzahl der Stiere verhielt es sich also: die weißen

Glichen den Braunen an Zahl und noch dem dritten Teil

Samt der Hälfte der Schwarzen, o Freund, zusammengenommen.

Die Unterteilung der Rinder nach einer Farbskala allein war Archimedes wohl zu einfach. Nun wird in der jeweiligen Herde auch noch nach Kühen und Stieren unterschieden. Schreiben wir w, s, b und g für die Anzahlen der *weißen*, *schwarzen*, *braunen* bzw. *gescheckten* Stiere, so interpretieren wir den letzten Vierzeiler kurz durch folgende Gleichung:

$$(7.1) \qquad w = \left(\frac{1}{2} + \frac{1}{3} \right) s + b.$$

Hörten wir weiter Archimedes' Gereime zu, ergäben sich aus den anschließenden Umschreibungen folgende weitere Bedingungen für die Stiere:

$$(7.2) \qquad s = \left(\frac{1}{4} + \frac{1}{5} \right) g + b, \qquad g = \left(\frac{1}{6} + \frac{1}{7} \right) w + b.$$

Bezeichnen wir mit $\mathcal{W}, \mathcal{S}, \mathcal{B}$ sowie $\mathcal{G}$ noch die Anzahlen der *weißen*, *schwarzen*, *braunen* bzw. *gescheckten* Kühe, so lieferte ein weiterer Teil der archimedischen Lyrik folgende Gleichungen:

$$(7.3) \quad \begin{cases} \mathcal{W} = \left(\dfrac{1}{3} + \dfrac{1}{4} \right) (s + \mathcal{S}), & \mathcal{S} = \left(\dfrac{1}{4} + \dfrac{1}{5} \right) (g + \mathcal{G}), \\[2ex] \mathcal{G} = \left(\dfrac{1}{5} + \dfrac{1}{6} \right) (b + \mathcal{B}), & \mathcal{B} = \left(\dfrac{1}{6} + \dfrac{1}{7} \right) (w + \mathcal{W}). \end{cases}$$

Nach dieser, den teilweise realitätsfremden Textaufgaben der Schule nicht ganz unähnlichen Arbeit lauschen wir noch einmal Archimedes.

---

[2] Die Übersetzung dieses Teils und der nachfolgenden Teile entstammt einer Vorlesung von Wulf-Dieter Geyer über antike Mathematik, Sommersemester 2001.

Abbildung 7.1. *Rechts*: Archimedes, einer der größten und innovativsten Mathematiker aller Zeiten (weshalb wir ihn hier durch eine zweite Abbildung ehren), revolutionierte die Geometrie und seine Exhaustionsmethode nimmt teilweise das Integralkalkül von Newton und Leibniz vorweg. *Links*: Eratosthenes, der ohne Bild bereits in Abschn. 3.4 auftrat. Ganz ohne Bild verbleibt John Pell, weil der tatsächlich nichts mit der Gleichung, die wir in diesem Paragraphen knacken wollen, zu tun hatte!

Kannst Du sagen genau, mein Freund, wie viele Rinder
Dort nun waren vereint, auch wie viele es gab
Kühe von jeder Farb' und wohlgenährte Stiere,
Dann recht tüchtig führwahr nennet im Rechnen man dich.

Wenn das keine Motivation für uns wäre! Das System linearer Gleichungen (7.1), (7.2) und (7.3) besteht aus insgesamt sieben Gleichungen in acht Unbekannten und lässt sich mit Standardmethoden der Schule bzw. der *linearen Algebra* lösen (und eine gewisse Hilfe bietet natürlich auch Abschn. 3.2). Es ist dann nicht schwer zu sehen, dass die allgemeine Lösung von (7.2) gegeben ist durch

$$(w, s, g, b) = k \cdot (2226, 1602, 1580, 891), \qquad \text{wobei} \quad k \in \mathbb{N},$$

und das System (7.3) ist genau dann lösbar, wenn k ein Vielfaches von 4657 ist. Setzen wir $k = 4657 \cdot \ell$, so erhalten wir für die allgemeine Lösung von (7.3)

$$(\mathcal{W}, S, G, B) = \ell \cdot (7.206.360, 4.893.246, 3.515.820, 5.439.213),$$

wobei $\ell \in \mathbb{N}$. Das löst jedoch nur den ersten Teil des Rinderproblems; Archimedes fährt nämlich fort:

Doch noch zählt man dich nicht zu den Weisen; aber wohlan nun,
Komm und sage mir an, wie sich dies weiter verhält:

> *Wenn die ganze Zahl der weißen Stier' und der schwarzen*
> *Sich vereint', alsdann standen geordnet sie da*
> *Gleich nach Tiefe und Breite; die zwei Fluren Siziliens*
> *Wurden völlig erfüllt durch die Menge der Stier'.*
> *Stellte man aber zusammen die braunen und scheckigen, alsdann*
> *Wurde ein Dreieck erzeugt, einer stand an der Spitz',*
> *Und es fehlte keiner der braunen und scheckigen Stiere,*
> *Noch darunter man fand einen von anderer Farb'.*
> *Hast du auch dies ausfindig gemacht und im Geiste erfasset,*
> *Gibst das Verhältnis mir an, Freund, das bei jeder Herd'*
> *Findet statt, dann magst du stolz als Sieger einhergehn,*
> *Denn hell strahlet dein Ruhm nun in der Wissenschaft.*

Wir wollen nicht nur *tüchtig* sein, sondern auch *weise*. Die zusätzliche Bedingung, die in dem Text umständlich formuliert ist, bedeutet nichts anderes als, dass $w + s$ ein Quadrat ist und $g + b$ eine **Dreieckszahl**, d. h. eine Zahl der Form

$$1 + 2 + \ldots + n = \tfrac{1}{2}n(n + 1);$$

zur Rechtfertigung des Namens denke die geneigte Leserin an die Kugeln beim Poolbilliard vor dem Anstoß. Diese Formel für die Summe der ersten natürlichen Zahlen wurde übrigens mit Satz 2.2 bewiesen. Die von Archimedes geforderte Zusatzbedingung kann daher umgeschrieben werden als

$$(7.4) \qquad w + s = m^2 \qquad \text{und} \qquad g + b = \tfrac{1}{2}n(n + 1)$$

für gewisse natürliche Zahlen m und n. Wollen wir auch den zweiten Teil der Archimedischen Aufgabe lösen, so haben wir nun noch ein ℓ zu finden, so dass $w + s = 4657 \cdot 3828 \cdot \ell$ ein Quadrat ist und $g + b = 4657 \cdot 2471 \cdot \ell$ eine Dreieckszahl. Mit der Primfaktorzerlegung $4657 \cdot 3828 = 2^2 \cdot 3 \cdot 11 \cdot 29 \cdot 4657$ folgt, dass $w + s$ genau dann ein Quadrat ist, wenn

$$\ell = 3 \cdot 11 \cdot 29 \cdot 4657 \cdot Y^2,$$

wobei $Y \in \mathbb{N}$. Nun ist $g + b$ genau dann eine Dreieckszahl, wenn $8(g + b) + 1$ ein Quadrat ist:

$$8(g + b) + 1 = 4n^2 + 4n + 1 = (2n + 1)^2 =: X^2.$$

Also verbleibt letztlich die quadratische Gleichung

$$(7.5) \qquad X^2 - 410.286.423.278.424\, Y^2 = 1$$

zu lösen, wobei $410.286.423.278.424 = 2 \cdot 3 \cdot 7 \cdot 11 \cdot 29 \cdot 353 \cdot (2 \cdot 4657)^2$. Das sieht nicht leicht aus!

Aufgabe 7.1. *Man löse das Rinderproblem; für den schwierigeren zweiten Teil („weise!') benutze man einen leistungsfähigen Computer und die Mathematik dieses Paragraphens!*

Es scheint, dass die alten Griechen nicht in der Lage waren, das Rinderproblem zu lösen. Wir werden sehen, dass unsere Lösung auf diophantischer Approximation und insbesondere Kettenbrüchen basiert. Es ist überliefert, dass Archimedes die Lösung $x = 1351$ und $y = 780$ der verwandten, aber etwas weniger beeindruckenden Gleichung

$$X^2 - 3Y^2 = 1$$

kannte. Letztlich basiert die Kettenbruchentwicklung einer reellen Zahl lediglich auf einer Fortführung des euklidischen Algorithmus, der Archimedes natürlich bekannt war – aber trotzdem ist eine gewisse Skepsis angebracht, ob Archimedes das Rinderproblem seinerzeit hat lösen können.[3] Wir wollen nun, wenigstens ansatzweise, den interessanten zweiten Teil des Rinderproblems lösen (allerdings nicht numerisch, was auch eine gewisse Herausforderung darstellt).

Wir betrachten hierzu allgemeiner die sogenannte **Pellsche Gleichung**

$$(7.6) \qquad X^2 - dY^2 = 1 \qquad \text{mit} \quad d \in \mathbb{N}.$$

John Pell war ein englischer Mathematiker des 17. Jahrhunderts, der (im Gegensatz zu seinen Zeitgenossen William Brouncker und John Wallis von der Insel) nichts mit dieser Gleichung zu tun hatte. (Tatsächlich geht die fehlerhafte Bezeichnung wohl auf Euler zurück.) Wir interessieren uns für ganzzahlige Lösungen. Mit einer geometrischen Brille betrachtet, heißt dies, dass wir die ganzzahligen Gitterpunkte auf einer Hyperbel suchen. Da beides *dünne* Mengen sind, ist nicht ganz klar, ob dem Erfolg beschieden ist. Tatsächlich hängt dies sehr von der arithmetischen Natur von $\sqrt{d}$ ab.

Ist d ein Quadrat, also etwa $d = m^2$, dann gilt

$$X^2 - dY^2 = (X - mY)(X + mY).$$

Ist nun x, y eine ganzzahlige Lösung von (7.6), so ist jeder Faktor des Produktes auf der rechten Seite eine ganze Zahl. Da deren Produkt gleich eins ist, müssen beide Faktoren gleich $+1$ oder beide gleich -1 sein. Damit gibt es

---

[3] Hierbei sollte auch berücksichtigt werden, dass Archimedes vielleicht einen alternativen Lösungsansatz vor Augen hatte. Wir verweisen auf: I. VARDI, *Archimedes' cattle problem,* Am. Math. Mon. **105** (1998), 305-319, sowie: D. FOWLER, *The Mathematics of Plato's Academy,* Clarendon Press Oxford, 1999, Abschn. 2.4, für weitere Informationen.

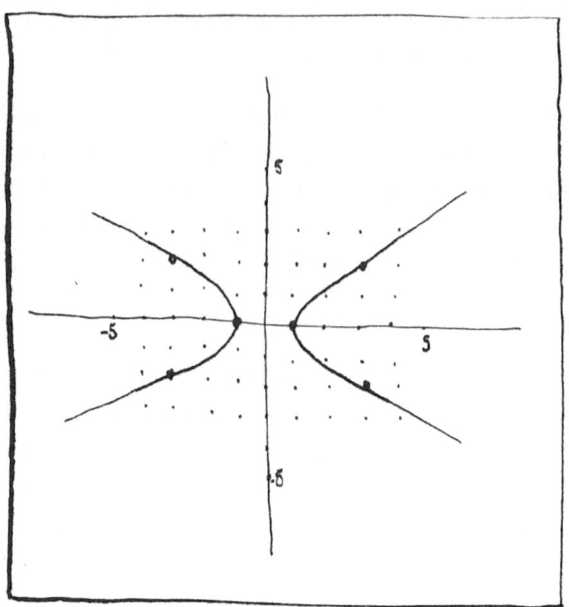

Abbildung 7.2. Ganzzahlige Gitterpunkte auf der Hyperbel $X^2 - 2Y^2 = 1$

also nur endlich viele Lösungen in diesem (langweiligen) Fall. Addieren wir die Faktoren $x \pm my$, erhalten wir $2x = \pm 2$, was auf $(x, y) = (\pm 1, 0)$ führt und stets eine Lösung ist (unabhängig von d). Dieser Fall ist also eigentlich uninteressant und gehört trotzdem **nicht** in die Kategorie ‚*Vergessen*‘, denn hier können wir aus der Argumentation (und nicht aus dem Resultat) etwas lernen, welches letztlich sogar unser Leitmotiv bei dieser und weiteren diophantischen Gleichungen sein wird: Mit Hilfe der Faktorisierung gelangen wir zu zusätzlicher (und hier auch relevanter) Information!

Gibt es im interessanteren Fall, wo d kein Quadrat ist, weitere Lösungen? Auf Grund der Symmetrie sind mit (x, y) auch $(\pm x, -y)$ und $(-x, y)$ Lösungen. Also genügt es, nach Lösungen in der Menge der natürlichen Zahlen zu suchen. Im Folgenden nehmen wir stets an, dass d kein Quadrat ist, was gleichbedeutend mit $\sqrt{d} \notin \mathbb{Q}$ ist.

Euler und etwas später Lagrange hatten folgende gute Idee: Angenommen, x, y ist eine Lösung, dann können wir die linke Seite von (7.6) im Zahlkörper $\mathbb{Q}(\sqrt{d}) := \{a + b\sqrt{d} : a, b \in \mathbb{Q}\}$ faktorisieren und erhalten (mit der in Schulsprache *dritten binomischen Formel*)

$$(x - y\sqrt{d})(x + y\sqrt{d}) = x^2 - dy^2 = 1$$

bzw.

$$\left| \sqrt{d} - \frac{x}{y} \right| = \frac{1}{y^2(\sqrt{d} + \frac{x}{y})} < \frac{1}{2y^2}.$$

Damit liefert jede Lösung eine erstaunlich gute rationale Approximation an $\sqrt{d}$ (ein ähnliches Szenario wie bei den linearen Gleichungen in zwei Unbekannten). Tatsächlich zeigt Satz 6.9, dass jede Lösung unter den Näherungsbrüchen an $\sqrt{d}$ gefunden werden kann.

Wir illustrieren dies an dem Beispiel aus Abschn. 1.1: Die Folge der Näherungsbrüche $\frac{p_n}{q_n}$ an $\sqrt{2}$ startet mit

$$\frac{1}{1}, \; \frac{\mathbf{3}}{\mathbf{2}}, \; \frac{7}{5}, \; \frac{\mathbf{17}}{\mathbf{12}}, \; \frac{41}{29}, \; \frac{\mathbf{99}}{\mathbf{70}}, \; \cdots \quad \to \quad \sqrt{2} = [1, \overline{2}]$$

(siehe Abschn. 6.4) und tatsächlich bekommen wir für den Ausdruck $p_n^2 - 2q_n^2$ nacheinander die Werte

$$1^2 - 2 \cdot 1^2 = -1, \quad \mathbf{3}^2 - 2 \cdot \mathbf{2}^2 = +1, \quad 7^2 - 2 \cdot 5^2 = -1,$$

$$\mathbf{17}^2 - 2 \cdot \mathbf{12}^2 = +1, \quad 41^2 - 2 \cdot 29^2 = -1, \quad \mathbf{99}^2 - 2 \cdot \mathbf{70}^2 = +1.$$

Dies liefert uns die ersten nicht-trivialen Lösungen für (7.6) mit $d = 2$. Die auftretende Regularität ist verblüffend. Tatsächlich gilt

Satz 7.1. *Alle ganzzahligen Lösungen* x, y *von*

$$X^2 - 2Y^2 = 1$$

sind gegeben durch

$$x + y\sqrt{2} = \pm(1 + \sqrt{2})^{2n} = \pm(3 + 2\sqrt{2})^n \qquad \textit{für} \quad n \in \mathbb{Z}.$$

Beweis. Für die Näherungsbrüche $\frac{p_n}{q_n}$ an $\sqrt{2} = [1, \overline{2}]$ gilt nach (6.10) (in Abschn. 6.3)

$$p_n = 2p_{n-1} + p_{n-2} \qquad \text{sowie} \qquad q_n = 2q_{n-1} + q_{n-2}$$

und für $\phi_n := p_n + q_n\sqrt{2}$ und $\psi_n := p_n - q_n\sqrt{2}$ ergibt sich damit

$$\phi_n = 2p_{n-1} + p_{n-2} + (2q_{n-1} + q_{n-2})\sqrt{2}$$
$$(7.7) \qquad = 2(p_{n-1} + q_{n-1}\sqrt{2}) + p_{n-2} + q_{n-2}\sqrt{2} = 2\phi_{n-1} + \phi_{n-2}$$

sowie nach ähnlicher Rechnerei

$$\psi_n = 2\psi_{n-1} + \psi_{n-2};$$

diese rekursiven Bildungsgesetze haben sich also von p_n und q_n auf ϕ_n und ψ_n vererbt! Hierbei sind

$$\phi_0 = p_0 + q_0\sqrt{2} = 1 + \sqrt{2} =: \alpha$$

und

$$\phi_1 = 3 + 2\sqrt{2} = (1 + \sqrt{2})^2 = \alpha^2$$

sowie

$$\psi_0 = p_0 - q_0\sqrt{2} = 1 - \sqrt{2} = -\frac{1}{1 + \sqrt{2}} = -\alpha^{-1}$$

und

$$\psi_1 = 3 - 2\sqrt{2} = \alpha^{-2}.$$

Mittels Induktion zeigt sich

$$\phi_n = \alpha^{n+1} \qquad \text{und} \qquad \psi_n = (-\alpha)^{-n-1} \qquad \text{für} \quad n \in \mathbb{N}_0.$$

Hierzu bemüht man die Rekursionsformel (7.7) und berechnet

$$\phi_n = 2\phi_{n-1} + \phi_{n-2} = \ldots 2\alpha^n + \alpha^{n-1} = \alpha^{n-1}(2\alpha + 1)$$
$$= \alpha^{n-1}\phi_1 = \alpha^{n-1}\alpha^2 = \alpha^{n+1};$$

die Formel für ψ_n zeigt man analog.

Aus den soeben bewiesenen expliziten Formeln folgen für die Zähler und Nenner ebenfalls explizite Darstellungen:

$$\begin{aligned}
p_n &= \tfrac{1}{2}(p_n + q_n\sqrt{2} + p_n - q_n\sqrt{2}) = \tfrac{1}{2}(\phi_n + \psi_n)\\
&= \tfrac{1}{2}(\alpha^{n+1} + (-\alpha)^{-n-1}),\\
q_n &= \tfrac{1}{2}(p_n + q_n\sqrt{2} - (p_n - q_n\sqrt{2})) = \tfrac{1}{2\sqrt{2}}(\phi_n - \psi_n)\\
&= \tfrac{1}{2\sqrt{2}}(\alpha^{n+1} - (-\alpha)^{-n-1}).
\end{aligned}$$

Ferner gilt

$$\begin{aligned}
p_n^2 - 2q_n^2 &= (p_n + q_n\sqrt{2})(p_n - q_n\sqrt{2})\\
&= \phi_n\psi_n = \alpha^{n+1}(-\alpha)^{-n-1} = (-1)^{n+1}.
\end{aligned}$$

! (Wieder taucht hier die Faktorisierungsidee von Euler und Lagrange auf!) Damit liefern die Näherungsbrüche $\frac{p_n}{q_n}$ mit ungeradem Index Lösungen der Pellschen Gleichung (und die mit geradem Index Lösungen von $X^2 - 2Y^2 = -1$). Wie wir bereits oben erörtert hatten, ergeben sich nach Satz 6.9 *sämtliche* Lösungen auf diese Weise. •

Tatsächlich gilt ein Analogon des gerade bewiesenen Satzes für alle Pellschen Gleichungen. Wenn d kein Quadrat ist, so ist $\sqrt{d}$ eine quadratische

Irrationalität und die Kettenbruchentwicklung von $\sqrt{d}$ ist nach dem Satz 6.10 von Lagrange periodisch. Nach dem Satz von Galois (6.18) gilt

$$\sqrt{d} = \left[\left[\sqrt{d}\right], \overline{a_1, \ldots, a_{\ell-1}, 2\left[\sqrt{d}\right]}\right] = \left[\left[\sqrt{d}\right], a_1, \ldots, a_{n-1}, \alpha_n\right],$$

wobei hier und im Folgenden $\ell = \ell(d)$ die Länge der kleinsten Periode der Kettenbruchentwicklung von $\sqrt{d}$ sei. Tatsächlich kann man mit einer Induktion den folgenden Satz beweisen (siehe [**15**]):

Satz 7.2 (Legendre). *Mit obigen Bezeichnungen gilt: Ist $\sqrt{d} \notin \mathbb{Q}$ und bezeichnet $\frac{p_n}{q_n}$ den n-ten Näherungsbruch an $\sqrt{d}$, dann besitzt die Pellsche Gleichung (7.6) unendlich viele Lösungen in natürlichen Zahlen x_k, y_k, gegeben durch*

$$(7.8) \qquad (x_k, y_k) = \left\{ \begin{array}{ll} (p_{k\ell-1}, q_{k\ell-1}) & \text{falls} \quad 2 \mid \ell, \\ (p_{2k\ell-1}, q_{2k\ell-1}) & \text{falls} \quad 2 \nmid \ell. \end{array} \right.$$

Dieser Satz wurde vollständig zuerst von Legendre bewiesen, erhebliche Vorarbeiten gehen aber bereits auf Euler und Lagrange zurück.

Aufgabe 7.2. *Sei $2 \leq t \in \mathbb{N}$. Zeige, wie einst Brahmagupta im siebten Jahrhundert, dass $(x, y) = (t^2 - 1, t)$ und $(x, y) = (2(t^2 - 1)^2 - 1, 2t(t^2 - 1))$ Lösungen der Pellschen Gleichung*

$$X^2 - (t^2 - 2)Y^2 = 1$$

sind. Beweise ferner, dass mit

$$x_0 = 1, \quad x_1 = a, \quad \text{und} \quad x_{n+2} = 2ax_{n+1} - x_n,$$
$$y_0 = 0, \quad y_1 = 1, \quad \text{und} \quad y_{n+2} = 2ay_{n+1} - y_n,$$

für $n \in \mathbb{N}$ die Folge $(x_n, y_n)_{n \geq 0}$ unendlich viele Lösungen der Pellschen Gleichung

$$X^2 - (a^2 - 1)Y^2 = 1$$

liefert.

Gibt es weitere Lösungen neben denen, die Legendre (bzw. Brahmagupta) angegeben hat? Also Lösungen, die sich nicht aus der Kettenbruchentwicklung von $\sqrt{d}$ auf die in Satz 7.2 beschriebenen Weise ergeben? Die Antwort lautet: Nein! Tatsächlich entstehen sämtliche Lösungen der entsprechenden Pellschen Gleichung gemäß Legendres Beschreibung, und die Regelmäßigkeit der periodischen Kettenbruchentwicklung von $\sqrt{d}$ spiegelt sich in den Potenzen der ‚minimalen' Lösung wider, ganz ähnlich unserer

Abbildung 7.3. Adrien-Marie Legendre, ∗ 18. September 1752 – †
10. Januar 1833 jeweils in Paris; französischer Zahlentheoretiker, der
sich u. a. mit Kettenbrüchen und quadratischen Resten beschäftigte, jedoch ein wenig vom Pech verfolgt war, da seine Leistungen
neben denen von Gauß verblassen. Tatsächlich wird Adrien-Marie
oft ein Bild zugeordnet, welches das Konterfei des Metzger und
Aktivisten der französischen Revolution Louis Legendre zeigt, aber
letztlich mit unserem Adrien-Marie genauso wenig zu tun hat wie
John Pell mit dem Thema dieses Paragraphen. Mehr zu dieser Ver-
wechslungsgeschichte findet man in: P. DUREN, Changing faces: the
mistaken portrait of Legendre, *Notices A.M.S.* **56** (2009), 1440-
1443; http://www.ams.org/notices/200911/rtx091101440p.pdf. Obiges
Bild basiert auf einer Karikatur unseres Legendres, dieser Publikation
entnommen.

Beobachtung im Falle $d = 2$ (Satz 7.1). Es gilt: *Die Pellsche Gleichung
(7.6) besitzt unendlich viele Lösungen $x, y \in \mathbb{Z}$; eine jede ergibt sich bis auf
das Vorzeichen als eine Potenz der* **Minimallösung**, *d. h. derjenigen mit
minimalem $y \in \mathbb{N}$:*

$$x + y\sqrt{d} := \pm(x_1 + y_1\sqrt{d})^{\pm n} , \quad \text{wobei} \quad n = 0, 1, 2, \dots .$$

Hier ergeben sich die Größen x und y durch Ausmultiplizieren des Produktes
auf der rechten Seite und anschließendem Koeffizientenvergleich bzgl. des
rationalen und des irrationalen Anteils. Wir verzichten auf den Beweis dieses
Resultates und auch auf den von Satz 7.2, verweisen stattdessen auf [**15**]
und beweisen hier lediglich die allgemeine Existenz von Lösungen:

Satz 7.3. *Sei $d \in \mathbb{N}$ mit $\sqrt{d} \notin \mathbb{Q}$. Dann besitzt die Pellsche Gleichung (7.6) eine Lösung x, y in natürlichen Zahlen.*

Beweis. Nach dem Dirichletschen Approximationssatz 6.3 gibt es unendlich viele $\frac{x}{y} \in \mathbb{Q}$ mit

$$\left| \sqrt{d} - \frac{x}{y} \right| < \frac{1}{y^2}$$

bzw. $|y\sqrt{d} - x| < \frac{1}{y}$. Mit der Dreiecksungleichung gilt

$$\left| \frac{x}{y} + \sqrt{d} \right| = \left| \frac{x}{y} - \sqrt{d} + 2\sqrt{d} \right| < \frac{1}{y^2} + 2\sqrt{d}$$

bzw. $|x + y\sqrt{d}| < \frac{1}{y} + 2y\sqrt{d}$, und also folgt (wiederum mit der Faktorisierungsidee)

$$
\begin{aligned}
|x^2 - dy^2| &= |x - y\sqrt{d}| \cdot |x + y\sqrt{d}| \\
&< \frac{1}{y}\left(\frac{1}{y} + 2y\sqrt{d} \right) = \frac{1}{y^2} + 2\sqrt{d}.
\end{aligned}
$$

Die ganzzahligen Werte $x^2 - dy^2$ sind also für diese unendlich vielen Paare x, y beschränkt. Insbesondere existiert damit ein $k \in \mathbb{Z}$, verschieden von null, sodass

$$(7.9) \qquad x^2 - dy^2 = k \qquad \text{für unendlich viele} \quad x, y \in \mathbb{N}.$$

Tatsächlich benutzen wir hier ein recht oft einsetzbares **Schubfachprinzip:** *Verteilt man $M \geq m + 1$ Gegenstände auf m Schubfächer, so enthält mindestens ein Schubfach mindestens zwei Gegenstände.* Unter den unendlich vielen natürlichen Zahlen x, y von oben gibt es wiederum unendlich viele Paare x_1, y_1 und x_2, y_2, so dass

$$x_1 \equiv x_2 \qquad \text{und} \qquad y_1 \equiv y_2 \bmod |k|.$$

Nun gelten

$$x_1^2 - dy_1^2 = x_2^2 - dy_2^2 = k$$

und

$$(7.10) \qquad (x_1 - y_1\sqrt{d})(x_2 + y_2\sqrt{d}) = x_1 x_2 - dy_1 y_2 + (x_1 y_2 - x_2 y_1)\sqrt{d}.$$

Hierbei gilt auf Grund der Restklassenbedingung modulo $|k|$

$$
\begin{aligned}
x_1 x_2 - dy_1 y_2 &\equiv x_1^2 - dy_1^2 \equiv 0 \bmod |k|, \\
x_1 y_2 - x_2 y_1 &\equiv x_1 y_1 - x_2 y_2 \equiv 0 \bmod |k|
\end{aligned}
$$

und damit

$$x_1 x_2 - d y_1 y_2 = ku \qquad \text{sowie} \qquad x_1 y_2 - x_2 y_1 = kv$$

für gewisse $u, v \in \mathbb{Z}$. Entsprechend folgt mit (7.10)

$$(x_1 - y_1\sqrt{d})(x_2 + y_2\sqrt{d}) = k(u + v\sqrt{d});$$

ferner gilt damit

$$(x_1 + y_1\sqrt{d})(x_2 - y_2\sqrt{d}) = k(u - v\sqrt{d}).$$

Multiplikation dieser Identitäten zeigt

$$(x_1 - y_1\sqrt{d})(x_2 + y_2\sqrt{d})(x_1 + y_1\sqrt{d})(x_2 - y_2\sqrt{d})$$
$$= k^2(u - v\sqrt{d})(u + v\sqrt{d})$$

bzw.

$$(x_1^2 - d y_1^2)(x_2^2 - d y_2^2) = k^2(u^2 - dv^2).$$

Zusammen mit (7.9) ergibt sich daraus

$$1 = u^2 - dv^2;$$

hierbei ist $v \neq 0$, denn sonst folgte oben $x_1 y_2 = x_2 y_1$ und $u = \pm 1$ sowie

$$(x_1 - y_1\sqrt{d})(x_2 + y_2\sqrt{d})(x_2 - y_2\sqrt{d}) = \pm k(x_2 - y_2\sqrt{d});$$

für den Nachweis dieser Gleichung multipliziert man die ersten beiden Faktoren links aus. Division durch

$$k = x_2^2 - d y_2^2 = (x_2 + y_2\sqrt{d})(x_2 - y_2\sqrt{d})$$

führt auf

$$x_1 - y_1\sqrt{d} = \pm(x_2 - y_2\sqrt{d}).$$

Durch Separieren des rationalen und irrationalen Anteils folgt hieraus

$$x_1 = \pm x_2 \qquad \text{und} \qquad y_1 = \pm y_2.$$

Wir können jedoch nach unserer Konstruktion ohne weiteres $x_1 \neq \pm x_2$ voraussetzen und der Satz ist nach geeigneter Wahl der Vorzeichen von u und v bewiesen. $\bullet$

In der folgenden Tabelle sind einige Kettenbrüche zu Zahlen $\sqrt{d}$ sowie die zugehörigen Minimallösungen (x_1, y_1) aufgelistet:

$\sqrt{2} =$	$[1,\overline{2}]$	$(3,2)$
$\sqrt{3} =$	$[1,\overline{1,2}]$	$(2,1)$
$\sqrt{5} =$	$[2,\overline{4}]$	$(9,4)$
$\sqrt{19} =$	$[4,\overline{2,1,3,1,2,8}]$	$(170,39)$
$\sqrt{61} =$	$[7,\overline{1,4,3,1,2,2,1,3,4,1,14}]$	$(1.766.319.049, 226.153.980)$
$\sqrt{99} =$	$[9,\overline{1,18}]$	$(10,1)$

Und das Beispiel $d = 2014$ sprengt bereits das Format dieser Tabelle; hier gilt

$$\sqrt{2014} = [44,\overline{1,7,5,1,6,14,1,4,2,1,8,3,2,9,1,1,5,2,5,1,1,9,2,3,8,1,2,4,1,14,6,1,5,7,1,88}],$$

die Periodenlänge ist 36, also gerade, und die Minimallösung

$$x_1 = 32.379.412.473.170.124.875,$$
$$y_1 = 721.504.810.595.091.954.$$

ergibt sich hier aus dem 35. Näherungsbruch.

Man kann noch extremere Beispiele finden; beispielsweise besitzt die Pellsche Gleichung zum Rinderproblem, also $X^2 - 4.729.494\,Y^2 = 1$ (unter Berücksichtigung des quadratischen Faktors in (7.5)), die Minimallösung

$$x = 109.931.986.732.829.734.979.866.232.821.433.543.901.088.049,$$
$$y = 50.549.485.234.315.033.074.477.819.735.540.408.986.340.$$

Für die Größe der Herde benötigen wir tatsächlich noch die Teilbarkeit durch 4657, was schließlich erstmals für die folgende Lösung zur Potenz 2329 eintritt:

$$\tilde{x} + \tilde{y}\sqrt{d} = (x + y\sqrt{d})^{2329};$$

es zeigt sich dann (mit erheblichem Computereinsatz), dass dies auf eine Herde bestehend aus mehr als $77.602\ldots81.800$ Rindern führt – eine Zahl mit 206.545 Ziffern.

Aufgabe 7.3. *Man zeige, dass die Minus-Gleichung*

$$X^2 - dY^2 = -1$$

unlösbar ist, falls $d \equiv 3 \bmod 4$. Was bedeutet dies für die Länge der Periode der Kettenbruchentwicklung von $\sqrt{d}$?

Abbildung 7.4. Rechts: Pythagoras, $*\,572 - \dagger\,492$ v. u. Z.; bedeutender griechischer Mathematiker und Philosoph, der mit seiner ‚pythagoräischen Schule' eine erste mit einer Universität vergleichbare Einrichtung begründete; über dem Eingang stand: *Niemandem, der unwissend in Geometrie ist, werde Einlass gewährt!* Sein berühmter Satz über rechtwinklige Dreiecke zeugt sogar auf Briefmarken von seinem Ruhm.

7.2 Pythagoräische Tripel

Die Pythagoräer befreiten die Mathematik von der Notwendigkeit praktischer Anwendungen, durch welche sie in früheren oder zeitgleichen Kulturen geprägt war.[4] Eincs ihrer Themen – Pythagoräische Tripel – besitzt jedoch auch einen praktischen Nutzen: Dank des Satzes des Pythagoras erlauben sie die Konstruktion rechter Winkel, die in der Baukunst so wichtig sind und welche bereits den alten Babyloniern vor ca. 3500 Jahren bekannt war. Auch die Aussage des Satzes des Pythagoras war wohl bereits zu diesen Zeiten bekannt, wenngleich es in der babylonischen Mathematik wahrscheinlich noch keine Beweise gab.

Aufgabe 7.4. *Zeige die Umkehrung des Satzes des Pythagoras: Wenn die Seitenlängen a, b, c eines Dreiecks die Gleichung $a^2 + b^2 = c^2$ erfüllen, so ist das Dreieck rechtwinklig.* Hinweis: Hier könnte ein Blick in ein weiterführendes Buch zur Geometrie hilfreich sein![5]

Gegeben sei die Gleichung

$$X^2 + Y^2 = Z^2;$$

---

[4] Das äußerst lesenswerte Buch *Als die Götter lachen lernten* von H. HEUSER (Piper 1992) gibt einen amüsanten Einblick in die Gedankenwelt der alten Griechen.

[5] Beispielsweise: M. KOECHER, A. KRIEG, *Ebene Geometrie*, Springer 2007.

Lösungen (x, y, z) in natürlichen Zahlen heißen **pythagoräische Tripel** zu Ehren von Pythagoras. Mit einer solchen Lösung (x, y, z) ist offensichtlich auch jedes Tripel (ax, ay, az) mit $a \in \mathbb{Z}$ eine Lösung, wenn auch keine sonderlich interessante. Deshalb heißen Tripel (x, y, z), für die $\mathrm{ggT}(x, y, z) = 1$ gilt, **primitiv**; die Teilerfremdheitsbedingung ist dabei äquivalent zur Forderung, dass die Zahlen x, y, z paarweise teilerfremd sind. Beispiele primitiver pythagoräischer Tripel sind etwa gegeben durch

$$3^2 + 4^2 = 5^2, \quad 5^2 + 12^2 = 13^2, \quad 8^2 + 15^2 = 17^2,$$

während die folgenden Tripel nicht primitiv sind:

$$126^2 + 168^2 = 210^2 \quad \text{und} \quad 291^2 + 388^2 = 485^2.$$

Pythagoras fand eine unendliche Familie primitiver pythagoräischer Tripel basierend auf der Identität

$$(2n + 1)^2 + (2n^2 + 2n)^2 = (2n^2 + 2n + 1)^2.$$

Aufgabe 7.5. *Wie gelangt man zu einer solchen Formel? Welche der oben aufgeführten pythagoräischen Tripel sind von dieser Form? Wie lässt sich die Identität $(m + 1)^2 = m^2 + (2m + 1)$ nutzen, um die vorangegangene Formel herzuleiten?*

Euklid gelang die komplette Charakterisierung primitiver pythagoräischer Tripel:

Satz 7.4 (Euklid). *Es seien a und b teilerfremde natürliche Zahlen unterschiedlicher Parität (d. h. entweder ist a gerade und b ungerade oder umgekehrt) und es gelte $a > b$. Dann ist (x, y, z), gegeben durch*

$$x = a^2 - b^2, \quad y = 2ab, \quad z = a^2 + b^2,$$

ein primitives pythagoräisches Tripel. Ferner ist jedes primitive pythagoräische Tripel von dieser Form.

Beweis. Es ist leicht zu verifizieren, dass (x, y, z) tatsächlich die Gleichung löst:

$$x^2 + y^2 = \left(a^2 - b^2\right)^2 + (2ab)^2 = a^4 + 2a^2b^2 + b^4 = \left(a^2 + b^2\right)^2 = z^2.$$

Offensichtlich sind dabei x, y, z natürliche Zahlen. Sicherlich teilt $\mathrm{ggT}(x, y, z)$ die Zahlen $x + z = 2a^2$ und $z - x = 2b^2$. Da a und b teilerfremd sind, folgt $\mathrm{ggT}(x, y, z) = 1$ oder $= 2$. Da a und b unterschiedliche Parität haben, ist x ungerade und somit tritt der Fall $\mathrm{ggT}(x, y, z) = 2$ nicht auf. Damit ist (x, y, z) ein primitives pythagoräisches Tripel.

Für die Umkehrung nehmen wir an, dass (x, y, z) ein primitives pythagoräisches Tripel ist. Genau eine der Zahlen x, y und z ist dann gerade; weil Quadrate bei Division durch vier den Rest null oder eins lassen, ist $x^2 + y^2 \not\equiv 0,2 \bmod 4$ und also z ungerade. Da insbesondere x und y teilerfremd sind, ist etwa y gerade und somit x und z ungerade und ebenso teilerfremd. Also sind $\frac{1}{2}(z + x)$ und $\frac{1}{2}(z - x)$ teilerfremde natürliche Zahlen und es gilt

$$\left(\tfrac{1}{2}y\right)^2 = \tfrac{1}{2}(z + x) \cdot \tfrac{1}{2}(z - x).$$

Da die Faktoren auf der rechten Seite keine gemeinsamen Teiler haben, müssen nach dem Fundamentalsatz 3.8 beide ebenfalls Quadrate sein (eine Idee, die wir im Folgenden des öfteren wiedersehen werden). Schauen wir uns nämlich die Primfaktorzerlegung des Quadrats auf der linken Seite an, so gehört zu jedem Primteiler sicherlich ein gerader Exponent; auf Grund der Teilerfremdheit gilt dann aber selbiges für jeden der Faktoren auf der rechten Seite, weshalb jeder für sich ein Quadrat ist. Damit existieren also teilerfremde natürliche Zahlen a und b mit

$$\tfrac{1}{2}(z + x) = a^2 \qquad \text{und} \qquad \tfrac{1}{2}(z - x) = b^2.$$

Nun ist es leicht, die Parametrisierung zu verifizieren:

$$\begin{aligned}
x &= \tfrac{1}{2}(z + x) - \tfrac{1}{2}(z - x) = a^2 - b^2, \\
z &= \tfrac{1}{2}(z + x) + \tfrac{1}{2}(z - x) = a^2 + b^2
\end{aligned}$$

und y ergibt sich direkt aus der obigen Faktorisierung von $(\tfrac{1}{2}y)^2$. Ferner gilt

$$a + b \equiv a^2 + b^2 = z \equiv 1 \bmod 2$$

und also haben a und b unterschiedliche Parität.

Es verbleibt zu zeigen, dass eine Bijektion zwischen den Paaren (a, b) und den primitiven pythagoräischen Tripeln (x, y, z) besteht. Sind x und z gegeben, so sind a^2 und b^2, und damit auch a und b eindeutig festgelegt. Deshalb entsprechen verschiedene Tripel (x, y, z) verschiedenen Paaren (a, b). Die Aussagen über Parität und Teilerfremdheit ergeben sich dabei zwangsläufig. •

Aufgabe 7.6.

    (i) *Erstelle eine Liste aller pythagoräischer Tripel (x, y, z) mit $\min\{x, y\} \leq 12$.*

    (ii) *Beweise, dass die Kongruenz $xyz \equiv 0 \bmod 60$ für jedes pythagoräische Tripel (x, y, z) besteht.*

* (iii) *Die Folgen $(a_n)_n$ und $(c_n)_n$ seien rekursiv definiert durch*

$$a_{n+1} = 3a_n + 2c_n + 1 \qquad und \qquad c_{n+1} = 4a_n + 3c_n + 2$$

mit Startwerten $a_1 = 3$ und $c_1 = 5$. Zeige, dass $(a_n, a_n + 1, c_n)$ für jedes $n \in \mathbb{N}$ ein pythagoräisches Tripel ist.

(iv) *Beweise, dass jedes pythagoräische Tripel der Form $(a, a + 1, c)$ in der Familie der pythagoräischen Tripel $(a_n, a_n + 1, c_n)$ aus (iii) vorkommt.*

⟨Diese Aufgabe wird in Abschn. 9.19 besprochen!⟩

Nun wollen wir noch einen alternativen Beweis dieses Satzes mit Hilfe einer geometrischen Methode von Claude Bachet liefern. Mittels

$$U = \cos t \qquad und \qquad V = \sin t$$

für $0 \leq t < 2\pi$ lässt sich die Einheitskreislinie $\mathcal{C}$, im Folgenden kurz *Einheitskreis* genannt, in der euklidischen Ebene mit den Koordinaten U und V parametrisieren (wie vielleicht aus der Schule bekannt), und der Satz des Pythagoras liefert damit via $\cos^2 + \sin^2 = 1$ die algebraische Gleichung

$$\mathcal{C} \ : \ U^2 + V^2 = 1.$$

Wir schneiden nun diesen Einheitskreis mit der Schar von Geraden

$$\mathcal{L}_m \ : \ V = m(U + 1) \qquad \text{für} \quad m \in \mathbb{Q}.$$

Jede Gerade $\mathcal{L}_m$ schneidet den Kreis in dem Punkt $(-1, 0)$ sowie in einem weiteren Schnittpunkt (u, v), dessen Koordinaten sich vermöge Einsetzen über

$$1 = U^2 + (m(U + 1))^2 \qquad \Longleftrightarrow \qquad (1 + m^2)U^2 + 2mU + m^2 - 1 = 0$$

leicht berechnen als

$$(u, v,) = \left(\frac{1 - m^2}{1 + m^2}, \frac{2m}{1 + m^2} \right).$$

Tatsächlich ist also dieser zweite Schnittpunkt genau dann rational, wenn die Steigung m der Geraden $\mathcal{L}_m$ rational ist. Das ist für rationale m sofort einsichtig; für irrationale m der Form $\sqrt{r}$ mit einer rationalen Zahl r, die kein Quadrat ist, schaue man auf die v-Koordinate. Auf diese Weise erhalten wir nicht nur viele rationale Punkte auf dem Kreis, sondern sogar sämtliche: Die Sekante durch $(-1, 0)$ und $(u, v) \in \mathcal{C} \cap \mathbb{Q}^2 \setminus \{(-1, 0)\}$ besitzt nämlich eine rationale Steigung.

 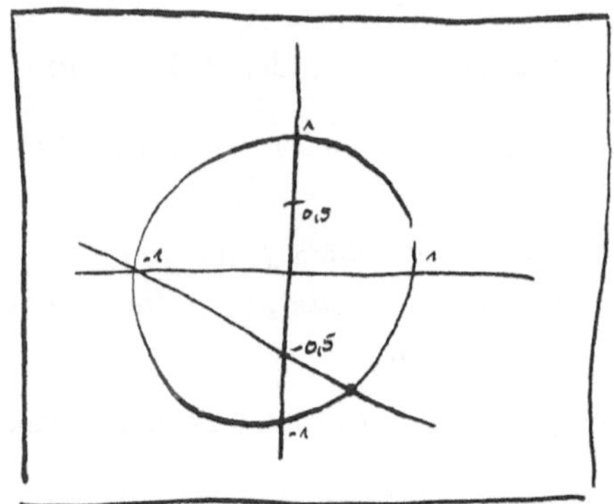

Abbildung 7.5. *Rechts*: Der Einheitskreis geschnitten mit der Sekante durch die Punkte $(-1, 0)$ und $(\frac{3}{5}, -\frac{4}{5})$ (mit Steigung $m = -\frac{1}{2}$); dem zweiten Schnittpunkt entspricht das pythagoräische Tripel $(3, 4, 5)$. Man beachte, dass die Zuordnung zwischen rationalen Punkten und pythagoräischen Tripeln nicht bijektiv ist (man denke an Vorzeichensymmetrien). *Links*: Claude Gaspar Bachet de Méziriac, $*$ 9. Oktober 1581, – † 26. Februar 1638 in Bourg-en-Bresse; übersetzte u. a. die *Arithmetica* des Diophant in das Lateinische, was die zahlentheoretischen Untersuchungen aus der Vergessenheit des europäischen Mittelalters führte.

Mittels $m = \frac{b}{a}$ für ganzzahlige a, b ergibt sich so

$$(u, v) = \left(\frac{a^2 - b^2}{a^2 + b^2}, \frac{2ab}{a^2 + b^2} \right) \in \mathcal{C}.$$

Den Punkt $(-1, 0)$ erhalten wir vermöge $m \to \infty$ (dem Fall der Tangente an $(-1, 0)$). Weil nun $u^2 + v^2 = 1$ mit *rationalen* u und v über

$$u = \frac{x}{z} \qquad \text{und} \qquad v = \frac{y}{z}$$

auf $x^2 + y^2 = z^2$ mit *ganzzahligen* x, y und z führt, und auch jedes solche einem rationalen Punkt entspricht, ergibt sich nun der euklidische Satz 7.4, allerdings zunächst ohne die Unterscheidung *primitiver* pythagoräischer Tripel (welche aber leicht mit elementaren Teilbarkeitsargumenten hinzugefügt werden kann). Die pythagoräischen Tripel parametrisieren also die rationalen Punkte auf dem Einheitskreis!

Bachets Methode funktioniert tatsächlich auch auf anderen Kurven, etwa den Kegelschnitten (wie Hyperbel und Ellipse) – vorausgesetzt es gibt mindestens einen rationalen Punkt! Auf diese Bedingung kann nicht

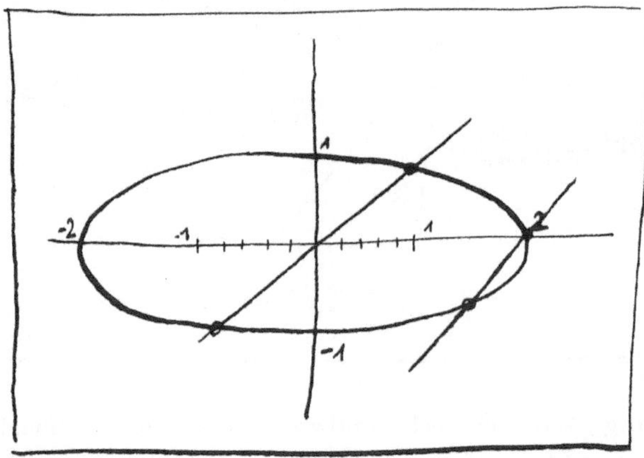

Abbildung 7.6. Die Ellipse $X^2 + 4Y^2 = 4$ geschnitten mit der Sekante durch die Punkte $(-\frac{10}{13}, -\frac{12}{13})$ und $(\frac{10}{13}, \frac{12}{13})$. Die Parallele durch $(2,0)$ schneidet den Kreis im weiteren Punkt $(\frac{289}{169}, -\frac{120}{169}) = (-\frac{10}{13}, -\frac{12}{13}) \oplus (\frac{10}{13}, \frac{12}{13})$; der Punkt $(2,0)$ ist das neutrale Element der Gruppe.

verzichtet werden; z. B. besitzt die Gleichung $X^2 + Y^2 = 3$ keine rationale Lösung (wie man bei Betrachtung derselben modulo 9 einsieht). Als Nächstes erläutern wir, dass die Menge der rationalen Punkte einer Ellipse oder Hyperbel mit mindestens einem rationalen Punkt die Struktur einer abelschen Gruppe besitzt! Hierbei gehen wir davon aus, dass diese (durch quadratische Ergänzung) bereits auf folgende ‚Hauptachsenform' transformiert sei:

$$\mathcal{C} : X^2 - \Delta Y^2 = 4 \qquad \text{mit} \qquad \Delta = \begin{cases} d & \text{falls} \quad d \equiv 1 \bmod 4, \\ 4d & \text{falls} \quad d \equiv 2,3 \bmod 4, \end{cases}$$

bei quadratfreiem $1 \neq d \in \mathbb{Z}$. Dann wird die Addition zweier Punkte $P_j = (x_j, y_j)$ erklärt durch

$$P_1 \oplus P_2 = (x_1, y_1) \oplus (x_2, y_2) := \left(\tfrac{1}{2}(x_1 x_2 + \Delta y_1 y_2), \tfrac{1}{2}(x_1 y_2 + x_2 y_1)\right).$$

Der arithmetische Hintergrund besteht in der Abbildung

$$(x, y) \mapsto \tfrac{1}{2}(x + y\sqrt{d}).$$

Für $d \in \mathbb{N}$ ist $\mathcal{C}$ eine Hyperbel und die beschreibende diophantische Gleichung ist uns als Pellsche Gleichung bekannt; die Zahl vier auf der rechten

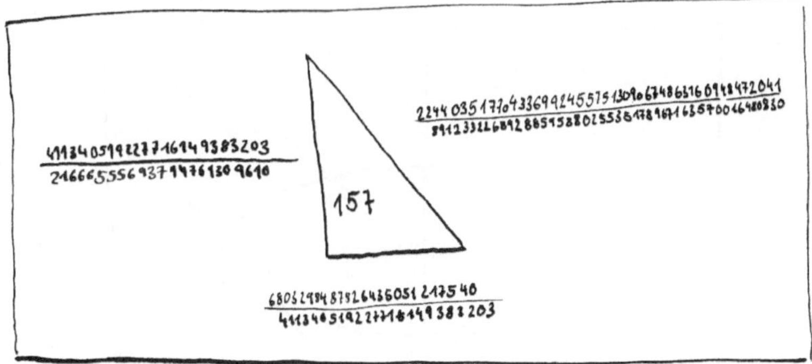

Abbildung 7.7. Ein rechtwinkliges Dreieck mit rationalen Seitenlängen und Fläche 157. Dieses Dreieck ist das *kleinstmögliche* in dem Sinne, dass die Nenner und Zähler der Seitenlängen minimal sind mit dieser Eigenschaft. Dieses Beispiel geht auf Don Zagier zurück.

Seite können wir ja als Quadrat aus der Gleichung herausdividieren. In diesem Fall existieren stets unendlich viele ganzzahlige Gitterpunkte, wie wir im vorigen Paragraphen gesehen hatten.

Aufgabe 7.7. *Verifiziere die Gruppenaxiome. Was ist das neutrale Element?*

Eine natürliche Zahl n nennt man eine **Kongruenzzahl**, falls es ein rechtwinkliges Dreieck mit rationalen Seitenlängen a, b, c und Flächeninhalt n gibt. Bezeichnet c die Hypotenuse des Dreiecks, so gelten nach dem Satz des Pythagoras

$$a^2 + b^2 = c^2 \qquad \text{und} \qquad n = \tfrac{1}{2}ab.$$

Diese beiden Gleichungen charakterisieren also Kongruenzzahlen n. Mit Euklids Parametrisierung der pythagoräischen Tripel findet man bereits unendlich viele Beispiele für Kongruenzzahlen: Zum Beispiel liefert das Tripel $3, 4, 5$ ein rechtwinkliges Dreieck mit Flächeninhalt 6 und sogar ganzzahligen Seitenlängen. Ein weiteres Beispiel ist $n = 5$, wie man leicht der Gleichung

$$\left(\frac{3}{2}\right)^2 + \left(\frac{20}{3}\right)^2 = \left(\frac{41}{6}\right)^2$$

entnimmt, welches bereits Fibonacci bekannt war. Viel schwieriger ist es aber, wenn man für eine gegebene Zahl entscheiden soll, ob diese eine Kongruenzzahl ist oder nicht. Dies ist das so genannte **Kongruenzzahlpro-**

blem, welches arabische Mathematiker vor bereits eintausend Jahren formulierten.[6] Eine Schwierigkeit liegt darin, dass hierbei nicht nur *ganze*, sondern allgemeiner *rationale* Seitenlängen zugelassen sind. In Abschn. 7.3 werden wir dieses Thema eingehender studieren.

Die Pellsche Gleichung oder auch die Gleichung hinter den pythagoräischen Tripeln liefern typische Beispiele diophantischer Gleichungen. Über den Namensgeber Diophant (ca. $*$ 200 – † 284 in Alexandria) ist leider nur wenig bekannt, obwohl er später lebte als Archimedes oder Euklid.[7] Wie bereits erwähnt, begründete sein Lehrbuch *Arithmetica* eine völlig neue Richtung der Mathematik, nämlich die Theorie der polynomiellen Gleichungen bzw. algebraischen Kurven und Fragestellungen über rationale Lösungen bzw. Punkte. Die beiden Hauptrichtungen der griechischen Mathematik der Antike – Geometrie und Zahlentheorie – werden bei Diophant verwoben; die Ideen entstammen wahrscheinlich einer geometrischen Anschauung. Von ihm angerissene Fragestellungen schlagen sich bis heute in der modernen Zahlentheorie und algebraischen Geometrie nieder. Seine *Arithmetica* ist eine Aufgabensammlung; diese sind meist sehr explizit formuliert und sollen numerisch gelöst werden; in den Lösungen derselben wird stets nur eine Lösung angegeben, auch wenn unendlich viele existieren. Ein Beispiel wäre folgende Aufgabe (Problem 24 in Buch N): *Teile eine gegebene Zahl in zwei Zahlen, so dass deren Produkt gleich einem Kubus minus einer Seite ist*. In moderner Sprache bedeutet dies, zu einer gegebenen rationalen Zahl a weitere rationale Zahlen x und y zu finden, so dass

$$y(a - y) = x^3 - x$$

gilt. Wir skizzieren Diophants Lösung am Beispiel $a = 6$. Eine triviale Lösung $(x, y) = (-1, 0)$ liegt auf der Geraden

$$X = \lambda Y - 1 \qquad \text{mit} \quad \lambda = 3$$

und Substitution in der obigen kubischen Gleichung führt auf

$$y(6 - y) = (\lambda y - 1)^3 - (\lambda y - 1) = y(27y^2 - 27y + 6)$$

---

[6] Diese Fragestellung steht in engem Zusammenhang zur Theorie der elliptischen Kurven und insbesondere der Birch & Swinnerton-Dyer-Vermutung, einem der sieben Millenniumsprobleme.

[7] Es gibt Gerüchte, dass Diophant nie existierte und sein Name lediglich für ein Autorenkollektiv steht wie auch Nicolas Bourbaki im zwanzigsten Jahrhundert; dies würde jedenfalls erklären, dass es kaum biographische Daten und auch keine Bilder von Diophant gibt.

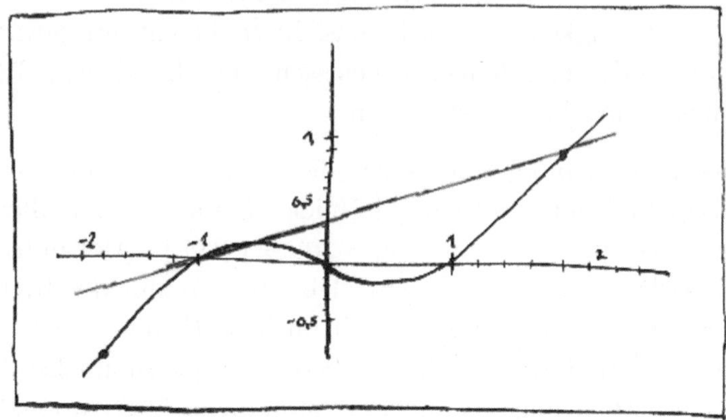

Abbildung 7.8. Diophant konstruiert den nicht-trivialen rationalen
Punkt $(\frac{17}{9}, \frac{26}{27})$ durch Schnitt der Tangente $X = 3Y - 1$ an den trivialen
Punkt $(-1, 0)$ auf der elliptischen Kurve $Y(6 - Y) = X^3 - X$.

bzw. nach Kürzen des Faktors y und Lösen der resultierenden quadratischen Gleichung auf $y = \frac{26}{27}, x = \frac{17}{9}$. Ausgehend von dem offensichtlichen
rationalen Punkt $(-1, 0)$ haben wir so einen alles andere als offensichtlichen
rationalen Punkt gefunden! Bei allgemeinem a kommt man durch entsprechende Variation von λ ganz ähnlich zum Ziel. Vermöge der Transformation

$$\mathcal{X} = -X \qquad \text{und} \qquad \mathcal{Y} = Y - 3$$

ergibt sich aus Diophants Gleichung $Y(6 - Y) = X^3 - X$ die Gleichung einer
so genannten *elliptischen Kurve*:[8]

$$\mathcal{Y}^2 = \mathcal{X}^3 - \mathcal{X} + 9.$$

Diophants Aufgabe ist eines der ersten Auftreten elliptischer Kurven in der
Mathematik; die spezielle Theorie elliptischer Kurven (bei der insbesondere
die Geometrie der zu Grunde liegenden Kurve eine wichtige Rolle spielt) geht
nach ersten Anfängen bei Bachet und Fermat im 17. Jahrhundert auf die
Arbeiten von Henri Poincaré und Louis Mordell zu Beginn des zwanzigsten
Jahrhunderts zurück. Heutzutage werden elliptische Kurven in modernen
kryptographischen Verfahren benutzt; wesentlich dabei ist eine Addition
von Punkten auf solchen Kurven (wie oben bei Ellipse und Hyperbel) und
der damit verbundenen Gruppenstruktur.

---

[8] Wenngleich der Zusammenhang zu Ellipsen nicht offensichtlich ist.

7.3 Fermats letzter Satz

Bei der Lektüre von Diophants' *Arithmetica* verfasste Fermat folgende Notiz neben den Ausführungen zu pythagoräischen Tripeln:

> *„Cubum autem in duos cubos, aut quadratoquadratum in duos quadratoquadratos, et generaliter nullam in infinitum ultra quadratum potestatem in duos ejusdem nominis fas est dividere: cuius rei demonstrationem mirabilem sane detexi. Hanc marginis exiguitas non caperet."*[9]

Fermat äußerte also, einen wunderbaren Beweis für folgende Behauptung gefunden zu haben:

Fermats letzter Satz. *Jede Lösung der Gleichung*

$$X^n + Y^n = Z^n \qquad \text{mit ganzzahligem} \quad n \geq 3$$

in ganzen Zahlen x, y, z ist trivial, d. h. es gilt $xyz = 0$.

Fermat hat seinen ‚Beweis' nicht publiziert und die jahrhundertelange Suche vieler Mathematiker und Mathematikerinnen (und auch Laien) nach einem Beweis legt nahe zu glauben, dass er keinen gültigen Beweis hatte. Währenddessen konnten alle sonstigen Behauptungen aus Fermats Nachlass bewiesen werden, deshalb der Name *Fermats letzter Satz* oder auch *Fermatsche Vermutung*. Erst 1995 konnte Andrew Wiles (mit Unterstützung von Richard Taylor und basierend auf den Vorarbeiten vieler Mathematiker) den Fermatschen Satz verifizieren; der Beweis basiert auf tiefliegenden Erkenntnissen über elliptische Kurven und Modulformen (und liegt somit nicht im Bereich unserer Möglichkeiten).[10]

Der Exponent n in der Fermatschen Gleichung ist von enormer Bedeutung. Während für $n = 2$ unendlich viele nicht triviale Lösungen existieren – wie wir in Satz 7.4 gesehen hatten, existieren sogar unendlich viele primitive pythagoräische Tripel –, gibt es für jeden Exponenten $n \geq 3$ nur triviale Lösungen, also solche, die man sofort sieht. Es ist tatsächlich der Exponent, der den geometrischen Charakter der Fermat-Kurve bestimmt und nichttriviale Lösungen ausschließt. Mit wachsendem n treten n-te Potenzen immer seltener auf: Während es unterhalb 10^6 noch eintausend Quadratzahlen gibt, sind es lediglich einhundert Kuben (also dritte Potenzen) und nur zehn

---

[9] Die deutsche Übersetzung findet sich in Abschn. 1.1.

[10] Das Buch *Fermats letzter Satz* von S. SINGH, dtv 2000, erzählt eindrucksvoll diese schöne Geschichte, spannend wie ein Roman!

sechste Potenzen. Auch fällt für festes n der Anteil der n-ten Potenzen unterhalb einer Grenze M bei wachsendem M rasant gegen null: Da die Anzahl der n-ten Potenzen $\leq M$ in etwa $M^{\frac{1}{n}}$ ist, ergibt sich der Anteil derer an allen natürlichen Zahlen $\leq M$ als $M^{\frac{1-n}{n}}$. Insofern ist eine additive Verknüpfung verschiedener n-ter Potenzen ein seltenes oder gar unmögliches Ereignis. Betrachten wir beispielsweise die Kuben x^3: Unterhalb M existieren derer ca. $M^{\frac{1}{3}}$ viele. Aus kombinatorischen Gründen benötigt man mindestens drei Kuben, um sämtliche natürlichen Zahlen darstellen zu können (denn drei ist der Kehrwert des Exponenten $\frac{1}{3}$ beim Anteil der Kuben innerhalb $\mathbb{N}$). Mit lediglich zwei Kuben hingegen ist nicht zu erwarten, dass eine dünne Menge wie die der Kuben getroffen werden kann. Dies erläutert heuristisch, warum außer den trivialen Lösungen keine weiteren ganzzahligen Lösungen der Fermat-Gleichung $X^3 + Y^3 = Z^3$ zu erwarten sind.

Wir beweisen hier den Spezialfall des Exponenten $n = 4$:

Satz 7.5 (Fermat). *Die Gleichung*

$$X^4 + Y^4 = \mathcal{Z}^2$$

besitzt keine Lösungen in ganzen Zahlen x, y, z *mit* $xyz \neq 0$. *Selbiges gilt insbesondere für die Gleichung* $X^4 + Y^4 = Z^4$.

Wir geben einen wirklich schönen Beweis, wie ihn wohl Fermat selbst angedacht haben mag, basiert die Argumentation doch auf Fermats genialer **Methode des unendlichen Abstiegs** (im Französischen ‚descente infinie' genannt).[11] Die Parametrisierung der pythagoräischen Tripel im euklidischen Satz 7.4 geht dabei entscheidend in den Beweis ein:

Beweis. Die zweite Aussage des Satzes folgt sofort aus der Substitution $\mathcal{Z} = Z^2$. Es genügt also, die Gleichung $X^4 + Y^4 = \mathcal{Z}^2$ zu betrachten. Angenommen, es gibt eine Lösung x, y, z in natürlichen Zahlen, dann existiert mit der Wohlordnung von $\mathbb{N}$ (Satz 2.5) auch eine mit *minimalem* z. Sei also unsere Lösung eben diese (eindeutig bis auf Vertauschung von x und y): Wir nehmen also an, dass für $x, y, z \in \mathbb{N}$ die Gleichung

$$x^4 + y^4 = z^2$$

besteht und dabei z minimal ist. Dann folgt, dass x und y teilerfremd sind (ansonsten könnten wir ja durch $\mathrm{ggT}(x, y)^4$ teilen und ein kleineres z erhalten). Insbesondere ist mindestens eine der Zahlen x und y ungerade. Nun

---

[11] Diese wird in einem anderen Zusammenhang in einem von Fermats Briefen beschrieben.

sind die Quadrate modulo 4 kongruent zu 0 oder 1, also gilt

$$z^2 = x^4 + y^4 \equiv 1 \text{ oder } 2 \mod 4.$$

Damit ist z ungerade und genau eine der Zahlen x und y ungerade. Nehmen wir an, dass y gerade ist. Weil wir es bei x^2, y^2, z mit einem primitiven pythagoräischen Tripel zu tun haben, folgt aus Satz 7.4 die Parametrisierung

$$x^2 = a^2 - b^2, \quad y^2 = 2ab, \quad z = a^2 + b^2$$

mit gewissen teilerfremden $a, b \in \mathbb{N}$ unterschiedlicher Parität. Ist a gerade und b ungerade, so folgt $x^2 \equiv -1 \mod 4$, was unmöglich ist. Also ist a ungerade und b gerade, sagen wir $b = 2c$. Es gilt dann

$$\left(\tfrac{1}{2}y\right)^2 = ac,$$

wobei a und c teilerfremd sind. Nach dem Fundamentalsatz 3.8 sind dann (wie auch schon im Beweis von Satz 7.4) die Faktoren rechts jeweils Quadrate, d. h. es gilt $a = u^2$ und $c = v^2$ mit gewissen u, v, wobei u ungerade ist. Dies liefert wiederum ein pythagoräisches Tripel:

$$\left(2v^2\right)^2 + x^2 = b^2 + x^2 = a^2 = \left(u^2\right)^2,$$

wobei die Zahlen $2v^2, x, u^2$ paarweise teilerfremd sind. Wenden wir noch einmal Satz 7.4 an, so erhalten wir

$$2v^2 = 2AB \qquad \text{und} \qquad u^2 = A^2 + B^2,$$

wobei $A, B \in \mathbb{N}$ teilerfremd sind. Division der v-Gleichung durch 2 liefert (mit der Teilerfremdheit von A und B und demselben Argument wie zuvor) die Existenz natürlicher Zahlen $\mathcal{X}$ und $\mathcal{Y}$, so dass $A = \mathcal{X}^2$ und $B = \mathcal{Y}^2$. Substituieren wir dies in der u-Gleichung, so erhalten wir

$$\mathcal{X}^4 + \mathcal{Y}^4 = u^2,$$

welches eine nicht-triviale Lösung unserer Anfangsgleichung ist. Allerdings gilt hier

$$u \leq u^2 = a \leq a^2 < a^2 + b^2 = z,$$

im Widerspruch zur Annahme, dass z minimal war. Also gibt es kein solches z, und der Satz ist bewiesen. •

Fermats Beweis basiert auf einem unmöglichen Abstieg von einer angenommenen Lösung in natürlichen Zahlen zu einer *kleineren*. Der Widerspruch liegt in der Annahme, dass die erste Lösung *minimal* innerhalb $\mathbb{N}$ sei (wobei hier entscheidend die Wohlordnung der natürlichen Zahlen nach Satz 2.5 eingeht); alternativ könnte man auch sein Argument solange durchführen, bis

Abbildung 7.9. Viele große Mathematiker haben sich an der Fermatschen Vermutung versucht und Gegenbeispiele haben es sogar ins Fernsehen geschafft, bis schließlich Andrew Wiles (*rechts*) 1995 Fermats letzten Satz bewies. Übrigens: Warum ist Homers Gegenbeispiel offensichtlich falsch? Eine Antwort steht in dem lesenswerten Buch *Homers letzter Satz* von SIMON SINGH, Hanser 2013. Tatsächlich ist viel Mathematik bei den *Simpsons* zu finden.

der Abstieg von einer Lösung zu einer sukzessive kleineren das Zahlenuniversum $\mathbb{N}$ verlässt. Dies ist gewissermaßen eine *umgekehrte Induktion* und erklärt den Namen ‚descente infinie‘.

Vielleicht glaubte Fermat, sein Beweis (wenn er denn überhaupt einen solchen wie den eben gegebenen vor Augen hatte) ließe sich auf beliebige Exponenten $n \geq 3$ übertragen, allerdings benötigt bereits der Beweis für den Fall $n = 3$, der übrigens zuerst Euler gelang, die Arithmetik algebraischer Erweiterungen von $\mathbb{Q}$, ein Thema, das wir im nächsten Kapitel anreißen werden.

Aufgabe 7.8. *In Verallgemeinerung der Fermatschen Vermutung mag man sich fragen: Für welche $2 \leq n \in \mathbb{N}$ gibt es Polynome $P(X), Q(X), R(X)$ mit ganzzahligen Koeffizienten, so dass*

$$P(X)^n + Q(X)^n = R(X)^n$$

als Identität von Polynomen besteht? Kannst Du ggf. Beispiele angeben?
⟨Diese Aufgabe wird in Abschn. 9.22 besprochen!⟩

Als weitere Anwendung der Fermatschen Abstiegsmethode kehren wir zum Kongruenzzahlproblem (vgl. Abschn. 7.2) zurück und beweisen, dass 1 keine Kongruenzzahl ist:

Satz 7.6 (Fermat). *Der Flächeninhalt eines rechtwinkligen Dreiecks mit ganzzahligen Seitenlängen ist keine Quadratzahl; ferner ist weder eins noch irgendein anderes Quadrat eine Kongruenzzahl.*

Beweis. Angenommen, es gibt ein rechtwinkliges Dreieck mit ganzzahligen Seitenlängen und einem Flächeninhalt gleich einer Quadratzahl. Dann existiert also nach Satz 7.4 ein o.B.d.A. primitives pythagoräisches Tripel der Form

$$x = a^2 - b^2, \quad y = 2ab, \quad z = a^2 + b^2$$

mit natürlichen teilerfremden Zahlen a, b mit $a > b$ und unterschiedlicher Parität, so dass die Fläche $\frac{1}{2}xy$ eine Quadratzahl ist. Wegen

$$\tfrac{1}{2}xy = ab(a^2 - b^2)$$

sind die Faktoren auf der rechten Seite paarweise teilerfremd und damit – wiederum nach dem Fundamentalsatz 3.8 – jeweils Quadrate (wie wir bereits zweimal zuvor geschlossen hatten). Es gibt also $u, v, w \in \mathbb{N}$ mit $a = u^2, b = v^2$ und $a^2 - b^2 = w^2$. Da $a^2 - b^2 = (a - b)(a + b)$, ist auch hier jeder Faktor wieder ein Quadrat:

$$a + b = u^2 + v^2 = p^2 \qquad \text{und} \qquad a - b = u^2 - v^2 = q^2$$

für gewisse teilerfremde $p, q \in \mathbb{N}$. Es folgt

$$p^2 = q^2 + 2v^2 \qquad \text{und} \qquad q^2 + v^2 = u^2;$$

insbesondere gilt

$$2v^2 = (p + q)(p - q),$$

wobei $\mathrm{ggT}(p+q, p-q) = 2$. Damit ist ähnlich zu unserem obigen Argument

- entweder $p + q = 2r^2$ und $p - q = 4s^2$
- oder $p + q = 4s^2$ und $p - q = 2r^2$

für gewisse $r, s \in \mathbb{N}$; hierbei ist r sicherlich ungerade, denn ein gerades r führte zu einem Widerspruch zu $\mathrm{ggT}(p+q, p-q) = 2$. In beiden möglichen Fällen folgt

$$p = r^2 + 2s^2 \qquad \text{und} \qquad q = \pm(r^2 - 2s^2)$$

sowie

$$u^2 = a = \tfrac{1}{2}(p^2 + q^2) = (r^2)^2 + (2s^2)^2.$$

Damit haben wir ein pythagoräisches Tripel, nämlich $(r^2, 2s^2, u)$, bzw. ein rechtwinkliges Dreieck mit ganzzahligen Seitenlängen und Flächeninhalt

$$(rs)^2 = \tfrac{1}{8}(p + q)(p - q) = \tfrac{1}{4}b < ab(a^2 - b^2) = \tfrac{1}{2}xy,$$

wobei sich die Ungleichung aus $a - b \geq 1$ ergibt. Nehmen wir also an, dass wir mit einem rechtwinkligen Dreieck mit ganzzahligen Seitenlängen und minimalem Flächeninhalt (in $\mathbb{N}$) gestartet waren, so ergibt sich hiermit der gewünschte Widerspruch. (Dies ist wiederum Fermats Abstiegsmethode!)

Tatsächlich folgt auch, dass es kein rechtwinkliges Dreieck mit rationalen Seitenlängen und Flächeninhalt n^2 geben kann, wobei $n \in \mathbb{N}$ beliebig ist; denn gäbe es ein solches, so existierten natürliche Zahlen x, y, z, m mit

$$\left(\frac{x}{m}\right)^2 + \left(\frac{y}{m}\right)^2 = \left(\frac{z}{m}\right)^2 \qquad \text{und} \qquad \frac{xy}{2m^2} = n^2,$$

und durch Bereinigen der Nenner erhielte man

$$x^2 + y^2 = z^2 \qquad \text{und} \qquad \tfrac{1}{2}xy = (mn)^2,$$

sprich die Existenz eines rechtwinkligen Dreiecks mit ganzzahligen Seitenlängen und einem Flächeninhalt gleich einem Quadrat im Widerspruch zu dem bereits Gezeigten. ●

$$*\qquad*\qquad*\qquad*\qquad*$$

Die Fragestellungen, die Diophant aufgeworfen hat, sowie die Methoden, welche er sich für ihre Behandlung erdacht hat, sind während des geistigen Dunkels des europäischen Mittelalters in Vergessenheit geraten. Mit den Arbeiten Fermats und Bachets wurden diese geometrischen und algebraischen Ansätze in der Arithmetik jedoch wiederentdeckt, die wichtigen Einflüsse der arabischen Mathematik eingeflochten und ausgebaut. Hierzu ein Wort von Carl Gustav Jacobi:

> *Immer aber wird Diophantos der Ruhm bleiben, zu den tiefer liegenden Eigenschaften und Beziehungen der Zahlen, welche durch die schönen Forschungen der neueren Mathematik erschlossen wurden, den ersten Anstoß gegeben zu haben.*

Neue Methoden (wie etwa Faktorisieren, Fermats *descente infinie* oder aber diophantische Approximation im Falle der Pellschen Gleichung) wurden entwickelt und lieferten neue Einsichten zur Behandlung diophantischer Gleichungen, warfen ihrerseits jedoch wieder eine Menge neuer Fragen auf. Das **zehnte Problem**, welches Hilbert auf dem Internationalen Mathematiker Kongress 1900 in Paris in seiner Liste von insgesamt 23 Problemen für das zwanzigste Jahrhundert formulierte, fragt nach einem *Algorithmus, der entscheidet, ob eine beliebig gegebene diophantische Gleichung mit ganzzahligen*

Koeffizienten lösbar ist (innerhalb $\mathbb{Z}$)? Yuri Matjasevich gab 1970 eine negative Antwort: *Es gibt keinen Algorithmus, der entscheidet, ob eine beliebige gegebene diophantische Gleichung in ganzen Zahlen lösbar ist!* Erstaunlicherweise ist dieselbe Frage über den rationalen Zahlen noch unentschieden. Hierzu ein ‚Bonmot' von Henri Darmon:

„*In other words: a number theorist cannot be replaced by a computer!*"

Weitere Aufgaben zum siebten Kapitel

Wir beginnen mit einer besonders schönen und verzwickten Aufgabe, die Geometrie und Zahlentheorie mit einander verbandelt:

Aufgabe 7.9. *Kann man ein Memory-Spiel mit quadratischen Karten konstruieren, so dass man aus allen Karten ein großes Quadrat und, wenn man eine Karte weglässt, 13 kleinere gleichgroße Quadrate legen kann? Wie viele Karten müsste das Spiel haben?* ⟨Diese Aufgabe wird in Abschn. 9.18 besprochen!⟩

Abbildung 7.10. Ein unvollständiges *who is who* Mathematik!

Aufgabe 7.10. *Michel besitzt m Holzmännchen, welche als ein Quadrat bzw. als ein Dreieck mit gleichlangen Seiten arrangiert werden können. Wie viel Holzmännchen besitzt Michel mindestens, wenn $m > 10$ bekannt ist?*

Zeige hierfür zunächst, dass m genau dann eine Dreieckszahl ist, wenn $8m + 1$ ein Quadrat ist, und bilde dann zu dem Text eine geeignete Pellsche Gleichung.

Aufgabe 7.11. *Finde fünf nicht-triviale Lösungen für die Pellsche Gleichung $X^2 - 97Y^2 = \pm 1$.*

Aufgabe 7.12. *Untersuche die folgenden diophantischen Gleichungen auf Lösbarkeit und gebe ggf. jeweils sechs Lösungen an:*

$$X^2 - 99Y^2 = 1, \quad 4X^2 - 396Y^2 = 1, \quad X^2 - 99Y^2 = 4, \quad 4X^2 - 99Y^2 = 1.$$

Auch wenn die nächste Aufgabe auf den ersten Blick nichts mit diophantischen Gleichungen oder Approximationen gemeinsam zu haben scheint, tritt sie hier an der richtigen Stelle auf:

Aufgabe 7.13. *Beweise: Zu jeder natürlichen Zahl n existiert eine natürliche Zahl m mit*

$$(\sqrt{2} - 1)^n = \sqrt{m+1} - \sqrt{m}.$$

⟨Diese Aufgabe wird in Abschn. 9.18 besprochen!⟩

Aufgabe 7.14. *Es sei $\sqrt{d} \in \mathbb{R} \setminus \mathbb{Q}$. Zeige, dass auf der Hyperbel $X^2 - dY^2 = +1$ unendlich viele Punkte (x, y) mit rationalen Koordinaten liegen, die durch*

$$x = \frac{dt^2 + 1}{dt^2 - 1}, \qquad y = \frac{2t}{dt^2 - 1}$$

mit $t \in \mathbb{Q}$ parametrisiert sind. Hinweis: Man erinnere sich an Bachets Methode zur Auffindung der rationalen Punkte auf dem Einheitskreis!

Im Beweis von Satz 7.3 wurde das Schubfachprinzip benutzt: Verteilt man $Q+1$ Gegenstände auf Q Schubfächer, so enthält mindestens ein Schubfach mindestens zwei Gegenstände.

Aufgabe 7.15. *Beweise das Schubfachprinzip mittels einer Induktion und beweise den Dirichletschen Approximationssatz 6.3 mittels Schubfachprinzip.* Hinweis: Betrachte die $Q + 1$ Zahlen $n\alpha - \lfloor n\alpha \rfloor$ für $n = 0, 1, \ldots, Q$ und ihre Lage im Einheitsintervall; weitere Hilfe bietet ggf. **[15]**.

Aufgabe 7.16.

(i) *Welche natürlichen Zahlen lassen sich darstellen als Differenz zweier Quadratzahlen?*

(ii) *Welche natürlichen Zahlen treten in einem pythagoräischen Tripel auf? Und welche in einem primitiven pythagoräischen Tripel auf?*

⟨Diese Aufgabe wird in Abschn. 9.19 besprochen!⟩

Aufgabe 7.17. *In Analogie zu den pythagoräischen Tripeln beweise für die diophantische Gleichung*

$$X^2 + Y^2 = 2Z^2$$

folgende Parametrisierung sämtlicher ganzzahliger Lösungen x, y *mit* $\mathrm{ggT}(x, y) = 1$ *an:*

$$x = a^2 - 2ab - b^2, \quad y = a^2 + 2ab - b^2, \quad z = a^2 + b^2$$

mit teilerfremden natürlichen Zahlen $a > b$ *unterschiedlicher Parität.*

Aufgabe 7.18. *Betrachte die Gleichung* $X^2 + Y^2 = 3$.

   (i) *Zeige, dass diese Gleichung keine ganzzahligen Lösungen besitzt.*

  (ii) *Beweise darüberhinaus, dass auch keine rationalen Lösungen existieren.*

Bereits vor Wiles' Lösung gab es nennenswerte Ansätze zur Lösung der Fermatschen Vermutung. So bewies Euler den Fall des Exponenten $n = 3$ mit Hilfe einer geeigneten Zahlbereichserweiterung (ein Thema des nächsten Kapitels). Für den Fall $n = 5$ lieferte Sophie Germain einen wichtigen Beitrag; tatsächlich bewies sie, dass eine Gleichung

$$x^p + y^p = z^p$$

mit ganzen Zahlen x, y, z und einer Primzahl p, für welche auch $q = 2p + 1$ eine Primzahl ist, nur mit der Bedingung $xyz \equiv 0 \bmod p$ vereinbar ist. Primzahlen der Form $q = 2p + 1$ mit primem p heißen ihr zu Ehren **Sophie Germain-Primzahlen**; es ist unbekannt, ob es hiervon unendlich viele gibt.

Aufgabe 7.19. *Finde sämtliche Sophie Germain-Primzahlen* $q \leq 1000$. *Gibt es derer mehr als Primzahlzwillinge unterhalb dieser Größe?*

Aufgabe 7.20. *Löse folgendes auf Regiomontanus zurückgehende Problem: Gesucht sind zwanzig Quadrate, deren Summe ein Quadrat größer* 300.000 *ist!* Hinweis: Verallgemeinere die Identität $(a^2 + b^2)^2 = (a^2 - b^2)^2 + (2ab)^2$.

Aufgabe 7.21. *Beweise oder widerlege:*

   (i) *Keine Zahl der Form* $n = 9k + 4$ *lässt sich darstellen als Summe von höchstens drei Kuben.*

  (ii) 19 *besitzt keine Darstellung als Differenz von zwei Kuben.*

 (iii) $p = 2$ *ist die einzige Primzahl, die als Summe von zwei Kuben dargestellt werden kann.*

Abbildung 7.11. *Links*: Marie-Sophie Germain, ∗ 1. April 1776 – 27. Juni 1831, jeweils in Paris; sie teilte Gauß seit 1804 ihre zahlentheoretischen Nachforschungen in diversen mit dem falschen Namen *Monsieur LeBlanc* unterzeichneten Briefen mit. Gauß erfuhr später von ihrer wahren Identität und wollte sie mit einem Doktor ehrenhalber in Göttingen auszeichnen, doch Sophie verstarb zuvor. *Rechts*: Johann Müller, ∗ 6. Juni 1436 in Unfinden nahe dem fränkischen Königsberg, dessen lateinisierte Form Müllers Künstlername *Regiomontanus* generiert – † 6. Juli 1476 in Rom; lehrte und lebte lange Zeit in Italien, plante eine Übersetzung von Diophants *Arithmetica*, was leider scheiterte, allerdings wiederbelebte Regiomontanus Untersuchungen zu Diophants Fragestellungen. Auch hat Regiomontanus bei der Einführung von Symbolen in der Mathematik wichtige Pionierarbeit geleistet.

Aufgabe 7.22. *Zeige, dass ein Dreieck mit Seitenlängen* $13, 14, 15$ *sich in zwei rechtwinklige Dreiecke mit ganzzahligen Seitenlängen zerlegen lässt.*

Aufgabe 7.23. *Gesucht sind rationale Zahlen* x, y, z *mit* $x^2 + y^2 = z^2$ *und möglichst kleinem* $|\frac{1}{2}xy - 1|$. *Kannst Du eine Folge von rechtwinkligen Dreiecken mit rationalen Seitenlängen konstruieren, deren Flächeninhalt gegen eins konvergiert?* Hinweis: Betrachte die Folge der Zahlen $r_n := \frac{F_{3n+1} + F_{3n-1}}{F_{3n}}$.

Die diophantische Gleichung

$$X^2 + Y^2 + Z^2 = 3XYZ$$

wurde eingehend von Andrei Markoff gegen Ende des 19. Jahrhunderts studiert und ist mittlerweile nach ihm benannt. Ungelöst sind verschiedene Fragen hinsichtlich der Struktur der Menge der ganzzahligen Lösungen, nicht aber der Inhalt der folgenden Aufgabe:

Aufgabe 7.24. *Beweise, dass die Markoff-Gleichung unendlich viele Lösungen in ganzen Zahlen besitzt.* Hinweis: Zu einer gegebenen Lösung x, y, z

existiert mit $x, 3xy - z, y$ eine weitere. *Verifiziere dies und zeige dass sich so unendlich viele ganzzahlige Lösungen generieren lassen. Treten die omnipräsenten Fibonacci-Zahlen in den Lösungen auf?*

8

Eine imaginäre Welt

Nun findet ein altes Thema seinen Abschluss: Wir werden in diesem Kapitel die komplexen Zahlen kennen lernen, welche die Lösung *jeder* polynomiellen Gleichung erlauben. Tatsächlich waren die komplexen Zahlen den Mathematikern vor ca. zweihundert Jahren zunächst noch suspekt (ähnlich den negativen Zahlen oder gar den Irrationalzahlen bei ihrer jeweiligen Einführung), jedoch haben diese sich mittlerweile als sehr hilfreiche und natürliche Objekte in Analysis und Algebra und weiteren Disziplinen erwiesen. Mit den Summen von Quadraten werden wir eine Anwendung komplexer Zahlen in der Zahlentheorie erkunden.

8.1 Die komplexen Zahlen

Lineare Gleichungen in einer Unbekannten werden seit Menschengedenken gelöst – das ist uns hier zu einfach! Quadratische Gleichungen wie etwa

$$X^2 + 10X - 144 = 0$$

benötigen bereits eine gute Idee. Dem Mathematiker al-Ḫwārizmī, den wir bereits in Abschn. 3.1 als Urgestein der Algebra und Namensgeber für das Wort ‚Algorithmus' kennen gelernt hatten, gelang mit einem geometrischen Argument deren explizite Lösung: Ihm folgend interpretieren wir die Terme X^2 und $10X$ in der obigen Gleichung als Flächen eines Quadrates bzw. zweier Rechtecke mit Seitenlängen X bzw. 5 und X und ergänzen deren Summe zu einem Quadrat mit Seitenlänge $X + 5$ durch Addition eines passenden Terms (siehe auch Abb. 8.1). Diese geometrische Idee nennt man (aus nahe liegenden Gründen) **quadratische Ergänzung**, wird aber oft leider nur noch als eine algebraische Umformung wahrgenommen. Algebraisch entspricht dem:

$$\begin{aligned}
X^2 + 10X - 144 \;&=\; 0 \\
\iff\; X^2 + 2 \cdot 5X + \mathbf{5^2} \;&=\; \mathbf{25} + 144 \\
\iff\; (X + 5)^2 \;&=\; 169 \\
\iff\; X + 5 \;&=\; \pm\sqrt{169} = \pm 13,
\end{aligned}$$

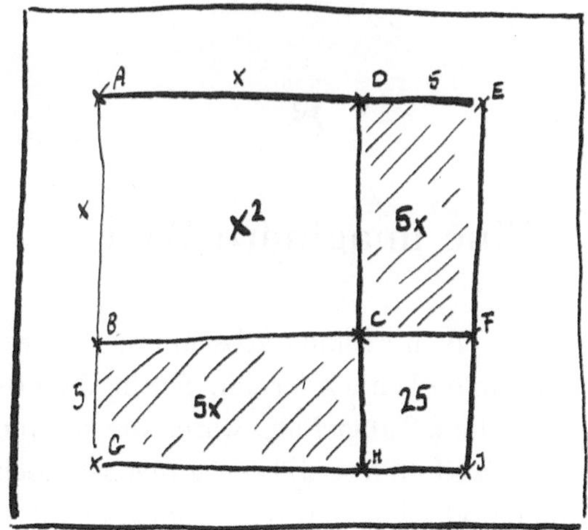

Abbildung 8.1. Die quadratische Gleichung $X^2+2{\cdot}5X+5^2 = (X+5)^2$.
Ist der Flächeninhalt $169 = 13^2$, so ist also die Seitenlänge $x + 5 = 13$.

woraus sich die zwei Lösungen

$$x = -5 \pm 13 = \quad 8 \quad \text{bzw.} \quad -18$$

ergeben. Dem geometrischen Bild entspricht hierbei die *positive* Lösung; aus
algebraischer Sicht ist die *negative* Lösung jedoch völlig gleichberechtigt.
Hier jetzt die geometriefreie Umformung einer allgemeinen quadratischen
Gleichung mit reellen Koeffizienten p und q:

$$
\begin{aligned}
X^2 + pX + q \;&=\; 0 \\
\Longleftrightarrow \quad X^2 + pX + \frac{p^2}{4} &= \frac{p^2}{4} - q \\
\Longleftrightarrow \quad \left(X + \frac{p}{2}\right)^2 &= \frac{p^2}{4} - q \\
\Longleftrightarrow \quad X + \frac{p}{2} &= \pm\sqrt{\frac{p^2}{4} - q} \\
\Longleftrightarrow \quad X &= \tfrac{1}{2}(-p \pm \sqrt{p^2 - 4q}).
\end{aligned}
$$

Natürlich lässt sich hieraus leicht eine Lösungsformel für quadratische Gleichungen gewinnen, die nicht normiert sind, in denen also bei X^2 nicht
der Leitkoeffizient eins steht; dies ist dann die aus der Schule bekannte

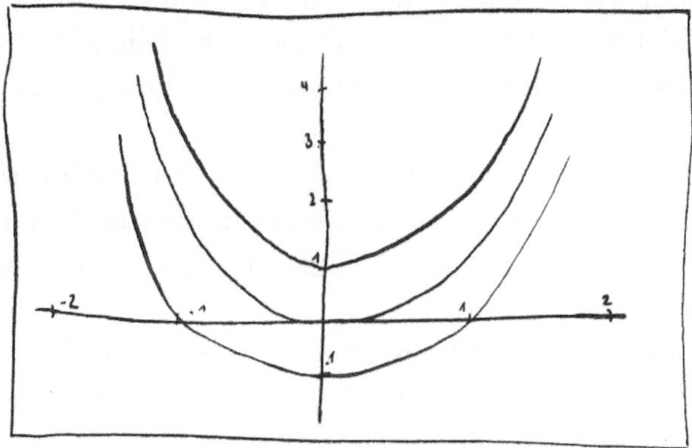

Abbildung 8.2. Eine Schar von Parabeln: Von unten nach oben die Graphen der Polynome $X^2 - 1, X^2, X^2 + 1$ mit positiver, verschwindender und negativer Diskriminante.

Mitternachtsformel.[1] Wir beobachten ein interessantes Phänomen: Falls die Größe unter der Wurzel negativ ist, erhalten wir Lösungen, die *keiner* reellen Zahl entsprechen. Insofern wäre es wünschenswert, mit Hilfe einer weiteren Zahlbereichserweiterung ein Universum zu schaffen, indem diese Lösungen gleichberechtigt neben den reellen Zahlen existieren!

Geometrisch lässt sich eine solche quadratische Gleichung auch wie folgt interpretieren: Das quadratische Polynom

$$P(X) = X^2 + pX + q$$

liefert für jede reelle Zahl x einen reellen Wert $P(x)$, den wir in einem (x, y)-Koordinatensystem (in aus der Schule bekannter Art und Weise) auf der y-Achse abtragen können. Wir nennen die Kurve der Werte $y = P(x)$ des Polynoms für $x \in \mathbb{R}$ auch den *Graph* von P und beobachten, dass die *Nullstellen* des Polynoms, also die Schnittpunkte des Graphen mit der y-Achse, genau den Lösungen unserer quadratischen Gleichung $P(X) = 0$ entsprechen. Eine Kurvendiskussion der Graphen solcher quadratischer Polynome zeigt, dass dabei im Wesentlichen drei verschiedene Verläufe auftreten können:

---

[1] Diese Bezeichnung legt nahe, dass diese Formel auf Anfrage unbedingt jederzeit, auch mitternachts, fehlerfrei wiedergegeben werden können muss, und ist im Süden Deutschlands auch als Mondscheinformel geläufig.

- Die quadratische Gleichung $P(X) = 0$ besitzt **zwei** verschiedene reelle Lösungen, bzw. P besitzt zwei verschiedene reelle Nullstellen; genau zwischen diesen Nullstellen nimmt P negative Werte an.
- Die quadratische Gleichung $P(X) = 0$ besitzt **eine** reelle Lösung, bzw. P besitzt eine reelle Nullstelle; in diesem Punkt berührt der Graph die x-Achse, während links und rechts positive Werte von P vorliegen.
- Die quadratische Gleichung $P(X) = 0$ besitzt **keine** reelle Lösung, bzw. P besitzt keine reelle Nullstellen; der Graph von P liegt komplett oberhalb der x-Achse.

Für gegen plus oder minus unendlich strebende X (was wir auch als $|X| \to \infty$ notieren) dominiert der quadratische Term, und $P(X)$ wächst gegen unendlich. Die für die möglichen Verläufe des Graphen entscheidende Größe, der Term $p^2 - 4q$, hängt explizit von den Nullstellen des Polynoms ab. Machen wir den formalen Ansatz

$$X^2 + pX + q = (X - \alpha)(X - \beta),$$

so stehen α und β also für die potentiellen Lösungen der quadratischen Gleichung $P(X) = 0$. Nach Ausmultiplizieren der rechten Seite liefert ein *Koeffizientenvergleich*:

$$X^2 + pX + q = X^2 - (\alpha + \beta)X + \alpha\beta \qquad \Rightarrow \qquad p = -\alpha - \beta, \quad q = \alpha\beta.$$

Dies ist natürlich der nach François Viète benannte **Satz von Vieta** über den Zusammenhang zwischen den Koeffizienten einer quadratischen Gleichung und deren Lösungen. Es folgt

$$p^2 - 4q = (-\alpha - \beta)^2 - 4\alpha\beta = \alpha^2 - 2\alpha\beta + \beta^2 = (\alpha - \beta)^2;$$

diesen Ausdruck nennt man die **Diskriminante** des Polynoms P. Speziell für $\alpha = \beta$ verschwindet dieser Ausdruck und die beiden Nullstellen bzw. Lösungen der quadratischen Gleichung fallen zusammen; in diesem Fall spricht man auch von einer *doppelten* Nullstelle. Sind α und β reell, ist dieser Ausdruck nicht negativ und wir sind in der Situation zweier reeller Lösungen unserer quadratischen Gleichung $P(X) = 0$. Im Weiteren wird uns insbesondere der Fall interessieren, dass die Diskriminante $p^2 - 4q$ negativ ist und es also keine reellen Lösungen bzw. Nullstellen gibt.

Schalten wir einen Gang zurück: Nehmen wir an, unser Zahlenuniversum seien die rationalen Zahlen und wir wollen die Gleichung $X^2 = 2$ lösen, also ein Maß für die Diagonale eines Quadrates der Seitenlänge eins geben. Nach Satz 1.1 ist dies innerhalb der Menge $\mathbb{Q}$ unmöglich. Letztlich haben wir unser Problem durch Einführung eines Symbols $\sqrt{2}$ gelöst, welches eine Zahl definiert, die diese Gleichung erfüllt (die weitere Lösung $-\sqrt{2}$ ergibt sich dann fast von selbst). Später haben wir dieses ‚Symbol' $\sqrt{2}$ als Irrationalzahl interpretiert und in der Menge der reellen Zahlen eingebettet wiedergefunden. In Analogie zur Lösung dieses für uns mittlerweile nahezu trivialen Dilemmas schreiben wir die Lösungen der über den reellen Zahlen unlösbaren quadratischen Gleichung $X^2 + 1 = 0$ als

$$i := \sqrt{-1} \qquad \text{und} \qquad -i = -\sqrt{-1}$$

(denn $X^2 + 1 = 0$ ist äquivalent zu $X^2 = -1$). Dabei nennen wir i die **imaginäre Einheit** (weil reell *nicht sichtbar*) und im Folgenden bedeutet ein einzeln auftretender Buchstabe ‚i' stets diese imaginäre Einheit. Damit gilt wie gewünscht

$$(\pm i)^2 + 1 = i^2 + 1 = \sqrt{-1}^2 + 1 = -1 + 1 = 0 \quad \text{bzw.} \quad i^2 = -1$$

und ferner

$$i^3 = i^2 \cdot i = (-1) \cdot i = -i, \quad i^4 = (i^2)^2 = (-1)^2 = 1,$$
$$i^5 = i \cdot i^4 = i, \quad i^6 = i^2 = -1, \quad \ldots$$

Die Potenzen der imaginären Einheit liefern also der Reihe nach, periodisch wiederkehrend die Werte $i, -1, -i, +1$. In dieser neuen imaginären Welt lassen sich wie folgt neue Zahlen konstruieren: Unter einer **komplexen Zahl** verstehen wir einen Ausdruck der Gestalt

$$z = a + ib \qquad \text{mit} \quad a, b \in \mathbb{R};$$

hierbei nennt man die reelle Zahl a den **Realteil** und b den **Imaginärteil** von z. Wir erklären nun eine Addition und eine Multiplikation komplexer Zahlen mit Hilfe der entsprechenden Verknüpfungen für reelle Zahlen durch

$$(a + ib) + (c + id) := a + c + i(b + d)$$

und

$$(a + ib) \cdot (c + id) := ac + iad + ibc + i^2 bd = ac - bd + i(ad + bc);$$

hierbei haben wir in der letzten Gleichung $i^2 = -1$ ausgenutzt; höhere Potenzen i^2, i^3 usw. können also stets vermieden werden (ganz ähnlich wie $\sqrt{2}^2 = 2$ bzw. $\sqrt{2}^3 = 2\sqrt{2}$ usw.). Bei der Addition werden also jeweils die

Real- und Imaginärteile addiert, während bei der Multiplikation eine Art
Mischung auftritt. Ein Beispiel:

$$(2 + i) \cdot (3 - i) + (2 + 3i) = (6 + 1 + i(3 - 2)) + (2 + 3i) = 9 + 4i.$$

Natürlich dürfen wir hier etliche Klammern weglassen; es gelten die üblichen
Assoziativ- und Distributivgesetze (welche sich in natürlicher Weise von $\mathbb{R}$
vererben). Die reellen Zahlen geben wir dabei nicht auf: *Es gilt genau dann*
$a + ib \in \mathbb{R}$, *wenn* $b = 0$ *ist.*

Formal korrekt lassen sich komplexe Zahlen wie folgt aus den reellen
Zahlen konstruieren: Wir definieren die Menge $\mathbb{C} := \mathbb{R}^2$ als die Menge aller
Paare reeller Zahlen mit der Addition

$$(a, b) + (c, d) := (a + c, b + d)$$

und der gewöhnungsbedürftigen Multiplikation

$$(a, b) \cdot (c, d) := (ac - bd, ad + bc).$$

Diese Verknüpfungen sind offensichtlich kommutativ, hängen also nicht von
der Reihenfolge ab. Jedes Paar reeller Zahlen nennen wir dann eine *komplexe
Zahl.* Das neutrale Element der Addition ist dabei $(0, 0)$ und das neutrale
Element bzgl. der Multiplikation ist $(1, 0)$, denn

$$\begin{aligned}
(0, 0) + (c, d) &= (0 + c, 0 + d) = (c, d), \\
(1, 0) \cdot (c, d) &= (1 \cdot c - 0 \cdot d, 1 \cdot d + 0 \cdot c) = (c, d).
\end{aligned}$$

Es ist nicht schwierig zu zeigen, dass diese Verknüpfungen genau unserer
vorangegangenen Erweiterung der reellen Zahlen entspricht, wobei hier $(0, 1)$
für die imaginäre Einheit steht (denn $(0, 1) \cdot (0, 1) = (-1, 0)$). Im Folgenden
wollen wir jedoch komplexe Zahlen in der einfacher zugänglichen Form

$$a + ib = a + b\sqrt{-1}$$

statt (a, b) notieren.

Die komplexen Zahlen liefern uns ein weiteres und für die Mathematik
zentrales Beispiel eines Körpers:

Satz 8.1. *Die Menge $\mathbb{C}$ der komplexen Zahlen ist ein Körper.*

Beweis. Die Verifizierung der Axiome, die einen Körper ausmachen (siehe
Abschn. 3.5), folgt durch einfaches Nachrechnen. Lediglich die Berechnung
des multiplikativ Inversen von $a + ib \neq 0$ benötigt eine kleine Idee:

$$\frac{1}{a + ib} = \frac{1}{a + ib} \cdot \frac{a - ib}{a - ib} = \frac{a - ib}{a^2 + b^2} = \frac{a}{a^2 + b^2} + i\frac{-b}{a^2 + b^2};$$

diese Zahl ist tatsächlich von der Form, die komplexe Zahlen definiert, und ist damit also das gesuchte Inverse. (Analog mag man auch die Darstellung komplexer Zahlen als Paare reeller Zahlen zu Grunde legen.) •

Wir wollen den Trick des Erweiterns zur Berechnung des Inversen aus dem vorangegangenen Beweis mit einem Beispiel illustrieren:

$$\frac{1}{3+2i} = \frac{1}{3+2i} \cdot \frac{3-2i}{3-2i} = \frac{3-2i}{3^2+2^2} = \frac{3}{13} + \frac{-2}{13}i.$$

Tatsächlich haben wir in Abschn. 3.5 im Falle $\mathbb{Q}(\sqrt{2})$ und auch in Abschn. 6.4 ganz ähnlich argumentiert, als wir irrationale Wurzeln in Nennern beseitigten (siehe hierzu auch den Exkurs über Zahlkörper).

Hier kommt unsere nächste Beobachtung in der imaginären Welt: $\mathbb{C}$ *ist nicht angeordnet, d. h. es gibt komplexe Zahlen, deren Quadrate negativ sind.* Ein Beispiel ist die imaginäre Einheit selbst:

$$i^2 = \sqrt{-1}^2 = -1 < 0.$$

Damit ist dann auch jedes positive reelle Vielfache der imaginären Einheit ein weiteres Beispiel einer komplexen Zahl mit negativem Quadrat. Insbesondere sind also Ungleichungen zwischen komplexen Zahlen *verboten!* Da nun $\mathbb{C}$ nicht angeordnet werden kann, ist eine Visualisierung mittels einer Zahlengerade für die Menge der reellen Zahlen nicht möglich. Allerdings hilft hier der Schritt in eine höhere Dimension! Wir erinnern uns an die formale Konstruktion von $\mathbb{C}$ aus $\mathbb{R}$, die wir zuvor skizziert hatten und fassen die Menge der komplexen Zahlen als $\mathbb{C} = \mathbb{R}^2$ auf. Wir tragen hierzu den Realteil a auf einer Achse und den Imaginärteil b einer komplexen Zahl $z = a + ib$ auf der anderen Achse der euklidischen Ebene ab: Zu $z = a + ib$ bezeichnet $\overline{z} := a - ib$ die **konjugierte** komplexe Zahl, welche bereits bei der Berechnung des Inversen von $z \neq 0$ im vorangegangenen Beweis eine wichtige Rolle gespielt hat und hier aus z durch Spiegelung an der reellen Achse hervorgeht (siehe Abb. 8.3). Für $z = a + ib \in \mathbb{C}$ ist das Produkt mit seinem Konjugierten eine nicht-negative reelle Zahl:

$$(a + ib)(a - ib) = a^2 + b^2,$$

welche genau dann gleich null ist, wenn $a = b = 0$ bzw. $a + ib = 0$ gilt. Wir nennen die Wurzel aus dieser nicht-negativen Zahl

$$|a + ib| := \sqrt{a^2 + b^2}$$

den **Absolutbetrag** der komplexen Zahl $a + ib$. Nach dem Satz des Pythagoras misst dieser Absolutbetrag den Abstand von $a + ib$ zum Ursprung

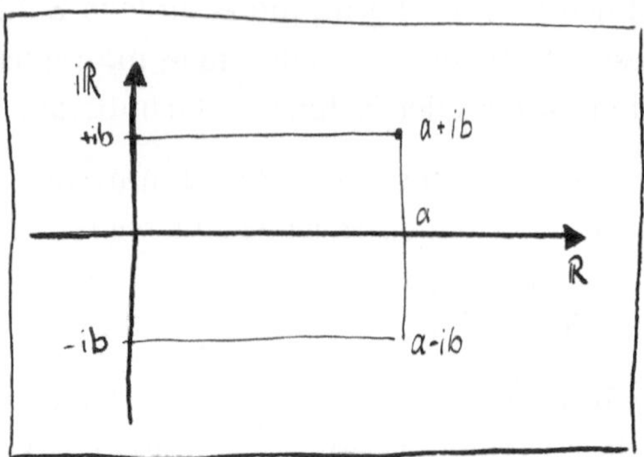

Abbildung 8.3. Diese Visualisierung nennt man auch die **Gaußsche**
oder **komplexe Zahlenebene**. Die vertikale Achse heißt *imaginäre*
Achse und enthält alle reellen Vielfachen der imaginären Einheit; die
horizontale *reelle Achse* ist nichts anderes als die Teilmenge der reellen
Zahlen.

0 in der Gaußschen Zahlenebene. Insofern haben wir also über den Umweg der reellen Zahlen nun doch eine Möglichkeit gefunden, von der Größe
komplexer Zahlen sprechen zu können.

Aufgabe 8.1. *Beweise eine ‚komplexe' Version der Dreiecksungleichung.*

Da $\mathbb{C}$ ein Körper ist, also insbesondere die Multiplikation komplexer
Zahlen abgeschlossen ist, können wir untersuchen, wie sich die Absolutbe-
träge von Produkten komplexer Zahlen verhalten. Durch Ausmultiplizieren
finden wir für irgendwelche reellen Zahlen a, b, c, d die **Produktformel**

$$
\begin{aligned}
(a^2 + b^2) \cdot (c^2 + d^2) &= |a + ib|^2 \cdot |c + id|^2 \\
&= |(a + ib) \cdot (c + id)|^2 = |ac - bd + i(ad + bc)|^2 \\
&= (ac - bd)^2 + (ad + bc)^2.
\end{aligned}
$$

(8.1)

Das ist eine sehr interessante Identität, die uns im folgenden Paragraphen
noch eingehend beschäftigen wird: Das Produkt zweier Summen von je zwei
Quadraten ist selbst wieder darstellbar als eine Summe von zwei Quadraten.
Ein Beispiel: Mit $a = 3, b = 6$ sowie $c = 4, d = 5$ ergibt sich

$$
(3^2 + 6^2)(4^2 + 5^2) = (12 - 30)^2 + (15 + 24)^2 = 18^2 + 39^2.
$$

Übrigens liefert ein Vertauschen der Belegungen $a \leftrightarrow b, c \leftrightarrow d$ eine andere
Darstellung derselben Zahl als Summe von zwei Quadraten.

Wir waren gestartet mit quadratischen Gleichungen mit *reellen* Koeffizienten, es ist jedoch auch möglich quadratische Gleichungen mit *komplexen* Koeffizienten zu lösen.

Aufgabe 8.2. *Löse die quadratischen Gleichungen*

$$2X^2 + X + 5 = 0 \qquad und \qquad Z^2 + (2 + i)Z - 3i = 0.$$

Wie sieht es aber mit Gleichungen höheren Grades aus? Gibt es auch dann so komfortable Lösungsformeln wie die ‚Mitternachtsformel'? Kubische bzw. biquadratische Gleichungen (also Gleichungen dritten und vierten Grades) wurden mit zum quadratischen Fall nicht unverwandten Methoden von den italienischen Mathematikern Scipione del Ferrar, Niccolo Tartaglia und dessen Erzfeind Girolamo Cardano sowie dessen Diener und Schüler Lodovico Ferrari des 15. und 16. Jahrhunderts gelöst.[2] Wir betrachten hier nur kubische Gleichungen mit reellen Koeffizienten. Diese liegen stets in folgender Form vor:

$$\mathcal{X}^3 + A\mathcal{X}^2 + B\mathcal{X} + C = 0 \qquad \text{mit } A, B, C \in \mathbb{R},$$

bzw. gegebenenfalls nach Anwendung der Transformation $\mathcal{X} \mapsto X = \mathcal{X} - \frac{A}{3}$ in der Gestalt

$$(8.2) \qquad\qquad X^3 + aX + b = 0,$$

wobei die Koeffizienten a, b selbst wieder polynomielle Ausdrücke in A, B, C mit reellen Koeffizienten sind. (Die Beschränkung auf reelle Koeffizienten lässt sich ohne weiteres aufheben, ist aber in unserem Kontext völlig ausreichend.) Wir dürfen also annehmen, dass kein quadratischer Term in der kubischen Gleichung auftritt. Mehr Freiheit ergibt sich zunächst vermöge des Ansatzes $X = U + V$, womit sich (8.2) übersetzt in

$$U^3 + 3U^2V + 3UV^2 + V^3 + a(U + V) + b = 0$$

bzw.

$$U^3 + V^3 = -b \qquad und \qquad 3UV = -a \qquad (\text{bzw. } U^3V^3 = -(\tfrac{a}{3})^3).$$

---

[2] Zur ereignisreichen Geschichte dieses unschönen Wettkampfs und Prioritätenstreits sei auf der belletristischen Seite der Roman *Der Rechenmeister* von Dieter Jörgensen im Aufbau Verlag empfohlen; aus mathematik-historischer Sicht empfehlenswert ist B. van der Waerdens *A history of algebra. From al-Ḵwārizmī to Emmy Noether'*, Springer 1985.

Abbildung 8.4. Der Erste, der kubische Gleichungen zu lösen vermochte, war wohl Scipinio del Ferro Anfang des 16. Jahrhunderts (ohne Bild). Dieser gab auf dem Totenbett sein Wissen an seine Schüler weiter. Die Streithähne: *Links*: der ‚Stotterer' Nicolo Tartaglia, ∗ 1499 oder 1500 in Brescia, – † 13. Dezember 1557 in Venedig, trat in öffentlichen Wettstreiten mit seinen Lösungen an. Seine Auseinandersetzung über dreißig zu lösende kubische Gleichungen mit Antonio Maria Fior aus dem Jahre 1535 gilt als die Geburtsstunde der *zero-knowledge*-Verfahren in der Kryptologie. Hierbei ist zu vermitteln, dass man Kenntnis eines Geheimnisses hat, ohne dieses Preis zu geben! *Rechts*: Girolamo Cardano, ∗ 24. September 1501 in Pavia, – † 21. September 1576 in Rom; veröffentlichte Tartaglias Formeln ohne dessen Zustimmung in seinem Lehrbuch *Ars magna sive de Regulis Algebraicis* von 1545.

Für Lösungen u und v setzen wir entsprechend $u + v = -b$ und $uv = -(\frac{a}{3})^3$ und lösen mit Vietas Wurzelsatz $(Z - u)(Z - v) = 0$ bzw.

$$Z^2 + bZ - (\tfrac{a}{3})^3 = 0$$

durch $z = u^3, v^3$. Damit ergibt sich nun die so genannte **Formel von Cardano** (auch ‚Cardanische Formel')

$$x = u_1 + v_1 \qquad \text{mit} \quad u_1, v_1 = \sqrt[3]{-\tfrac{b}{2} \pm \sqrt{\left(\tfrac{b}{2}\right)^2 + \left(\tfrac{a}{3}\right)^3}}$$

als Lösung von (8.2). Hierbei ist u_1 eine der drei komplexen Wurzeln und v_1 ist durch $u_1 v_1 = -\frac{a}{3}$ festgelegt; weitere Lösungen von (8.2) ergeben sich durch $x = \zeta u_1 + \zeta^2 v_1, \zeta^2 u_1 + \zeta v_1$, wobei $\zeta = \frac{1}{2}(-1 + i\sqrt{3})$ eine so genannte *primitive dritte Einheitswurzel* ist und der Gleichung $\zeta^3 = 1$ genügt; hierzu mehr in Abschn. 8.3. Der Fall nicht-reeller Lösungen ist als ‚casus irreduzibilis' bekannt, und dieser tritt genau dann auf, wenn

$$\left(\tfrac{b}{2}\right)^2 + \left(\tfrac{a}{3}\right)^3 > 0.$$

Der ursprüngliche Lösungsansatz der italienischen Mathematiker entsprach dabei einem kubischen Analogon der geometrischen Methode des al-Ḫwārizmī; statt Quadraten und Rechtecken wurde bei den Italienern mit Kuben und Quadern argumentiert. Wir geben ein auf Cardano zurückgehendes Beispiel: Die Gleichung

$$X^3 + 6X - 20 = 0$$

wird gelöst durch

$$x = \sqrt[3]{10 + 6\sqrt{3}} + \sqrt[3]{10 - 6\sqrt{3}} = 2,$$

wobei sich die letzte Gleichung aus $(1 \pm \sqrt{3})^3 = 10 \pm 6\sqrt{3}$ ergibt.

Aufgabe 8.3. *Bestimme sämtliche Lösungen der Gleichungen*

$$X^3 - 15X - 4 = 0 \quad und \quad X^3 - 51X - 104 = 0$$

(welche sich bereits bei Bombelli 1579 finden).

Historisch treten die komplexen Zahlen übrigens zuerst bei Cardano auf. In seiner ‚Ars magna' findet sich beispielsweise die Aufgabe: *Teile 10 in zwei Teile, deren Produkt 40 ist.* Es ist also die Gleichung

$$X(10 - X) = 40$$

zu lösen, was er denn auch durch $5 \pm \sqrt{-15}$ (noch ohne Verwendung der imaginären Einheit als Schreibweise) löst und mit den Worten

> *„Manifestum est, quod casus seu questio est impossibilis*
> *sic tamen operabimus. . .“*

kommentiert; auf Deutsch: ‚Zwar ist offenbar, dass diese Aufgabe oder Frage unmöglich ist, doch werden wir so rechnen. . .'; darauf ließ er sich jedoch erst ein, nachdem viele andere Lösungsversuche gescheitert waren. In die Fußstapfen Cardanos traten u. a. Bombelli, Leibniz, Johann Bernoulli[3] und schließlich auch Euler.[4]

---

[3] Johann Bernoulli (1667-1748); nicht zu verwechseln mit den zwei weiteren Mathematikern gleichen Namens, die sein Sohn und Enkel waren.

[4] Leibniz und Johann Bernoulli untersuchten Logarithmen aus negativen Zahlen, was letztlich auch nur im Zusammenhang mit komplexen Zahlen sinnvoll ist. Eulers Beweis der Fermatschen Vermutung für den Exponenten $n = 3$ benutzt implizit komplexe Zahlen.

Wie sieht es mit weiteren Lösungsformeln aus? Für Gleichungen vom Grad vier entdeckte Ferrari solche, welche aber zu kompliziert sind, um hier wiedergegeben zu werden. Für Gleichungen eines Grades ≥ 5 hingegen mühten sich die Mathematiker lange ohne nennenswerten Erfolg bis Niels Henrik Abel (nach Vorarbeiten von Paolo Ruffini u. a.) 1824 zeigte, dass eine Formel für die Wurzeln einer solchen Gleichung, vergleichbar mit den Gleichungen niedrigeren Grades, im Allgemeinen nicht existiert! Darüber hinausgehend entwickelte Évariste Galois 1832 eine Theorie, welche die Lösungen mit den Symmetrien der Gleichung in Zusammenhang setzt und genauestens beschreibt, unter welchen Umständen die fragliche Gleichung durch so genannte *Radikale*, also rationale Operationen und Ziehen von Wurzeln, lösbar ist. Diese Arbeit steht für die Geburt der Gruppentheorie.

Während polynomielle Gleichungen in *reellen* Zahlen nicht notwendig lösbar sind, wie etwa unser Einstiegsbeispiel $X^2 + 1 = 0$, existieren bemerkenswerterweise stets *komplexe* Lösungen:

Satz 8.2 (Fundamentalsatz der Algebra, Gauß). $\mathbb{C}$ *ist algebraisch abgeschlossen, d. h. jedes nicht konstante Polynom besitzt eine Nullstelle in* $\mathbb{C}$ *(und damit genau so viele, wie der Grad, also der größte Exponent der Terme des Polynoms angibt).*

Die Aussage in Klammern folgt unmittelbar mit Hilfe von Polynomdivision (welche aus der Schule bekannt sein sollte und eine Verallgemeinerung des euklidischen Algorithmus ist). In $\mathbb{C}[X]$ sind die Polynome vom Grad ≤ 1 die einzigen irreduziblen. Beispielsweise ergibt sich durch sukzessives Abspalten von Polynomen kleineren Grades

$$\begin{aligned} X^4 - 1 &= \quad (X^2 - 1)(X^2 + 1) \\ &= (X - 1)(X + 1)(X - i)(X + i). \end{aligned}$$

Der Beweis des Fundamentalsatzes benötigt *Analysis*, weshalb wir ihn hier nur skizzieren und für Details bzw. weitere Beweise auf [**3**] verweisen.

Beweis nach Jean Argand (einem Mathematiker des neunzehnten Jahrhunderts). Angenommen,

$$P(Z) = \alpha_d Z^d + \alpha_{d-1} Z^{d-1} + \alpha_1 Z + \alpha$$

ist ein nicht-konstantes Polynom mit komplexen Koeffizienten α_j *ohne* Nullstelle. Dann werden die Werte $|P(Z)|$ bei gegen unendlich wachsendem $|Z|$ beliebig groß (weil der Leitterm $\alpha_d Z^d$ bei $|Z| \to \infty$ dominiert) und somit

Abbildung 8.5. Zwei tragische junge Helden! *Links*: Niels Henrik Abel, ∗ 5. August 1802 in Frindöe, – † 6. April 1829 in Froland, beides Norwegen; er arbeitete in seiner kurzen Karriere zu elliptischen Integralen und der Auflösbarkeit von Gleichungen. *Rechts*: Évariste Galois, ∗ 25. Oktober 1811 in Bourg-la-Reine – † 31. Mai 1832 in Paris; Galois lebte in unruhigen Zeiten und nahm aktiv an Protesten gegen den Bürgerkönig Louis-Phillippe teil. Galois starb in einem Duell um die Ehre einer von ihm angebeteten Frau und begründete noch in der Nacht vor diesem schicksalhaften Duell die Fundamente der algebraischen Gleichungstheorie, welche heute unter dem Namen *Galois-Theorie* einen Grundpfeiler der Algebra bildet. Galois trat bereits kurz gegen Ende von Abschn. 6.4 bei den Kettenbrüchen von Quadratwurzeln auf. Der lesenswerte Roman *Der französische Mathematiker* von TOM PETSINIS (im Verlag Buch und Medien, 1999) beschreibt sein kurzes eindrucksvolles Leben.

nimmt $|P(Z)|$ sein Minimum an;[5] es existiert also eine komplexe Zahl z_0, so dass mit einem gewissen $0 \neq a \in \mathbb{C}$

$$|a| = |P(z_0)| \leq |P(z)| \qquad \text{für alle} \quad z \in \mathbb{C}.$$

Nach der Transformation $Z \mapsto Z + z_0$ wird besagtes Minimum in $z = 0$ angenommen, womit wir nun von der Darstellung

$$P(Z) = a + bZ^n + Z^{n+1}Q(Z)$$

---

[5] An dieser Stelle wird ein intuitiv einleuchtender, aber nicht-trivialer Satz der *Analysis* benutzt: *eine reell-wertige stetige Funktion nimmt auf einer kompakten Menge ihr Minimum an.*

mit passendem $n \in \mathbb{N}$, $b \in \mathbb{C}$ und einem weiteren Polynom $Q(Z)$ mit komplexen Koeffizienten ausgehen können. In $\mathbb{C}$ lassen sich n-te Wurzeln ziehen (wie beispielsweise -1 die Quadratwurzeln $\pm i$ besitzt; mehr dazu in Abschn. 8.3). Deshalb existieren $\omega \in \mathbb{C}$ und $\delta \in \mathbb{R}$ mit $0 < \delta < 1$,

$$\omega^n = -\frac{a}{b} \qquad \text{sowie} \qquad \delta|\omega^{n+1}Q(\delta\omega)| < |a|.$$

Nun berechnet sich

$$\begin{aligned}
P(\delta\omega) &= a + b\delta^n\omega^n + \delta^{n+1}\omega^{n+1}Q(\delta\omega) \\
&= a(1 - \delta^n) + \delta^{n+1}\omega^{n+1}Q(\delta\omega)
\end{aligned}$$

und die *komplexe* Dreiecksungleichung liefert den gewünschten Widerspruch

$$|P(\delta\omega)| \leq |a| \cdot |1 - \delta^n| + \delta^n \cdot \delta|\omega^{n+1}Q(\delta\omega)| < |a|$$

zur Minimalität von $|a|$. Damit muss die Voraussetzung über $P(Z)$ also falsch gewesen sein und entsprechend besitzt P eine Nullstelle. •

Der Beweis mag beim ersten Lesen ohne analytische Vorkenntnisse nicht vollständig befriedigend sein; insbesondere die Stellen, an denen *Analysis* verwendet wird, sollten nach dem Besuch einer entsprechenden Lehrveranstaltung oder eines weiterführenden Buches wiederholt werden.[6] Die erste Erwähnung des Fundamentalsatzes der Algebra findet man 1629 bei Albert Girard, den ersten Beweis lieferte 1799 der junge Gauß in seiner Dissertation. Gauß und Cauchy ist die weitere Förderung der zunächst als mysteriös betrachteten komplexen Zahlen zu verdanken.

Es ist erstaunlich, dass bereits durch Hinzunahme einer einzigen *imaginären* Größe, nämlich einer Quadratwurzel aus -1, aus dem aus algebraischer Sicht unzulänglichen Körper $\mathbb{R}$ der reellen Zahlen ein Zahlenuniversum entsteht, welches mit Blick auf das Lösungsverhalten polynomieller Gleichungen keinen Wunsch mehr offen lässt! Beim Übergang von $\mathbb{Q}$ nach $\mathbb{R}$ hingegen benötigten wir bereits für die Klasse von Gleichungen $X^2 = a$ bei variierendem $a \in \mathbb{N}$ unendlich viele *neue Symbole* (bzw. Irrationalzahlen).

8.2 Summen von Quadraten

Wir bleiben den Quadraten treu. In der Mathematik sind insbesondere Brücken zwischen unterschiedlichen Gebieten von großem Interesse, weil diese oftmals erstaunliche Einsichten mit sich bringen, auf alle Fälle aber *trockenen Fußes* neue Wege ermöglichen. Als Nächstes betreten wir eine

---

[6] In der *Funktionentheorie* werden mit Hilfe der dort entwickelten Werkzeuge üblicherweise sehr kurze Beweise des Fundamentalsatzes gegeben.

solche Brücke, welche von den Quadraten zu den Primzahlen führt und suchen nach Darstellungen von Primzahlen als Summe von zwei Quadraten. Mit ein wenig Herumprobiererei finden sich so etwa

$$5 = 1^2 + 2^2,$$
$$41 = 4^2 + 5^2,$$
$$30.449 = 100^2 + 143^2.$$

All diese Primzahlen[7] haben gemein, dass sie bei Division durch vier den Rest eins lassen. Hingegen findet sich für Primzahlen $p = 3, 7, 11$ usw., die bei Division durch vier den Rest drei lassen, keine solche Darstellung:

eine Summe zweier Quadrate :	5		13	17	...
keine Summe zweier Quadrate :	3	7 11		23	...

Weil Quadrate modulo vier nur den Rest null oder eins lassen, also $x^2 \equiv 0$ oder $\equiv 1 \bmod 4$, ist eine Summe von zwei Quadraten $x^2 + y^2 \equiv 0, 1$ oder $2 \bmod 4$, jedoch sicherlich nicht kongruent $3 \bmod 4$, was die Nichtdarstellbarkeit der Primzahlen $p \equiv 3 \bmod 4$ erklärt. Allerdings liefert dies keinerlei Einsicht, warum bei Primzahlen $p \equiv 1 \bmod 4$ eine solche Darstellung tatsächlich besteht.

Satz 8.3 (Zweiquadratesatz von Fermat). *Es sei $p \equiv 1 \bmod 4$ eine Primzahl. Dann besitzt p eine Darstellung als Summe von zwei Quadraten ganzer Zahlen.*

Bevor wir diesen Satz beweisen, benötigen wir folgendes Hilfsresultat:

Lemma 8.4. *Es sei p eine ungerade Primzahl. Dann besitzt die Kongruenz*

$$(8.3) \qquad\qquad X^2 \equiv -1 \bmod p$$

genau dann eine Lösung, wenn $p \equiv 1 \bmod 4$ gilt.

Die Bedingung (8.3) fragt nach der Existenz einer Wurzel aus -1 im endlichen Körper $\mathbb{Z}/p\mathbb{Z}$. Wir dürfen dabei natürlich nicht an die imaginäre Einheit denken, denn komplexe Zahlen und Restklassen haben zunächst nichts miteinander zu schaffen. Allerdings wird sich hier eine Parallele mit einer solchen Wurzel aus -1 offenbaren – versteckt in der Produktformel (8.1) erweist sie sich als *hilfreiche* Größe bei der Behandlung dieses arithmetischen Problems!

---

[7] Auch 30.449 ist eine; sie war die Postleitzahl der Adresse eines der Autoren vor einiger Zeit.

Beweis. Der Satz 4.6 von Wilson besagt $(p-1)! \equiv -1 \bmod p$ für primes p. Nun gilt im Falle $p \equiv 1 \bmod 4$

$$\left(\frac{p-1}{2}\right)! \equiv \quad 1 \quad \cdot \quad 2 \quad \cdot \ldots \cdot \quad \frac{p-1}{2}$$

$$\equiv (p-1)\cdot(p-2)\cdot\ldots\cdot\left(p-\left(\frac{p-1}{2}\right)\right)\cdot(-1)^{\frac{p-1}{2}}$$

$$\equiv (p-1)\cdot(p-2)\cdot\ldots\cdot\frac{p+1}{2} \quad \bmod p,$$

und somit folgt insgesamt

$$-1 \equiv (p-1)! = 1\cdot 2\cdot\ldots\cdot\frac{p-1}{2}\cdot\frac{p+1}{2}\cdot\ldots\cdot(p-1)$$

$$\equiv \left(\frac{p-1}{2}\right)! \quad \cdot \quad \left(\frac{p-1}{2}\right)! \quad \bmod p.$$

Also besteht die zu lösende Kongruenz mit $x = (\frac{p-1}{2})!$.

Wir hatten bereits erörtert, dass Primzahlen $p \equiv 3 \bmod 4$ keine Darstellung als Summe zweier Quadrate zulassen. Insbesondere gilt dann auch $x^2 + 1^2 \neq p$, was fast die noch zu zeigende Aussage ist. Für einen vollständigen Beweis müssen wir etwas ausholen.

Wegen

$$(p-x)^2 = p^2 - 2px + x^2 \equiv x^2 \bmod p$$

liefern die Quadrate primer Restklassen $x \bmod p$ mit $x = 1,\ldots,\frac{p-1}{2}$ sämtliche Quadrate modulo p verschieden von $0 \bmod p$; Wiederholungen treten dabei nicht auf, denn $x^2 \equiv y^2 \bmod p$ ist äquivalent zu $(x-y)(x+y) = x^2 - y^2 \equiv 0 \bmod p$. Insgesamt gibt es im Falle einer Primzahl $p \equiv 3 \bmod 4$ mit also $\frac{p-1}{2}$ eine ungerade Anzahl von Quadraten $x^2 \not\equiv 0 \bmod p$. Andererseits offenbart der Beweis des Satzes von Wilson für solche Primzahlen p , dass es mit $\frac{p-1}{2} - 1$ eine gerade Anzahl von Paaren $a, a^{-1} \bmod p$ mit $a \not\equiv a^{-1} \bmod p$ gibt. Weil mit a aber auch a^{-1} ein Quadrat und $1 = 1^2$ ein Quadrat ist, kann die selbstinverse Restklasse $-1 \bmod p$ nicht unter den Quadraten modulo p sein. •

Dieses wichtige Lemma steht am Beginn der Theorie der quadratischen Reste, welche wir auf Grund ihres Schwierigkeitsgrades in unseren Untersuchungen zur Zahlentheorie auslassen wollen (obgleich diese Perle der Mathematik eine zentrale Rolle in der Zahlentheorie einnimmt). Die geneigte Leserin nehme diese Auslassung als Anlass zu eigenständigen Studien, wofür wir auf [**13**] verweisen.

Wir geben nun Fermats Originalbeweis von Satz 8.3, zu dem er das Folgende äußerte:

> *„Lange Zeit gelang es mir nicht, meine Methode auf bejahende Sätze anzuwenden, denn der richtige Kniff, an sie heranzukommen, ist viel beschwerlicher als jener, den ich für verneinende Sätze verwende. So befand ich mich, als ich zu beweisen hatte, dass jede Primzahl, die ein Vielfaches von 4 um 1 übersteigt, aus zwei Quadraten besteht, in einer rechten Klemme. Schließlich brachte eine oft wiederholte Besinnung die Erleuchtung, und nun lassen sich auch bejahende Sätze mit Hilfe neuer Grundregeln, die noch hinzukommen müssen, mit meiner Methode behandeln. Der Gang meiner Überlegungen bei bejahenden Sätzen ist folgender: Wenn eine willkürlich gewählte Primzahl der Form $4n + 1$ keine Summe von zwei Quadraten ist, (beweise ich, dass) es eine kleinere der gleichen Form gibt, und (deshalb) eine dritte noch kleinere usw.. Wenn wir auf diese Art einen unendlichen Abstieg vornehmen, gelangen wir zur Zahl 5 als der kleinsten dieser Zahlen. (Aus dem erwähnten Beweis und dem ihm vorangehenden Argument) folgt, dass 5 keine Summe von zwei Quadraten ist. Es ist jedoch eine. Deshalb müssen wir durch eine reductio ad absurdum zu dem Schluß kommen, dass alle Zahlen der Form $4n + 1$ Summen von zwei Quadraten sind."*[8]

Tatsächlich wird hier die Fermatsche Abstiegsmethode (‚descente infinie') aus Abschn. 7.3 beschrieben.

Beweis von Satz 8.3. Mit Blick auf das vorangegangene Lemma existiert mit (8.3) ein z, so dass

$$z^2 + 1 \equiv 0 \bmod p.$$

Hierbei dürfen wir annehmen, dass $z \in \{1, 2, \ldots, p - 1\}$; ferner können wir sogar $|z| < \frac{p}{2}$ fordern, denn falls die Ungleichung nicht gelten sollte, nehmen wir stattdessen $p - z$, was wegen $(p - z)^2 \equiv z^2 \bmod p$ den Anforderungen genügt. Also gilt $z^2 + 1 = gp$ für eine natürliche Zahl g mit $1 \leq g < p$. Ist $g = 1$, so sind wir fertig, denn dann gilt $p = z^2 + 1^2$. Sei also $g > 1$. Die

---

[8] Zitiert nach den Quellen: W. SCHARLAU, H. OPOLKA, *Von Fermat bis Minkowski*, Springer 1980, und E.T. BELL, *Die großen Mathematiker*, Econ 1967.

Menge $\mathcal{M}(p)$ aller natürlichen Zahlen $m < p$ mit der Eigenschaft, dass mp sich als Summe von zwei Quadraten darstellen lässt, ist wegen $g \in \mathcal{M}(p)$ nicht leer. Sei nun $1 < h \in \mathcal{M}(p)$, so gibt es ganze Zahlen x, y mit

$$x^2 + y^2 = hp \qquad \text{und} \qquad 1 < h < p.$$

Wir wählen nun ganzzahlige v, w so, dass

$$v \equiv x, \quad w \equiv y \bmod h$$

und $|v|, |w| \leq \frac{h}{2}$ (also als ‚kleinste' Reste mit Blick auf den Betrag). Dann gelten

$$\begin{cases} v^2 + w^2 \equiv xv + yw \equiv x^2 + y^2 \equiv 0 \bmod h, \\ xw - yv \equiv xy - yx \equiv 0 \bmod h. \end{cases}$$

Insbesondere ist $v^2 + w^2 = hk$ mit einem ganzzahligen $k \geq 0$; wegen $|v|, |w| \leq \frac{h}{2}$ ist hierbei $k < h$. Aus $v = w = 0$ folgte, dass sowohl x als auch y und damit auch p durch h teilbar wären. Also ist $k \geq 1$ und mit der Produktformel (8.1) aus der Theorie der komplexen Zahlen ergibt sich

$$(xv + yw)^2 + (xw - yv)^2 = (x^2 + y^2)(v^2 + w^2) = h^2 kp$$

bzw. nach Division durch h^2

$$\Big(\underbrace{\frac{xv + yw}{h}}_{\in \mathbb{Z}} \Big)^2 + \Big(\underbrace{\frac{xw - yv}{h}}_{\in \mathbb{Z}} \Big)^2 = kp;$$

dabei sind die Terme in den Klammern links jeweils ganzzahlig auf Grund obiger Kongruenzen für v und w modulo h. Damit ist $k \in \mathcal{M}(p)$. Nun gilt aber folgende Variante der Wohlordnung (Satz 2.5): *In einer nicht-leeren Menge $M \subset \mathbb{N}$ gebe es zu jedem Element $h \in M$ mit $h > 1$ ein $k \in M$ mit $k < h$, so ist $1 \in M$.* Dieses Argument mit $M = \mathcal{M}(p)$ schließt unseren Beweis ab. •

Der Fermatsche Beweis ist konstruktiv: Kennt man eine Restklasse, die (8.3) löst, so lässt sich eine Darstellung als Summe von zwei Quadraten explizit bestimmen. Mit der Produktformel (8.1) zeigt sich ferner, dass die Menge aller Zahlen, die eine Darstellung als Summe von zwei Quadraten besitzen, multiplikativ abgeschlossen ist:

Aufgabe 8.4. *Finde explizite Darstellungen als Summen von zwei Quadraten für die Zahlen*

$$349, \quad 5 \cdot 41, \quad 41^2, \quad 5 \cdot 349, \ 5 \cdot 30.449.$$

Hinweis: $136^2 + 1 \equiv 53 \cdot 349$, *und die Zahl* 30.449 *tauchte bereits auf.*

Aufgabe 8.5. *Zeige, dass eine natürliche Zahl n genau dann eine Darstellung als Summe zweier Quadrate besitzt, wenn sämtliche Primfaktoren $p \equiv 3 \bmod 4$ von n in einer geraden Potenz in der Primfaktorzerlegung von n auftreten.*

Nun mag man sich fragen, wie viele Quadrate für Primzahlen $p \equiv 3 \bmod 4$ benötigt werden. Ohne Beweis erwähnen wir als weiteres Resultat in diesem Kontext:

Satz von Lagrange. *Jede natürliche Zahl besitzt eine Darstellung als Summe von vier Quadraten.*

Dies ist insofern erstaunlich, da die Quadratzahlen eine sehr *dünne* Teilmenge der natürlichen Zahlen bilden! Hierbei lässt sich der unmathematische Ausdruck *dünn* mit dem genauso wenig definierten Worten „wenige in vielen" umschreiben. Auch für den Nachweis dieses Resultats von Lagrange benutzt man eine mit (8.1) verwandte Identität für vier Quadrate aus der Theorie der Quaternionen (einer über die komplexen Zahlen hinausgehenden Struktur).[9] Mit Hilfe der multiplikativen Abgeschlossenheit der Menge aller natürlichen Zahlen, die sich als Summe von vier Quadraten darstellen lassen, folgt der Lagrangesche Satz, sobald die Aussage bereits für *alle* Primzahlen bewiesen ist. Für Beweise verweisen wir auf [**13, 15**].

Edward Waring fragte bereits im 18. Jahrhundert ob analoge Aussagen für Kuben, Biquadrate (also dritte und vierte Potenzen) bzw. beliebige Potenzen gelten. Dieses so genannte **Waringsche Problem** wurde positiv von Hilbert beantwortet: *Für jede natürliche Zahl $k \geq 2$ existiert ein $g(k) \in \mathbb{N}$, so dass jede natürliche Zahl sich darstellen lässt als Summe von $g(k)$ vielen k-ten Potenzen ganzer Zahlen.* Nach Lagrange ist $g(2) = 4$; tatsächlich wurde in dieser Richtung viel geforscht und beispielsweise gilt für Kuben $g(3) = 9$. Euler vermutete, dass stets mindestens k viele k-te Potenzen benötigt werden, um eine k-te Potenz nicht-trivial darzustellen, aber Leon Lander und Thomas Parkin[10] fanden hierzu:

$$144^5 = 27^5 + 84^5 + 110^5 + 133^5.$$

Mittlerweile sind weitere Gegenbeispiele bekannt; diese sind jedoch extrem selten.

---

[9] Eine empfehlenswerte Lektüre hierzu bereitet das Lehrbuch: J. KRAMER, A.-M. VON PIPPICH, *Von den natürlichen Zahlen zu den Quaternionen*, Springer 2013.

[10] L.J. LANDER, T.R. PARKIN, A counterexample to Euler's sum of powers conjecture, *Math. Comp.* **21** (1967) 101-103

8.3 Konstruktionen mit Zirkel und Lineal

Die folgenden Konstruktionsaufgaben gehen zurück auf Denker im antiken Griechenland (wahrscheinlich Anaxagoras und Hippokrates). Hierbei sind gewisse geometrische Objekte unter Verwendung von ausschließlich Zirkel und Lineal zu konstruieren (was wir weiter unten noch präzisieren werden). Eine der klassischen Aufgaben bestand in der Konstruktion regulärer n-Ecke. Bereits Pythagoras und seine Schule konstruierte das reguläre Fünfeck. Euklid gibt in seinen *Elementen* diese Konstruktion explizit an und zeigt ferner, dass sich die Seiten im Pentagramm im Verhältnis des goldenen Schnittes teilen (vgl. auch Abschn. 6.6 zur Inkommensurabilität). Bevor wir dies angehen, gilt es zunächst genau festzulegen, welche Konstruktionen zulässig sind, und was genau unter einem regulären (bzw. regelmäßigen) n-Eck zu verstehen ist. Dabei wird es sich als hilfreich erweisen, die Objekte zu konkretisieren und die Konstruktionen zu algebraisieren, wozu wir insbesondere die Struktur, die Körper bereitstellen, und die komplexe Ebene bemühen werden.[11]

Wir beginnen mit der Beschreibung der Konstruktionen, die mit Zirkel und Lineal durchführbar sind. Ausgehend von den zwei Punkten $(0,0)$ und $(1,0)$ in der euklidischen Ebene $\mathbb{R}^2$ bzw. – wenn wir komplex denken – den Punkten $\mathbf{0}$ und $\mathbf{1}$ in der komplexen Zahlenebene $\mathbb{C}$, sind folgende Operationen zugelassen:

- durch je zwei verschiedene konstruierte Punkte kann man (mit dem Lineal genau) eine Gerade legen;[12]

- um jeden konstruierten Punkt kann man (mit dem Zirkel) einen Kreis schlagen mit einem Radius, den man als Abstand zwischen zwei konstruierten Punkten abgreift;

- Schnittpunkte von Geraden mit Geraden oder Kreisen bzw. von Kreisen mit Kreisen, die bereits konstruiert wurden, sind **konstruierte Punkte**; ferner zählen $(0,0)$ und $(1,0)$ in $\mathbb{R}^2$ (bzw. $\mathbf{0}$ und $\mathbf{1}$ in $\mathbb{C}$) zu den konstruierten Punkten.

Dies sind allesamt Konstruktionen, wie wir sie bereits in der Schulgeometrie kennen lernen; bemerkenswert, wenngleich etwas realitätsfremd, mag sein,

---

[11] Gewissermaßen steckt hinter diesem Schritt die *analytische Geometrie* nach Ideen von Descartes, Fermat und ihren Zeitgenossen, algebraische Methoden in der Geometrie zu nutzen (wie etwa Koordinatenbeschreibung von Punkten, Geraden usw.).

[12] Wir legen hier die euklidische Geometrie und den euklidischen Abstand zugrunde; für die faszinierenden Welten der nicht-euklidischen Geometrien verweisen wir auf [**2**].

dass unsere Instrumente, Zirkel und Lineal, *beliebig groß* sind! (Und das Lineal denken wir uns ohne irgendeine Skala ausgerüstet.) Mit den obigen Konstruktionen lassen sich Parallelen zu konstruierten Geraden bilden, und es lassen sich auch Winkel halbieren. Desweiteren können Punkt- und Geradenspiegelungen sowie Translationen als Hintereinanderführung von Spiegelungen an parallelen Geraden und Drehungen durchgeführt werden. Hierzu erinnere sich die Leserin an die Schulgeometrie.

Aufgabe 8.6. *Verifiziere, dass die soeben genannten Konstruktionen und auch das Errichten einer Lotgeraden durch einen gegebenen Punkt allesamt mit Zirkel und Lineal realisierbar sind.*

Wir werden etwas konkreter: Zunächst identifizieren wir Punkte (s,t) in der euklidischen Ebene $\mathbb{R}^2$ und komplexe Zahlen $\mathbf{s} + \mathbf{i}t$ in der komplexen Ebene miteinander (gemäß Abschn. 8.1) und schreiben $\mathbf{s} + \mathbf{i}t = (s,t)$. Ferner bezeichne $\mathcal{Z}$ die Menge all der in endlich vielen Konstruktionsschritten mit Zirkel und Lineal konstruierbaren Punkte; hierbei sind $\mathbf{0} = (0,0)$ und $\mathbf{1} = (1,0)$ als per Definition konstruierte Punkte insbesondere Elemente von $\mathcal{Z}$ (und $\mathcal{Z}$ also nicht leer). Wir veranschaulichen nun, wie sich hieraus weitere Punkte konstruieren lassen, was letztlich auf eine Beschreibung der Menge $\mathcal{Z}$ hinausläuft.

Beispielsweise zeigt sich $\mathbf{i} = (0,1) \in \mathcal{Z}$ durch den Schnitt eines Kreises um $\mathbf{1}$ vom Radius eins (dem Abstand von $\mathbf{0}$ und $\mathbf{1}$) mit dem Lot der Geraden durch $\mathbf{0}$ und $\mathbf{1}$ errichtet auf $\mathbf{0}$. Mit entsprechender Variation dieser Lotkonstruktion ist genau dann $\mathbf{s} + \mathbf{i}t = (s,t) \in \mathcal{Z}$, wenn $\mathbf{s} = (s,0)$ und $\mathbf{t} = (t,0)$ in $\mathcal{Z}$ liegen. Somit gilt

$$\mathcal{Z} = \{(s,t) \in \mathbb{R}^2 : s,t \in \mathbb{K}\} \qquad \text{mit} \quad \mathbb{K} := \{s : \text{es gibt } t : (s,t) \in \mathcal{Z}\}$$

bzw. Analoges in komplexer Schreibweise. Nun die erste Überraschung:

Satz 8.5. *Es ist $\mathbb{K}$ ein in $\mathbb{R}$ enthaltener Körper; die Elemente von $\mathbb{K}$ sind die mit Zirkel und Lineal* **konstruierbaren Zahlen.**

Wenn wir unsere *komplexe Brille* aufsetzen, ist damit tatsächlich $\mathcal{Z} = \{\mathbf{s} + \mathbf{i}t : s,t \in \mathbb{K}\}$ ein in $\mathbb{C}$ enthaltener Körper.

Beweis. Es gilt die Körperaxiome zu verifizieren. Beispielsweise zeigt der Strahlensatz, dass mit $\mathbf{s} = (s,0)$ und $\mathbf{t} = (t,0) \in Z$ auch $\mathbf{st} = (st,0)$ in $\mathcal{Z}$ liegt; für den Nachweis von $s^{-1} \in \mathbb{K}$ zu gegebenem $\mathbf{s} = (s,0) \in \mathcal{Z} \setminus \{\mathbf{0}\}$ schneide man die Parallele zur Sekante durch $\mathbf{s} = (s,0)$ und $\mathbf{i} = (0,1)$ durch

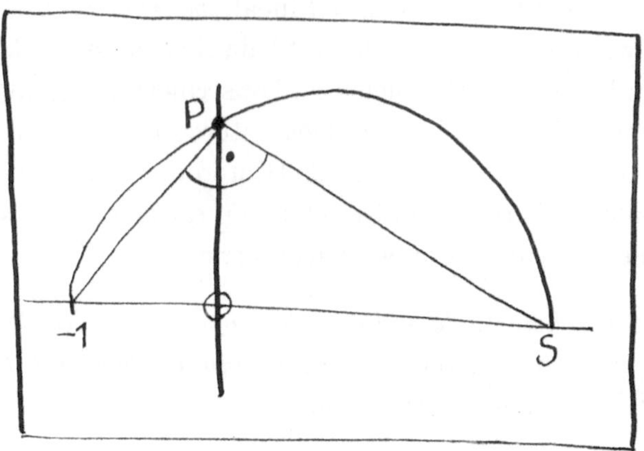

Abbildung 8.6. Der Satz des Thales

$\mathbf{1} = (1,0)$ mit der Sekante durch $\mathbf{0} = (0,0)$ und $\mathbf{i} = (0,1)$. Die weiteren notwendigen Nachweise (welche lediglich Schulgeometrie benötigen) überlassen wir dem Leser. •

Der gerade bewiesene Satz verbindet *Geometrie* (Konstruktionen mit Zirkel und Lineal) mit *Algebra* (Körper), der mathematischen Disziplin, welche sich vorrangig mit Strukturen beschäftigt. Wie wir gleich sehen werden, implizieren geometrische Sachverhalte zu Zirkel- und Linealkonstruktionen darüber hinaus strukturelle Eigenschaften des damit verbundenen Körpers.

Als Diagonale im Einheitsquadrat ist die Irrationalzahl $\sqrt{2}$ konstruierbar (vgl. Abschn. 6.6). Dies zeigt, dass $\mathbb{K}$ mehr enthält als nur $\mathbb{Q}$ (tatsächlich gilt damit bereits $\mathbb{Q}(\sqrt{2}) \subset \mathbb{K}$). Als Nächstes wollen wir zeigen, dass weitaus mehr Quadratwurzeln konstruierbar sind.

Der Satz des Thales[13] besagt, dass der Peripheriewinkel im Halbkreis ein rechter Winkel ist; genauer: *Konstruiert man aus den beiden Endpunkten des Durchmessers eines Halbkreises (dem Thaleskreis) und einem weiteren Punkt dieses Halbkreises ein Dreieck, so ist dieses rechtwinklig.* Ist nun $\mathbf{s} = (s, 0)$ ein konstruierter Punkt mit positivem s, so schneidet das Lot auf $-\mathbf{1} = (-1, 0)$ und $\mathbf{1} = (1, 0)$ durch $\mathbf{0} = (0, 0)$ den Thaleskreis über der Strecke von $-\mathbf{1} = (-1, 0)$ nach $\mathbf{s} = (s, 0)$ in einem Punkt $P = (0, d)$ (siehe Abb. 8.6). Zur Berechnung der Distanz d von P zum Nullpunkt $\mathbf{0} = (0, 0)$ betrachten wir zwei Dreiecke: einmal das Dreieck mit den Endpunkten $\mathbf{s}, \mathbf{0}, P$ und einmal

---

[13] Thales von Milet (ca. 624 – ca. 547 vor unserer Zeitrechnung) gilt bei vielen als der erste Philosoph und der erste Mathematiker überhaupt.

jenes mit den Eckpunkten $P, \mathbf{0}$ und $-\mathbf{1}$. Aufgrund gleicher Innenwinkel sind diese Dreiecke ähnlich und mit dem Strahlensatz folgt für die Verhältnisse um den jeweiligen rechten Winkel (bei $\mathbf{0} = (0,0)$) die Gleichung

$$\frac{d}{1} = \frac{s}{d} \qquad \text{bzw.} \qquad d^2 = s.$$

(Alternativ mag man hier Pythagoras bemühen.) Also gilt $d = \sqrt{s}$ als Wert für die Distanz von P zum Nullpunkt, und es folgt: $\sqrt{s} \in \mathbb{K}$ *für* $0 < s \in \mathbb{K}$ und insbesondere $\mathbb{Q}(\sqrt{s}) \subset \mathbb{K}$ für jedes konstruierbare $s > 0$. Insofern erweitert ein Konstruktionsschritt gegebenenfalls den Körper der rationalen Zahlen um eine Quadratwurzel aus einer positiven konstruierten Zahl. Ist s ein rationales Quadrat, ergibt sich keine wirkliche Erweiterung.

Angenommen wir wären mit $s = 2$ gestartet, so lieferte unser geometrisches Argument $\sqrt{2} \in \mathbb{K}$. Wir könnten dieselbe Konstruktion nun auch noch einmal mit $a = \sqrt{2}$ durchführen (anstelle von 2) und erhielten so $\sqrt[4]{2} \in \mathbb{K}$ (oder auch $\sqrt{1 + \sqrt{2}} \in \mathbb{K}$ o.ä.). Damit haben wir einen wesentlichen Teil des folgenden Satzes gefunden:

Satz 8.6. *Eine reelle Zahl a ist genau dann konstruierbar, also $a \in \mathbb{K}$, wenn es eine Folge von ineinander geschachtelten, quadratischen Erweiterungskörpern $\mathbb{K}_j$ von $\mathbb{K}$ gibt,*

$$\mathbb{Q} =: \mathbb{K}_0 \subset \mathbb{K}_1 \subset \ldots \subset \mathbb{K}_{m-1} \subset \mathbb{K}_m \subset \mathbb{R}$$

mit jeweils $\mathbb{K}_{j+1} = \mathbb{K}_j(\sqrt{\delta_j})$ für ein $\delta_j \in \mathbb{K}_j$, so dass $a \in \mathbb{K}_m$. Insbesondere sind konstruierbare Zahlen algebraisch und $\mathbb{K}$ eine echte Teilmenge von $\mathbb{R}$.

Beweis. Wie wir oben bereits gesehen haben, bilden die konstruierbaren Zahlen einen Körper, und die Quadratwurzel einer konstruierbaren Zahl ist wiederum konstruierbar. Damit zeigt sich, dass die Elemente einer Erweiterung von $\mathbb{Q}$, die durch sukzessives Ziehen von Quadratwurzeln entsteht, allesamt konstruierbar sind.

Umgekehrt gehören zu gegebenem $a \in \mathbb{K}$ endlich viele Konstruktionsschritte. Es bezeichne M_j die Menge der nach dem j-ten Konstruktionsschritt gewonnenen konstruierbaren Zahlen, wobei $M_0 = \{0, 1\}$. Offensichtlich gilt $M_j \subset M_{j+1}$ und die Elemente in M_{j+1} ergeben sich aus denen in M_j durch rationale Operationen oder durch Ziehen von Quadratwurzeln. Dabei gilt jeweils $\mathbb{Q}(M_j) \subset \mathbb{K}$.

Dass bei den hier verborgenen Berechnungen von Schnittpunkten tatsächlich nur lineare oder quadratische Gleichungen zu lösen sind, ist klar,

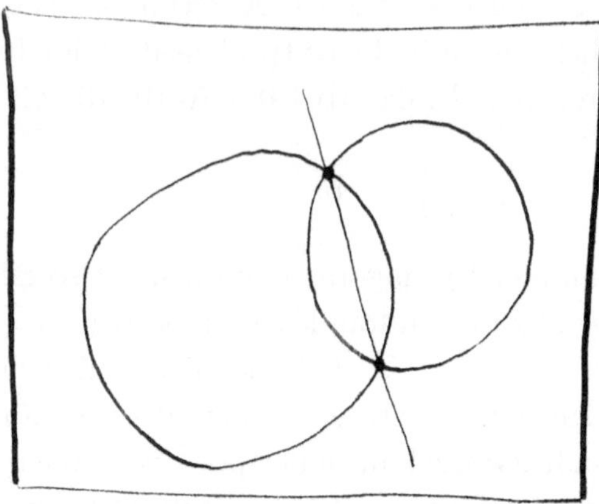

Abbildung 8.7. Verschiedene Kreise schneiden sich in einem oder zwei Punkten, oder gar nicht.

wenn es um die Schnitte von Geraden mit Geraden oder Kreisen geht. Hierzu sei bemerkt, dass Kreise sich bekanntlich durch quadratische Gleichungen folgender Gestalt ausdrücken lassen (vgl. Bachets Beweis zur Parametrisierung der pythagoräischen Tripel in Abschn. 7.2):

$$(X - x_0)^2 + (Y - y_0)^2 = r^2;$$

die Menge der Lösungen (x, y) beschreibt hier nämlich einen Kreis vom Radius r um den Mittelpunkt (x_0, y_0). Für unseren Beweis verbleibt nunmehr der Fall des Schnittes zweier Kreise, welcher einer genaueren Betrachtung bedarf: Hier ist also die Schnittmenge zweier quadratischer Gleichungen zu bestimmen:

$$\begin{cases} (X - x_1)^2 + (Y - y_1)^2 = r_1^2, \\ (X - x_2)^2 + (Y - y_2)^2 = r_2^2. \end{cases}$$

Überraschenderweise führt dies nicht auf eine Gleichung vierten Grades, denn Subtraktion beider Gleichungen führt auf eine lineare Gleichung in X und Y, welche zusammen mit irgendeiner der beiden quadratischen Ausgangsgleichungen dieselbe Lösungsmenge determiniert, womit letztlich also wiederum nur eine quadratische und eine lineare Gleichung zu lösen ist.

Dass $\mathbb{K}$ nur aus algebraischen Zahlen besteht, ist offensichtlich; dass $\mathbb{K}$ eine echte Teilmenge von $\mathbb{R}$ ist, folgt sofort aus Korollar 5.13. •

Aufgabe 8.7. *Verifiziere die Details im vorangegangenen Beweis, insbesondere den Teil zu den Schnittpunkten zweier Kreise.* Tatsächlich hat der im Beweis versteckte Trick, zwei quadratische Gleichungen auf eine einzige quadratische plus eine lineare zu reduzieren, eine Anwendung in der Satellitennavigation. ⟨Dies und diese Aufgabe werden in Abschn. 9.21 besprochen!⟩

Anschaulich lässt sich der Teil des soeben geführten Beweises, der sich mit der Reduktion der beiden quadratischen Gleichungen befasst, auch folgendermaßen begründen: Schneiden wir zwei (nicht identische) Kreise, so ist deren Schnitt entweder leer oder besteht aus einem oder zwei Punkten; auf keinen Fall können sich drei oder mehr Schnittpunkte ergeben, wie man es bei einer Gleichung eines Grades größer zwei erwarten könnte. Die Argumentation ist allerdings etwas problematisch, weil bei Gleichungen ja auch nicht-reelle Lösungen auftreten können.

Insbesondere gilt nach dem gerade bewiesenen Satz also für konstruierbare Zahlen a, dass a algebraisch ist von einem Grad, der eine Zweierpotenz ist. Die Umkehrung hiervon gilt übrigens nicht: Es existieren algebraische Erweiterungen $\mathbb{Q}(x)$ von $\mathbb{Q}$ vierten Grades ohne echten Zwischenkörper; ein Beispiel liefert etwa irgendeine Nullstelle des Polynoms $X^4 + X + 1$.

Aufgabe 8.8. *Löse die Konstruktionsaufgabe, ein Rechteck zu quadrieren, d. h. zu einem gegebenen Rechteck ist unter Verwendung von ausschließlich Zirkel und Lineal ein flächengleiches Quadrat zu konstruieren. (Dies ist Proposition 14 aus Band II aus Euklids Elementen.)*

Es sei $n \geq 3$ eine natürliche Zahl. Ein **reguläres n-Eck** ist ein Polygon mit n gleichlangen Kanten und n identischen Innenwinkeln. Der Einfachheit halber normieren wir es noch im folgenden Sinne: Wir legen es in die komplexe Ebene, so dass sein Mittelpunkt im Nullpunkt zu liegen kommt,[14] und fordern, dass die Abstände der Eckpunkte zum Mittelpunkt die Länge eins haben; mittels einer geeigneten Drehung können wir auch noch eine Ecke fixieren, so dass diese etwa im Punkt 1 zu liegen kommt. Damit liegen diese Eckpunkte auf dem Kreis vom Radius eins um den Nullpunkt und dieser umschreibt das reguläre n-Eck.

Die Leserin mag zur Kenntnis genommen haben, dass wir im Laufe unserer Untersuchungen zunehmend die *komplexe* Sichtweise bevorzugen; hier kommt nun die Begründung: Mit Hilfe der komplexen Zahlen lassen sich die Eckpunkte des regulären n-Ecks explizit und elegant durch gewisse komplexe Zahlen angeben. Diesem n-Eck werden wir ein Polynom zuordnen, welches wir mit den Methoden der Algebra untersuchen können!

---

[14] Ohne hier zu vertiefen, dass es tatsächlich *genau einen solchen Mittelpunkt* gibt.

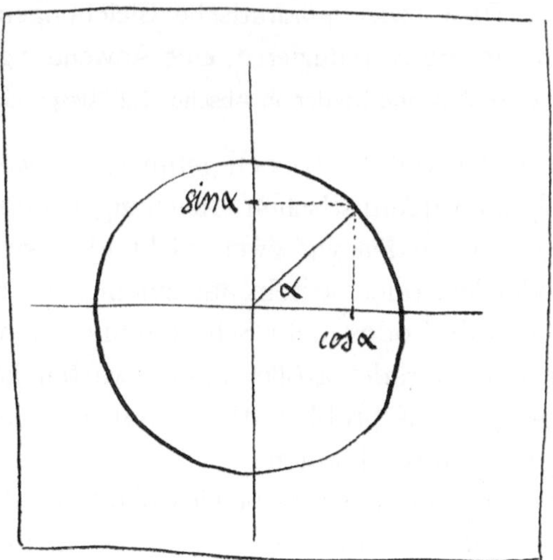

Abbildung 8.8. Mit Hilfe der trigonometrischen Funktionen lassen sich Kreise parametrisieren; vermöge $X = \cos\alpha$ und $Y = \sin\alpha$ findet man via dem Satz des Pythagoras die algebraische Gleichung $X^2 + Y^2 = 1$ für den Kreis vom Radius eins um den Nullpunkt.

Satz 8.7. *Es gilt*

$$(8.4) \qquad X^n - 1 = \prod_{k=1}^{n}(X - \zeta_n^k)$$

mit den so genannten n-ten **Einheitswurzeln**

$$\zeta_n^k := \cos\frac{2\pi k}{n} + i\sin\frac{2\pi k}{n}$$

für $k = 1, 2, \ldots, n$. Diese bilden die Eckpunkte des regulären n-Ecks.

Beweis. Offensichtlich bilden die komplexen Zahlen $\zeta_n^k = \cos\frac{2\pi k}{n} + i\sin\frac{2\pi k}{n}$ für $k = 1, 2, \ldots, n$ die Eckpunkte unseres normierten regulären n-Ecks. Zunächst verifizieren wir per Induktion nach k, dass

$$(\zeta_n^1)^k = (\cos\tfrac{2\pi}{n} + i\sin\tfrac{2\pi}{n})^k = \cos\tfrac{2\pi k}{n} + i\sin\tfrac{2\pi k}{n} = \zeta_n^k$$

(was gewissermaßen unsere Schreibweise der n-ten Einheitswurzeln legitimiert). Die Fälle $k = n$ und $k = 1$ sind trivial. Ist die Formel für k bewiesen,

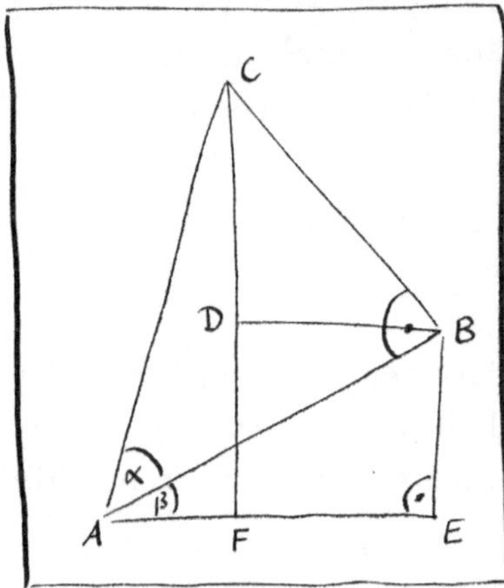

Abbildung 8.9. *Links*: Ein visueller Beweis des Additionstheorems; die Details seien der Leserin überlassen. *Rechts*: George Pólya, $*$ 13. Dezember 1887 in Budapest – † 7. September 1985 in Palo Alto; bedeutender und vielseitiger Mathematiker, der u. a. folgendes Zitat zum Besten gab: „*Geometry is the science of correct reasoning on incorrect figures.*" Was mag er damit gemeint haben?

so gilt

$$(\cos \tfrac{2\pi}{n} + i \sin \tfrac{2\pi}{n})^{k+1}$$
$$= (\cos \tfrac{2\pi}{n} + i \sin \tfrac{2\pi}{n})^k \cdot (\cos \tfrac{2\pi}{n} + i \sin \tfrac{2\pi}{n})$$
$$= (\cos \tfrac{2\pi k}{n} + i \sin \tfrac{2\pi k}{n}) \cdot (\cos \tfrac{2\pi}{n} + i \sin \tfrac{2\pi}{n})$$
$$= \cos \alpha \cos \beta - \sin \alpha \sin \beta + i(\cos \alpha \sin \beta + \sin \alpha \cos \beta)$$

nach den Rechenregeln für komplexe Zahlen mit den Abkürzungen $\alpha = \frac{2\pi k}{n}$ und $\beta = \frac{2\pi}{n}$. Nun gilt aber nach den Additionstheoremen für beliebige α und β

$$\cos(\alpha + \beta) = \cos \alpha \cos \beta - \sin \alpha \sin \beta,$$
$$\sin(\alpha + \beta) = \cos \alpha \sin \beta + \sin \alpha \cos \beta,$$

womit sich in unserer vorangegangenen Rechnung schließlich $\cos \frac{2\pi(k+1)}{n} + i \sin \frac{2\pi(k+1)}{n} = \zeta_n^{k+1}$ ergibt. Man beachte, dass in unserer Beweisführung nicht notwendig $k \le n$ gelten muss.

Nun folgt die Faktorisierung (8.4) des Polynoms $P(X) := X^n - 1$ einfach durch die Tatsache, dass nach dem Fundamentalsatz der Algebra 8.2 insgesamt genau n komplexe Nullstellen vorliegen müssen und für die n verschiedenen Zahlen ζ_n^k für $k = 1, \ldots, n$

$$P(\zeta_n^k) = (\zeta_n^k)^n - 1 = \cos \tfrac{2\pi kn}{n} + i \sin \tfrac{2\pi kn}{n} - 1 = 0$$

besteht. ●

Der Beweis offenbart: Im Hintergrund stehen bei den Einheitswurzeln also die trigonometrischen Funktionen cos und sin (weil diese, wie man bereits in der Schule lernt, den Einheitskreis parametrisieren) und deren Additionstheoreme.

Aufgabe 8.9. *Verifiziere die Additionstheoreme. Zeige ferner, dass die n-ten Einheitswurzeln eine multiplikative Gruppe bilden.*

Mit der obigen Darstellung der Ecken eines regulären n-Ecks folgt nunmehr, dass ein solches genau dann konstruierbar ist, wenn die n-te Einheitswurzel $\zeta_n^1 = \cos \tfrac{2\pi}{n} + i \sin \tfrac{2\pi}{n}$ konstruierbar ist, bzw. wenn ihr Real- oder Imaginärteil konstruierbare Zahlen sind.

Wir berechnen nun explizit die fünften Einheitswurzeln: Zunächst spalten wir hierzu vom Polynom $X^5 - 1$ (vgl. den vorangegangenen Satz) den Linearfaktor $X - 1$ ab und erhalten

$$X^4 + X^3 + X^2 + X + 1 = \frac{X^5 - 1}{X - 1};$$

hinter dieser Polynomdivision steckt eine (aufgehende) Division mit Rest (und wiederum ist der euklidische Algorithmus nicht weit, aber natürlich auch die Formel der endlichen geometrischen Reihe). Substituieren wir nun $Y := X + X^{-1}$ ergibt sich nach einer kurzen Rechnung äquivalent die quadratische Gleichung

$$Y^2 + Y - 1 = 0.$$

Die Lösungen derselben sind $y_\pm = \tfrac{1}{2}(-1 \pm \sqrt{5})$. Setzen wir diese in unserer Substitution ein, also $X + X^{-1} = y_\pm$, so ergeben sich die quadratischen Gleichungen

$$X^2 - y_\pm X + 1 = 0$$

und die Lösungen dieser beiden quadratischen Gleichungen liefern sämtliche vier Lösungen ζ_5^k der Ausgangsgleichung:

$$(8.5) \qquad \zeta = \tfrac{1}{4}\left(-1 \pm \sqrt{5} \pm \sqrt{-10 \mp 2\sqrt{5}}\right)$$

mit entsprechender Variation der Vorzeichen. Wir haben also letztlich eine polynomielle Gleichung vierten Grades dank unserer Substitution durch die Behandlung zweier quadratischer Gleichungen gelöst! Zusammen mit der *trivialen* (zu Beginn abgespaltenen) fünften Einheitswurzel $1 = \zeta_5^5$ haben wir dabei Darstellungen für die fünften Einheitswurzeln gewonnen. Wir können dem noch für die Winkel $\frac{2\pi}{5}$ (bzw. $72°$ in Schulschreibweise) die algebraischen Werte der trigonometrischen Funktionen ablesen:

$$\cos\frac{2\pi}{5} = \frac{\sqrt{5}-1}{4} = \frac{1}{2G}\,, \qquad \sin\frac{2\pi}{5} = \frac{\sqrt{10+2\sqrt{5}}}{4} = \sqrt{1 - \frac{1}{4(G+1)}}.$$

mit wiederum dem goldenen Schnitt $G = \frac{1}{2}(\sqrt{5}+1)$.

Aus Satz 8.6 folgt nun sofort dass das reguläre Fünfeck konstruierbar ist, denn die Darstellung (8.5) zeigt, dass ζ_5^1 in einem Turm von quadratischen Erweiterungen von $\mathbb{Q}$ liegt. Damit haben wir die eine Aussage des folgenden Satzes bereits bewiesen:

Satz 8.8. *Das reguläre Fünfeck ist mit Zirkel und Lineal konstruierbar; hingegen ist das reguläre Siebeneck nicht konstruierbar.*

Beweis. Es verbleibt der Beweis der Nichtkonstruierbarkeit des regulären Siebenecks. Diese Nichtkonstruierbarkeit ist schwieriger nachzuweisen als die Konstruierbarkeit des Fünfecks.

Wir starten mit der Kreisteilungsgleichung $X^7 - 1 = 0$ und spalten ähnlich wie beim Fünfeck den Linearfaktor $X - 1$ ab und erhalten die Gleichung

$$X^6 + X^5 + X^4 + X^3 + X^2 + X + 1 = 0.$$

Mit einer analogen Substitution wie beim Fünfeck ergibt sich nach einer kurzen Rechnerei äquivalent

$$\left(X + X^{-1}\right)^3 + \left(X + X^{-1}\right)^2 - 2\left(X + X^{-1}\right) - 1 = 0$$

bzw. mittels $Y := X + X^{-1}$

$$Y^3 + Y^2 - 2Y - 1 = 0.$$

Wir zeigen als Erstes, dass diese kubische Gleichung in Y keine rationale Lösung besitzt.

Angenommen, $y = \frac{a}{b}$ wäre eine rationale Lösung mit o.B.d.A. teilerfremden a, b, so folgte durch Einsetzen und Multiplikation mit b^3

$$a^3 + a^2 b - 2ab^2 - b^3 = 0.$$

Hieraus liest man sofort ab, dass a^3 den Teiler b und b^3 den Teiler a besitzt, womit y nach unserer Annahme über die Teilerfremdheit von a und b nur noch gleich ± 1 sein kann. Aber auch dies können wir sofort verwerfen: $(\pm 1)^3 + (\pm 1)^2 - 2(\pm 1) - 1 = \pm 1 + 1 \mp 2 - 1 \neq 0$.

Von den drei Nullstellen des Polynoms $Y^3 + Y^2 - 2Y - 1$ ist also keine rational. Wir zeigen nun allgemein folgende Behauptung: *Gegeben ein kubisches Polynom $P(Y)$ mit rationalen Koeffizienten und ohne rationale Nullstelle, dann ist keine der Nullstellen konstruierbar.* Dies schließt dann unseren Beweis von der Nichtkonstruierbarkeit des regulären Siebenecks ab.

Wieder argumentieren wir indirekt: Angenommen, y_1 ist eine konstruierbare Nullstelle von $P(Y)$, dann liegt y_1 nach Satz 8.6 in einem Körper $\mathbb{K}_m$, der aus einem Turm

$$\mathbb{Q} = \mathbb{K}_0 \subset \mathbb{K}_1 \subset \ldots \subset \mathbb{K}_{m-1} \subset \mathbb{K}_m$$

von m quadratischen Erweiterungen aus $\mathbb{Q}$ hervorgegangen ist. Wir nehmen dabei an, dass m minimal ist, also weder y_1 noch eine andere Nullstelle von P ein Element von $\mathbb{K}_{m-1}$ ist. Aufgrund der Irrationalität von y_1 ist sicherlich $m \geq 1$. Nach Annahme gilt dann

$$y_1 = \alpha + \beta\sqrt{\delta}$$

für gewisse $\alpha, \beta, \delta \in \mathbb{K}_{m-1}$, wobei aber $\sqrt{\delta} \notin \mathbb{K}_{m-1}$ (da sonst ja $y_1 \in \mathbb{K}_{m-1}$ läge). Wie eine leichte Rechnung zeigt, ist dann neben y_1 auch

$$y_2 := \alpha - \beta\sqrt{\delta}$$

eine Nullstelle von $P(Y)$.

Ist das kubische Polynom P von der Form $P(Y) = Y^3 + aY^2 + bY + c$, so gilt nämlich

$$P(y_1) = (\alpha + \beta\sqrt{\delta})^3 + a(\alpha + \beta\sqrt{\delta})^2 + b(\alpha + \beta\sqrt{\delta}) + c = A + B\sqrt{\delta}$$

mit gewissen $A, B \in \mathbb{K}_{m-1}$, die sich explizit berechnen lassen als

$$A = \alpha^3 + 3\alpha\beta^2\delta + a(\alpha^2 + \beta^2\delta) + b\alpha + c,$$
$$B = 3\alpha^2\beta + \beta^3\delta + 2a\alpha\beta + b\beta.$$

Ersetzen wir hierin β durch $-\beta$, ergibt sich stattdessen

$$A = \alpha^3 + 3\alpha\beta^2\delta + a(\alpha^2 + \beta^2\delta) + b\alpha + c,$$
$$-B = -3\alpha^2\beta - \beta^3\delta - 2a\alpha\beta - b\beta,$$

und also gilt

$$P(y_2) = P(\alpha - \beta\sqrt{\delta}) = A - B\sqrt{\delta}.$$

Weil aber $A + B\sqrt{\delta} = P(y_1) = 0$, folgt $A = B = 0$, und mit y_1 ist also y_2 eine weitere Nullstelle von P. Wir sollten hier das Argument noch einmal in Zeitlupe durchgehen: Wäre etwa $B \neq 0$, folgte $\sqrt{\delta} = -A/B$ im Widerspruch zu $\sqrt{\delta} \notin \mathbb{K}_{m-1}$; ist $B = 0$, dann zwingend auch $A = 0$.

Offensichtlich gilt dabei, dass y_2 von y_1 verschieden ist, denn sonst folgte $0 = y_1 - y_2 = 2\beta\sqrt{\delta}$, was $y_1 \in \mathbb{K}_{m-1}$ mit sich brächte. Bezeichnet y_3 die dritte Nullstelle des Polynoms P, so folgt wegen

$$P(Y) = Y^3 + aY^2 + bY + c = (Y - y_1)(Y - y_2)(Y - y_3)$$

durch Koeffizientenvergleich $a = -y_1 - y_2 - y_3$ bzw. $y_3 = -a - y_1 - y_2$. Wegen $y_1 + y_2 = 2\alpha$ führt dies auf $y_3 = -a - 2\alpha$, ein Ausdruck der in $\mathbb{K}_{m-1}$ liegt und unserer Annahme widerspricht, das keine der Nullstelle bereits in $\mathbb{K}_{m-1}$ liege. Also existiert keine kleinste Zahl m mit der Minimalitätseigenschaft.

Kurzgefasst haben wir folgendermaßen argumentiert: Der Realteil $\cos\frac{2\pi}{7}$ der siebten Einheitswurzel ist eine irrationale Nullstelle des kubischen Polynoms $X^3 + X^2 - 2X - 1$; damit ist dieses Polynom irreduzibel in $\mathbb{Q}[X]$, und es gibt kein quadratisches Polynom mit rationalen Koeffizienten und $\cos\frac{2\pi}{7}$ als Nullstelle. $\bullet$

Als Achtzehnjähriger gelang Gauß der Nachweis, dass reguläre n-Ecke mit Zirkel und Lineal konstruiert werden können, wenn n eine Fermatsche Primzahl ist, also $f_n = 2^{2^n} + 1$ prim ist (vgl. Abschn. 3.4). Es ist nicht schwer zu zeigen, dass $2^m + 1$ nur dann eine Chance hat, prim zu sein, wenn der Exponent eine Zweierpotenz ist (siehe Aufgabe 3.37). Bislang sind mit

$$3 = 2^1 + 1, \quad 5 = 2^2 + 1, \ 17 = 2^4 + 1, \ 257 = 2^8 + 1, \ 65.537 = 2^{16} + 1$$

nur insgesamt fünf solche Fermatsche Primzahlen bekannt, und es wird vermutet, dass es keine weiteren gibt.[15] Natürlich ist auch das reguläre $2n$-Eck konstruierbar, wenn das n-Eck konstruierbar ist. Auch stellt sich die Frage, ob es neben den Fermatschen Primzahlen nicht weitere ungerade Zahlen n gibt, für die das reguläre n-Eck konstruierbar ist. Schließlich bewies Pierre-Laurent Wantzel (1814–1848) im Jahr 1838 eine Charakterisierung, welche natürlichen Zahlen n die Konstruktion eines regulären n-Ecks zulassen:

---

[15] Ein reguläres Siebzehneck ziert die Gauß-Statue am Gauß-Berg in Braunschweig. Hierzu fand Gauß den folgenden Ausdruck für den Realteil der siebzehnten Einheitswurzel ζ_{17}^1:

$$\cos(\tfrac{2\pi}{17}) = \tfrac{1}{16}\left(-1 + \sqrt{17} + \sqrt{34 - 2\sqrt{17}} + 2\sqrt{17 + 3\sqrt{17} - \sqrt{34 - 2\sqrt{17}} - 2\sqrt{34 + 2\sqrt{17}}}\right).$$

Satz 8.9 (Gauß-Wantzel, 1796/1837). *Das reguläre n-Eck ist genau dann mit Zirkel und Lineal konstruierbar, wenn n sich in der Form*

$$n = 2^\ell \prod_j f_j$$

darstellen lässt, wobei $\ell \in \mathbb{N}_0$ und die f_j paarweise verschiedene Fermatsche Primzahlen sind.

Beispielsweise ist das reguläre $2^7 \cdot 17 \cdot 65.537$-Eck konstruierbar. Der Beweis basiert im Wesentlichen darauf, dass zur Konstruktion des regulären n-Ecks die n-te Einheitswurzel ζ_n^1 konstruierbar sein muss; mit Methoden der Algebra erweist sich dies als genau dann realisierbar, wenn der Realteil von ζ_n^1 in einem Körperturm bestehend aus reell quadratischen Erweiterungen von $\mathbb{Q}$ auftritt, welches genau dann der Fall ist, wenn die Eulersche φ-Funktion eine Zweierpotenz ist. Zur weiteren Berechnung derselben ist die Produktdarstellung (4.2) (siehe Aufgabe 4.13 in Abschn. 4.3) hilfreich. Dabei zeigt sich $\varphi(f_j) = 2^{2^j}$.

Aufgabe 8.10. *Konstruiere mit Zirkel und Lineal die regulären n-Ecke für $n = 3, 4, 5, 10$ und 15.*

Neben der Kreisteilung gibt es noch einige weitere klassische Konstruktionsprobleme, beispielsweise die **Quadratur des Kreises**: *Gegeben ein Kreis, konstruiere man ein flächengleiches Quadrat.* Eine Lösung dieser Aufgabe würde beinhalten, dass die Zahl $\sqrt{\pi}$ konstruierbar sein müsste. Wäre

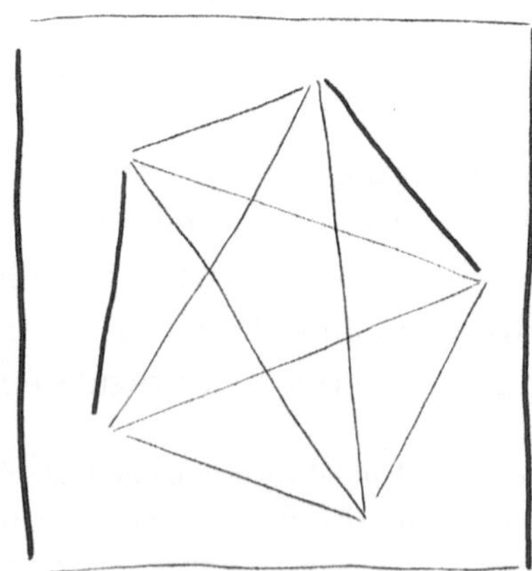

Abbildung 8.10. Das reguläre Fünfeck ist mit Zirkel und Lineal konstruierbar.

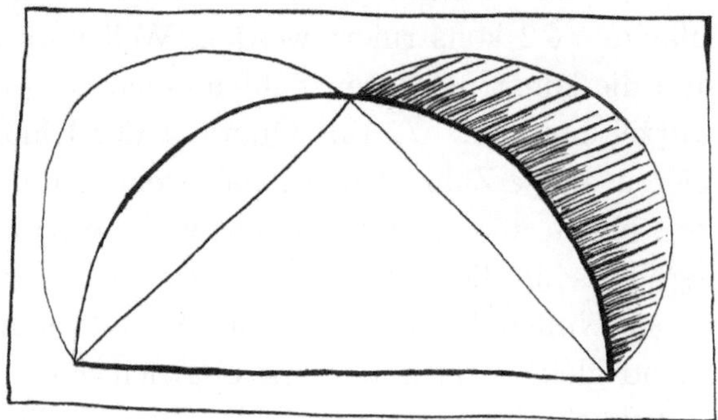

Abbildung 8.11. Das Möndchen des Hippokrates

nämlich der Radius des Kreises r, so hätte der Kreis bekanntlich die Fläche πr^2 und ein flächengleiches Quadrat besäße Kantenlänge $r\sqrt{\pi}$, wobei r nach Voraussetzung konstruierbar ist. Weil jedoch π transzendent ist, wie Lindemann über Satz 16.1 hinausgehend bewies, ist $\sqrt{\pi}$ nicht einmal algebraisch und also die Quadratur des Kreises unter Verwendung von ausschließlich Zirkel und Lineal unmöglich!

Aufgabe 8.11. *In einen Halbkreis zeichne man ein gleichschenkliges Dreieck und errichte weitere Halbkreise über den Katheten des Dreieckes (wie in Abb. 8.11). Das* **Möndchen des Hippokrates** *ist dann die durch die beiden Kreisbögen begrenzte Figur. Berechne den Flächeninhalt des Möndchens. Inwiefern kann man dies als einen Versuch der Quadratur des Kreises interpretieren?*

Übrigens bewies Lorenzo Mascheroni (1750–1800), dass alle Konstruktionen mit Zirkel und Lineal sich bereits einzig mit Zirkel realisieren lassen.[16] Unter Zuhilfenahme gewisser algebraischer Kurven lassen sich jedoch einige der oben genannten Konstruktionsprobleme positiv lösen.

8.4 Origami

Eine weitere klassische Konstruktionsaufgabe besteht in der **Verdopplung des Würfels:** *Gegeben ein Würfel, ist ein Würfel doppelten Volumens zu konstruieren.*[17] Beträgt die Kantenlänge des gegebenen Würfels a,

---

[16] Siehe hierzu [**2**], drittes Kapitel.

[17] Auch als Delisches Problem bekannt, hatten doch die Bewohner der griechischen Insel Delos einer Legende nach angesichts einer Pestepidemie auf Rat des Orakels von Delphi den würfelförmigen Altar im Tempel des Apollon zu verdoppeln!

so ist dessen Volumen a^3 und für ein doppeltes Volumen $2a^3$ müsste also ein Würfel der Kantenlänge $a\sqrt[3]{2}$ konstruiert werden. Weil nun a als gegeben vorausgesetzt ist und die konstruierbaren Zahlen einen Körper bilden, gilt es also die Kubikwurzel aus zwei: $\sqrt[3]{2}$ (als Quotient der Kantenlängen der Würfel) zu konstruieren. Diese Zahl ist irrational (siehe Aufgabe 5.33), und man beweist dies mit einem analogen Argument wie die Irrationalität von $\sqrt{2}$ (womit wir unsere Reise in die Zahlentheorie gestartet hatten). Darüber hinaus ist $\sqrt[3]{2}$ zwar als Nullstelle des Polynoms $X^3 - 2$ eine algebraische Zahl, aber da ihr Grad gleich drei und somit ungleich einer Zweierpotenz ist, folgt die Unmöglichkeit dieser Konstruktion ganz ähnlich wie im Fall des regulären Siebenecks.

Wir geben hier ein leicht alternatives Argument für die Nichtkonstruierbarkeit der Kubikwurzel. Wir bezeichnen mit $\mathbb{K}_j$ den Körper bestehend aus den in höchstens j Schritten konstruierbaren Zahlen. Wir gehen ferner von der Konstruierbarkeit von $\sqrt[3]{2}$ aus, was gleichbedeutend ist, dass es (auf Grund der Wohlordnung) ein minimales $n \in \mathbb{N}$ gibt, so dass $\sqrt[3]{2}$ sich in m Schritten aus 0 und 1 heraus konstruieren lässt, aber nicht in weniger, d. h.: $\sqrt[3]{2} \in \mathbb{K}_m \setminus \mathbb{K}_{m-1}$. Damit existieren Zahlen $\alpha, \beta, \delta \in \mathbb{K}_{m-1}$, so dass

$$\sqrt[3]{2} = \alpha + \beta\sqrt{\delta}.$$

Hierbei dürfen wir zusätzlich annehmen, dass δ nicht-negativ ist (weil $\sqrt[3]{2}$ reell ist); tatsächlich dürfen wir sogar voraussetzen, dass δ positiv ist sowie $\sqrt{\delta} \notin \mathbb{K}_{m-1}$, weil ansonsten $\sqrt[3]{2}$ in $m - 1$ Schritten konstruierbar wäre. Aus demselben Grund ergibt sich zudem $\beta \neq 0$. Wir berechnen nun

$$0 = \sqrt[3]{2}^3 - 2 = (\alpha + \beta\sqrt{\delta})^3 - 2 = A + B\sqrt{\delta}$$

mit $A = \alpha^3 + 3\alpha\beta^2\delta - 2$ und $B = 3\alpha^2\beta + \beta^3\delta$. Damit liegen sowohl A als auch B in dem Körper $\mathbb{K}_{m-1}$. Wäre nun $B \neq 0$, so folgte

$$\sqrt{\delta} = -\frac{A}{B} \in \mathbb{K}_{m-1},$$

ein Widerspruch. Also ist $(3\alpha^2 + \beta^2\delta)\beta = B = 0$. Weil zusätzlich $\beta \neq 0$ gilt, ergibt sich aus dieser Gleichung

$$\delta = -3\frac{\alpha^2}{\beta^2} \leq 0,$$

ein Widerspruch zur Positivität von δ. Wir haben also bewiesen:

Satz 8.10. *Die Zahl $\sqrt[3]{2}$ ist nicht konstruierbar; die Würfelverdopplung mit ausschließlich Zirkel und Lineal unmöglich.*

Allerdings lässt sich $\sqrt[3]{2}$ durch Papierfalten erzeugen!

Eng verwandt mit den Konstruktionsaufgaben der antiken griechischen Mathematik, allerdings weitaus weniger bekannt und beachtet, sind die mathematischen Probleme des Papierfaltens. *Papierfalten* ist auch als *Origami*[18] geläufig und eine insbesondere im japanischen Kulturkreis weit verbreitete Kunst. Einer Legende zufolge steht jedem, der eintausend Origami-Kraniche faltet, die Erfüllung eines Wunsches frei.

Aus mathematischer Sicht stellen sich sofort Fragen der *Faltbarkeit* regulärer n-Ecke und dergleichen. Das bemerkenswerte Buch *Geometric Exercises in Paperfolding* von Sundara Row[19] basiert auf Papierfaltaufgaben und verwandten Spielereien in (wahrscheinlich) indischen[20] Kindergärten vor etwas mehr als einhundert Jahren. Es enthält Papierfaltungen des goldenen Schnittes, des Fünfecks und anderer regulärer n-Ecke, und auch einige ‚Beweise ohne Worte'; die Verdopplung des Würfels wird dort nicht behandelt. Dass mit Origami kubische Gleichungen gelöst werden können wie etwa $X^3 = 2$, die der Würfelverdopplung nahesteht, wurde zuerst von Margherita Beloch 1936[21] entdeckt.[22] Bevor wir jedoch soweit sind, starten wir mit einigen einfachen Finger- und Faltübungen.

Zunächst einmal faltet man aus einem beliebigen rechteckigen (nicht quadratischen) Blatt Papier ein Quadrat, indem man die kürzere der beiden Seiten auf Deckung mit der längeren bringt und den Überschuß abfaltet. Klappt man nun das umgefaltete Dreieck zurück, ergibt sich ein Quadrat mit einer Kantenlänge gleich der kleineren Kantenlänge des Ausgangsrechtecks. Hierbei tritt die Diagonale des Quadrates als die Gerade auf, an der wir die Faltung vorgenommen haben. Normieren wir die Kantenlänge entsprechend, so haben wir gerade gezeigt, dass $\sqrt{2}$ durch Papierfalten konstruierbar ist, was wir im Folgenden als **faltbar** bezeichnen wollen. Wir verzichten hier

---

[18] Aus dem Japanischen: von *oru* für ‚falten' und *kami* für ‚Papier'; das älteste Buch zu Origami ist wohl ein Werk von Senbazuru Orikata aus dem Jahr 1797.

[19] T.S. Row, *Geometric Exercises in Paperfolding*, Addison & Co., Madras 1893; online erhältlich unter https://archive.org/details/tsundararowsgeo00rowrich

[20] Über den Autor Row und die Ursprünge seines Buches ist mittlerweile leider so gut wie gar nichts in Erfahrung zu bringen.

[21] Margherita Beloch Piazzolla, * 12. Juli 1879 in Frascati – † 1976 in Rom; Professorin für Geometrie an der Universität Ferrara. Obwohl sie sich mit Luftbild- und Röntgen-Fotogrammetrie befasste, ist kein Bild von ihr aufzuspüren.

[22] M.P. Beloch, Sul metodo del ripiegamento della carta per la risoluzione dei problemi geometrici, *Periodico di Math.* **16** (1936), 104-108; siehe auch: T.C. Hull, Solving Cubics with Creases: The Work of Beloch and Lill, *Amer. Math. Monthly* **118** (2011), 307-315.

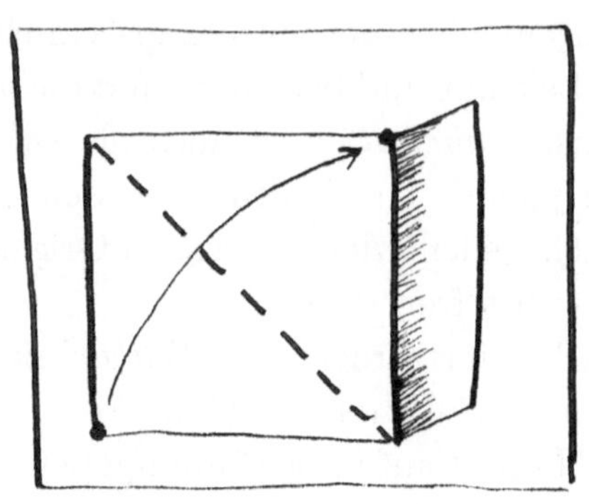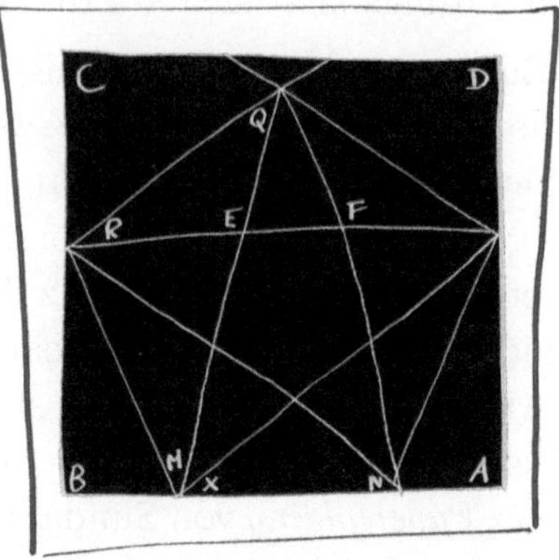

Abbildung 8.12. *Links*: ein gefaltetes Quadrat. *Rechts*: Eine Beispiel eines gefalteten Fünfecks, illustriert nach einem Bild aus dem Buch von Row.

aber der Einfachheit halber auf eine präzise Angabe der zugelassenen Operationen (zumal diese intuitiv klar sein sollten).

Ebenfalls faltbar sind rationale Zahlen, wie aus der folgenden Konstruktion hervorgeht: Gegeben ein Quadrat der Kantenlänge eins mit entgegen dem Uhrzeigersinn benannten Eckpunkten A, B, C, D wird der Eckpunkt D durch Falten entlang einer Geraden durch E mit einem Punkt F auf der Kante $\overline{BC}$ zur Deckung gebracht. Bezeichnen wir mit G den Schnittpunkt der gefaltetene Kante $\overline{AD}$ mit der Kante $\overline{AB}$, so gilt die Beziehung

$$|\overline{AG}| = \frac{1 - |\overline{CF}|}{1 + |\overline{CF}|}.$$

Unter Expertinnen ist dies als ‚Haga's theorem' bekannt, benannt nach einem japanischen Papierfalter und Biologieprofessor Kazuo Haga.

Aufgabe 8.12. *Verifiziere Hagas Theorem. Finde darüberhinaus weitere rationale Beziehungen anhand dieser Faltung!*

Sicherlich ist Halbieren einer Kante mit Falten kein Problem. Speziell mit der Wahl $|\overline{CF}| = \frac{1}{2}$ ergibt sich aus der obigen Konstruktion eine Dreiteilung einer Kante. Diese Dreiteilung ist der Ausgangspunkt für das folgende bemerkenswerte Resultat:

Satz 8.11 (Beloch, 1936). *Die Zahl $\sqrt[3]{2}$ ist faltbar.*

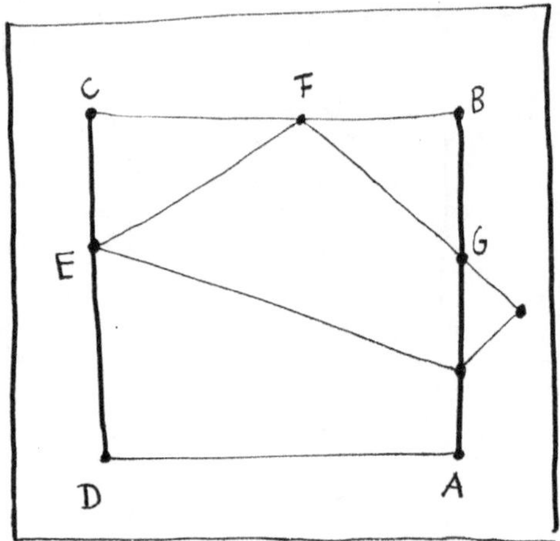

Abbildung 8.13. Dreiteilung eines Quadrates durch Falten

Vor dem Beweis aber noch zwei Anregungen. Der Blick in die beistehende
Abb. 8.14 ist hilfreich! Ferner mag die neugiereige Leserin den nachstehenden Beweis zunächst einmal beiseite schieben und sich selbst an der Verifizierung des Satzes versuchen: Es ist trickreich, aber nicht so schwierig!

Beweis. Wir dürfen von einem quadratischen Papier der Kantenlänge eins
ausgehen. Mit Hilfe der Beobachtung von Haga (von oben) können wir ei-
ne Dreiteilung zweier gegenüberliegender Kanten vornehmen und auf die-
se Weise das Quadrat *dritteln*. Wir falten nun das Quadrat entlang einer
Strecke $\overline{FG}$ so, dass die Ecke D auf der Kante $\overline{AB}$ zu liegen kommt und der
Punkt C auf der Kante durch D und E die (einzig mögliche) Drittelung des
Quadrates trifft (siehe Abb. 8.14). Unser Anliegen ist zu zeigen, dass der
Quotient der Abstände der Ecken von A und B von D gleich der Kubik-
wurzel aus zwei ist, dass also mit $x = |\overline{AD}|$ und entsprechend $|\overline{BD}| = 1 - x$
die Gleichung

$$\frac{1-x}{x} = \sqrt[3]{2}$$

besteht.

Zunächst einmal offenbart der Strahlensatz am Dreieck BDE, dass

$$|\overline{DE}| = |\overline{CD}|\frac{|\overline{BD}|}{|\overline{DH}|} = \frac{1}{3}\frac{1-x}{\frac{2}{3}-x} = \frac{1-x}{2-3x}.$$

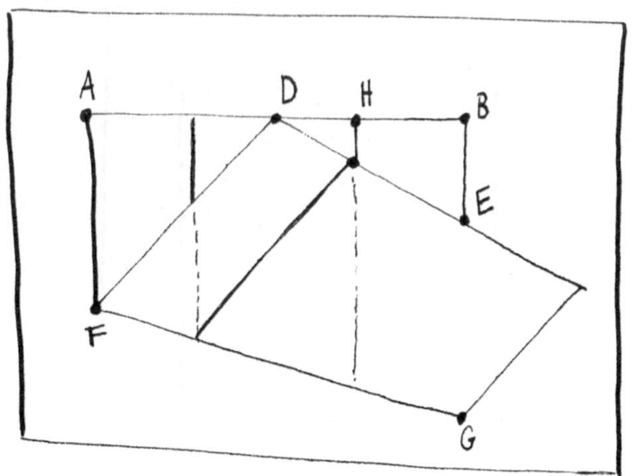

Abbildung 8.14. Die Kubikwurzel aus zwei durch Origami

Sei nun $|\overline{BE}| = \lambda(1 - x)$ mit einem uns noch unbestimmten λ, so gilt nach dem Satz des Pythagoras für das rechtwinklige Dreieck BDE

$$(8.6) \qquad 1^2 + \lambda^2 = \frac{1}{(2 - 3x)^2}$$

nach Kürzen eines Faktors $(1 - x)^2$. Aufgrund der Ähnlichkeit der Dreiecke BDE und ADF gilt für die Unbekannte

$$(8.7) \qquad \lambda = \frac{|\overline{BE}|}{|\overline{BD}|} = \frac{|\overline{AD}|}{|\overline{AF}|} = \frac{x}{z} \qquad \text{mit} \quad z := |\overline{AF}|.$$

Wiederum mit Pythagoras, diesmal für das rechtwinklige Dreieck ADF, zeigt sich

$$x^2 + z^2 = (1 - z)^2 \qquad \text{bzw.} \qquad z = \tfrac{1}{2}(1 - x^2).$$

Dies eingesetzt in (8.7) und (8.6) führt auf

$$1^2 + \frac{4x^2}{(1 - x^2)^2} = \frac{1}{(2 - 3x)^2}$$

bzw.

$$(2 - 3x)^2 \left(1 + \frac{4x^2}{(1 - x^2)^2}\right) = 1.$$

Wir schreiben dies um mit $\zeta = \frac{1}{x}$ und erhalten nach einiger Rechnerei

$$(2\zeta - 3)^2 \frac{(\zeta^2 + 1)^2}{\zeta^2(\zeta^2 - 1)^2} = 1.$$

Links steht ein Quadrat einer reellen Zahl; das Ziehen der Wurzel liefert

$$(2\zeta - 3)\frac{(\zeta^2 + 1)}{\zeta(\zeta^2 - 1)} = \pm 1.$$

Weil sicherlich $\frac{1}{3} < x < \frac{2}{3}$ bzw. $\frac{3}{2} < \frac{1}{x} = \zeta < 3$ gilt, ist das positive Vorzeichen das richtige. Ausmultiplizieren des entsprechenden Ausdrucks führt auf die kubische Gleichung

$$\zeta^3 - 3\zeta^2 + 3\zeta - 3 = 0$$

bzw. $(\zeta - 1)^3 = 2$. Weil $\frac{1-x}{x} = \zeta - 1$ reell ist, und die Gleichung $X^3 = 2$ nur eine reelle Lösung besitzt, ergibt sich die Behauptung. •

Eine Entdeckung offenbart nicht selten neue Wissenslücken, die es zu schließen gilt. Auch hier stellen sich sofort weitere Fragen: *Ist das Fünfeck faltbar? Vielleicht auch das Siebeneck? Lassen sich Winkel durch Falten dreiteilen? Welche Zahlen sind überhaupt faltbar?* Aber die Antworten zu diesen interessanten Fragen stehen nicht mehr in diesem Buch.

Weitere Aufgaben zum letzten Kapitel

Quadratwurzeln, selbst wenn iteriert, oder auch Kubikwurzeln, sehen nicht besonders eindrucksvoll aus; allerdings können sich im Umgang mit denselben schon einige Fehler (etwa beim Vorzeichen) einschleichen. Einmal mehr hilft der praktische Umgang.

Aufgabe 8.13. *Verifiziere*

$$\sqrt{5} - 1 = \sqrt{\frac{6 + \sqrt{6^2 - 20}}{2}} \pm \sqrt{\frac{6 - \sqrt{6^2 - 20}}{2}} = \sqrt{6 - 2\sqrt{5}}.$$

Für welche reellen Zahlen a, b besteht die folgende Beziehung

$$\sqrt{a \pm \sqrt{b}} = \sqrt{\frac{a + \sqrt{a^2 - b}}{2}} \pm \sqrt{\frac{a - \sqrt{a^2 - b}}{2}} \ ?$$

Zeige ferner

$$3 = \sqrt[3]{-18 + \sqrt{325}} + \sqrt[3]{-18 - \sqrt{325}}.$$

Aufgabe 8.14. *Bestimme sämtliche Lösungen der Gleichungen*

$$X^3 = 1, \quad X^4 + 2X^2 + 1 = 0, \quad X^5 = 2 \quad und \quad X^5 = -2.$$

Die Quadrate modulo Primzahlen besitzen sehr interessante Eigenschaften und führen zu Darstellungen von natürlichen Zahlen als Summen von Quadraten.

Aufgabe 8.15. *Bestimme sämtliche modulo 17. Es sei p eine Primzahl. Zeige, dass die Menge der Quadrate $x^2 \not\equiv 0 \bmod p$ eine Gruppe bilden.*

Aufgabe 8.16. *Es sei $p > 2$ eine Primzahl. Die quadratische Kongruenz*

$$aX^2 + bX + c \equiv 0 \bmod p$$

ist genau dann lösbar, wenn $b^2 - 4ac$ ein Quadrat modulo p ist. Beweise diese Aussage! Was hat dies mit der Mitternachtsformel zu tun?

Aufgabe 8.17. *Finde mit Hilfe der Fermatschen Abstiegsmethode für die Primzahl 8089 ganze Zahlen x und y mit*

$$8089 = x^2 + y^2.$$

Die Aufgabe ist ohne (nennenswerten) Einsatz eines Computers zu lösen! Hinweis: Der Beweis der Existenz einer Lösung von $X^2 \equiv -1 \bmod p$ für Primzahlen $p \equiv 1 \bmod 4$ war konstruktiv!

Aufgabe 8.18. *Es seien $a, b, c, d \in \mathbb{N}$ mit $ab = cd$. Zeige, dass $a^2 + b^2 + c^2 + d^2$ keine Primzahl ist.* Hinweis: Berechne $d^2(a^2 + b^2 + c^2 + d^2$.

Aufgabe 8.19. *Sind die Zahlen der Form*

$$n = 4^a(8b + 7) \qquad mit \quad a, b \in \mathbb{N}_0$$

darstellbar als Summe von drei Quadraten? Begründe Deine Antwort!

Aufgabe 8.20. *Zeige, dass n und $2n$ dieselbe Anzahl von Darstellungen als Summe von zwei Quadraten besitzt.*

Einen weiteren interessanten Zusammenhang zwischen Quadraten und dem Kreis (bzw. Summen von zwei Quadraten und der Kreiszahl π) entdeckte Gauß. Dies ist das Thema der nachstehenden Aufgabe:

Aufgabe 8.21.   (i) *Wie viele Punkte (x, y) mit ganzzahligen Koordinaten liegen in der euklidischen Ebene innerhalb des Kreises vom Radius ρ mit Mittelpunkt in $(0, 0)$? Zur Beantwortung ist eine Abschätzung für deren Anzahl $N(\rho)$ der Form*

$$|N(\rho) - \pi\rho^2| \leq c\rho$$

mit einer passenden reellen Konstanten c gesucht.

(ii) *Die Funktion $r(n)$ zähle die Anzahl der verschiedenen Darstellungen von n als Summen von zwei Quadraten ganzer Zahlen, also*

$$r(n) = \sharp\{(x, y) \in \mathbb{Z}^2 : x^2 + y^2 = n\}.$$

Was ist der Mittelwert von $r(n)$? Existiert der Grenzwert

$$\lim_{x \to \infty} \frac{1}{x} \sum_{n \le x} r(n)$$

und wenn ja, berechne den Grenzwert!

Hinweis: Unter dem Stichwort ‚Kreisproblem' bzw. *circle problem* finden sich hilfreiche Informationen.

Die Geometrie regulärer n-Ecke besitzt viele interessante Aspekte. Die Lösung ihrer Konstruierbarkeit mit Zirkel und Lineal basiert auf einer algebraischen Herangehensweise an dieses alte Thema.

Aufgabe 8.22. *Beweise folgende Formeln für die Fläche $\mathfrak{a}$ des in den komplexen Einheitskreis einbeschriebenen regulären Fünfecks*

$$\mathfrak{a} = \frac{5}{2}\sin\frac{2\pi}{5} = \frac{5}{4}\sqrt{\frac{5-\sqrt{5}}{10}}.$$

Aufgabe 8.23. *Es seien 1 und α konstruierbar. Zeige, dass dann auch $\frac{1-\alpha}{1+\alpha}$ und $1 + \alpha + \alpha^2$ konstruierbar sind. Konstruiere ferner den goldenen Schnitt und gib sämtliche Konstruktionen explizit an!*

Aufgabe 8.24. *Zeige, dass das reguläre 2^m-Eck mit Zirkel und Lineal konstruierbar ist; beweise insbesondere, dass für die Konstruierbarkeit der Kantenlänge höchstens m quadratische Körpererweiterungen vorgenommen werden müssen.*

Aufgabe 8.25. *Zeige für die n-ten Einheitswurzeln, dass*

$$\sum_{j=1}^{n} \zeta_n^{jk} = \left\{ \begin{array}{ll} 0 & \text{für } 1 \le k < n, \\ n & \text{für } k = n. \end{array} \right.$$

Völlig überraschend tritt im Zusammenhang der Konstruierbarkeit von n-Ecken die Eulersche φ-Funktion auf. Etwas Licht ins Dunkel bringt die folgende

Aufgabe 8.26. *Zeige, dass die n-ten Einheitswurzeln ζ_n^k mit zu n teilerfremden Exponenten k eine Gruppe der Ordnung $\varphi(n)$ bilden. Zeige, dass $\varphi(n)$ genau dann eine Zweierpotenz ist, wenn $n = 2^m + 1$ prim ist.*

Aufgabe 8.27. *In einem dänischen Schulbuch aus dem Jahre 1854 (erschienen in Flensburg) findet sich folgende Konstruktionsvorschrift: Schlage um $z_1 = 1$ einen Kreis vom Radius 1. Dessen Schnittpunkte mit dem Kreis C vom Radius 1 um 0 seien z_2 und z_3. Sei ferner z_4 der Schnittpunkt der*

Geraden durch z_2 und z_3 mit der Geraden durch 0 und z_1. Beginnend in $z_1 = 1$ trage man nun die Länge $|z_4 - z_2|$ siebenmal nacheinander auf dem Kreis C ab. Ist damit die Siebenteilung des Kreises C gelungen?[23]

Winkelhalbierung ist stets mit Zirkel und Lineal möglich und eine beliebte Beschäftigung in der Schule. Schwieriger ist das Problem der **Dreiteilung des Winkels:** *Gegeben ein Winkel, konstruiere einen Winkel, der ein Drittel des gegebenen Winkels ist.* Dies ist im Allgemeinen nicht möglich, wie ebenfalls Wantzel zeigte; hier kommt es auf den Winkel an! Als Hinweis für die nachstehende Aufgabe, sei darauf hingewiesen, dass mit Hilfe des Additionstheorems

$$\cos 3\alpha = 4(\cos \alpha)^3 - 3\cos \alpha$$

sich mittels $\cos \frac{2\pi}{6} = \frac{1}{2}$ das irreduzible Polynom $8X^3 - 6X - 1$ mit Nullstelle $\cos \frac{2\pi}{18}$ ergibt.

Aufgabe 8.28. *Für welche Winkel ist die Winkeldreiteilung möglich? Welche Winkel lassen sich dritteln, wenn zudem die Parabel mit der Gleichung $y = x^2$ gegeben ist?*

Die folgende Aufgabe zeigt, dass man es mit Papierfalten sehr weit bringen kann; dabei sind manchmal gar nicht so viele Faltungen notwendig!

Aufgabe 8.29. *Wie oft muss man ein (beliebig großes) Blatt Papier falten, so dass das gefaltete Blatt eine Höhe besitzt, welche die Distanz von der Erde bis zum Mond übersteigt? (Natürlich hängt dies von dem verwendeten Papier ab. Übliches Papier hat eine Dicke von 0,1 Millimeter; dieses Buch mit ca. dreihundert Seiten hingegen besitzt eine Breite von etwa zwei Zentimetern.)*

Abschließend eine Anregung für das reguläre Fünfeck. Auch dieses lässt sich falten. Wie wir in Abschn. 8.3 gesehen haben, steht hier eine quadratische Gleichung bzw. der goldene Schnitt $G = \frac{1}{2}(\sqrt{5} - 1)$ im Hintergrund. Eine solche Konstruktion findet man beispielsweise in den Tagebüchern von Hurwitz[24] oder auch schon bei Row (s. o.).

Aufgabe 8.30. *Hier ist Hurwitz' Faltkonstruktion für den goldenen Schnitt im Originalton (siehe Abb. 8.15): „Man falte die Mittellinie AB des quadratischen Blattes. Falte dann die Diagonale CB und die Halbierungslinie*

---

[23] cf. F. LEMMERMEYER, F. LORENZ, *Algebra 1: Körper und Galoistheorie*, Spektrum 2004, 4. Auflage.

[24] Von Weihnachten 1907; Tagebuch 22 im Archiv der ETH Zürich: http://www.e-manuscripta.ch/nav/content/623606?offset=11.

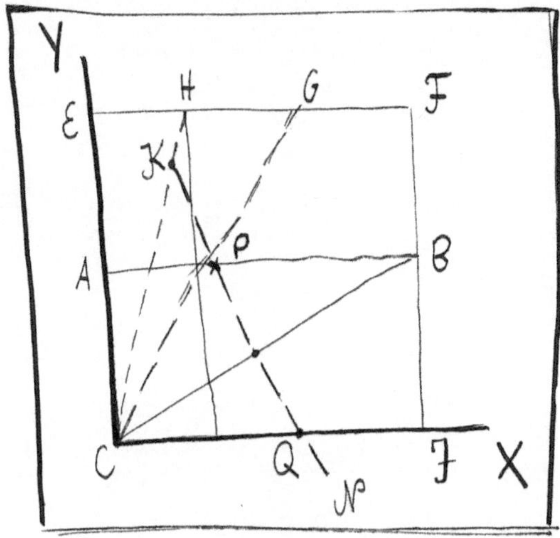

Abbildung 8.15. Wenn kein Papier zur Hand ist, eine bereits gelesene
Seite dieses Buches verwenden!

*CG des Winkels ECB (indem man CE auf CB legt). Dann sind EF im
Punkte G im goldenen Schnitt geteilt." Beweise dies!*

Vielleicht noch erstaunlicher ist, dass man ein reguläres Fünfeck auch
knoten kann: Hierzu bastele man sich (etwa durch Falten) ein Rechteck
der Größe 30 × 3 Zentimeter und verknote dieses als *Überhandknoten* (dem
einfachsten Knoten überhaupt); dabei entsteht nach Umklappen der Enden
tatsächlich ein reguläres Fünfeck.[25]

---

[25] Diese verblüffende Konstruktion ist weiter erläutert in: A. BEUTELSPACHER, M. WAG-
NER, *Wie man durch eine Postkarte steigt*, Herder, 2. Aufl. 2013.

9

Lösungshinweise zu den ∗-Übungsaufgaben

Etwas rechnen, ein mathematisches Verfahren anwenden oder einem gewissen Schema von Argumentationen folgen, ist eine sicherlich mit genügender Praxis und Eifer erlernbare Fähigkeit. Ein mathematisches Problem geschickt anzugehen und (vielleicht) zu lösen oder einen selbständigen mathematischen Gedankengang zu einem Beweis einer Aussage zu vervollständigen, erfordert hingegen andere Qualitäten wie etwa ein sicherer Umgang mit den mathematischen Objekten und Techniken sowie Abstraktionsvermögen, aber manchmal auch Kreativität, Phantasie (und Glück). Dies könnte einen Unterschied zwischen Bildung und Ausbildung bzw. Hochschule und Schule markieren! Entsprechend behandelt dieses abschließende Kapitel das Thema des eigenständigen mathematischen Handelns in einer gewissen Breite – entgegen den leichter konsumierbaren vorangegangenen Kapiteln zu speziellen mathematischen Themen.

Die geneigte Leserschaft beachte, dass in den folgenden Paragraphen nicht nur die ∗-Aufgaben behandelt werden, sondern darüberhinaus auch noch ein Ausblick auf verwandte Problemstellungen und weiterführende Literatur gegeben wird. Am Anfang der Mathematik steht die Logik! Entsprechend starten wir unsere Exkurse.

9.1 Logeleien

Wir beginnen mit Aufgabe 2.2: Hier sitzen drei Logikerinnen hintereinander und haben zu entscheiden, welche Farbe ihr Hut hat. Dabei sehen sie nur nach vorne und wissen zunächst lediglich, dass ihr Hut einer Menge von drei schwarzen und zwei roten Hüten entstammt. Die Frage, ob sie ihre Hutfarbe kenne, verneint zuerst die hinterste Logikerin; selbige Frage verneint daraufhin auch die mittlere. Schließlich wird die vorderste ebenso gefragt. *Welche Antwort kann sie geben?*

Zunächst handelt es sich um ein endliches Problem, und wir könnten jede mögliche Verteilung roter und schwarzer Hüte auf den Köpfen der Logikerinnen durchdiskutieren. Allerdings ist dies mühevoll und mit ein wenig

Logik lässt sich dieses Rätsel auch anders lösen. Zunächst entnehmen wir der verneinenden Antwort der hintersten Logikerin, dass die Hüte der beiden vor ihr Sitzenden nicht beide rot sein können; ansonsten wäre das Kontingent roter Hüte bereits ausgeschöpft und ihr eigener Hut müsste schwarz sein. Diesen Gedankengang sollten wir auch den beiden vor ihr sitzenden Logikerinnen zutrauen. Wenn nun die mittlere vor ihr einen roten Hut sähe, könnte sie schließen, dass der ihre schwarz ist und sie würde somit die Frage nicht verneinen. Also sieht sie einen schwarzen Hut, und wenn wir diesen Gedankengang der vorne sitzenden Logikerin zugestehen, so wird diese also auf die Frage nach ihrer Hutfrage mit *schwarz* antworten.

Diese Aufgabe haben wir also durch Analyse diverser Szenarien gelöst; so etwas nennt man in der Mathematik eine *Fallunterscheidung.* Diese sind oftmals in Beweisführungen in der Form „*Angenommen, beide Hüte sind rot, dann. . .* " oder aber „*. . . ansonsten wäre das . . .* " enthalten. Oftmals ist es hilfreich die verschiedenen *Fälle* deutlicher herauszuarbeiten. Das Rätsel über die Hüte der drei Logikerinnen entstammt einem unterhaltsamen Artikel von Ralf Schindler;[1] hier finden sich weitere interessante Variationen. Wir untersuchen als Nächstes ein weiteres Beispiel eines Rätsels, welches mit Hilfe von Fallunterscheidungen gelöst werden kann.

In der Aufgabe 2.4 zum Bankraub soll entschieden werden, wie viele *Wahrsager* sich unter den neun Verdächtigen befinden. Jeder der Befragten sagt entweder stets die Wahrheit oder stets die Unwahrheit. Uns Leserinnen ist unbekannt, was die erste der befragten Personen gesagt hat; die zweite und alle weiteren sagen, dass die zuvor Befragte gelogen habe. Weil es hier jeweils nur zwei Möglichkeiten gibt, bietet sich ein Durchspielen aller möglichen Fälle an. Eine solche *Fallunterscheidung* könnte folgendermaßen aussehen:

<u>*Erster Fall:*</u> *Der Erstbefragte sagt die Wahrheit.* Dann lügt die zweite Person, wenn sie sagt, dass zuvor ein Lügner sprach. Also sagt die dritte Person die Wahrheit, wenn sie denselben Ausspruch tätigt. Dieses Muster setzt sich abwechselnd fort: Jede $2n$-te Person lügt, während jede $2n - 1$-te Person die Wahrheit spricht, wobei $n = 1, 2, \ldots$. Jeder Verdächtige mit gerader Hausnummer ist ein Lügner, alle mit ungerader Hausnummer jedoch nicht! Weiter im Text: Nach der neunten Befragung wird wiederum der erste Verdächtige gefragt, der nun sagt, dass alle gelogen hätten, was sicherlich zur

---

[1] R. Schindler, Logische Rätsel, *Mitteilungen der DMV*, 14-3 (2006), 168-169

zweiten Person passt, nicht aber zur Dritten. Also sagt der erste Verdächtige die Unwahrheit, im Widerspruch zu unserer Annahme. Damit verbleibt nur:

Zweiter Fall: Der Erstbefragte sagt die Unwahrheit. Dann sagt die zweite Person die Wahrheit, wenn sie sagt, dass zuvor ein Lügner sprach. Also lügt die dritte Person, wenn sie denselben Ausspruch tätigt. Auch dieses Muster setzt sich abwechselnd fort: Nun lügt jede $2n - 1$-te Person, während jede $2n$-te Person die Wahrheit spricht. Nach der neunten Befragung behauptet der erste Verdächtige, dass alle gelogen hätten, was sicherlich zur ersten und dritten, aber nicht zur zweiten Person passt; also ist dies eine Lüge, welche zudem auch mit unserer Annahme übereinstimmt.

Entsprechend beschreibt der zweite Fall das wirkliche Szenario. Hier haben alle Verdächtigen mit einer geraden Hausnummer die Wahrheit gesagt, womit die Antwort zu Aufgabe 2.4 also _vier_ lautet.

Dieses Rätsel lässt sich tatsächlich etwas kürzer behandeln: Wir betrachten hierzu nur, was der Erstbefragte aussagt. Er wird zweimal befragt. Spricht er beim ersten Mal die Wahrheit, so führt seine zweite Aussage zu einem Widerspruch. Also sagt er beim ersten Mal sicher die Unwahrheit. Auch mag man vielleicht mit dem zweiten Fall gestartet haben; übrigens ist der andere Fall unbedingt zu berücksichtigen, denn es könnte sich um eine Aufgabe handeln, die a priori nicht eindeutig zu lösen ist. Auch könnten beide Fälle widersprüchlich sein; eine Diskussion beider Fälle ist also notwendig!

Nun untersuchen wir Aufgabe 3.1. Diese mag auf den ersten Blick etwas seltsam anmuten, aber sie passt zu den beiden vorangegangenen Aufgaben. Sie ist sicherlich keine so genannte _Kapitänsaufgabe_![2] Das Alter eines Menschen wird in nicht-negativen ganzen Zahlen gemessen. Die Töchter von Herrn Müller seien a, b und c Jahre alt. Nach der ersten Aussage von Herrn Müller wissen wir, dass das Produkt der Alter gleich $abc = 36$ und deren Summe $a + b + c$ gleich einer für den Nachbarn sichtbaren Hausnummer ist. Der Nachbar behauptet nun, er könne mit dieser Information nicht auf die

---

[2] Eine _Kapitänsaufgabe_ ist eine unlösbare Textaufgabe, die dazu verleitet, unsinnige Rechnungen zur Lösung anzustellen. Ein Beispiel: _Auf einem Schiff sind 26 Schafe und 10 Ziegen. Wie alt ist der Kapitän?_ (einem Bericht einer Arbeitsgruppe zum Elementarunterricht des Institut de Recherche sur l'Enseignement des Mathématiques in Grenoble entnommen.) Es wurde beobachtet, dass eine Vielzahl von Schülern und Schülerinnen der zweiten und dritten Klasse hier Rechnungen anstellen, obgleich diese Frage bei der bestehenden Information gar nicht beantwortet werden kann.

Alter der Müllerschen Töchter schließen und Müller stimmt ihm zu – *wie kann das sein?*

Zunächst listen wir (mit Hilfe der eindeutigen Primfaktorzerlegung) sämtliche Fälle für die geordneten Tripel $a \geq b \geq c$ unter zusätzlicher Angabe ihrer Summe auf:

$$36, 1, 1 \rightsquigarrow 38$$
$$18, 2, 1 \rightsquigarrow 21$$
$$12, 3, 1 \rightsquigarrow 16$$
$$9, 4, 1 \rightsquigarrow 14$$
$$9, 2, 2 \rightsquigarrow 13$$
$$6, 6, 1 \rightsquigarrow 13$$
$$6, 3, 2 \rightsquigarrow 11$$
$$4, 3, 3 \rightsquigarrow 10$$

Wir beobachten, dass alle Tripel auf verschiedene Summen $a + b + c$ führen bis auf $9, 2, 2$ und $6, 6, 1$. Die Alter der Töchter können sich also nur hinter einem dieser beiden Tripel verbergen. Ansonsten hätte der kluge Nachbar sofort die Alter der Töchter bestimmen können.

Nun gibt Herr Müller noch die zusätzliche Information Preis, dass er eine *älteste* Tochter besitzt, womit das Tripel $6, 6, 1$ ausscheidet und die Müllers Töchter also neun und zweimal zwei Jahre alt sind. Bei Textaufgaben kommt es manchmal auf einzelne Wörter an!

Variationen dieser Aufgabe sind auch sehr interessant: Wäre das Produkt abc der Alter der drei Töchter 37 statt 36, so könnten sich Herr Müller und sein Nachbar die vielen weiteren Worte sparen. Ein Produkt 35 macht es auch kaum spannender, aber gewisse Zahlen wie etwa 100 bereiten Mühe. Dies liegt letztlich an der Primfaktorzerlegung von abc. Eine weitere Variation dieses Problems lautet wie folgt: *Ein Gott wählt zwei natürliche Zahlen* $x, y \in \{2, 3, \dots, 100\}$ *und teilt Mr. Summe deren Summe* $x + y$ *mit und Mr. Produkt deren Produkt* xy, *worauf sich folgender Dialog abspielt:*

Mr. Summe: „*Ich kenne die Zahlen nicht, aber ich weiß, dass auch Du sie nicht kennst.*"

Mr. Produkt: „*Dann weiß ich, um welche Zahlen es sich handelt!*"

Mr. Summe: „*Dann kenne auch ich die Zahlen!*"

Um welche Zahlen handelt es sich? Wir möchten hier nicht die Antwort geben, sondern nur auf die sehr lesenswerte Lösung von Martin Aigner und Volker Schulze in ihrem Artikel „Mr. Summe und Mr. Produkt"[3] verweisen.

9.2 Das MU-Rätsel

Das MU-Rätsel ist wesentlich komplexer als die vorangegangenen Logeleien und auch nicht mit einer simplen Fallunterscheidung zu lösen. Es vermittelt auf einer formalen Ebene einen ersten Eindruck, wie Mathematik funktioniert. Zur Lösung der Aufgabe 2.8 bietet es sich zunächst an, den Umgang mit den Axiomen zu üben, etwa durch das Bilden neuer Wörter aus dem Ausgangswort MI entsprechend den verschiedenen Bildungsregeln. Die ersten drei Generationen von Wörtern, die aus MI gebildet werden können, zeigt der Baum in Abb. 9.1. Hierbei konnte Regel (v) bislang noch gar nicht angewendet werden, wohl aber entstünde im nächsten Schritt so etwa aus MIIIIU mittels Regel (iv) zunächst MIUU und dann mit (v) das Ausgangswort MI. Wir sehen: Die MUI-Sprache ist recht komplex.

Das MU-Rätsel besteht nun darin, zu klären, ob das Wort MU gebildet werden kann. Bislang ist dieses Wort noch nicht aufgetreten. Wird es in der nächsten Generation auftreten? Eine kurze Analyse zeigt, dass dies nicht der Fall ist. So mag man sich auch noch ein oder zwei Generationen weiter hangeln, aber MU tritt immer noch nicht auf. Vielleicht mag man darüber nachdenken, wie ein Vorgängerwort zu MU aussehen mag. Dies müsste wegen Regel (iv) bzw. (v) entweder MIII oder MUUU gewesen sein. Zu diesen wiederum mag man deren potentiellen Vorgänger studieren, aber auch das führt so nicht wirklich weiter. *Wie löst man dieses Problem?*

Es ist nicht klar, wie schnell und weshalb genau man auf die Idee kommen mag, daran zu zweifeln, dass MU überhaupt ein bildbares Wort ist. Vielleicht hat man von Anfang an Zweifel (etwa auf Grund der Formulierung der Aufgabe), vielleicht legen aber auch erst zahlreiche Beispiele von bildbaren Wörtern diese Möglichkeit nahe. Jedenfalls *vermuten wir, dass* MU *nicht aus* MI *mit den Regeln abgeleitet werden kann!* Die Fähigkeit, die *richtigen Vermutungen* in der Mathematik anzustellen, entwickelt sich mit der Zeit, wenngleich auch eine gewisse intuitive Begabung von Beginn bestehen (oder aber auch nicht bestehen) mag.

Zur Lösung: Was macht den Unterschied zwischen dem Ausgangswort MI und dem *Wunschwort* MU aus? Es müsste also ein U aus dem gegebenen

---

[3] M. Aigner, V. Schulze, Mr. Summe und Mr. Produkt, *Math. Semesterber.* **55** (2008), 7-17

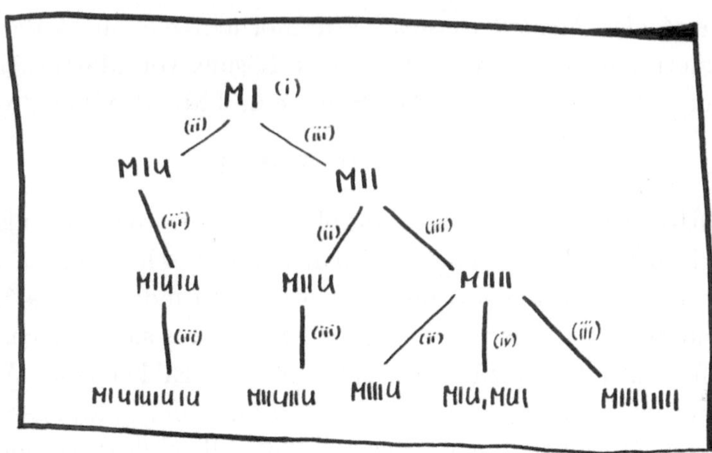

Abbildung 9.1. Eine etwas eingeschränkte Sprache

I werden. Nun ist uns bei der Erstellung des obigen Baumes vielleicht aufgefallen, dass die zur Verfügung stehenden Regeln die Anzahl des Auftretens des Buchstabens I in einem sehr engen Rahmen kontrollieren. Beispielsweise verdoppelt Regel (iii) die Anzahl des Buchstaben I, während Regel (ii) und (v) sie konstant lassen. Schließlich bewirkt Regel (iv) noch eine Verminderung der Anzahl der Is um drei. Ausgehend von dem Wort MI ist die Anzahl i des Buchstabens I in jedem bildbaren Wort niemals ein Vielfaches von 3: Es ist nämlich i genau dann durch 3 teilbar, wenn $2i$ durch 3 teilbar ist, also bewirkt Regel (iii) keine Reduktion von i auf ein Vielfaches von 3, und die anderen Regeln können dies offensichtlich auch nicht liefern. Daher kann ein Wort ohne überhaupt einen Buchstaben I nicht gebildet werden, also insbesondere auch nicht das Wort MU.

Wir illustrieren das Argument noch einmal, indem wir den Buchstaben Ziffern und den Wörtern somit Zahlen zuordnen. Hierzu identifizieren wir

$$M \to 3, \quad I \to 1, \quad U \to 0.$$

Dann entspricht die Zahl 31 dem Ausgangswort MI und 30 steht für das nicht erreichbare Zielwort MU. Regel (ii) verzehnfacht Zahlen eines gewissen Typs; Regel (iv) ist bereits etwas komplizierter auszudrücken. Jedenfalls ergibt sich so niemals eine Zahl ohne die Ziffer 1 in ihrer Dezimalentwicklung! Über das eigentliche MU-Rätsel hinausgehend kann man sich nun fragen: *Welche natürlichen Zahlen ergeben sich überhaupt aus* 31(=MI*) durch Anwendung der Regeln* (i) *bis* (v)?

Abbildung 9.2. Kurt Gödel, ∗ 28. April 1906 in Brünn, (heute Brno in Tschechien), – † 14. Januar 1978 in Princeton; bedeutender Logiker, der neben seinem berühmten Unvollständigkeitssatz auch noch wichtige Beiträge zum Verständnis der Kontinuumshypothese lieferte. Er hatte Zeit seines Lebens einen schwierigen Charakter; er verhungerte, in Angst etwas Vergiftetes zu essen.

Wir resümieren: Ausprobieren allein liefert keinen Erfolg. Nach etlichen Versuchen drängt sich die Vermutung auf, dass MU nicht mit den vorhandenen Regeln gebildet werden kann. Allerdings können die vielen Beispiele von bildbaren Wörtern uns ein Gefühl für das Auftreten der einzelnen Buchstaben und den damit verbundenen Strukturen, wie sie sich aus den einzelnen Regeln ergeben, vermitteln. Dies ist ein Plädoyer, *wenn immer möglich, Beispiele zu rechnen!* Die eigentliche **negative** Lösung des Problems basierte letztlich auf einer Eigenschaft der Bildungsregeln für die Wörter, welche sich durch eine **unmögliche** Bedingung bei Division durch 3 ausdrücken lässt.

Unser Umgang mit Mathematik suggeriert manchmal, auf alle Probleme Antworten geben zu können – dem ist aber nicht so! Der Logiker Gödel zeigte 1931 mit seinem berühmten und überraschenden **Unvollständigkeitssatz**, *dass grundsätzlich kein denkbares Axiomensystem der Arithmetik vollständig ist, so dass sich alle Aussagen der Arithmetik beweisen lassen; es gibt also Aussagen, die sich weder aus diesem System herleiten lassen, noch* *durch dieses widerlegt werden können!* Weitgehend bestand lange Zeit die Hoffnung, dass es keine Beispiele für den Gödelschen Satz in der *relevanten* Mathematik gibt, tatsächlich ist jedoch die Kontinuumshypothese (die in Abschn. 5.6 angesprochen wird) ein solches Beispiel. Weiterführende lesenswerte Literatur zu diesem Thema bietet neben unserem Exkurs über das Unendliche etwa das Buch *Grenzen der Mathematik* von D.W. Hoffmann.[4]

9.3 Die Kaprekar-Konstante

Wir wiederholen noch einmal kurz das von Kaprekar entdeckte Phänomen, welches in Aufgabe 2.17 zu untersuchen ist: Nimmt man eine dreistellige natürliche Zahl, bei der nicht sämtliche Ziffern gleich sind (die also keine Schnapszahl ist), und bildet aus deren Ziffern die größtmögliche und die kleinstmögliche natürliche Zahl, so ergibt deren Differenz eine neue dreistellige natürliche Zahl mit der man wiederum so verfährt. Früher oder später entsteht dann die Zahl **954**, welche durch diese Vorschrift unverändert bleibt. Ein Beispiel (mit den jeweils größten zu bildenden Zahlen):

$$321 \rightarrow 981 \rightarrow 972 \rightarrow 963 \rightarrow \mathbf{954}.$$

In mancher Literatur wird hingegen die Zahl **495** als Kaprekar-Konstante der dreistelligen Dezimalzahlen angegeben, allerdings ist damit im Wesentlichen dasselbe gemeint, bestehen beide Zahlen doch aus denselben Ziffern und nur diese, nicht aber ihr Wert, sind für den Zyklus relevant. Der Vorteil der Zahl **495** besteht darin, dass sie unter der Vorschrift unverändert bleibt: $954 - 459 = \mathbf{495}$. Schön an dieser Aufgabe ist insbesondere, dass, selbst wenn man sich ab und an verrechnet, früher oder später das richtige Ergebnis erscheinen sollte.

Wieso entsteht letztlich stets die Zahl 954? Dazu bilden wir zu einer beliebigen dreistellige natürliche Zahl mit Ziffern $a \geq b \geq c$ aus der Ziffernmenge $\{0, 1, 2, \dots, 9\}$ die größtmögliche natürliche Zahl $100a + 10b + c$ und subtrahieren die kleinstmögliche $100c + 10b + a$, was auf das Ergebnis

$$100a + 10b + c - (100c + 10b + a) = 99(a - c)$$

führt. Nun muss aber $a - c$ in $\{1, 2, \dots, 9\}$ enthalten sein, so dass sich also tatsächlich nur neun Möglichkeiten für die zu bildende Differenz ergeben, nämlich:

$$1 \cdot 99 = 99, \ 2 \cdot 99 = 198, \ 3 \cdot 99 = 297, \ 4 \cdot 99 = 396, \ 5 \cdot 99 = 495,$$
$$6 \cdot 99 = 594, \ 7 \cdot 99 = 693, \ 8 \cdot 99 = 792, \ 9 \cdot 99 = 891.$$

---

[4] D.W. HOFFMANN, *Grenzen der Mathematik*, Springer, 2. Auflage 2013.

Fahren wir mit der Differenzbildung mit diesen neun Zahlen fort, ergeben sich anschließend nur noch fünf mögliche Differenzen: $990, 981, 972, 963$ und natürlich 954. Alle bis auf 990 kommen bereits in unserem Einstiegsbeispiel vor; für die verbleibende 990 bilden wir noch $990 \rightarrow 981$, womit schließlich auch diese Iteration bei 954 landet.

In gleicher Weise (nur mit ein wenig Mehraufwand) lässt sich bei vierstelligen natürlichen Zahlen ein ähnliches Phänomen beobachten und analysieren; hier ist die Kaprekar-Konstante **7641** (bzw. 6174). Einen interessanten (recht langen) Weg zu dieser Konstanten benötigt die Zahl 9831; ihr Zyklus ist

$$9831 \rightarrow 8442 \rightarrow 9954 \rightarrow 5553 \rightarrow 9981 \rightarrow 8820 \rightarrow 8532 \rightarrow \mathbf{7641}.$$

Hier mag man sich fragen: Gibt es eine vierstellige Zahl, die gemäß der Kaprekar-Abbildungsvorschrift auf 9831 abgebildet wird? Gibt es längere Zykel als den oben? Wir überlassen die Antwort dem neugierigen Leser, aber vermerken noch kurz, dass für zweistellige Zahlen kein unmittelbares Analogon existiert, wie etwa der Zyklus

$$90 \rightarrow 81 \rightarrow 63 \rightarrow 72 \rightarrow 54 \rightarrow 90 \rightarrow \ldots$$

zeigt. Ebenso gestaltet sich die Situation bei fünfstelligen Zahlen. Weiterführendes und Erschöpfendes zu Kaprekar bietet die Webseite http://mathworld.wolfram.com/KaprekarRoutine.html.

Addieren wir zu einer natürlichen Zahl ihr Reversibles, also die natürliche Zahl, die entsteht, wenn man ihre Ziffernfolge umkehrt, so ergibt sich eine größere natürliche Zahl und Iteration dieser Prozedur bereitet ein anderes Problem. Starten wir beispielsweise mit 57, so ist das Reversible 75 und deren Summe 132; selbige Prozedur liefert als nächste Summe $132 + 231 = 363$, welches ein Palindrom ist (also von vorne wie von hinten gelesen dieselbe Ziffernfolge besitzt). Tatsächlich entsteht für sämtliche $n \leq 195$ ein Palindrom, manchmal früher und manchmal später; beispielsweise entsteht das Palindrom 8813200023188 nach 24 Additionen aus $n = 89$. Für $n = 196$ hingegen ist unbekannt, ob diese Iteration auf ein Palindrom führt. Diese Frage geht zurück auf Derrick H. Lehmer, der sie im Jahr 1938 formulierte, doch selbst die aufkommenden elektronischen Rechenhilfen haben kaum Erhellendes zur Beantwortung beitragen können. Binär liefert die Zahl 22 ($= 10110_2$ in Binärdarstellung) einen Zyklus ohne Palindrom.

9.4 Pascals Dreieck und der binomische Lehrsatz

Blaise Pascal war ein aufgeschlossener und äußerst produktiver Universalgelehrter, der neben seinen mathematischen Forschungen zahlreiche naturwissenschaftliche Projekte verfolgte. Innerhalb der Mathematik ist er zu allererst durch das nach ihm benannte *Pascalsche Dreieck* und seine Popularisierung der Beweismethode der vollständigen Induktion bekannt. Tatsächlich hängen diese beiden Aspekte seines Wirkens miteinander zusammen. Man stelle sich ein aus Bienenwaben bestehendes Dreieck vor, deren äußeren Sechsecke die Einträge 1 tragen; in die restlichen Waben werden nach und nach die Summen der Einträge der beiden darüber liegenden Waben geschrieben. Dies legt die Einträge des Dreiecks komplett fest, selbst wenn wir uns dieses Dreieck als nach unten unbegrenzt denken. Tatsächlich steht im Hintergrund dieser induktiven Konstruktion des **Pascalschen Dreiecks** bereits die vollständige Induktion, welche zwar bereits gelegentlich in der Mathematik der antiken Griechen auftritt, allerdings erst durch Pascals Anwendungen weite Verbreitung erfährt. Vor Pascal verwendeten Mathematiker die so genannte unvollständige Induktion, bei der man vom korrekten Ergebnis in vielen Einzelfällen auf die Korrektheit einer Formel geschlossen hatte.

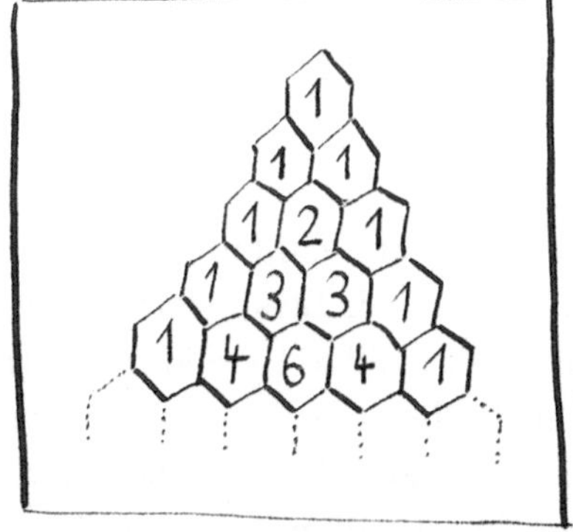

Abbildung 9.3. *Links*: Blaise Pascal, ∗ 19. Juni 1623 in Clermont-Ferrand – † 19. August 1662 in Paris; nach ihm wurde 1642 die mechanische Rechenmaschine mit dem Namen Pascaline benannt, die Grundlage für den Namen der bekannten Programmiersprache PASCAL wurde. *Rechts*: Das nach ihm benannte Pascalsche Dreieck.

> *„Es ist der Verdienst von Pascal diese (…) durch die vollständige Induktion ersetzt zu haben. Diese Methode des Schlusses von n auf $n+1$ ist die erfolgreichste in der ganzen Mathematik.“*[5]

Wir illustrieren dies durch unsere Lösung von Aufgabe 2.19 per Induktion.

Zu beweisen ist für natürliche Zahlen k, n folgende Formel für Binomialkoeffizienten:

$$(9.1) \qquad \binom{n}{k} = \binom{n-1}{k-1} + \binom{n-1}{k};$$

hierbei dürfen wir annehmen, dass $k \leq n$ gilt, und ferner sei an die Definition $\binom{n}{k} = \frac{n!}{k!(n-k)!}$ für $0 \leq k \leq n$ sowie $\binom{n}{k} = 0$ für $k > n$ bzw. $k < 0$ erinnert. Der Bezug zum Pascalschen Dreieck wird klar mit den Bezeichnungen in Abb. 9.3 (rechts): Mit n werden die Zeilen von oben nach unten durchnummeriert, mit k die Diagonalen von links nach rechts wachsend. Der Binomialkoeffizient $\binom{n}{k}$ steht somit in der n-ten Zeile und der k-ten Diagonale. Sein Wert ist die Summe der Binomialkoeffizienten $\binom{n-1}{k-1}$ und $\binom{n-1}{k}$ in den darüber liegenden Waben; die entsprechende Formel verifizieren wir nun per Induktion nach n.

Der Induktionsanfang $n = 1$ folgt unmittelbar aus Ungleichung $0 \leq k \leq n = 1$ und den Rechnungen

$$\binom{1}{0} = 1 = \binom{0}{-1} + \binom{0}{0} \qquad \text{und} \qquad \binom{1}{1} = 1 = \binom{0}{0} + \binom{0}{1}.$$

Für den Induktionsschritt nehmen wir an, dass die Formel für $n - 1$ gelte und beweisen sie für n:

$$\binom{n-1}{k-1} + \binom{n-1}{k} = \frac{(n-1)!}{(k-1)!(n-k)!} + \frac{(n-1)!}{k!(n-k-1)!}$$
$$= \frac{k(n-1)! + (n-k)(n-1)!}{k!(n-k)!} = \frac{n(n-1)!}{k!(n-k)!} = \binom{n}{k}.$$

Damit ist die Induktion abgeschlossen, Aufgabe 2.19 erschöpfend behandelt, und wir können sie sogleich für Aufgabe 2.21 einsetzen.

Das Pascalsche Dreieck hat viele Anwendungen. Eine besteht darin, in einer Stadt mit einem gitterförmigen Straßenmuster (wie etwa Manhattan) die Anzahl der kürzesten Wege zwischen zwei Punkten zu finden.[6]

---

[5] OTTO VOLK, *Mathematik und Erkenntnis, Litauische Aufsätze*, Kosmos **2** (1924), 177-182.

[6] Mehr hierzu in Abschn. 3.5 des lesenswerten Buches: G. PÓLYA, *Mathematical Discovery, Vol. I*, John Wiley & Sons, 1962.

Hier soll der binomische Lehrsatz bewiesen werden, der auf Newton zurückgeht und unzählige Male in diesem Buch verwendet wurde (meistens in Gestalt einer binomischen Formel). Wir führen den Beweis wiederum mit einer Induktion durch, natürlich nach dem Exponenten n. Der Induktionsanfang $n = 1$ ist leicht:

$$x + y = \binom{1}{0} x + \binom{1}{1} y = \binom{1}{0} x^1 y^0 + \binom{1}{1} x^0 y^1.$$

Der Induktionsschritt ist etwas aufwendiger. Hier starten wir mit der Zerlegung

$$(x + y)^{n+1} = (x + y)^n x + (x + y)^n y$$

und behandeln die einzelnen Summanden mit der Induktionsvoraussetzung separat. Zunächst

$$(x + y)^n x = \sum_{k=0}^{n} \binom{n}{k} x^{n+1-k} y^k = \sum_{k=0}^{n+1} \binom{n}{k} x^{n+1-k} y^k,$$

wobei wir im letzten Schritt keinen Schaden sondern lediglich eine Addition $\binom{n}{n+1} = 0$ vorgenommen haben. Für den anderen Term nehmen wir eine Indexverschiebung $\ell = k + 1$ vor und erhalten

$$(x + y)^n y = \sum_{k=0}^{n} \binom{n}{k} x^{n-k} y^{k+1} = \sum_{\ell=1}^{n+1} \binom{n}{\ell - 1} x^{n+1-\ell} y^\ell$$

$$= \sum_{\ell=0}^{n+1} \binom{n}{\ell - 1} x^{n+1-\ell} y^\ell,$$

wobei wir dieses Mal $\binom{n}{-1} = 0$ addiert haben. Wir ersetzen wieder ℓ durch k und erhalten durch Kombination der Formeln nunmehr

$$(x + y)^{n+1} = \sum_{k=0}^{n+1} \left\{ \binom{n}{k} + \binom{n}{k - 1} \right\} x^{n+1-k} y^k.$$

Hier kommt nun die Identität über die Binomialkoeffizienten aus Aufgabe 2.19 (bzw. das Bildungsgesetz des Pascalschen Dreiecks) zum Einsatz, welches erlaubt die auftetende Summe der Binomialkoeffizienten durch $\binom{n+1}{k}$ zu ersetzen, was den Beweis abschließt.

Einfache Folgerungen des binomischen Lehrsatzes sind etwa

$$\sum_{k=0}^{n} \binom{n}{k} = 2^n \qquad \text{und} \qquad \sum_{k=0}^{n} (-1)^k \binom{n}{k} = 0.$$

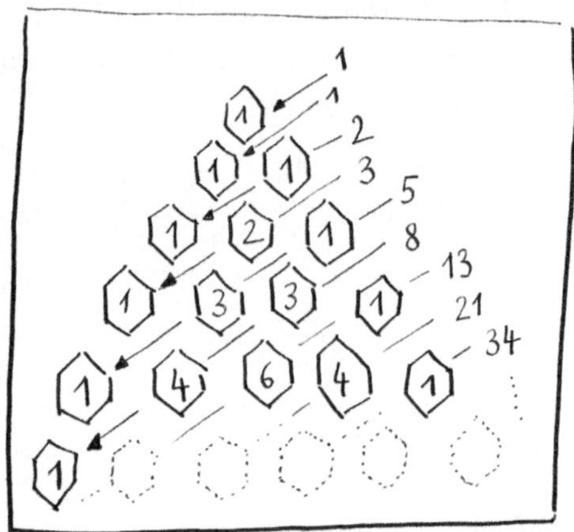

Abbildung 9.4. Wo treten die Fibonacci-Zahlen im Pascalschen Dreieck auf?

Die erste Formel ist hilfreich beim Nachweis, dass die Potenzmenge einer n-elementigen Menge genau $2n$ Elemente besitzt, oder mit anderen Worten: *eine n-elementige Menge besitzt 2^n verschiedene Teilmengen.*

Aufgabe 2.33 und Aufgabe 5.26 decken einen interessanten Zusammenhang der Binomialkoeffizienten mit den Dreiecks- und Fibonacci-Zahlen auf. Wir beginnen mit den Dreieckszahlen; deren Namensgebung wurde im Zusammenhang mit der Pellschen Gleichung in Abschn. 7.1 diskutiert. Gemäß Satz 2.2 gilt $1 + 2 + \ldots + n = \frac{1}{2}n(n+1)$; dies ist aber auch gleich dem Binomialkoeffizienten $\binom{n+1}{2}$, so dass also die Folge der Dreieckszahlen $1, 3, 6, 10, \ldots, 5050, \ldots$ die dritte Diagonale im Pascalschen Dreieck bildet. Auch die Fibonacci-Zahlen F_n treten auf, allerdings sind diese leichter zu entdecken. Eine gewisse Hilfestellung liefert wieder einmal die Rekursionsformel $F_{n+1} = F_n + F_{n-1}$, welche der Identität (9.1) der Binomialkoeffizienten, die wir eingangs bewiesen haben, ähnelt. Mit diesem Hintergrund findet man die Fibonacci-Zahlen als Summe von gewissen Binomialkoeffizienten auf weiteren Linien im Pascalschen Dreieck wieder (siehe Abb. 9.4).

Es gilt

$$\sum_{\substack{a \geq b \geq 0 \\ a+b=n}} \binom{a}{b} = \sum_{b \geq 0} \binom{n-b}{b},$$

wobei für $b > \frac{n}{2}$ die Binomialkoeffizienten $\binom{n-b}{b}$ verschwinden. Also soll

$$\sum_{b \geq 0} \binom{n-b}{b} = F_{n+1}$$

verifiziert werden. Natürlich führen wir den Beweis per Induktion, überlassen den Induktionsanfang der aufmerksamen Leserin, und verwenden (9.1) folgendermaßen für den Induktionsschritt:

$$
\begin{aligned}
F_{n+2} = F_{n+1} + F_n &= \sum_{b \geq 0} \binom{n-b}{b} + \sum_{b-1 \geq 0} \binom{n-1-(b-1)}{b-1} \\
&= \binom{n}{0} + \sum_{b-1 \geq 0} \left\{ \binom{n-b}{b} + \binom{n-b}{b-1} \right\} \\
&= 1 + \sum_{b-1 \geq 0} \binom{n+1-b}{b} = \sum_{b \geq 0} \binom{n+1-b}{b},
\end{aligned}
$$

was zu zeigen war. Hilfreich bei der Lösungsfindung kann hierbei einmal mehr das Rechnen von Beispielen sein!

9.5 Gierige Stammbrüche

Im alten Ägypten, genauso wie in anderen antiken Völkern, gab es das Prinzip des Dezimalbruchs noch nicht und man benötigte alternative Methoden, um rationale Zahlen ‚gut handhabbar' darzustellen. Eine Vorgehensweise war es, diese als Summe so genannter Stammbrüche aufzuschreiben, also als Summen von Brüchen der Form $\frac{1}{n}$ mit $n \in \mathbb{N}$. Wir starten mit einem vermeintlich simplen Beispiel:

$$
\frac{9}{10} = \frac{1}{2} + \frac{1}{3} + \frac{1}{15},
$$

man erkennt recht schnell, dass es sich hierbei nicht um eine eindeutige Summe handelt. Durch ein wenig Rechnerei erhielte man ebenso

$$
\frac{9}{10} = \frac{1}{2} + \frac{1}{4} + \frac{1}{7} + \frac{1}{140}
$$

oder

$$
\frac{9}{10} = \frac{1}{2} + \frac{1}{4} + \frac{1}{8} + \frac{1}{41} + \frac{1}{1640}
$$

oder andere Darstellungen. Der Leser möge zur Übung sich selbst ein paar Beispiele ausdenken.

Tatsächlich bevorzugten die Ägypter Stammbrüche bei denen möglichst viele Nenner Teiler von 60 sind. Dies mag zunächst kompliziert erscheinen, ist unserer Zeiteinteilung allerdings sehr ähnlich, beruht doch die Sekunden- und Minutenangabe unserer Uhren auf einer 60er-Teilung. Und beispielsweise ist eine Viertelstunde eine bequeme Zeiteinheit für 15 Minuten. Wir erteilen den Nennern im Folgenden jedoch keine Präferenzen.

Es gilt Aufgabe 2.36 zu bearbeiten. Der Anfang ist leicht: *Jede positive rationale Zahl lässt sich als Summe von Stammbrüchen darstellen,* denn eine jede solche Zahl ist von der Form $\frac{a}{b}$ mit $a, b \in \mathbb{N}$ und damit ist

$$\frac{a}{b} = \underbrace{\frac{1}{b} + \ldots + \frac{1}{b}}_{a-\text{mal}}$$

eine gewünschte Darstellung. Tatsächlich lassen sich viele positive rationale Zahlen *bequem* mit *wenigen* Stammbrüchen ausdrücken. Beispielsweise zeigt sich so

$$\frac{2}{5} = \frac{1}{5} + \frac{1}{5} \quad \text{und} \quad \frac{3}{3k+1} = \frac{1}{3k+1} + \frac{1}{3k+1} + \frac{1}{3k+1}$$

mit beliebigem $k \in \mathbb{N}$, und eine kürzere Darstellung existiert i.A. nicht. Dies ist offensichtlich für den ersten Bruch. Für den zweiten Bruch betrachte man etwa das Beispiel zu $k = 2$,

$$\frac{3}{7} = \frac{1}{p} + \frac{1}{q} = \frac{p+q}{pq}$$

mit natürlichen p, q, bzw. der daraus resultierenden Gleichung $3pq = 7(p + q)$; hier folgt nun, dass etwa p ein Vielfaches von 7 ist und Einsetzen von $p = 7r$ liefert $3qr = 7r + q$, woraus man wiederum mit Teilbarkeitsargumenten $r = q$ und letztlich den gewünschten Widerspruch erzielt. Statt 2 mag man k so wählen, dass $3k + 1$ eine Primzahl ist.

Das folgende Verfahren liefert eine Summendarstellung mit relativ *wenigen* Stammbrüchen: *Gegeben ein gekürzter Bruch $\frac{a}{b} > 0$, suche den größten Stammbruch $\frac{1}{n} < \frac{a}{b}$ (also das kleinste natürliche $n > \frac{b}{a}$) und bilde*

$$\frac{c}{d} = \frac{a}{b} - \frac{1}{n};$$

dann ersetze $\frac{a}{b}$ durch $\frac{c}{d}$ und beginne von vorne. Dieses Verfahren bricht tatsächlich ab, weil die Folge der Zähler a der Brüche $\frac{a}{b}$ bzw. $\frac{c}{d}$ eine streng monoton fallende Folge natürlicher Zahlen bildet, also letztlich $a = c = 1$ kommt; hierzu berechnen wir oben $\frac{c}{d}$ als $\frac{an-b}{n}$ und beobachten, dass der Zähler $an - b < a$ ist, denn dies ist äquivalent zu $n - 1 < \frac{b}{a}$, was nach Konstruktion gilt. Diesen Algorithmus zur Auffindung einer Darstellung als Summe von Stammbrüchen ist Beispiel einer Spezies von Algorithmen, die unter dem Namen *greedy-Algorithmus* bekannt ist;[7] wieso das ein passender Name ist, sei der Phantasie der Leserin überlassen!

---

[7] Von engl. *greedy* für ‚gierig‘.

Als Beispiel für das obige greedy-Verfahren untersuchen wir $\frac{18}{19}$: Wegen

$$\frac{1}{2} < \frac{18}{19} < \frac{1}{1}$$

ist unser erster Stammbruch in der gesuchten Darstellung $\frac{1}{2}$ und also

$$\frac{c}{d} = \frac{18}{19} - \frac{1}{2} = \frac{36 - 19}{38} = \frac{17}{38}.$$

Und wegen

$$\frac{1}{3} < \frac{17}{38} < \frac{1}{2}$$

ist unser zweiter Stammbruch in der gesuchten Darstellung $\frac{1}{3}$ und es folgt

$$\frac{c}{d} = \frac{18}{19} - \frac{1}{2} - \frac{1}{3} = \frac{17}{38} - \frac{1}{3} = \frac{51 - 38}{114} = \frac{13}{114}.$$

Wegen

$$\frac{1}{9} < \frac{13}{114} < \frac{1}{8}$$

ist unser dritter Stammbruch in der gesuchten Darstellung $\frac{1}{9}$ und somit ist

$$\frac{c}{d} = \frac{18}{19} - \frac{1}{2} - \frac{1}{3} - \frac{1}{9} = \frac{13}{114} - \frac{1}{9} = \frac{3}{1026} = \frac{1}{342}.$$

Also haben wir eine gewünschte Darstellung erhalten:

$$\frac{18}{19} = \frac{1}{2} + \frac{1}{3} + \frac{1}{9} + \frac{1}{342}.$$

Die Leserin sei hiermit aufgefordert, anhand einiger Beispiele sich mit dem greedy-Verfahren auseinanderzusetzen.

Wir verzichten darauf zu untersuchen, ob $\frac{18}{19}$ noch kürzere Darstellungen erlaubt (was letztlich ein endliches Problem ist). Dafür reißen wir kurz ein schwieriges Problem an, welches sich aus der Frage nach der maximalen Anzahl von Stammbrüchen ergibt, die benötigt werden, um eine beliebige rationale Zahl darzustellen. Beispielsweise ist ungelöst, ob für jede natürliche Zahl $n \geq 4$ eine Darstellung als Summe von drei Stammbrüchen existiert, also

$$\frac{4}{n} = \frac{1}{a} + \frac{1}{b} + \frac{1}{c}$$

für gewisse natürlichen Zahlen a, b, c gilt. Dies ist die **Erdös-Straus-Vermutung**. Sicherlich reichen für jede Zahl $\frac{4}{n}$ vier Stammbrüche aus, aber das Rechnen von Beispielen suggeriert, dass bereits drei ausreichen. Für gewisse n ist die Frage leicht zu beantworten. So gilt bespielsweise

$$\frac{4}{4k - 1} = \frac{1}{k} + \frac{1}{k(4k - 1)} \qquad \text{für} \quad k \in \mathbb{N},$$

und die Zahlen der Form $n = 4k - 1$ erlauben demzufolge sogar Darstellungen als Summe von zwei Stammbrüchen. Ist n gerade, ist dies ebenso, weil dann $\frac{4}{n}$ kein gekürzter Bruch ist, und Kürzen führt auf einen Bruch der Form $\frac{2}{m}$. Hingegen erweisen sich die Zahlen der Form $n = 4k + 1$ als äußerst unangenehm.

9.6 Wie lange läuft der euklidische Algorithmus?

Diese Frage wurde sowohl als Aufgabe 3.5 in Abschn. 3.1 als auch als Aufgabe 5.6 in Abschn. 5.1 gestellt. Tatsächlich benötigt eine zufriedenstellende Antwort mit der Binetschen Formel etwas mehr Mathematik als noch in Abschn. 3.1 möglich war. Aber nähern wir uns zunächst dem Problem mit den einfachsten Mitteln, die zur Verfügung stehen.

Wir starten mit einem Beispiel, dem euklidischen Algorithmus für 14 und 5:

$$14 = 2 \cdot 5 + 4,$$
$$5 = 1 \cdot 4 + 1,$$
$$4 = 4 \cdot 1 + 0.$$

Die Schrittlänge ist hier drei; wir zählen also die letzte Zeile des Algorithmus mit, in der der Rest null entsteht. Insofern beträgt die Schrittlänge gemäß der Notation in Satz 3.3 also $n + 1$. Der erste Schritt im Beispiel reduzierte die Eingabegröße erheblich, während der zweite kaum eine Verminderung brachte. Dies ist letztlich sowohl an den Resten r_j als auch an den Zahlen q_j abzulesen. Offensichtlich gilt: *Der euklidische Algorithmus für Anfangswerte $a = r_{-1}$ und $b = r_0$ ist genau dann extremal lang, wenn die Folge der Reste r_j so lang wie nur möglich bzw. die Quotienten q_j so klein wie nur möglich ausfallen.* Dabei gilt wegen $q_j = \lfloor r_{j-1}/r_j \rfloor \geq 1$ sicherlich $r_{j-1} \geq r_j + r_{j+1}$. Mit dieser Abschätzung ergibt sich für die Schrittlänge $n+1$ im euklidischen Algorithmus für $a \geq b$ im Falle ungerader n

$$a = r_{-1} \geq r_0 + r_1 > 2r_1 \geq 2(r_2 + r_3) > 4r_3 \geq \ldots > 2^{(n+1)/2} r_n,$$

während für gerade n die Ungleichung

$$a \geq b = r_0 \geq r_1 + r_2 > 2r_2 \geq 2(r_3 + r_4) > \ldots > 2^{n/2} r_n$$

entsteht. Nehmen wir an, dass a und b teilerfremd sind, dann ergibt sich in jedem Fall $a > 2^{n/2}$. Logarithmieren führt auf die obere Abschätzung für die Schrittlänge

$$n + 1 < \frac{2}{\log 2} \log a + 1$$

(mit dem natürlichen Logarithmus).

Etwas besser geht es noch, wenn wir alle $q_j = 1$ setzen, was auf die Folge der Fibonacci-Zahlen F_n führt! Legen wir die Eingangsgrößen $a = F_{n+3}$ und $b = F_{n+2}$ zugrunde, benötigt der euklidische Algorithmus genau $n + 1$ Schritte und in jeder Zeile steht mit

$$F_{j+1} = F_j + F_{j-1}$$

die Rekursionsgleichung der Fibonacci-Zahlen. Mit der Formel von Binet (Satz 5.3) ergibt sich

$$a = F_{n+3} \geq \frac{1}{\sqrt{5}} \left(G^{n+3} - 1 \right)$$

und Logarithmieren liefert die bestmögliche Abschätzung

$$n + 1 \leq \frac{\log(a\sqrt{5} + 1)}{\log G} - 2 \approx 2{,}078 \log a + 1{,}672$$

für den euklidischen Algorithmus *beliebiger a und b mit $a \leq F_{n+3}$*. Hier wächst die obere Schranke bei $b \to \infty$ asymptotisch wie $\frac{\log b}{\log G}$. Damit besitzt der euklidische Algorithmus eine polynomielle Laufzeit (denn die Eingabegröße einer natürlichen Zahl N ist gleich der Anzahl ihrer Ziffern in der Binärdarstellung, also in etwa $\log N$). Diese Erkenntnis wird Gabriel Lamé im 19. Jahrhundert zugeschrieben. Die *mittlere* Laufzeit des euklidischen Algorithmus ist nach Hans Heilbronn mit

$$\frac{12 \log 2}{\pi^2} \log a + 0{,}14 \approx 0{,}843 \log a + 0{,}14$$

weitaus kürzer.[8]

Wir wollen noch kurz eine Variante des euklidischen Algorithmus diskutieren. Betrachten wir hierzu folgendes Beispiel:

$$13 = 1 \cdot 8 + 5,$$
$$8 = 1 \cdot 5 + 3,$$
$$5 = 1 \cdot 3 + 2,$$
$$3 = 1 \cdot 2 + 1.$$

Die Folge der Reste schrumpft hier sehr langsam, der Algorithmus terminiert erst nach drei Schritten bei vergleichsweise kleinen Eingabegrößen. Tatsächlich ist das nicht verwunderlich, denn es handelt sich um ein extremales Beispiel aufeinanderfolgender Fibonacci-Zahlen. Allerdings ließe sich der Algorithmus beschleunigen, wenn nicht notwendig ein *positiver* Rest

---

[8] Siehe hierzu: E. BACH, J. SHALLIT, *Algorithmic Number Theory, Vol. 1*, Cambridge, MIT Press, 1996.

$r_j < r_{j-1}$ zu bilden wäre, sondern auch negative Reste erlaubt wären. Ändern wir entsprechend die Bedingung in der Division mit Rest in den Wunsch eines *ganzzahligen* Restes r_j mit $|r_j| \leq \frac{1}{2}|r_{j-1}|$, so ergäbe sich in unserem Zahlenbeispiel der deutlich kürzere Abstieg

$$13 = 2 \cdot 8 - 3,$$
$$8 = 3 \cdot 3 - 1.$$

Tatsächlich findet sich auch auf diese Weise ebenfalls der größte gemeinsame Teiler (bis auf das Vorzeichen) als letzter von null verschiedener Rest, und es ist nicht schwierig, dies in voller Allgemeinheit zu beweisen, was eine schöne Übungsaufgabe ist, die wir der interessierten Leserin nahelegen. Dabei ist die Schrittzahl des Algorithmus offensichtlich niemals länger, oft aber sogar kürzer als beim euklidischen Algorithmus. Hintergrund ist eine Division mit Rest der Form

$$a = qb + r \qquad \text{mit} \quad |r| \leq \tfrac{1}{2}b,$$

bzw. nach Division durch b

$$\frac{a}{b} = q + \frac{r}{b} \qquad \text{mit} \quad |r| \leq \tfrac{1}{2}b.$$

Weil hier der Restterm kleiner oder gleich $\frac{1}{2}$ ausfällt, ist q die zu $\frac{a}{b}$ nächste ganze Zahl. Erinnern wir uns an die Konstruktion *endlicher* Kettenbrüche aus vorgegebenen rationalen Zahlen mit Hilfe des euklidischen Algorithmus (siehe Abschn. 6.3), so liegt es hier nahe, Entsprechendes mit dieser Variante zu bilden; das Resultat sind die so genannten **Kettenbrüche nach nächsten Ganzen** und hier kommen erste Beispiele:

$$\frac{13}{8} = 2 - \cfrac{1}{3 - \frac{1}{3}}, \qquad \frac{\sqrt{5}+1}{2} = 2 + \cfrac{1}{-3 + \cfrac{1}{3 + \cfrac{1}{-3 + \cfrac{1}{\ddots}}}} = [2, \overline{-3, 3}];$$

die letzte Notation ist suggestiver Natur (eigentlich hatten wir bei dieser Schreibweise keine nicht-positiven ganzen Zahlen erlaubt). Auffällig (und auch nicht schwierig zu beweisen) ist, dass keine Teilnenner ‚1' bei diesen neuen Kettenbrüchen auftreten. Viele Eigenschaften der herkömmlichen Kettenbrüche, die wir bewiesen haben, lassen sich ohne große Schwierigkeiten auch auf Kettenbrüche nach nächsten Ganzen übertragen, beispielsweise überträgt sich Lagranges Satz 6.10 dahin, dass genau die quadratischen Irrationalzahlen eine periodische Kettenbruchentwicklung nach nächsten Ganzen besitzen. Auch dieser Beweis könnte eine schöne Beschäftigung für die neugierige Leserin sein. Tatsächlich gibt es eine Vielzahl von Kettenbruchentwicklungen und die Monographie *History of Continued Fractions and Padé Approximants* von Claude Brezinski liefert einen guten Überblick.[9]

9.7 Unteilbar und selten: Primzahlen

Primzahlen faszinieren! Sie treten relativ selten auf, was aus dem Primzahlsatz folgt, also der Aussage, dass die Anzahl $\pi(x)$ der Primzahlen $p \leq x$ wächst wie $x/\log x$, was gegenüber der Anzahl x der natürlichen Zahlen $n \leq x$ vergleichweise klein ist und bei wachsendem x zu einem gegen null tendierenden Anteil führt. Nichtsdestotrotz gibt es unendlich viele Primzahlen und recht viele Beweis hiervon. In Abschn. 3.4 wurde ein Beweis mit Hilfe der Fermat-Zahlen $f_n := 2^{2^n} + 1$ skizziert. Gemäß Aufgabe 3.15 ist dabei noch die Produktdarstellung

$$\prod_{n=0}^{m-1} f_n = f_m - 2 \qquad \text{für} \quad m \in \mathbb{N}$$

zu beweisen. Dies ist ein Fall für Induktion: Sicherlich besteht die Formel für $m = 1$, denn $f_0 = 3 = 5 - 2 = f_1 - 2$. Der Induktionsschritt folgt aus

$$\prod_{n=0}^{m} f_n = f_m \cdot \prod_{n=0}^{m-1} f_n = f_m \cdot (f_m - 2) = (2^{2^m} + 1) \cdot (2^{2^m} - 1) = 2^{2^{m+1}} - 1 = f_{m+1} - 2.$$

Mit dieser Formel sind die ungeraden Fermat-Zahlen paarweise teilerfremd und die oben genannte Konsequenz für die Primzahlen offensichtlich.

Allerdings sind damit nicht alle Fermat-Zahlen selbst Primzahlen und Euler entdeckte bereits den Teiler 641 von $f_5 = 2^{2^5} + 1 = 2^{32} + 1$. Vielleicht hat er so gerechnet: Wegen $\mathbf{641} = 5 \cdot 128 + 1 = \mathbf{5 \cdot 2^7 + 1}$ ist

$$5^4 \cdot 2^{28} - 1 = (5^2 \cdot 2^{14} + 1)(5^2 \cdot 2^{14} - 1) = (5^2 \cdot 2^{14} + 1)(\mathbf{5 \cdot 2^7 + 1})(5 \cdot 2^7 - 1)$$

und also ein Vielfaches von 641 (ziemlich ähnlich zur obigen Rechnerei bei den Fermat-Zahlen). Weil ferner $\mathbf{641} = 16 + 625 = \mathbf{2^4 + 5^4}$ gilt zudem

$$\mathbf{5^4} \cdot 2^{28} - 1 = (\mathbf{641} - \mathbf{2^4}) \cdot 2^{28} - 1 = 641 \cdot 2^{28} - 2^{32} - 1 = \mathbf{641} \cdot 2^{28} - f_5$$

und im Vergleich ergibt sich besagte Teilbarkeit: $641 \mid f_5$. Hierbei haben wir erstaunlich wenig gerechnet!

Weiterhin ist in Aufgabe 3.15 ein weiterer Beweis von der Unendlichkeit der Menge der Primzahlen zu führen, der auf einer unendlichen Folge

---

[9] C. Brezinski, *History of Continued Fractions and Padé Approximants*, Springer 1991.

paarweise teilerfremder Zahlen beruht: Hierzu sind ganze Zahlen a_n und b_n definiert durch $a_0 = b_0 = 1$ und die Rekursionsformeln

$$a_n = a_{n-1} + b_{n-1} \qquad \text{und} \qquad b_n = a_{n-1}b_{n-1} \qquad \text{für} \quad n \in \mathbb{N}.$$

Wir berechnen zunächst ein paar Werte:

$$a_n \quad : \quad 1, \ 2, \ 3, \ 5, \ 11, \ 41, \ \ldots,$$
$$b_n \quad : \quad 1, \ 1, \ 2, \ 6, \ 30, \ 330, \ \ldots.$$

Die Folge der b_n fällt für besagtes Argument offensichtlich aus; hier zeigt eine einfache Induktion die Formel

$$b_n = a_0 a_1 \cdot \ldots \cdot a_{n-1}.$$

Versuchen wir also die paarweise Teilerfremdheit der a_n zu zeigen. Angenommen, $d = \mathrm{ggT}(a_j, a_k)$ mit natürlichen Zahlen $j > k$; dann wäre $j = k + \ell$ mit einem $\ell \in \mathbb{N}$ und $d = \mathrm{ggT}(a_{k+\ell}, a_k)$. Mittels der Formel für die b_n erhalten wir

$$a_n = a_{n-1} + a_0 a_1 \cdot \ldots \cdot a_{n-1}.$$

und insbesondere für $n = k + \ell$ ergäbe sich

$$a_{k+\ell} = a_{k+\ell-1} + a_0 a_1 \cdot \ldots \cdot a_k \cdot \ldots \cdot a_{k+\ell-1}.$$

Der größte gemeinsame Teiler $d = \mathrm{ggT}(a_{k+\ell}, a_k)$ geht sowohl links als auch im zweiten Summanden rechts auf, also folgt $d \mid a_{k+\ell-1}$. Setzen wir (unabhängig vom bislang Gezeigten) zusätzlich voraus, dass ℓ minimal mit der Eigenschaft $d = \mathrm{ggT}(a_{k+\ell}, a_k) > 1$ ist, so folgt der gewünschte Widerspruch.

Also folgt $\mathrm{ggT}(a_j, a_k) = 1$ für $j \neq k$, und die Zahlen a_n sind paarweise teilerfremd und liefern somit einen weiteren Beweis für die Existenz unendlich vieler Primzahlen. Dieser Teil der Aufgabe geht zurück auf Robert Haas und Michael Somos.[10]

Und nun noch ein exotischer Beweis für die Unendlichkeit der Menge der Primzahlen, der Aufgabe 5.15 folgend: Wir starten mit der unendlichen Reihe gebildet aus den Reziproken der geraden Potenzen einer Primzahl p; diese geometrische Reihe berechnet sich nach Satz 5.4 als

$$1 + \frac{1}{p^2} + \frac{1}{p^4} + \ldots = \sum_{n=0}^{\infty} (p^{-2})^n = \frac{1}{1 - p^{-2}}.$$

---

[10] R. HAAS, M. SOMOS, *A Linked Pair of Sequences Implies the Primes Are Infinite*, *Amer. Math. Monthly* **110** (2003), 539-540.

Angenommen, es gäbe nur endlich viele Primzahlen, so lieferte das Produkt über alle diese

$$\prod_p \left(1 + \frac{1}{p^2} + \frac{1}{p^4} + \cdots\right) = \prod_p \frac{1}{1 - p^{-2}}$$

eine rationale Zahl. Multiplizieren wir die unendlich vielen Faktoren aus, so entsteht auf Grund der eindeutigen Primfaktorzerlegung nach dem Fundamentalsatz 3.8 die unendliche Reihe

$$1 + \frac{1}{2^2} + \frac{1}{3^2} + \frac{1}{2^{2 \cdot 2}} + \frac{1}{5^2} + \frac{1}{(2 \cdot 3)^2} + \cdots$$

bestehend aus den Reziproken der Quadrate sämtlicher natürlicher Zahlen; hierbei lassen wir Konvergenzbetrachtungen außen vor. Mit Hilfe der Eulerschen Formel (5.4) ergibt sich somit

$$\prod_p \frac{1}{1 - p^{-2}} = \sum_{n=1}^{\infty} \frac{1}{n^2} = \frac{\pi^2}{6}.$$

Wegen $\pi^2 \notin \mathbb{Q}$ nach Satz 5.8 steht dies im Widerspruch zur Rationalität des Produktes links. Also kann das Produkt kein endliches sein: Die Menge der Primzahlen ist unendlich.

Auf der Identität zwischen der unendlichen Reihe und dem unendlichen Produkt über sämtliche Primzahlen baut die *analytische Zahlentheorie* auf, welche mit Methoden der Analysis Eigenschaften der Primzahlen studiert.

Tatsächlich kann man den Primzahlen noch zusätzliche Vorschriften machen und trotzdem verbleiben derer noch unendlich viele. So soll in Aufgabe 3.14 gezeigt werden, dass es unendlich viele Primzahlen der Form $p = 4n+3$ mit $n \in \mathbb{N}$ gibt (bzw. $p \equiv 3 \bmod 4$ in Kongruenzschreibweise). Wir folgen dem dort gegebenen Hinweis und variieren Euklids Beweis.

Angenommen, $p_1 = 3, p_2, \ldots, p_m$ sind Primzahlen der Form $4n + 3$, so bilde

$$q = 4(p_1 p_2 \cdot \ldots \cdot p_m - 1) + 3.$$

Dieses q ist eine natürliche Zahl von ebenfalls der Form $4n + 3$ und besitzt also nach dem Fundamentalsatz 3.8 über die eindeutige Primfaktorzerlegung einen Primteiler p. Dieser ist wiederum von der Form $4n+3$, denn die Menge der Zahlen der Form $4n + 1$ ist multiplikativ abgeschlossen:

$$(4n_1 + 1)(4n_2 + 1) = 4(4n_1 n_2 + n_1 + n_2 + 1) + 1.$$

Somit kann q nicht nur aus solchen Faktoren zusammengebaut sein. Mit dem aus Euklids Beweis bekannten Schluss zeigt sich, dass p verschieden von jedem der $p_1, p_2, \ldots, p_m$ ist, und der Beweis ist komplett.

Mit einem ähnlichen Argument gelingt auch der Nachweis unendlich vieler Primzahlen der Form $p = 6n + 5$. Jedoch funktioniert diese Schlussweise nicht bei der Frage nach unendlich vielen Primzahlen der Form $6n+1$ oder $4n + 1$; im letzten Fall hilft beispielsweise Lemma 8.4, um unter den Primfaktoren von

$$q = (2p_1 p_2 \cdot \ldots \cdot p_m)^2 + 1$$

eine Primzahl der Form $p = 4n+1$ zu finden (bzw. $p \equiv 1 \bmod 4$ um die Kongruenznotation zu benutzen). In vielen weiteren Fällen muss jedoch noch wesentlich komplizierter argumentiert werden. Dirichlet bewies 1837 unter Verwendung bemerkenswerter Ideen, dass es stets unendlich viele Primzahlen der Form $p = qn + a$ (bzw. in der Restklasse $a \bmod q$) gibt, wenn a und q teilerfremd sind.

Viele weitere Beweise der Unendlichkeit der Primzahlen, weiteres Interessantes und mitunter auch Kurioses findet sich in Paulo Ribenboims *The New Book of Prime Number Records*.[11]

9.8 Kalenderarithmetik

Zu lösen sind die Aufgaben 4.1 und 4.5. Die Erstellung einer Kalenderformel, wie in Aufgabe 4.1 gewünscht, ist vielleicht mühsam, aber nicht schwierig. (Wir folgen in unserer Darstellung [13].)

Zur Vereinfachung nehmen wir an, dass Jahr beginnt am 1. März (um Schalttage am letzten Tag des Jahres zu haben).[12] Der Gregorianische Kalender war in großen Teilen Europas am 1. März 1600 in Kraft; dieser Tag bekommt die Nummer t_0 zugewiesen und für einen 1. März eines Nachfolgejahres $1600 + j$ ergibt sich wegen $365 \equiv 1 \bmod 7$ eine fortlaufende Nummer t_j mit

$$t_j \equiv t_0 + t + \left\lfloor \frac{t}{4} \right\rfloor - \left\lfloor \frac{t}{100} \right\rfloor + \left\lfloor \frac{t}{400} \right\rfloor \bmod 7;$$

hierbei ergeben sich die Gauß-Klammern rechts durch die Schaltjahresregelung, dass jedes Jahr $1600 + t$ mit einer durch 4 teilbaren Jahreszahl (bzw. t) ein Schaltjahr ist, wovon Jahre mit einer durch 100 teilbaren Jahreszahl (bzw. t) ausgenommen sind, wovon wiederum alle Jahre mit einer

---

[11] P. RIBENBOIM, *The New Book of Prime Number Records*, Springer 1996.

[12] Was auch besser zu den lateinischen Bezeichnungen wie etwa ‚Oktober' passt.

durch 400 teilbaren Jahreszahl (bzw. t) ausgeschlossen werden (siehe unsere Ausführungen in Abschn. 6.3). Wir weisen den Wochentagen *Sonntag, Montag*, usw. in der üblichen Reihenfolge bis *Samstag* die Restklassen $0, 1, \ldots, 6 \bmod 7$ zu. Im Vergleich mit dem 1. März 2014, welcher ein Samstag war (also $t_{414} \equiv 6 \bmod 7$), ergibt sich $t_0 \equiv 3 \bmod 7$, so dass also unser Referenztag 1. März 1600 ein Mittwoch war. Jetzt schreiben wir die Jahreszahl $1600 + j$ als $100c + d$ mit $0 \le d < 100$ und ersetzen oben $j = 100(c - 16) + d$; dies führt nach einer kurzen vereinfachenden Rechnung auf die Formel

$$t_j \equiv 3 + 5c + d + \left\lfloor \frac{d}{4} \right\rfloor + \left\lfloor \frac{c}{4} \right\rfloor \bmod 7.$$

Nun ist noch zu berücksichtigen, wie sich ein beliebiges Datum bzgl. der unterschiedlich langen Monate aus dem Wissen um den 1. März eines Jahres $100c + d$ errechnet. Beispielsweise hat der März 31 Tage, womit also der 1. April desselben Jahres wegen $31 \equiv 3 \bmod 7$ gegenüber dem 1. März um drei Wochentage verschoben ist. Eine genauere Analyse (für die wir auf [**13**] verweisen) liefert für den k-ten Tag des ℓ-ten Monats (mit $\ell = 1$ für März!) im Jahre $100c + d$ den Wochentag

$$(9.2) \qquad k + 5c + d + \left\lfloor \frac{13\ell - 1}{5} \right\rfloor + \left\lfloor \frac{d}{4} \right\rfloor + \left\lfloor \frac{c}{4} \right\rfloor \bmod 7.$$

Beispielsweise ist der 31. Dezember 20 14 (also $k = \mathbf{31}$ und $\ell = \mathbf{10}$) wegen

$$\mathbf{31} + 5 \cdot 20 + 14 + \left\lfloor \frac{13 \cdot \mathbf{10} - 1}{5} \right\rfloor + \left\lfloor \frac{14}{4} \right\rfloor + \left\lfloor \frac{20}{4} \right\rfloor \equiv \bmod 7$$

somit ein *Mittwoch*.

Aufgabe 4.5 beschäftigt sich mit den Wochentagen, die auf den 13-ten Tag eines Monats fallen. Wir könnten zur Beantwortung die soeben gelöste Aufgabe (und wohl einen Computer als Rechenhilfe) verwenden. Aber wir wollen zunächst versuchen, die Aufgabe unabhängig zu bearbeiten.

Zählen wir die Tage eines Jahres der Reihe nach durch und Reduzieren modulo sieben, so gehört der 13. Januar zur Restklasse $13 \equiv 6 \bmod 7$, der 13. Februar zur Restklasse $31 + 13 = 44 \equiv 2 \bmod 7$ und so weiter. Ist das Jahr kein Schaltjahr, so ergeben sich für die jeweiligen 13-ten der Monate die Reste

$$6, \ 2, \ 2, \ 5, \ 0, \ 3, \ 5, \ 1, \ 4, \ 6, \ 2, \ 4.$$

Handelt es sich um ein Schaltjahr, so ergibt sich

$$6, \ 2, \ 3, \ 6, \ 1, \ 4, \ 6, \ 2, \ 5, \ 0, \ 3, \ 5.$$

Da jede Restklasse auftritt, gibt es pro Jahr stets einen *Freitag*, am 13-ten eines Monats; dabei jedoch höchstens drei in einem Jahr. Im Julianischen Kalender wiederholen sich die Verteilungen der Wochentage nach 28 ($= 4 \cdot 7$) Jahren. Untersuchen wir solch einen Zyklus hinsichtlich der Monatsdreizehnten, so zeigt sich absolute Symmetrie bzgl. der Wochentage; in dieser Periode tritt *jeder* Wochentag genau 48 mal als Dreizehnter eines Monats auf. Im Gregorianischen Kalender hingegen besteht aufgrund der komplizierteren Schaltjahresregelung ein Zyklus aus 400 Jahren. Auch in diesem Falle könnte man mit den beiden obigen Listen eine genaue Analyse des Auftretens der Wochentage am Monatsdreizehnten geben, allerdings bietet sich hier vielleicht der Einsatz eines Computers in Kombination mit der Kalenderformel (9.2) an. Es zeigt sich das überraschende Ergebnis, dass mit 688 maligem Auftreten in dieser Periode der *Freitag* am häufigsten unter allen Wochentagen ein Monatsdreizehnter ist.

Die Frage, ob der 24. Dezember häufig auf einen Dienstag fällt, ist natürlich mit dem Auftreten eines *dreizehnten Freitags* im Dezember gekoppelt. Hier ist also zu untersuchen, wie sich die Ereignisse eines Freitag, den 13., auf die Monate verteilen. Diese Fragestellung nach einer arbeiternehmerfreundlichen Regelung Ende Dezember überlassen wir der geneigten Leserin.

9.9 Eine diophantische Kryptoattacke

Wir beginnen mit Aufgabe 4.13, in der für die Eulersche φ-Funktion (welche die Anzahl der primen Restklassen zählt) für teilerfremde natürliche Zahlen m, n

$$\varphi(mn) = \varphi(m)\varphi(n).$$

zu beweisen ist. Diese multiplikative Eigenschaft der φ-Funktion kann aus dem chinesischen Restsatz 4.8 geschlussfolgert werden. Es besteht nämlich für teilerfremde m und n eine bijektive (eineindeutige) Abbildung

$$\mathbb{Z}/m\mathbb{Z} \times \mathbb{Z}/n\mathbb{Z} \;\to\; \mathbb{Z}/mn\mathbb{Z}, \quad (a, b) \mapsto x,$$

wobei x die modulo mn eindeutige Lösung des linearen Kongruenzsystems

$$\begin{cases} X \equiv a \bmod m, \\ X \equiv b \bmod n. \end{cases}$$

ist. Und der konstruktive Beweis des chinesischen Restsatzes zeigt: Genau dann, wenn a teilerfremd zu m und b teilerfremd zu n ist, ist auch x teilerfremd zu mn. Damit besteht auch eine Bijektion zwischen den primen

Restklassengruppen

$$(\mathbb{Z}/m\mathbb{Z})^* \times (\mathbb{Z}/n\mathbb{Z})^* \;\to\; (\mathbb{Z}/mn\mathbb{Z})^*, \quad (a,b) \mapsto x$$

und entsprechend gibt es links genau so viele Paare (a,b) von primen Restklassen modulo m bzw. modulo n wie prime Restklassen x mod mn rechts. Weil die Eulersche φ-Funktion eben diese primen Restklassen zählt, ergibt sich die obige multiplikative Formel.

Mit Hilfe dieser Multiplikativität und der eindeutigen Primfaktorzerlegung $n = \prod_{p|n} p^{\nu_p}$ ergibt sich ferner

$$\varphi(n) = \varphi\left(\prod_{p|n} p^{\nu_p}\right) = \prod_{p|n} \varphi(p^{\nu_p}).$$

Nun gilt $\varphi(p^k) = \sharp(\mathbb{Z}/p^\nu\mathbb{Z})^* = p^\nu - p^{\nu-1}$ für Primzahlpotenzen p^ν, denn jede p-te ganze Zahl ist ein Vielfaches von p, so dass also unter p^ν aufeinanderfolgenden ganzen Zahlen genau $p^{\nu-1}$ durch p teilbar sind. Entsprechend zeigt sich so

$$\varphi(n) = \prod_{p|n}(p^\nu - p^{\nu-1}) = \prod_{p|n} p^\nu(1 - p^{-1}) = n\prod_{p|n}\left(1 - \frac{1}{p}\right).$$

Damit ist (4.2) bewiesen. Hieraus folgt nun auch (4.3) in Abschn. 4.4, denn im Falle einer zusammengesetzten Zahl $N = pq$ mit verschiedenen Primzahlen p und q gilt

$$\varphi(N) = \varphi(pq) = \varphi(p)\varphi(q) = (p-1)(q-1)$$

Diese Formel werden wir im weiteren Verlauf des Exkurses mehrere Male benutzen; ein solches Verwenden ist für zahlentheoretische Anfänger wie dem mit RSA verschlüsselnden Bob auch ohne deren Herleitung möglich.

Wir behandeln nun einen Angriff von Michael J. Wiener[13] auf das RSA-Verfahren, der mit den Aufgaben 4.17 und 6.11 verbunden ist. Dieser ist diophantischer Natur, weil die Approximation durch rationale Zahlen das wesentliche Hilfsmittel darstellt.

Wir gehen davon aus, dass $N = pq$ mit Primzahlen p und q gilt, welche den Ungleichungen $p < q < 2p$ genügen. Nach obigem ist

$$\varphi(N) = \varphi(pq) = (p - 1)(q - 1) = pq - p - q + 1 = N - (p + q) + 1$$

und damit $N - 3\sqrt{N} < \varphi(N) < N$. Ferner bestehe für den geheimen Schlüssel d die Abschätzung $d < \frac{1}{3}N^{1/4}$ und f sei definiert durch $de = 1 + f\varphi(N)$ und $1 \leq f < d$. Dies erlaubt folgende Abschätzung:

$$\left| \frac{f}{d} - \frac{e}{N} \right| = \frac{|f\varphi(N) - de + f(N - \varphi(N))|}{dN} < \frac{3f\sqrt{N}}{dN} = \frac{3f}{d\sqrt{N}} < \frac{1}{2d^2},$$

also die gewünschte Ungleichung. Der Bruch $\frac{f}{d}$ besteht aus unbekannten Daten, während $\frac{e}{N}$ wohlbekannt ist. Die gerade bewiesene Ungleichung besagt nun aber nichts anderes, als dass eben die unbekannte Größe $\frac{f}{d}$ eine sehr gute Approximation an die bekannte Größe $\frac{e}{N}$ ist und gemäß Satz 6.9 unter den Näherungsbrüchen der Kettenbruchentwicklung zu suchen ist (ganz analog zur Situation bei der Pellschen Gleichung).

Im Falle des Beispiels aus Abschn. 4.4 sind mit den Primzahlen $q = 12.373$ und $p = 19.373$ wegen

$$d = \mathbf{31} < 41{,}476\ldots = \tfrac{1}{3}N^{\frac{1}{4}}$$

die Bedingungen hierzu erfüllt. Natürlich ist dies einer potentiellen Angreiferin wie Eva nicht klar, aber die Möglichkeit dieser Erfüllung mag Anlass genug sein, folgendermaßen zu verfahren: Mit Hilfe der Kettenbrüche lassen sich die besten rationalen Approximationen an eine gegebene reelle Zahl finden; für

$$\frac{e}{N} = \frac{54.119.119}{239.707.129} = [0, 4, 2, 3, 34, 1, 1, 38, 2, 1, 6, 1, 1, 1, 1, 3, 7]$$

ergeben sich die Näherungsbrüche

$$0, \ \frac{1}{4}, \ \frac{2}{9}, \ \frac{7}{\mathbf{31}}, \ \frac{240}{1063}, \ \frac{247}{1094}, \ \frac{487}{2157} \ \ldots .$$

---

[13] M.J. WIENER, Cryptanalysis of short RSA secret exponents, *IEEE Trans. Inform. Theory* **36** (1990), 553-558; siehe auch: A. DUJELLA, Continued fractions and RSA with small secret exponent, preprint arXiv:math.CR/0402052, available at http://front.math.ucdavis.edu/.

Wie man mit dem euklidischen Algorithmus leicht testet, ist hierbei $\frac{7}{31}$ der gesuchte Bruch und also $d = \mathbf{31}$ die gesuchte Unbekannte, mit der nun Eva die Geheimnachricht dechiffrieren kann.

Abschließend kehren wir zu Aufgabe 4.16 zurück: Gegeben $N = pq$ mit verschiedenen Primzahlen p und q, so kann aus der Kenntnis von $\varphi(N)$ die Primfaktorzerlegung von N gewonnen werden. Um dies zu sehen, benutze man die Multiplikativität der φ-Funktion (s. o.), also

$$\varphi(N) = pq - p - q + 1 = N - N/q - q + 1.$$

Multiplikation mit q liefert eine quadratische Gleichung in der einzigen Unbekannten q, nämlich

$$q^2 + q(\varphi(N) - N - 1) + N = 0,$$

welche sich leicht durch quadratische Ergänzung lösen lässt, und mit der Kenntnis von q ergibt sich so die vollständige Primfaktorzerlegung von N.

9.10 CD-Player und Codierung

Wir beginnen mit Aufgabe 3.30. Zur Lösung des ersten Teils der Aufgabe müssen alle natürlichen Zahlen zwischen eins und vierzig mit Summanden aus einer möglichst kleinen Menge von natürlichen Zahlen (natürlich allesamt kleiner vierzig), welche wir im Folgenden *Gewichte* nennen wollen, dargestellt werden. Denken wir an die Dezimaldarstellung und Zehnerpotenzen als Gewichte, also 1 und 10, so werden einige Gewichte mehrfach benötigt wie beispielsweise bei $13 = 1 + 1 + 1 + 10$. Dies legt vielleicht nahe, eine Lösung zu suchen, wo jedes Gewicht tatsächlich nur höchstens einmal benötigt wird. Hier bietet sich das Binärsystem an. Mit den Zweierpotenzen $1, 2, 4, 8, 16, 32$ lässt sich dann jede natürliche Zahl ≤ 40 als (eindeutige) Summe der Gestalt

$$n = \sum_{j \geq 0} a_j 2^j \qquad \text{mit} \quad a_j \in \{0, 1\}$$

darstellen; dass nur Ziffern 1 und 0 zur Verfügung stehen, bedingt, dass kein Gewicht mehrfach benötigt wird. Beispielsweise gilt $13 = 1 + 4 + 8$. Tatsächlich könnte man mit dem obigen Satz von insgesamt sechs Gewichten sogar jedes ganzzahlige Gewicht bis einschließlich 63 $(= 2^6 - 1)$ wiegen.

Aber wieso gibt es keinen kleineren Satz von Gewichten, der dieses leistet? Gäbe es einen solchen, also bestehend aus höchstens fünf Gewichten

Abbildung 9.5. Die Waageaufgabe 3.30 geht auf Bachet (vgl. Abschn. 7.2) zurück.

$g_1 \leq g_2 \leq \ldots \leq g_5$, so können Linearkombinationen

$$\sum_{j \geq 0} a_j g_j \quad \text{mit} \quad a_j \in \{0, 1\}$$

höchstens $2^5 = 32$ Zahlen darstellen, denn für jeden der fünf Summanden bestehen mit den Ziffern $a_j = 0$ bzw. 1 jeweils zwei Möglichkeiten. Hierbei haben wir nicht voraussetzen müssen, dass die Gewichte verschieden sind.

Dürfen beide Waagschalen benutzt werden, kommt man mit weniger Gewichten aus; hier können sich nämlich Gewichte auf den beiden Waagschalen gegenseitig teilweise aufheben! Algebraisch entspricht dem die Subtraktion! Dies legt bereits nahe, dass ungerade Gewichte zu verwenden sind, wenn man mit möglichst wenigen Gewichten auskommen möchte, denn Subtraktion zweier ungerader Zahlen liefert eine gerade. Statt der Zweierpotenzen wählen wir jetzt also die Potenzen von drei unterhalb vierzig, nämlich $1, 3, 9, 27$, und überprüfen, dass sich mit diesen tatsächlich alle Zahlen bis vierzig darstellen lassen: Zum Beispiel

$$\ldots, \quad 13 = 9 + 3 + 1, \quad 14 = 27 - 9 - 3 - 1, \quad \ldots \quad 40 = 27 + 9 + 3 + 1.$$

Die zwei benutzbaren Waagschalen korrespondieren hier mit den drei möglichen Ziffern bei den Darstellungen der natürlichen Zahlen zur Basis drei.

In diesem Zusammenhang sei eine schöne Knobelaufgabe vorgestellt, ohne diese hier aufzulösen: *Eine misstrauische Königin besitzt 27 Goldstücke, die sie von ihren 27 Untergebenen eingetrieben hat. Einer dieser (und nur einer) hat ihr jedoch ein gefälschtes Goldstück untergejubelt, welches aber wie die anderen ausschaut, allerdings ein etwas unterschiedliches Gewicht hat. Die Königin weiß von dieser Fälschung und konfrontiert den Fälscher mit folgendem Versprechen: ‚Wenn Du mit dieser Balkenwaage und höchstens drei Wiegungen das gefälschte Goldstück ausfindig machen kannst, kommst Du frei, ansonsten in den Kerker!' Besteht Hoffnung für den Fälscher?*

Keine Hilfe zur Lösung dieser schönen Knobelei liefert die weitere Frage aus Aufgabe 3.30 nach den durch Gewichte 70 und 125 wiegbaren Größen. Hier übersetzt sich das Problem in die Gleichung

$$70x_1 + 125y_1 = 70x_2 + 125y_2 + n,$$

wobei n zu wiegen sei und x_1 und y_1 für die Anzahlen der Gewichte 70 und 125 in der linken Waagschale sowie x_2 und y_2 für die Anzahlen der Gewichte 70 und 125 in der rechten Waagschale stehen. Wir setzen $X = x_1 - x_2$ und $Y = y_1 - y_2$ und stoßen auf die lineare diophantische Gleichung

$$70X + 125Y = n,$$

welche nach dem Satz 3.5 von Bézout genau für die durch $5 = \mathrm{ggT}(70, 125)$ teilbaren n lösbar ist.

In Aufgabe 4.4 ist u. a. die ISBN dieses Buches zu überprüfen, welches für uns zu diesem Zeitpunkt des Textens eine unlösbare Aufgabe ist, die wir also nicht weiter erörtern wollen. Schwieriger zu beantworten ist die Frage, warum bei der ISBN nicht mit der üblichen Quersumme sondern einer gewichteten Quersumme gearbeitet wird. Ohne Gewichtung wären Vertauschungen von Ziffern nicht erkennbar. Mit Hilfe der Gewichte können jedoch einige (aber nicht alle) Vertauschungen erkannt werden. Schauen wir uns die beiden Codes

$$\mathbf{a_1 a_2} a_3 \ldots a_{13} \qquad \text{und} \qquad \mathbf{a_2 a_1} a_3 \ldots a_{13}$$

an, wobei nur die ersten beiden Ziffern vertauscht werden. Die Differenz der gewichteten Summen beträgt dann $2(\mathbf{a_2} - \mathbf{a_1}) \bmod 10$, was inkongruent null ist, wenn $\mathbf{a_2} \not\equiv \mathbf{a_1} \bmod 5$ gilt. Solche Vertauschungsfehler werden also aufgedeckt; sämtliche Vertauschungsfehler hat die frühere zehnstellige ISBN erkannt. Damals wurde die Prüfziffer a_{10} durch die gewichtete Summe

$$10a_1 + 9a_2 + 8a_3 + \ldots + 2a_9 + a_{10} \equiv 0 \bmod 11$$

bestimmt und anstelle von 10 das Symbol X verwendet. Weil elf eine Primzahl ist, und die Gewichte verschieden, leistet dieser Code mehr!

Auch in CD-Playern und anderen elektronischen Geräten werden tiefsinnige mathematische Methoden zur Fehlererkennung benutzt, um fehlerbehafteter Datenübertragung auf die Schliche zu kommen. Hierbei werden Codes mit besonderen Eigenschaften konstruiert, so dass ein Fehler bei der

Datenübertragung erkannt und bestenfalls berichtigt werden kann. Suchen !
wir die Analogie in der Sprache, so könnte man sagen, dass eine Sprache
gesucht ist, in der die Wörter einen gewissen Mindestabstand haben, kleine
Fehler wie etwa **Matehmatik** also durch ihre Nähe zu einem *richtigen* Wort
leicht korrigiert werden können! Der erste effiziente Fehler-korrigierende Code wurde von Richard W. Hamming 1948 entworfen. Jedem Block von vier
Bits hat er dabei drei Korrekturbits zur Seite gestellt. Der Leser mag sich
darüber Gedanken machen, wie diese Korrekturbits aus den vier Bits zu generieren sind, dass Fehler erkannt und behoben werden können. Auch gehen
wir hier nicht auf die Rolle der Fibonacci-Zahlen in der *Codierungstheorie*
ein,[14] sondern betonen abschließend die Analogie zu Bachets Aufgabe zur
Balkenwaage: Ein fehlerhafter Code (etwa eine fehlerhafte Ziffer) besitzt
ein anderes Gewicht, messbar durch die *eindeutige Darstellung* bzgl. eines
minimalen Satzes von Gewichten.

Diese Sichtweise mag auch helfen, folgende Variante der obigen Knobelaufgabe zu lösen: *Die Königin ist nicht nur misstrauisch, sondern auch*
gierig und verlangt nun 27 Goldstücke von jedem ihrer 27 Untergebenen.
Wiederum wird sie von genau einem Untergebenen betrogen, der mit 27
Goldstücken eines jeweils um fünfzig Gramm niedrigeren Gewichtes bezahlt.
Wie kann die Königin mit einer einzigen Wiegung dem Täter das Handwerk
legen?

9.11 Primitivwurzeln

In Aufgabe 5.14 ist das Phänomen zu untersuchen, dass mit den Dezimalbrüchen $\frac{\ell}{7}$ verbunden ist:

$$\frac{1}{7} = 0,\overline{142857}\,, \qquad \frac{2}{7} = 0,\overline{285714}\,, \qquad \frac{3}{7} = 0,\overline{428571} \quad \ldots$$

Die auftretenden Perioden bestehen aus denselben Ziffern und letztlich in
derselben Reihenfolge mit lediglich variierender Vorperiode, wie folgendes
Beispiel illustriert:

$$\frac{2}{7} = 0,\overline{285714} = 0,2857\overline{142857};$$

hier steht rechts dieselbe Periode, wie sie bei $\frac{1}{7}$ auftritt! Tatsächlich können
wir durch Multiplikation mit 10^4 (bzw. Verschiebung des Kommas um vier

---

[14] Und verweisen auf den sehr lesenswerten Artikel: J.H. VAN LINT, Die Mathematik der
Compact Disc, in: *Alles Mathematik*, M. AIGNER, E. BEHRENDS (Hrsg.), Vieweg 2000,
11-19.

Positionen nach rechts) hieraus

$$\frac{2}{7} \cdot 10^4 = 2857,\overline{142857} = 2857 + \frac{1}{7}$$

folgern. Ähnliches gilt für andere Brüche $\frac{\ell}{7}$, nicht aber wenn wir die Sieben austauschen gegen eine beliebige andere Zahl (wie etwa elf).

Führen wir die Division $\frac{1}{7}$ schriftlich aus, so ergibt sich

$$
\begin{array}{r}
1 \qquad\qquad\; : 7 \quad = 0,142857\ldots \\
\underline{7}\qquad\qquad\qquad \mathbf{326451}\;\; . \\
\mathbf{3}\;0 \\
2\;\underline{8} \\
\mathbf{2}\;0 \\
1\;\underline{4} \\
\mathbf{6}\;0 \\
5\;\underline{6} \\
\mathbf{4}\;0 \\
3\;\underline{5} \\
\mathbf{5}\;0 \\
4\;\underline{9} \\
\mathbf{1}
\end{array}
$$

Hierbei haben wir unterhalb des Ergebnisses die jeweiligen Reste notiert. Wir können diese Rechnung auch umschreiben in Divisionen mit Rest:

$$10 \cdot \frac{1}{7} = 1 + \frac{\mathbf{3}}{7}, \quad 10 \cdot \frac{\mathbf{3}}{7} = 4 + \frac{\mathbf{2}}{7}, \quad \text{usw.;}$$

Es treten hierbei nacheinander die Ziffern der Dezimalbruchentwicklung auf; die Reste ergeben sich als Potenzen von 10 modulo 7:

$$10 = 1 \cdot 7 + \mathbf{3} \qquad \text{bzw.} \qquad 10 \equiv \mathbf{3} \bmod 7,$$

sowie

$$10 \cdot (10 - 1 \cdot 7) = 10 \cdot 3 = 4 \cdot 7 + \mathbf{2} \qquad \text{bzw.} \qquad 10^2 \equiv \mathbf{2} \bmod 7,$$

und so weiter. Damit rührt die Sequenz der Reste $\mathbf{3}, \mathbf{2}, \mathbf{6}, \mathbf{4}, \mathbf{5}, \mathbf{1}$ also von den aufsteigenden Potenzen von 10 bzw. 3 mod 7 her:

$$10 \equiv \mathbf{3}, \; 10^2 \equiv \mathbf{2}, \; 10^3 \equiv \mathbf{6}, \; 10^4 \equiv \mathbf{4}, \; 10^5 \equiv \mathbf{5}, \; 10^6 \equiv \mathbf{1} \bmod 7.$$

Sobald ein Rest ein zweites Mal auftritt, führt dies zu einer periodischen Dezimalbruchentwicklung. Weil nur Reste aus dem Vorrat $(0,)1, 2, \ldots, 6$ auftreten können (wobei 0 nicht auftreten kann), ergibt sich eine Periode, die höchstens aus sechs Ziffern bestehen kann. Tatsächlich ist diese exakt gleich sechs, denn die Potenzen von 10 mod 7 bilden die gesamte prime Restklassengruppe modulo 7 – kein Rest fehlt! Betrachten wir hingegen die Potenzen von 10 mod 11, so bilden die nur die Untergruppe bestehend aus den Restklassen 10 mod 11 und 1 mod 11; entsprechend treten bei den Brüchen $\frac{\ell}{11}$ auch nur Perioden der Länge eins oder zwei auf. Ganz allgemein gilt für die Periodenlänge von $\frac{\ell}{m}$ bei zu 10 teilerfremdem m, dass diese gleich der Anzahl der Elemente der Teilmenge

$$\{10^n \bmod m : n \in \mathbb{N}\}$$

der primen Restklassengruppe modulo m, also maximal $\varphi(m)$ ist, wobei $\varphi(m)$ die Größe von $(\mathbb{Z}/m\mathbb{Z})^*$ misst. Tatsächlich ist die oben definierte Größe stets ein Teiler von $\varphi(m)$. Ein weiteres Beispiel für das bei $m = 7$ beobachtete Phänomen liefert $m = 17$: Hier ist $\varphi(17) = 16$ und die Potenzen von 10 mod 17 liefern sämtliche Elemente von $(\mathbb{Z}/17\mathbb{Z})^*$; entsprechend besitzen alle Brüche $\frac{\ell}{17}$ eine Dezimalbruchentwicklung mit einer Periode der Länge 16.

Eine Restklasse a mod m, welche die gesamte prime Restklassengruppe $(\mathbb{Z}/m\mathbb{Z})^*$ durch ihre Potenzen liefert, heißt eine **Primitivwurzel**. In der Sprache der *Algebra* nennt man in diesem Fall die prime Restklassengruppe eine *zyklische* Gruppe, die eben von einer solchen Primitivwurzel *erzeugt* wird. Gauß zeigte, dass modulo m genau dann eine Primitivwurzel existiert, wenn $m = 2$ oder 4 eine Primzahlpotenz p^ν oder das Doppelte $2p^\nu$ mit einer ungeraden Primzahl ist (siehe [**17**]).

Eine bislang ungelöste Vermutung von Emil Artin aus dem Jahre 1927 besagt, dass jede natürliche Zahl, die kein Quadrat ist, für unendlich viele m eine Primitivwurzel modulo m ist. Untersuchungen der Struktur der primen Restklassengruppen sind wesentlicher Bestandteil der weiterführenden *Zahlentheorie* und besitzen darüberhinaus wichtige Anwendungen in der Kryptographie. Beispielsweise besteht das **diskrete Logarithmus-Problem** darin, zu gegebenen a und m ein ℓ zu finden (wenn existent), so dass $g^\ell \equiv a$ mod m ist, wobei g eine Primitivwurzel modulo m sei. Hierbei ist ℓ gewissermaßen der ‚diskrete Logarithmus‘ von a.

Was wir hier nicht weiter ergründen wollen, aber den Leser vielleicht länger beschäftigen könnte, ist folgende Beobachtung: Zerlegen wir die Periode 142857 bei $\frac{1}{7}$, oder irgendeine andere der Brüche $\frac{\ell}{7}$, in eine vordere und eine hintere Hälfte und addieren die beiden als dreistellige Zahlen,

$$142 + 857 = 999 = 10^{3-1},$$

so ergibt sich die Schnapszahl 999. *Warum?* Gilt ähnliches für andere Perioden?

9.12 Die Kochsche Insel

In Aufgabe 5.10 fragen wir u. a. nach der Länge der Küstenlinie und Fläche der Kochschen Insel.

Die Kochsche Insel entsteht aus einem gleichseitigen Dreieck der Kantenlänge eins durch Hinzufügen gleichseitiger Dreiecke auf den mittleren Dritteln der jeweiligen Kanten. Das Ankleben gleichgroßer Dreiecke wollen wir als eine Generation bezeichnen. Weil gemäß dieser Konstruktion die Insel niemals eine Ausdehnung über das Doppelte ihres Durchmessers haben kann, ist ihre Fläche natürlich endlich. Hingegen ist ihre Küstenlinie unendlich lang, wächst sie doch mit jeder Generation um einen Faktor $\frac{4}{3}$ (denn wo zuvor eine Kante der Länge x vorlag, ist diese nach dem Ankleben eines passenden Dreiecks $\frac{4}{3}x$, weil das mittlere Drittel sich zu zweien verdoppelt). Allerdings beschreibt das die komplette Dynamik nur bedingt; wir schauen uns daher den Wachstumsprozess etwas genauer an. Unsere Herangehensweise bei Küstenlängen- und Flächenbestimmung ist induktiv.

Bezeichnet K_0 das Ausgangsdreieck und K_n die Approximation an die Kochsche Insel nach n-Iterationsschritten, so zeigt eine einfache Induktion, dass K_n genau $3{\cdot}4^n$ Kanten der Länge 3^{-n} besitzt. Beim Übergang von K_{n-1} zu K_n werden auf den $3 \cdot 4^{n-1}$ Kanten von K_{n-1} gleichseitige Dreiecke der

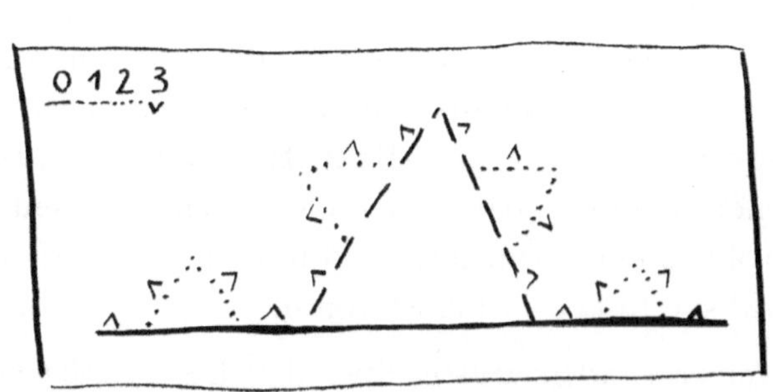

Abbildung 9.6. *Links*: Die ersten Generationen der Kochschen Insel. *Rechts*: Nils Fabian Helge von Koch, ∗ 25. Januar 1870 in Stockholm – 11. März 1924 in Danderyd; sein Kalkül unendlicher Matrizen war relevant in Heisenbergs Studien zur Quantenmechanik.

Kantenlänge 3^{-n} und jeweiliger Fläche $\frac{\sqrt{3}}{4} \cdot 3^{-2n}$ hinzugefügt. Damit ergibt sich für die Fläche von K_n die Formel

$$\frac{\sqrt{3}}{4}\left(1 + 3 \cdot 3^{-2} + 3 \cdot 4 \cdot 3^{-4} + \ldots + 3 \cdot 4^{n-1} \cdot 3^{-2n}\right) = \frac{\sqrt{3}}{4}\left(1 + \frac{3}{4}\sum_{k=1}^{n}\left(\frac{4}{9}\right)^k\right).$$

Die Auswertung dieses Ausdrucks überlassen wir dem Leser. Im Grenzwert ergibt sich so mit Hilfe der Formel für die unendliche geometrische Reihe

$$\frac{\sqrt{3}}{4}\left(1 + \frac{3}{4}\sum_{k=1}^{\infty}\left(\frac{4}{9}\right)^k\right) = \frac{2\sqrt{3}}{5}$$

als Fläche der Kochschen Insel.

Die Kochsche Insel besitzt eine sehr seltsame Küstenlinie. Trotz ihrer Beschränktheit ist diese unendlich lang (was uns vielleicht an Zenons Paradoxon erinnert). Einfacher als die Fläche der n-ten Generation ist die Länge der Küstenlinie zu berechnen: Hier berechnet sich für K_n eine Küstenlinienlänge $3 \cdot (\frac{4}{3})^n$, was offensichtlich mit wachsendem n gegen unendlich divergiert. Obwohl die Insel eine beschränkte Fläche besitzt, hat sie eine unendlich lange Küstenlinie.

Die Konstruktion der Kochschen Insel steckt in jeder noch so feinen Verästelung einer Kante im Evolutionsprozess der K_n; darüberhinaus ist diese lokale Struktur in dieser Generation überall dieselbe und in anderen Generation ebenso, bloß skaliert mit einem anderen Faktor. In diesem Zusammenhang spricht man von *Selbstähnlichkeit* und nennt das Objekt, welches dieser Prozess letztlich hervorbringt, also in unserem Fall die Kochsche Insel, ein *Fraktal*.[15]

Fraktale haben sich neben ihrer mathematischen Existenz als relevante Größen in der Natur und im Alltag erwiesen. Ihre Theorie sowohl in Mathematik als auch Naturwissenschaften wurde in den 1980ern durch Benoît Mandelbrot und sein Buch *Fraktale Geometrie der Natur*[16] weiterentwickelt und popularisiert. Einen Hinweis auf die Nützlichkeit selbstähnlicher Strukturen in der Natur liefert folgendes Zitat von John Briggs und F. David Peat:[17]

---

[15] Das Wort ‚Fraktal' leitet sich von lat. *frangere* das Wort Fraktal leitet sich ab von dem lateinischen *frangere* für ‚in Stücke zerbrechen' ab. Fraktale zeichnen sich dadurch aus, das man ihnen eine gebrochene Zahl als Dimension zuweist.

[16] B.B. Mandelbroit, *Fraktale Geometrie der Natur*, Birkhäuser, 1987.

[17] J. Briggs, F.D. Peat, *Die Reise durch das Chaos*, 1990, S. 154-157.

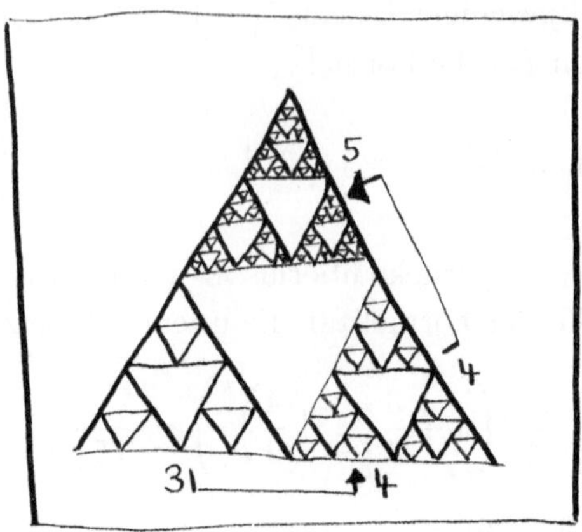

Abbildung 9.7. Die ersten Generationen des nach Wacław Sierpiński, ∗ 14. März 1882 – † 21. Oktober 1969, jeweils in Warschau, benannten Fraktals. Die auftretenden Zahlen stehen für die Iterationsschritte. Entdeckst Du einen Zusammenhang mit dem Pascalschen Dreieck?

„Die Gehirne kleiner Säugetiere sind relativ glatt, die von Menschen dagegen höchst faltenreich. [...] Die Nasenknochen von Hirschen und Polarfüchsen sorgen für maximale Geruchsempfindlichkeit, indem sie die größtmögliche Oberfläche in ein kleines Volumen packen. Daraus ergibt sich eine fraktale Struktur mit konstanter gebrochener Dimension. [...] Fraktale Selbstähnlichkeit durchzieht die Körper der Organismen, aber es ist nicht die platte homunculusartige Selbstähnlichkeit, die sich die frühere Wissenschaft vorgestellt hatte. Der Körper ist eine Vernetzung von lauter selbstähnlichen Systemen wie den Lungen, den Gefäßsystemen, den Nervensystemen.“

Neben der Kochschen Insel hat die Mathematik mit dem so genannten Cantor-Staub, dem Sierpiński-Dreieck (siehe Abb. 9.7) oder dem Apfelmännchen noch viele weitere Beispiele für Fraktale zu bieten; einige davon haben sogar Einzug in die endliche Welt der Computer gefunden (z. B. als iterierte Funktionensysteme, wie sie in durch Computer animierten Filmen für aufwendige Sequenzen genutzt werden); wir wollen aber noch einen mathematischen Aspekt der Kochschen Insel und ihrer Selbstähnlichkeit aufgreifen.

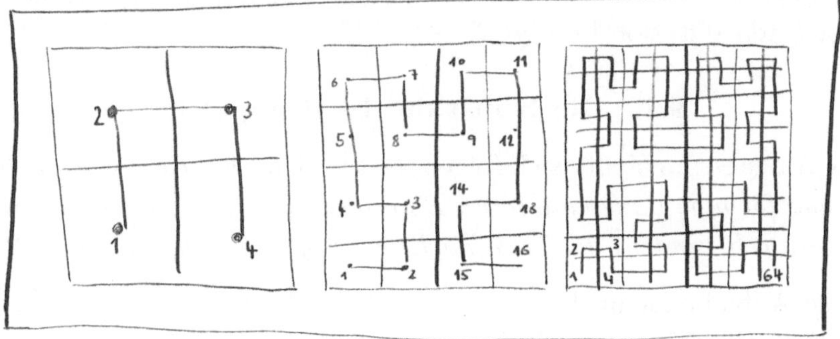

Abbildung 9.8. Die Iteration zu Hilberts raumfüllender Kurve

Als Streckenzug ist die Küstenlinie etwas, was man in der Analysis eine eindimensionale Kurve nennt. Trotzdem besitzt ihr Bild eine Komplexität, welche nicht mehr die *Einfachheit* besitzt, die wir mit einem solchen Begriff in Verbindung bringen würden. Tatsächlich wurde kurz vor Kochs Entdeckung seiner Insel vor etwas mehr als einhundert Jahren die Möglichkeit untersucht, eine eindimensionale Kurve so zu *verformen*, dass ein zweidimensionales Objekt zu Tage tritt. Dies war eine Sensation der Mathematik des ausgehenden 19. Jahrhunderts.

Das erste Beispiel einer solchen raumfüllenden Kurve wurde 1890 von Peano angegeben; anschließend haben sich etliche Mathematiker mit dieser Fragestellung beschäftigt, u. a. auch Hilbert, dessen Konstruktion wir hier kurz erläutern wollen. Wir verzichten dabei auf eine exakte Beschreibung, sondern lassen wie schon bei der Kochschen Insel Bilder sprechen:

Die Konstruktion startet also mit einer Vierteilung des Quadrates in vier kleinere Quadrate, in welche ein Streckenzug in Form eines auf dem Kopf stehenden Buchstabens ‚u' eingezeichnet ist (siehe erstes Bild oben). Im nächsten Schritt wird jedes der vier Quadrate wiederum geviertelt und ein Streckenzug in solch einer Art und Weise eingewoben, dass das frühere ‚u' approximiert wird, wobei dies im Wesentlichen durch kleinere ‚u's realisiert wird, die ins Innere zeigen (also eben jenes Gebilde im zweiten Bild entsteht). Überträgt man diese Konstruktionsvorschrift in eine jeweils weitere Vierteilung der Quadrate, ergibt sich ein noch filigranerer Streckenzug (jener im dritten Bild) und iteratives Fortführen liefert letztlich eine *komplette* Ausfüllung des Quadrates durch einen sehr komplexen, sich nirgends schneidenden *unendlich langen* Streckenzug.[18] Die Länge des Streckenzuges nach der n-ten Iteration beträgt $2^n - 2^{-n}$.[19]

9.13 Die Kunst der Hochstapelei

Mit Aufgabe 5.8 stellte sich folgendes Problem: *Gegeben seien n identische quaderförmige Bausteine (etwa Dominosteine); diese sollen so an einer Kante gestapelt werden, dass ein möglichst großer Überhang entsteht!*

Diese Aufgabe ist im Falle eines einzigen Bausteins leicht zu lösen, in dem dieser zur Hälfte über die Kante geschoben wird, so dass sich also die überhängende Masse im Gleichgewicht mit der restlichen Masse befindet. Bei zwei Steinen ist es offensichtlich sinnvoll mit dem oberen Stein so zu verfahren wie im vorangegangenen Fall; dabei lässt sich der darunter liegende Stein nun noch zu einem Viertel über die Kante ziehen. Bei drei Steinen besetzt man die oberen beiden wie gehabt und, wie eine kurze Rechnung oder das Ausprobieren mit Dominosteinen zeigt, lässt sich der dritte dann noch um ein Sechstel über die Kante schieben.

Unsere oben beschriebene Konstruktion legt im Falle von n Steinen für die Masse der Steine links der Kante folgende Gleichgewichtsgleichung nahe

$$\frac{n}{2} = \underbrace{\frac{1}{2n}}_{\text{oberster}} + \underbrace{\frac{1}{2n} + \frac{1}{2n-2}}_{\text{zweiter}} + \ldots + \underbrace{\frac{1}{2n} + \frac{1}{2n-2} + \ldots + \frac{1}{2}}_{\text{unterster Stein}}.$$

Mit Hilfe der so genannten **harmonischen Zahlen**

$$h(m) := \sum_{\ell=1}^{m} \frac{1}{\ell} = 1 + \frac{1}{2} + \frac{1}{3} + \ldots + \frac{1}{m} \qquad \text{für} \quad m \in \mathbb{N}$$

können wir diese Gleichung nach einer kurzen Rechnung äquivalent zu

$$(9.3) \qquad \sum_{k=1}^{n-1} h(k) + n = nh(n)$$

umformen. Diese Formel lässt sich leicht per Induktion beweisen (was auch unserer induktiven Vorgehensweise bei der ‚Hochstapelei' Rechnung trägt) oder aber mit einem schönen *visuellen* Argument, welches wir hier dem

---

[18] Eine dies illustrierende und die sprachliche Beschreibung in den Schattenstellende Animation findet sich auf http://en.wikipedia.org/wiki/Hilbert_curve.

[19] Für weitere interessante Eigenschaften der Hilbertschen raumfüllenden Kurve (wie etwa deren Stetigkeit und Nichtdifferenzierbarkeit) verweisen wir auf das lesenswerte Buch: H. SAGAN, *Space-Filling Curves*, Springer 1994.

lesenswerten Buch „*Proofs without Words*" von Roger B. Nelson [**10**] entnehmen:

$$
\begin{array}{c}
1 \\
1 \quad \tfrac{1}{2} \\
\vdots \\
1 \quad \tfrac{1}{2} \quad \tfrac{1}{3} \cdots\cdots \tfrac{1}{n-1}
\end{array}
\;+\;
\begin{array}{c}
1 \quad \tfrac{1}{2} \quad \tfrac{1}{3} \cdots\cdots \tfrac{1}{n-1} \quad \tfrac{1}{n} \\
\tfrac{1}{2} \quad \tfrac{1}{3} \cdots\cdots \tfrac{1}{n-1} \quad \tfrac{1}{n} \\
\tfrac{1}{3} \cdots\cdots \tfrac{1}{n-1} \quad \tfrac{1}{n} \\
\vdots \\
\tfrac{1}{n}
\end{array}
\;=\;
\begin{array}{c}
1 \quad \tfrac{1}{2} \quad \tfrac{1}{3} \cdots\cdots \tfrac{1}{n-1} \quad \tfrac{1}{n} \\
1 \quad \tfrac{1}{2} \quad \tfrac{1}{3} \cdots\cdots \tfrac{1}{n-1} \quad \tfrac{1}{n} \\
1 \quad \tfrac{1}{2} \quad \tfrac{1}{3} \cdots\cdots \tfrac{1}{n-1} \quad \tfrac{1}{n} \\
\vdots \\
1 \quad \tfrac{1}{2} \quad \tfrac{1}{3} \cdots\cdots \tfrac{1}{n-1} \quad \tfrac{1}{n}
\end{array}
$$

Die geneigte Leserin versuche an dieser Stelle mindestens den visuellen Beweis der Gleichgewichtsgleichung (9.3) nachzuvollziehen.

Welchen Überhang kann unsere ‚Hochstapelei' produzieren? Der Überhang beträgt bei Verwenden von n Steinen genau

$$
(9.4) \qquad \frac{1}{2} + \frac{1}{4} + \ldots + \frac{1}{2n} = \frac{h(n)}{2},
$$

so dass also das Wachstum der harmonischen Zahlen $h(n)$ zu bestimmen ist. Wir (oder ein Computer) berechnen die ersten harmonischen Zahlen als

$$
1, \; \frac{3}{2}, \; \frac{11}{6}, \; \frac{25}{12}, \; \frac{137}{60}, \; \frac{49}{20}, \; \frac{363}{140}, \; \frac{761}{280}, \; \frac{7129}{2520}, \; \frac{7381}{2520}, \; \frac{83.711}{27.720}, \; \frac{86.021}{27.720}, \; \cdots
$$

Die harmonischen Zahlen treten als Partialsummen der harmonischen Reihe auf, welche wir in Abschn. 5.2 kennen gelernt haben. Dort hatten wir gezeigt, dass die harmonische Reihe divergiert und ihre Partialsummen, die harmonischen Zahlen $h(n)$ bei wachsendem n jede vorgegebene Schranke übertreffen.

Mit Hilfe der Integralrechnung können wir die Größenordnung von $h(n)$ genauer bestimmen. Hierzu beobachten wir, dass die Funktion $x \mapsto f(x) := \frac{1}{x}$ streng monoton fallend ist und also für $m \geq 2$

$$
\frac{1}{m} = \min_{m-1 \leq x \leq m} f(x) < \int_{m-1}^{m} \frac{\mathrm{d}x}{x} < \max_{m-1 \leq x \leq m} f(x) = \frac{1}{m-1}
$$

gilt, wobei wir ausgenutzt haben, dass das Integral über einen Weg der Länge eins erhoben wird. Durch Summation über m ergibt sich nun

$$
(9.5) \qquad h(n) - 1 = \sum_{m=2}^{n} \frac{1}{m} < \sum_{m=2}^{n} \int_{m-1}^{m} \frac{\mathrm{d}x}{x} < \sum_{m=2}^{n} \frac{1}{m-1} = h(n-1)
$$

und das auftretende Integral berechnet sich als

$$
\sum_{m=2}^{n} \int_{m-1}^{m} \frac{\mathrm{d}x}{x} = \int_{1}^{n} \frac{\mathrm{d}x}{x} = \log n.
$$

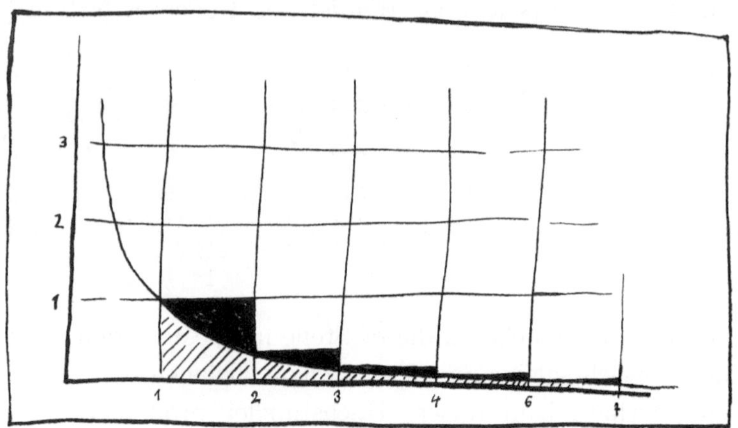

Abbildung 9.9. Diese Illustration zeigt die Approximation (9.5) der harmonischen Zahlen (als Flächen der Rechtecke) durch den Logarithmus (als Fläche unter dem Graphen von f).

Dass die Ableitung des natürlichen Logarithmus gerade die Funktion f ist, lernt man in der *Analysis* (und kennt es vielleicht schon aus der Schule); mit diesem Trick ergibt sich nun also eine Beziehung zwischen den harmonischen Zahlen und dem Logarithmus. Wegen $h(n) = h(n-1) + \frac{1}{n}$ wachsen die harmonischen Zahlen wie der Logarithmus: Für alle natürlichen Zahlen n gilt

$$(9.6) \qquad -\frac{1}{n} < h(n) - \log n < 1.$$

Soll ein Überhang von drei Dominosteinen realisiert werden, so sind hierfür bereits 227 Steine nötig (siehe auch die Grafik), denn

$$h(227) = 6.00437\ldots > 5.99996\ldots = h(226).$$

Übrigens bietet es sich hier wirklich an, mit einem Computer zu arbeiten, denn etwa die harmonische Zahl $h(227)$ als gekürzter Bruch geschrieben lautet

$$h(227) =$$
$$\frac{7210530454341478178114292924106791866448071719960766673184657267908514585008387695857601640547547}{1200881092808579751109445892858157237623011602251376919557525378451885327053551694768211209584000}$$

Für einen Überhang der doppelten Länge von sechs Steinen werden bereits 91.380 Steine benötigt. Die obige Approximation (9.6) der harmonischen Zahlen durch den Logarithmus erlaubt, ein besseres Verständnis für dieses

Wachstumverhalten zu bekommen. Schätzen wir einmal, wie viele Dominosteine für einen Überhang der Länge 50 benötigt werden: Nach unserer obigen Formel gilt

$$h(n) > \log n - 1;$$

damit ist der vorgeschriebene Überhang der Länge 50 nach (9.4) sicherlich mit n Steinen zu realisieren, wenn

$$\log n - 1 > 100 \qquad \text{bzw.} \qquad n > \exp(101).$$

Tatsächlich ist

$$\exp(101) =$$
$$73.070.599.793.680.672.726.476.826.340.615.135.890.078.390,0840\ldots$$

eine Zahl mit 44 Dezimalstellen vor dem Komma. Der Aufwand für mehr Überhang wächst also exponentiell! Tatsächlich spielt die Exponentialfunktion (und ebenso der Logarithmus als Umkehrfunktion) eine wichtige Rolle in vielen Wachstumsprozessen in der Natur, und wir hoffen mit ihrem enormen Wachstum die Leserin beeindruckt zu haben. *Wie viele Dominosteine benötigst Du für einen Überhang der Länge Deiner Körpergröße?*

Diese immensen Mengen von Dominosteinen vor Augen mag man sich fragen, ob wir in unserer Problemlösung nicht über das Ziel hinaus geschossen sind. Tatsächlich gibt es noch andere Strategien, weitaus größere Überhänge zu stapeln. So haben Mike Paterson und Uri Zwick eine Strategie entwickelt, mit der sich wirklich lange Überhänge mit relativ wenigen Steinen konstruieren lassen, beispielsweise einen Überhang der Länge drei mit nur zwanzig Steinen; dabei benutzen sie oftmals mehr als nur einen Stein pro Etage.[20]

Wir haben Interessantes über harmonische Zahlen gelernt. Und tatsächlich gibt es hierzu noch vieles zu entdecken und zu erforschen: Beispielsweise ist unbekannt, ob die Euler-Mascheroni-Konstante

$$\gamma := \lim_{n \to \infty} (h(n) - \log n) = 0{,}577\ldots$$

irrational ist? Diese Größe tritt in Abb. 9.9 als Fläche zwischen dem Graphen von f und dem darüber liegenden Polygonzug.

---

[20] M. PATERSON, U. ZWICK, Overhang, *Amer. Math. Monthly* **116** (2009), 19-44.

9.14 Kannibalische Käfer

In Aufgabe 5.9 sitzen vier kannibalische und hungrige Käfer auf den Ecken eines Quadrates der Seitenlänge d. Plötzlich beginnen alle gleichzeitig und mit derselben Geschwindigkeit auf den nächsten Käfer gegen den Uhrzeigersinn loszukrabbeln; dabei bewegen sie sich zu jedem Zeitpunkt direkt auf ihren jeweiligen Nachbarn zu. *Was wird passieren? Werden sich die Käfer treffen? Und wenn ja, wann und wo?* Es gibt viel Symmetrie: jeder Käfer ist Verfolger und Verfolgter zugleich![21]

Wir modellieren das Szenario durch *Diskretisierung* – die Käfer erhalten eine ‚diskrete Reaktionszeit' $n = 0, 1, 2, \ldots$: Zum Zeitpunkt n bewegen sie sich geradlinig auf ihr d_n Längeneinheiten entferntes Ziel zu und halten diese Richtung bei, bis sie die Distanz λd_n zurückgelegt haben und die diskrete Uhr die Zeit $n+1$ schlägt; es gilt also $d_0 = d$. Nun orientieren sich die Käfer neu, ändern die Richtung und laufen wiederum in Richtung auf den nun d_{n+1} entfernten Käfer los bis sie die Strecke λd_{n+1} gelaufen sind, und so weiter. (Wir haben hier also gewissermaßen eine induktive bzw. rekursive Beschreibung unseres Szenarios gegeben.) Wählen wir λ als sehr kleinen Parameter, also sicherlich $0 < \lambda < 1$, so können wir hoffen, etwas über die eigentlichen Fragen zu den gefräßigen Käfern erfahren zu können...

Wir beobachten: Die Abstände zwischen den Käfern werden mit der Zeit geringer, denn ein Verfolgter und sein Verfolger laufen nicht in dieselbe Richtung! Die Konfiguration der Käfer bleibt dabei erhalten, denn aufgrund des symmetrischen Verhaltens bilden die Käfer zu jedem Zeitpunkt ein Quadrat (wenngleich auch ein kleineres als zu Beginn). Damit werden die Käfer sich also alle gleichzeitig im Quadratmittelpunkt treffen.[22] *Aber wann?*

Die Käfergeschwindigkeit sei konstant v und mit s bezeichnen wir die Länge des Weges eines beliebigen Käfers zum Quadratmittelpunkt. Weil die zurückgelegte Strecke s sich als Produkt von Geschwindigkeit und Zeit ergibt, lässt sich die Zeit auch durch die Weglänge s berechnen. Der Weg ist übrigens (annähernd) spiralförmig.

Zur Berechnung dieser Weglänge sei (wie oben bereits erwähnt) d_n der Abstand zwischen sich verfolgenden Käfern zum Zeitpunkt n sowie $c_n = \lambda d_n$ die Länge der Strecke, die ein Käfer zwischen den Zeitpunkten n und $n+1$

---

[21] Diese Frage taucht in vielen verschiedenen Formen in der Literatur auf, beispielsweise in der sehr lesenswerten Problemsammlung *Die Hühnchen von Misnk und 99 andere hübsche Probleme* von J.B. Tschernjak, R.M. Rose im Rowohlt Verlag.

[22] Und womöglich gegenseitig fressen...?

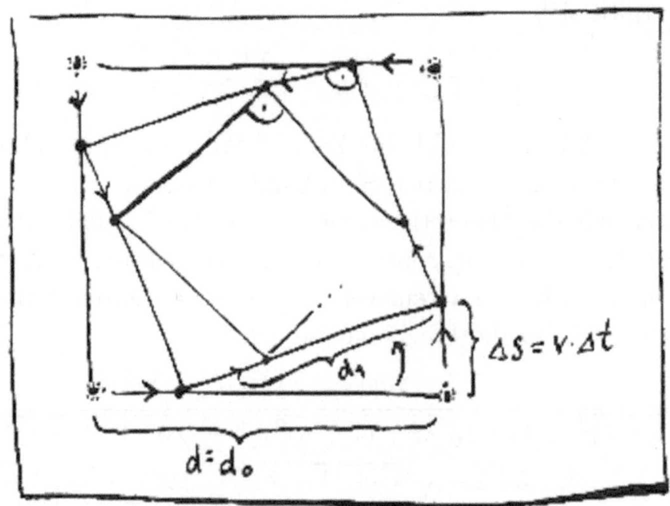

Abbildung 9.10. Die Verfolgungskurven der gefräßigen Käfer bei diskreter Zeit. Zeichne den weiteren Verlauf dieses Rennens ein.

zurücklegt. Mit dem Satz des Pythagoras gilt dann

$$d_{n+1}^2 = c_n^2 + (d_n - c_n)^2$$

sowie nach Ersetzen von c_n

$$d_{n+1}^2 = \lambda^2 d_n^2 + (1 - \lambda)^2 d_n^2 = (\lambda^2 + (1 - \lambda)^2) d_n^2$$

bzw.

$$d_{n+1} = \eta d_n \qquad \text{mit} \quad \eta := \sqrt{\lambda^2 + (1 - \lambda)^2};$$

hierbei ist $0 < \eta < 1$, weil nach unserer Annahme ebenso λ diesen Ungleichungen genügt. Wir sehen, dass nach jedem Zeitpunkt n die Distanz zwischen den Käfern noch positiv ist; erst im Grenzfall $n \to \infty$ strebt d_n gegen null! Mit obiger Rechnung ergibt sich auch die Rekursionsgleichung

$$c_n = \lambda d_n = \lambda \eta d_{n-1} = \eta c_{n-1},$$

und also bilden die Weglängen c_n eine geometrische Folge und per Induktion folgt

$$c_n = c_0 \eta^n = \lambda d \eta^n.$$

Für die Länge der Wegstrecke eines Käfers bis zum Zeitpunkt m ergibt sich so mit Hilfe der endlichen geometrischen Reihe

$$s_m = \sum_{n=0}^{m} c_n = \lambda d \sum_{n=0}^{m} \eta^n = \lambda d \frac{1 - \eta^{m+1}}{1 - \eta}.$$

Mit $m \to \infty$ ergibt sich

$$s = \lim_{m \to \infty} s_m = \frac{\lambda d}{1 - \eta},$$

also ein endlicher Wert (obwohl uns Zenons Wettlauf von Achill und der Schildkröte aus Abschn. 5.2 in den Sinn kommen mag).

Jetzt heben wir die Diskretisierung in unserem Modell auf: die Käfer benötigen keine Reaktionszeit, sondern orientieren sich permanent an ihrem Ziel. Hierzu bilden wir den Grenzwert bei $\lambda \to 0$. Durch Einsetzen und Erweitern ergibt sich für die Weglänge zunächst

$$\frac{\lambda d}{1 - \sqrt{\lambda^2 + (1 - \lambda)^2}} = \frac{\lambda d(1 + \sqrt{\lambda^2 + (1 - \lambda)^2})}{(1 - \sqrt{\lambda^2 + (1 - \lambda)^2})(1 + \sqrt{\lambda^2 + (1 - \lambda)^2})}$$

$$= \frac{\lambda d(1 + \sqrt{\lambda^2 + (1 - \lambda)^2})}{1 - \lambda^2 - (1 - \lambda)^2} = \frac{\lambda d(1 + \sqrt{\lambda^2 + (1 - \lambda)^2})}{2\lambda - 2\lambda^2}$$

und durch Grenzwertbildung kommt

$$s = \lim_{\lambda \to 0} \frac{\lambda d(1 + \sqrt{\lambda^2 + (1 - \lambda)^2})}{2\lambda(1 - \lambda)} = d,$$

also ist die Weglänge s gleich der Seitenlänge des Ausgangsquadrates der Käferkonfiguration. Für die Verfolgungsjagd berechnet sich damit die Zeit als Quotient von zurückgelegter Strecke und Geschwindigkeit als d/v.

Wesentlich einfacher lässt sich dieses Problem mit Hilfe der *Differential-rechnung* behandeln; dabei ist die Zeit von Anfang an nicht diskret sondern kontinuierlich. Aber hier wollen wir auf etwas anderes hinweisen, nämlich eine gewisse Verwandtschaft unserer diskreten Herangehensweise mit dem *Differenzenspiel*. Man starte mit vier natürlichen Zahlen, schreibe sie an die Ecken eines Quadrates. Nun berechnet man die Differenzen benachbarter Eckenzahlen; diese sollen jeweils nicht-negativ sein und werden an die Mitte der entsprechenden Kante eingetragen. Diese Kantenmitten bilden nun ein kleineres Quadrat innerhalb des Ausgangsquadrat und der eben beschriebene Prozess des Differenzenbildens wird mit diesem kleineren Quadrat fortgeführt. Auf diese Art und Weise entstehen ineinander geschachtelte Quadrate mit nicht-negativen ganzen Zahlen an den Eckpunkten. *Tatsächlich endet dieser Prozess nach endlich vielen Schritten mit einem kleinen Quadrat, dessen Ecken allesamt die Zahl null tragen* (siehe Abb. 9.11). Der Leser probiere es selbst mit einigen Beispielen aus und versuche sich an einem Beweis, dass jedes Spiel auf diese Art und Weise endet. Ein Hinweis sei mit auf den Weg gegeben: Durch das Bilden der Differenzen entstehen in der Regel

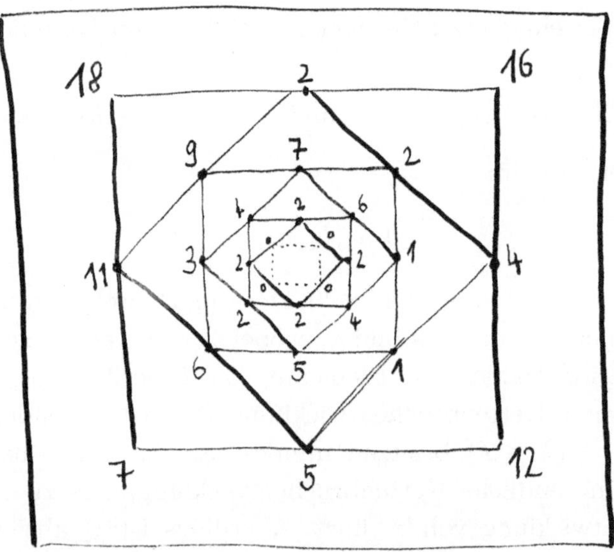

Abbildung 9.11. Das Differenzenspiel am Beispiel

kleinere nicht-negative Zahlen (was sehr gut zu den Nullen passt). Wer jetzt bereits meint, das Spiel durchschaut zu haben, der sei gewarnt: Ersetzt man das Quadrat durch ein reguläres Fünfeck, so können Phänomene auftreten, die beim Quadrat nicht zu beobachten sind! Dies und noch viel mehr zum Differenzenspiel, aber auch zu anderen interessanten Knobeleien bietet die Lektüre *Roots to Research* von Judith und Paul Sally.[23]

9.15 Das Unendliche

Der Begriff des Unendlichen ist einer der schwierigsten überhaupt in der Mathematik. Wir haben diverse Facetten dieses Begriffes kennen gelernt. Insbesondere Cantors Unterscheidung in abzählbare und überabzählbare Mengen erlaubt eine neue Sichtweise auf unsere Zahlbereiche. Beispielsweise zeigt sich mit diesen mengentheoretischen Begriffen bereits die Existenz transzendenter Zahlen!

Übrigens zeigte Cantor noch wesentlich mehr als die Überabzählbarkeit der reellen Zahlen. Tatsächlich entwickelte er eine ganze Theorie der Unendlichkeiten. Hier wollen wir Aufgabe 6.29 lösen und zeigen, dass die Mengen $\mathbb{R}$ und $\mathbb{R}^2 = \mathbb{R} \times \mathbb{R}$ gleichmächtig sind.

---

[23] J.D. SALLY, P.D. SALLY, *Roots to Research*, American Mathematical Society, Providence 2007.

Hierfür hat Cantor die Kettenbruchentwicklung der Zahlen im Einheits-intervall wie folgt eingesetzt: Gegeben $x, y \in (0, 1)$ mit Kettenbruchentwick-lungen

$$x = [0, a_1, a_2, \ldots] \qquad \text{und} \qquad y = [0, b_1, b_2, \ldots],$$

sei $z \in (0, 1)$ erklärt durch

$$z = [0, a_1, b_1, a_2, b_2, \ldots].$$

Dies liefert eine Abbildung $[0, 1) \times [0, 1) \to [0, 1)$, welche wohldefiniert ist und $\mathcal{I} \times \mathcal{I}$ bijektiv auf $\mathcal{I}$ abbildet, wobei $\mathcal{I}$ die Teilmenge der in $[0, 1]$ liegenden Irrationalzahlen ist; Elemente von $\mathcal{I}$ besitzen bekanntlich eine nicht abbrechende Kettenbruchentwicklung. Die verbleibenden Zahlen aus $([0, 1) \times [0, 1)) \setminus (\mathcal{I} \times \mathcal{I})$ besitzen mindestens eine rationale Komponente und also eine endliche Kettenbruchentwicklung, was zu Nullen in der Kettenbruchentwicklung von z führt. Allerdings ist $\mathbb{Q}$ abzählbar und eine genauere Analyse zeigt, wie die Elemente mit einer rationalen Komponente so eingearbeitet werden können, dass sich insgesamt eine Bijektion $\phi : [0, 1) \times [0, 1) \to [0, 1)$ einstellt und damit $\mathbb{R}^2$ und $\mathbb{R}$ gleichmächtig sind.

Cantors Ergebnisse stehen am Anfang einer bahnbrechenden Entwicklung der Mathematik. Wir hatten mit der Unentscheidbarkeit seiner Kontinuumshypothese (in Abschn. 5.6) bereits ein spektakuläres Beispiel angerissen. Jetzt wollen wir ein weiteres kniffeliges Unendlichkeitsproblem, diesmal aus der Informatik, vorstellen.

In die Geschichte eingegangen ist es als so genanntes *Halteproblem* und wurde 1936 von Alan Turing gelöst. Ihm zugrunde liegt die Existenz von so genannten Endlosschleifen in Computerprogrammen: Wenn ein bestimmter Programmteil immer wieder von sich selbst ausgeführt wird, so endet das Programm nie, der Computer ist damit so beschäftigt, dass keine anderen Eingaben mehr aufgenommen werden können, das System stürzt ab. Dies ist ein Problem, dem wir wahrscheinlich alle schon einmal selbst ausgesetzt waren. Als **Halteproblem** wird die Tatsache beschrieben, dass *es nicht möglich ist, die Frage ob ein Programm sich endlos wiederholt mit ‚JA‘ oder ‚NEIN‘ zu beantworten, ohne das Programm selbst auszuführen.*

Wir wollen uns an einer Skizze des Beweises dieser Aussage versuchen und beginnen optimistisch: Angenommen, es gibt eine Funktion END(INPUT), die ausspuckt, ob ein Programm mit bestimmtem INPUT terminiert oder endlos weiterläuft. Diese Funktion soll selbst keine Endlosschleife beinhalten, sondern in jedem der beiden Fälle zuverlässig JA oder

Abbildung 9.12. Alan Turing, ∗ 23. Juni 1912 in London – † 7. Juni 1954 in Wilmslow; begnadeter Marathonläufer, Mathematiker und einer der Begründer der Informatik. Er wirkte im zweiten Weltkrieg an der Entschlüsselung der Enigma in Bletchley Park mit. Turing wurde wegen seiner Homosexualität im Nachkriegsengland strafrechtlich verfolgt und musste eine Hormonbehandlung über sich ergehen lassen; sein Tod durch einen vergifteten Apfel ist nicht vollkommen geklärt.

NEIN ausgeben. Um ihre Funktionalität zu testen, definieren wir eine rekursive Funktion SELBSTTEST mit Hilfe eines *Pseudocodes*[24]:

```
function SELBSTTEST(Programm):
        if END(Programm, Programm)
    then SELBSTTEST(Programm);
```

Wenn das Programm terminiert, die Funktion END also JA ausgibt, dann wird die Funktion SELBSTTEST immer wieder aufgerufen und wir landen in einer Endlosschleife. SELBSTTEST endet nur dann, wenn END als Output NEIN zurückgibt, das Programm also nicht endet. (Das mag auf den ersten Blick vielleicht verzwickt erscheinen. Es hilft, sich eine eigene Programmskizze anzufertigen!)

---

[24] Unter einem Pseudocode versteht man einen Programmcode, der einen Algorithmus ohne Kenntnisse einer speziellen Programmiersprache anschaulich darstellt.

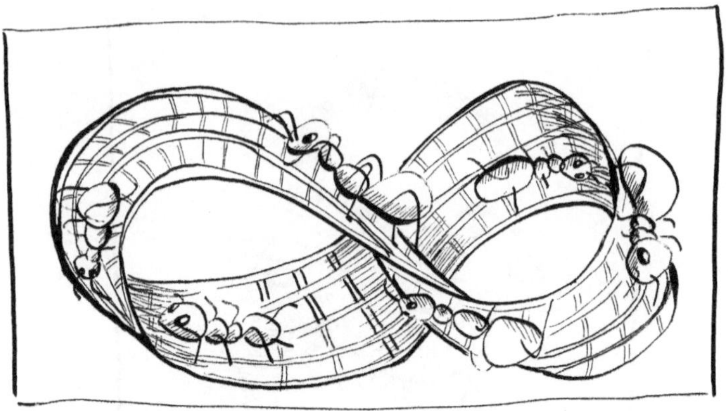

Abbildung 9.13. Ameisen auf einem unendlichen Trip auf einer liegenden 8

Nun kommt die eigentliche Idee: Da die Funktion SELBSTSTEST jedes beliebige Programm als INPUT haben kann, muss SELBSTTEST sich auch selbst testen können. Dies wird ausgeführt durch:

SELBSTTEST(SELBSTTEST);

Hier erhalten wir einen Widerspruch, denn dieser Aufruf endet genau dann, wenn er nicht endet. Demzufolge kann eine Funktion END nicht existieren.

Für Programmiererinnen ist diese Erkenntnis von enormer Bedeutung. Sie zeigt nämlich, dass die Fehlerfreiheit eines Programms nicht nachgewiesen werden kann! Und auch auf die Welt der Mathematik hatte dieser Beweis eine bahnbrechende Wirkung, weil er impliziert, dass manche Probleme schlichtweg nicht durch einen mathematischen Formalismus widerspruchsfrei gelöst werden können. Das entspricht genau der Aussage des Gödelschen Unvollständigkeitssatzes, der einige Jahre vor Turings Halteproblem für Furore gesorgt hatte. Die Idee hinter beiden Phänomenen ist das Selbstbezügliche, wie es uns in paradoxen Äußerungen wie *„Ich bin ein Lügner"* (vgl. Abschn. 2.1) verwirrt. Von diesen Ergebnissen der 1930er Jahre waren nicht nur Mathematik und Informatik betroffen. Neben Diskussion in der Philosophie übte die Auseinandersetzung mit dem Unendlichen auch auf die Kunstwelt eine große Faszination aus. Abb. 9.13 liefert ein schönes abschließendes Bild für Unendlich: die Endlosschleife; diesmal jedoch nicht von informatischer Bedeutung, sondern als frei interpretierte Nachahmung eines der berühmten Bilder von Maurits Cornelis Escher (1898–1972).

9.16 Newton-Näherung und Kettenbrüche

Es gilt die Aufgaben 5.7, 6.21 und 6.22 zu behandeln. Wir starten chronologisch mit dem von Bombelli gefundenen Kettenbruch. Sei

$$x = 3 + \cfrac{4}{6 + \cfrac{4}{6 + \cfrac{4}{6 + \ddots}}},$$

dann gilt $x = 3 + \frac{4}{3+x}$ bzw. $x^2 = 13$ und, wenn dieser unendliche Kettenbruch einen konvergenten Grenzwert besitzt, so ist dieser positiv und also $x = \sqrt{13}$. Tatsächlich ist es nicht schwierig, unsere Kettenbruchtheorie dahingehend zu verallgemeinern, endliche und unendliche Kettenbrüche der Form

$$\sqrt{a + b^2} = b + \cfrac{a}{2b + \cfrac{a}{2b + \cfrac{a}{2b + \ddots}}},$$

zu untersuchen, wobei a, b beliebige natürliche Zahlen sind. Dabei zeigt sich die gewünschte Konvergenz des Bombellischen Kettenbruchs für $\sqrt{13}$ völlig analog zu unseren regulären Kettenbrüchen.

Den herkömmlichen Näherungsbrüchen entsprechend findet man hier der Reihe nach die folgenden rationalen Approximationen:

$$\frac{p_n}{q_n} \quad : \quad 3 = \frac{3}{1},\ 3 + \frac{4}{6} = \frac{22}{6} = \frac{11}{3},\ \frac{144}{40} = \frac{18}{5},\ \frac{952}{264} = \frac{119}{33},\ \frac{6288}{1744} = \frac{393}{109},\ \cdots$$

Das Bildungsgesetz für die Nenner und Zähler ist dabei wiederum eine Rekursion, nämlich $r_{n+1} = 6r_n + 4r_{n-1}$ für $r_n = p_n$ bzw. $r_n = q_n$. Im Vergleich mit den moderater wachsenden Näherungsbrüchen der regulären Kettenbruchentwicklung von $\sqrt{13} = [3, \overline{1,1,1,1,6}]$, das sind

$$\mathbf{\frac{3}{1}},\ \frac{4}{1},\ \frac{7}{2},\ \mathbf{\frac{11}{3}},\ \mathbf{\frac{18}{5}},\ \mathbf{\frac{119}{33}},\ \frac{137}{38},\ \frac{256}{71},\ \mathbf{\frac{393}{109}},\ \cdots,$$

ergeben sich Übereinstimmungen. Wir beobachten, dass der Kettenbruch bei Bombelli schneller zu exzellenten rationalen Näherungen führt, aber Zähler und Nenner nicht teilerfremd sind; hingegen liefert bekanntlich der reguläre Kettenbruch sämtliche besten Approximationen und Zähler und Nenner der Näherungsbrüche sind teilerfremd. Dies ist nicht sonderlich überraschend und erklärt die Übereinstimmungen bei den Näherungsbrüchen.

Nebenbei haben wir Aufgabe 6.22 angeschnitten. Allerdings sollten wir auch ein paar Worte über einen alternativen Ansatz verlieren, bei dem die

Antwort nicht *vom Himmel fällt*. Mutmaßen wir hinter einer Folge rationaler Zahlen, dass sie den Beginn der Folge der Näherungsbrüche an eine reelle Zahl ξ bilden, so können wir mit Hilfe des rekursiven Zusammenhangs zwischen Zählern und Nennern der Näherungsbrüche und den Teilnennern des Kettenbruches für ξ letztlich ξ eingrenzen kann. In dem Beispiel aus Aufgabe 6.22 findet man leicht $3, 1, 1, 1, 1, 6, 1, 1$ für die Folge der Teilnenner, womit ξ dem Intervall $[\frac{137}{38}, \frac{256}{71}]$ entstammen muss, wobei sich die Intervallgrenzen aus den Kettenbruchentwicklungen $\frac{137}{38} = [3, 1, 1, 1, 1, 6, 1]$ und $\frac{256}{71} = [3, 1, 1, 1, 1, 6, 1, 1]$ herleiten; eine endliche Folge kann hierbei natürlich nur ein Intervall determinieren, nicht aber eine konkrete Zahl. Das nächste Folgeglied sollte dabei von der Form $\frac{256a+137}{71a+38}$ mit dem nächsten Teilnenner a sein.

Nun zu Cataldis Beobachtung: Bemerkenswerterweise stimmen die Näherungsbrüche von Bombelli nach Kürzen von Zähler und Nenner mit den Folgegliedern a_n der rekursiv definierten Folge

$$a_{n+1} = \frac{1}{2} \left(a_n + \frac{13}{a_n} \right) \qquad \text{mit} \quad a_0 = 3$$

überein. Gehen wir von der Konvergenz der a_n gegen einen von null verschiedenen Grenzwert a aus, so errechnet sich a aus der Rekursionsformel in ganz ähnlicher Weise wie beim Heronschen Wurzelziehen in Abschn. 5.1 durch Grenzwertbildung:

$$a = \lim_{n \to \infty} a_{n+1} = \lim_{n \to \infty} \frac{1}{2} \left(a_n + \frac{13}{a_n} \right) = \frac{1}{2} \left(a + \frac{13}{a} \right)$$

bzw. $a^2 = 13$; weil bei positivem a_0 auch sämtliche a_n positiv sind, ist also $a = \sqrt{13}$ unter unserer Voraussetzung an die Konvergenz. Zur Beantwortung von Aufgabe 5.7 zeigen wir nun: *Wenn der Kettenbruch zu $\sqrt{d}$ minimale Periode ℓ besitzt, dann liefert die Iteration*

$$a_{n+1} = \frac{1}{2} \left(a_n + \frac{d}{a_n} \right) \qquad \textit{mit} \quad a_0 = \lfloor \sqrt{d} \rfloor$$

angewandt auf den Näherungsbruch $\frac{p_{k\ell-1}}{q_{k\ell-1}}$ mit beliebigem $k \in \mathbb{N}$ den Näherungsbruch $\frac{p_{2k\ell-1}}{q_{2k\ell-1}}$. Cataldis Beobachtung findet sich hier in dem Spezialfall $d = 13$ wieder.[25]

Wir skizzieren den Beweis der oben ausgeführten Verallgemeinerung: Es bezeichne $p_{k\ell-1}, q_{k\ell-1}$ die k-te Lösung der Pellschen Gleichung $X^2 - dY^2 =$

---

[25] Tatsächlich war wohl Siegmund Günther 1874 der Erste, das Cataldische Phänomen aufzuklären; weiteres zu dieser Thematik in: M. FILASETA, Newton's Method and Simple Continued Fractions, *Fibonacci Q.* **24** (1986), 41-46.

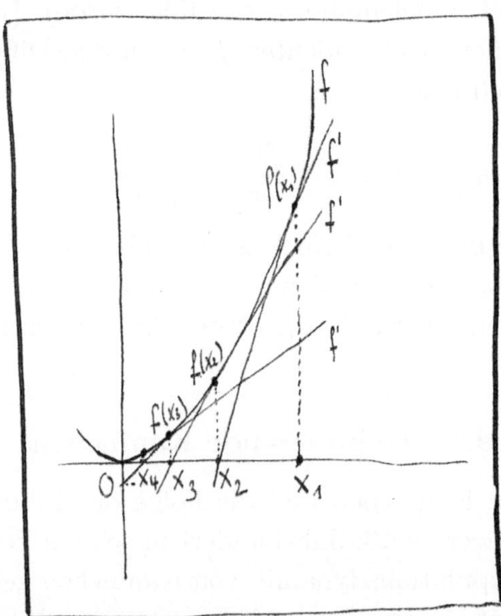

Abbildung 9.14. Geometrisch steht die Iteration beim Newtonschen Näherungsverfahren für das Bilden einer Tangente an den Graphen einer Funktion.

± 1 nach Satz 7.2; ist die Periode ℓ ungerade, so liefert übrigens $p_{\ell-1}, q_{\ell-1}$ eine Lösung der Gleichung $X^2 - dY^2 = -1$ (siehe [15]). Dann gilt

$$p_{2k\ell-1} + q_{2k\ell-1}\sqrt{d} = ((p_{\ell-1} + q_{\ell-1}\sqrt{d})^k)^2 = (p_{k\ell-1} + q_{k\ell-1}\sqrt{d})^2$$
$$= p_{k\ell-1}^2 + dq_{k\ell-1}^2 + 2p_{k\ell-1}q_{k\ell-1}\sqrt{d}$$

bzw.

$$\frac{p_{2k\ell-1}}{q_{2k\ell-1}} = \frac{p_{k\ell-1}^2 + dq_{k\ell-1}^2}{2p_{k\ell-1}q_{k\ell-1}},$$

was die Aussage mit $a_n = \frac{p_n}{q_n}$ bereits beweist.

Vielleicht ist dies nicht ganz befriedigend, liefert es doch keine Erklärung für die Formel hinter dem Heronschen Wurzelziehen. Die einfachste Begründung ist folgende geometrische (wie sie Heron selbst wohl nicht hatte): Zu einer gegebenen reellwertigen diffenzierbaren Funktion f mit Nullstelle ξ basiert das **Newtonsche-Näherungsverfahren** auf der Iteration

$$x_{n+1} = x_n - \frac{f(x_n)}{f'(x_n)};$$

die sich aus einem Startwert x_0 hieraus ergebende Folge der x_n konvergiert unter gewissen Umständen gegen die Nullstelle ξ (wenn x_0 hinreichend nah zu dem in der Regel unbekannten ξ gewählt wurde). Hintergrund ist die Annäherung des Differentialquotienten $f'(x)$ an den Differenzenquotienten $\frac{f(x+h)-f(x)}{(x+h)-x}$ bei $h \to 0$ bzw.

$$f'(x_n) = \frac{f(x_n) - f(\xi)}{x_n - x_{n+1}}$$

in der Situation der Iterationsformel (siehe Abb. 9.14). Speziell für $f(x) = x^2 - d$ ist $f'(x) = 2x$, und eine kleine Rechnung zeigt, dass die Formel des Newtonschen Näherungsverfahrens mit der des Heronschen Wurzelziehens identisch ist.

9.17 Kopulierende Kaninchen

Nun geht es um Kaninchen und die Folge der Fibonacci-Zahlen, welche von eben Fibonacci im 13. Jahrhundert in seinem Lehrbuch in Zusammenhang mit der Populationsdynamik von Kaninchen gebracht worden ist, wie Aufgabe 5.1 beschreibt. Tatsächlich treten die Fibonacci-Zahlen bereits früher in der indischen Kultur auf, nämlich in sprachwissenschaftlichen Untersuchungen des Linguisten und Mathematikers Virahanka im sechsten Jahrhundert, und auch bei dem Universalgelehrten Acharya Hemachandra im elften Jahrhundert. Tatsächlich sind Fibonacci-Zahlen zwar etwas Besondere, aber auch nur eine Spezies unter vielen, wie auch die Kaninchen. Aber bevor wir genauer erklären, was wir damit meinen, lösen wir zunächst Aufgabe 5.1.

Fibonacci wollte mit seiner Aufgabe eine Kaninchenpopulation mathematisch modellieren. Zur Klärung in wie weit sich ein Kaninchenpaar innerhalb eines Jahres fortpflanzen würde, machte er vereinfachende Modellannahmen: Die Nagetiere sind im zweiten Monat geschlechtsreif und ab dann entsteht in jeden Monat pro Pärchen ein neues Kaninchenpaar. Dabei sterben keine Kaninchen und es kommen auch keine Kaninchen von außen in die Population neu hinzu.

Im ersten und im zweiten Monat existiert lediglich das Ausgangspärchen, im dritten Monat kommt ein Pärchen dazu, ebenso im vierten Monat. Dann ist das zweite Pärchen geschlechtsreif und es kommen zwei Pärchen dazu also sind es insgesamt fünf Pärchen. Man überlegt sich leicht, dass in den nächsten Monaten, wegen der Geschlechtsreife, jeweils so viele Kaninchenpaare hinzukommen wie es zwei Monate zuvor waren. Bezeichnen wir die Anzahl der Kaninchen im n-ten Monat mit F_n (ohne zunächst an die Fibonacci-Zahlen zu denken), so ergibt sich $F_n = F_{n-1} + F_{n-2}$ für

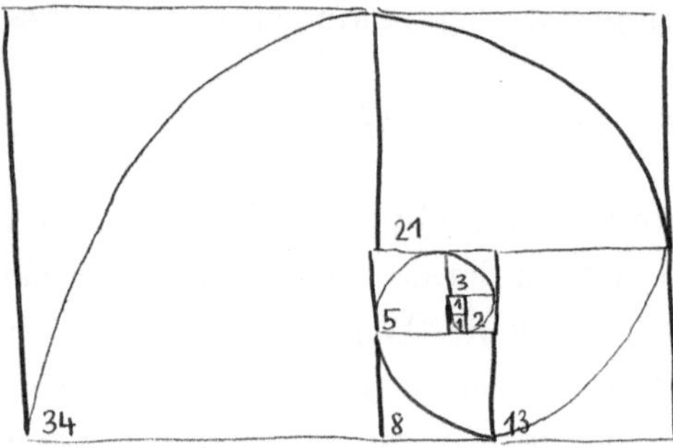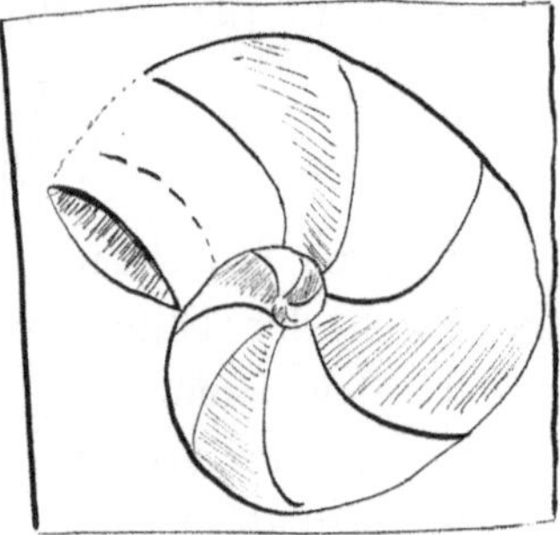

Abbildung 9.15. Fibonacci-Zahlen und ein Schneckenhaus

$n \geq 2$. Dies ist die Rekursionsformel der Folge der Fibonacci-Zahlen; deren Startwerte $F_0 = 1$ und $F_1 = 1$ passen genau zur Situation in der Kaninchenpopulation. Also existieren nach n Monaten genau F_n Paare von Kaninchen, wobei F_n die n-te Fibonacci-Zahl ist. Nach einem Jahr existieren somit bereits $F_{12} = 144$ Paare.

Wer durch die sicherlich idealisierten Annahmen, wie etwa zur Kaninchensterblichkeit oder deren Fortpflanzungstrieb, noch nicht davon überzeugt ist, dass Fibonacci-Zahlen tatsächlich von großer Bedeutung in der Beschreibung gewisser dynamischer Prozesse ist, den wird vielleicht das Folgende umstimmen.

Beispielsweise finden sich Fibonacci-Zahlen in der Architektur von Schneckenhäusern und in den Blüten von Pflanzen wieder.[26] Wir gehen hier lediglich kurz auf die Phyllotaxis der Sonnenblume ein. Die Sonnenblumenblüte besteht aus kleinen Samen, die spiralförmig in entgegengesetzten Richtungen angeordnet sind. Mit dem bloßen Auge entsteht der Eindruck, dass diese sehr gleichmäßig verteilt sind. Allerdings herrscht keine exakte Symmetrie vor, weshalb links- und rechtsherum nicht gleich viele Spiralarme laufen. Zählt man diese jeweils, so erhält man ein erstaunliches Ergebnis: In der einen Richtung ergibt sich eine Fibonacci-Zahl, in der anderen Richtung die darauf folgende. Bei sehr gut gewachsenen Sonnenblumen findet sich etwa ein Verhältnis von 89 zu 144 oder sogar 144 zu 233 Spiralzügen. Zur Klärung dieses Phänomens erinnern wir uns an eine wichtige Formel aus Abschn. 6.4: Die Quotienten zweier aufeinander folgender Fibonacci-Zahlen

---

[26] Diese und weitere Beispiele werden erläutert in: N.N. Vorobiev, *Fibonacci Numbers*, Birkhauser 2002.

lieferen beste rationale Approximationen an den goldenen Schnitt G; es gilt

$$\lim_{n\to\infty} \frac{F_{n+1}}{F_n} = \frac{1}{2}(\sqrt{5}+1) = G.$$

Damit stehen die Spiralarme der Sonnenblume im Verhältnis des goldenen Schnitts zueinander. Damit sind die Samen derart verteilt, dass der Versetzungswinkel gleich dem so genannten goldenen Winkel 137,5° ist (welcher sich ergibt, wenn der Vollkreis von 360° im Verhältnis des goldenen Schnitts geteilt wird.) Für die Sonnenblume ist dies evolutionär wichtig. Zum einen vermeidet diese ‚irrationale' Versetzung der einzelnen Blüten um den goldenen Winkel, dass jeweils eine Blüte senkrecht zur Sonne hin und über der anderen steht, was einen besseren Lichteinfall gewährleistet. Zum anderen lässt sich zeigen, dass damit für eine optimale Raumausnutzung des Blütenbereichs gesorgt ist.[27]

Die Fibonacci-Folge hat, insbesondere durch ihr zahlreiches Auftreten in Natur und auch Architektur, eine recht exponierte Rolle inne. Tatsächlich ist sie allerdings nur eine von vielen! Genauer gesagt, beschreibt sie einen speziellen Fall der allgemeineren rekursiven **Lucas-Folgen** $U_n(P,Q)$ und $V_n(P,Q)$, benannt nach Édouard Lucas (1842–1891) und definiert durch Parameter P und Q und die Rekursionsformeln

$$U_n = P \cdot U_{n-1} - Q \cdot U_{n-2} \qquad \text{mit} \quad U_0 = 0,\ U_1 = 1,$$

sowie

$$V_n = P \cdot V_{n-1} - Q \cdot V_{n-2} \qquad \text{mit} \quad V_0 = 2, V_1 = P.$$

Man sieht leicht, dass sich die Fibonacci-Zahlen aus $U_n = U_n(1,-1)$ ergeben, wohingegen die Zahlen $V_n = V_n(1,-1)$ Lucas-Folgen genannt werden. Damit sind wir aber noch lange nicht am Ende rekursiver Folgen dieser Form angekommen. Auch für die Lucas-Folgen existieren noch Erweiterungen und Verallgemeinerungen. So können mehr als zwei Parameter zugelassen werden, die Lucas-Folgen vermengt werden, der Anspruch auf Ganzzahligkeit der Folgenglieder weggelassen und die Startwerte verändert werden. Hier wollen wir an dieser Stelle allerdings auf weiterführende Literatur wie etwa das Buch *Meine Zahlen, meine Freunde* von Paulo Ribenboim[28] verweisen.

---

[27] Mehr hierzu in H. HELLWIG, T. NEUKIRCHNER, Phyllotaxis: die mathematische Beschreibung und Modellierung von Blattstellungsmustern, *Math. Semesterberichten* **57** (2010), 17-56.

[28] P. RIBENBOIM, *Meine Zahlen, meine Freunde*, Springer-Verlag, 2009.

9.18 Ganzzahlige Punkte auf Hyperbeln

Nun dreht sich alles um die Pellsche Gleichung und deren Lösungen. Interessant sind dabei die hinter der Arithmetik verborgenen geometrischen Aspekte.

Zunächst lösen wir Aufgabe 7.9. Diese Textaufgabe übersetzt sich unschwer in die Pellsche Gleichung

$$X^2 - 13Y^2 = 1.$$

Mit Blick auf Satz 7.2 von Legendre, dass die Lösungen in der Kettenbruchentwicklung von $\sqrt{13}$ enthalten sind und berechnen diese als

$$\sqrt{13} = [3, \overline{1,1,1,1,6}].$$

Da die Periode eine ungerade Länge hat, gilt es, den $2 \cdot 5 - 1 = 9$-ten Näherungsbruch zu bestimmen; dieser ist

$$[3,1,1,1,1,6,1,1,1,1] = \frac{649}{180},$$

und somit ist $x = 649, y = 180$ die Minimallösung der Pellschen Gleichung zu $d = 13$. Es besteht also $649^2 - 13\cdot 180^2 = 1$ und damit sind insgesamt mindestens $649^2 = 421.201$ Karten notwendig, was allerdings – und nun kommt eine Spitzfindigkeit! – eine ungerade Zahl ist, und insofern mit einem aus Pärchen von Spielkarten bestehenden Memory nicht zu vereinbaren ist. Die nächst größere Lösung der Pellschen Gleichung entsteht durch Quadrieren der Minimallösung aus

$$(649 + 180\sqrt{13})^2 = 842.401 + 233.640\sqrt{13}$$

als $x = 842.401$ und $y = 233.640$. Wiederum ist x ungerade und spätestens hier sollten sich Zweifel an der Lösbarkeit der Aufgabe einstellen! Offensichtlich ist jedes ganzzahlige x in einer Gleichung

$$x^2 = 1 + 13y^2$$

ungerade, denn ein gerades x ließe modulo 8 den Rest 0 oder 4, während die rechte Seite $1 + 13y^2 \equiv 1,5$ oder 6 mod 8 ist. Also existiert kein solches Memory.

Abschließend lösen wir noch Aufgabe 7.13. Zu einer beliebigen natürlichen Zahl n ist eine Darstellung

$$(\sqrt{2} - 1)^n = \sqrt{m+1} - \sqrt{m}$$

mit einer natürlichen Zahl m gesucht. Für die Näherungsbrüche $\frac{p_n}{q_n}$ an $\sqrt{2}$ gilt nach dem Beispiel aus Abschn. 7.1

$$(p_n + q_n\sqrt{2})(p_n - q_n\sqrt{2}) = p_n^2 - 2q_n^2 = (-1)^{n-1}.$$

Wir zeigen per Induktion nach $n = 0, 1, \ldots$ nun

$$(9.7) \qquad q_n\sqrt{2} - p_n = (-1)^n(\sqrt{2} - 1)^{n+1}.$$

Für $n = 0, 1$ folgt dies aus $p_0 = 1, q_0 = 1$ sowie $p_1 = 3, q_1 = 2$. Angenommen, die Identität besteht für alle $0, 1, \ldots, n$, so gilt sie auch für $n + 1$ anstelle von n, denn

$$
\begin{aligned}
q_{n+1}\sqrt{2} - p_{n+1} &= (2q_n + q_{n-1})\sqrt{2} - (2p_n + p_{n-1}) \\
&= 2(\sqrt{2} - 1)^n(-1)^{n-1} + (\sqrt{2} - 1)^{n-1}(-1)^{n-2} \\
&= (\sqrt{2} - 1)^{n+2}(-1)^{n+1}.
\end{aligned}
$$

Aus (9.7) folgt

$$(\sqrt{2} - 1)^n = (-1)^{n+1}(q_{n-1}\sqrt{2} - p_{n-1}).$$

Damit gilt wegen $p_{n-1}^2 - 2q_{n-1}^2 = 1$ die gewünschte Darstellung mit $m = p_{n-1}^2$ für ungerade n und $m = 2q_{n-1}^2$ für gerade n. Die Aufgabe gelöst. Beispielsweise ergibt sich im Falle $n = 3$ somit $m = p_2^2 = 49$ und

$$(\sqrt{2} - 1)^3 = 5\sqrt{2} - 7 = \sqrt{50} - \sqrt{49}.$$

Wie wir bereits angemerkt haben, beschreibt die Pellsche Gleichung eine Hyperbel. Diese algebraische Kurve tritt nach einem der astronomischen Gesetze von Johannes Kepler (1571–1630) als Flugbahn von Kometen auf. Durch die Gravitationskraft der Sonne bewegen sich die großen Himmelskörper, die Planeten wie etwa die Erde, auf elliptischen Bahnen um die Sonne herum. Hingegen verlaufen die Bahnen der kleinen Kometen normalerweise auf einer Parabel- oder Hyperbelbahn an der Sonne vorbei; der Halleysche Komet, der auf einer periodischen elliptischen Bahn mit einer Umlaufszeit von ca. 76 Jahren kreist, ist eine Ausnahme, hervorgerufen durch die Anziehung massereicher Himmelskörper. Gilt es zu entscheiden, ob die Bahn eines Kometen eine Ellipse oder eine Hyperbel ist, so determinieren bereits relativ wenige Beobachtungen den Bahntypen. Wir hatten im Fall einer Hyperbel gesehen, dass Punkte mit ganzzahligen Koordinaten durch Potenzieren Anlass zu unendlich vielen weiteren solchen Punkten geben, ein Szenario, welches für eine Ellipse in Ermangelung ihrer Ausdehnung unmöglich ist.

Abbildung 9.16. Nicole-Reine Lepaute, $*$ 4. Januar 1723 – $\dagger$ 6. Dezember 1788 in Paris; Astronomin. Madame Lepaute spielte eine wichtige Rolle bei der exakten Berechnung der Flugbahn des Halleyschen Kometen 1759; ihre Vorhersage der Sonnenfinsternis von 1764 war die genaueste in ganz Europa.

Nicht ganz unverwandt mit dieser Beobachtung und mathematisch sehr interessant ist die Fragestellung, wie viele Punkte (in allgemeiner Lage) notwendig sind, auf den Typ der algebraischen Kurve zu schließen, der hinter einer quadratischen Gleichung (in der euklidischen Ebene) verborgen ist. Wir überlassen der interessierten Leserin die Lösung dieser klassischen Aufgabe der *analytischen Geometrie*.

9.19 Rechte Winkel und Quadrate en masse

Nun geht es mit Aufgabe 7.6 um pythagoräische Tripel, also eine Verknüpfung von Geometrie und Arithmetik. U.a. sollen sämtliche pythagoräischen Tripel (x, y, z) mit $\min\{x, y\} \leq 12$ bestimmt werden, eine Aufgabe, wie sie vielleicht bereits in babylonischen Zeiten wirklich zur Erstellung rechter Winkel in der Baubranche relevant war.

Hilfreich bei der Erstellung der gewünschten Liste ist Euklids Parametrisierung solcher Tripel in Satz 7.4. Das kleinste primitive pythagoräische Tripel ist dabei $(3, 4, 5)$ von $a = 2, b = 1$ herrührend. Durch Multiplikation mit geeigneten natürlichen Zahlen entstehen so $(6, 8, 10)$ und $(9, 12, 15)$ sowie $(12, 16, 27)$; jedes weitere mit $(3, 4, 5)$ *verwandte* pythagoräische Tripel ist hingegen zu groß. Die Wahl $a = 3, b = 2$ führt auf das primitive pythagoräische Tripel $(5, 12, 13)$ und auch hier findet man durch Multiplikation ein weiteres Tripel für unsere Liste. Wegen $\min\{x, y\} = \min\{a^2 - b^2, 2ab\} \leq 12$ handelt es sich bei dieser Teilaufgabe um ein endliches Problem und mit wenig Mühe ergibt sich die gewünschte Liste schließlich (bis auf Permutationen) als

$$(3, 4, 5), \ (5, 12, 13), \ (6, 8, 10), \ (7, 24, 25), \ (8, 15, 17), \ (9, 40, 41),$$
$$(9, 12, 15), \ (10, 24, 26), \ (11, 60, 61), \ (12, 16, 20), \ (12, 35, 37).$$

Als nächste Teilaufgabe ist zu zeigen, dass $xyz \equiv 0 \bmod 60$ für jedes pythagoräische Tripel (x, y, z) gilt. Wir haben also die Primteiler von 60, das sind $2, 3$ und 5 als Teiler von x, y oder z wiederzufinden; tatsächlich benötigen wir das Auftreten der 2 sogar in zweiter Potenz. Weil die pythagoräischen Tripel mit Quadraten im Zusammenhang stehen, ist es naheliegend, zunächst Quadrate zu studieren.

Quadrate modulo drei sind $\equiv 0$ oder $1 \bmod 3$; dann muss mindestens eines der Quadrate x^2, y^2 oder z^2 durch drei teilbar sein. Quadrate modulo acht sind $\equiv 0, 1$ oder $4 \bmod 8$, weshalb mindestens eines der Quadrate x^2, y^2 oder z^2 gerade sein muss; ist dabei nur ein Quadrat gerade, nennen wir es m^2, so muss bereits $4 \mid m$ gelten. Ansonsten sind alle Terme gerade und es gilt sogar $8 \mid xyz$. Quadrate modulo fünf sind $\equiv 0, 1, 4 \bmod 5$ und wiederum muss mindestens eines der Quadrate ein Vielfaches von fünf sein. Insgesamt folgt mit der paarweisen Teilerfremdheit von $3, 4$ und 5 die Behauptung.

Die nächste Teilaufgabe ist rechenintensiv, aber einfach: Die Folgen $(a_n)_n$ und $(c_n)_n$ sind rekursiv definiert durch

$$a_{n+1} = 3a_n + 2c_n + 1 \qquad \text{und} \qquad c_{n+1} = 4a_n + 3c_n + 2$$

mit Startwerten $a_1 = 3$ und $c_1 = 5$. Es ist zu zeigen, dass $(a_n, a_n + 1, c_n)$ für jedes $n \in \mathbb{N}$ ein pythagoräisches Tripel ist. Weil wir eine Rekursion vorliegen haben, bietet sich ein Induktionsbeweis an.

Für $n = 1$ entsteht das pythagoräische Tripel $(3, 4, 5)$ und für $n = 2$ kommt $(20, 21, 29)$. Wir nehmen nun an, dass $(a_n, a_n + 1, c_n)$ ein pythagoräisches Tripel ist, also

$$(9.8) \qquad\qquad c_n^2 = a_n^2 + (a_n + 1)^2 = 2a_n^2 + 2a_n + 1$$

besteht, und beweisen die Aussage durch Induktion nach n. Wir berechnen

$$
\begin{aligned}
a_{n+1}^2 &= (3a_n + 2c_n + 1)^2 \\
&= 9a_n^2 + 4c_n^2 + 1 + 12a_nc_n + 6a_n + 4c_n, \\
(a_{n+1} + 1)^2 &= (3a_n + 2c_n + 2)^2 \\
&= 9a_n^2 + 4c_n^2 + 4 + 12a_nc_n + 12a_n + 8c_n, \\
c_{n+1}^2 &= (4a_n + 3c_n + 2)^2 \\
&= 16a_n^2 + 9c_n^2 + 4 + 24a_nc_n + 16a_n + 12c_n.
\end{aligned}
$$

Dies in Kombination mit (9.8) liefert

$$
a_{n+1}^2 + (a_{n+1} + 1)^2 - c_{n+1}^2 = 2a_n^2 + 2a_n + 1 - c_n^2 = 0,
$$

und die Induktion ist abgeschlossen.

Abschließend soll gezeigt werden, dass jedes pythagoräische Tripel der Form $(a, a + 1, c)$ in der Familie der pythagoräischen Tripel $(a_n, a_n + 1, c_n)$ aus der soeben behandelten Teilaufgabe vorkommt. Dies ist nicht so einfach. Zur Lösung führen wir einen Formalismus ein, der in der *linearen Algebra* eine zentrale Rolle spielt. Tatsächlich kann man diese Teilaufgabe auch ohne diesen Formalismus lösen (und wir hoffen, dass die Leserin dies getan hat), allerdings erleichtert unsere Herangehensweise das Hantieren mit den verschiedenen, recht komplizierten Gleichungen und gibt uns Raum, die wesentliche Beweisidee herauszuarbeiten.

Gegeben sei ein System zweier linearer Gleichungen in zwei veränderlichen Größen x und y:

$$
\begin{aligned}
a_{11}x + a_{12}y &= b_1, \\
a_{21}x + a_{22}y &= b_2,
\end{aligned}
$$

wobei die Zahlen a_{ij}, b_i allesamt reell seien. Dann lässt sich dieses lineare Gleichungssystem in die Form

$$
(9.9) \qquad\qquad A \cdot \mathcal{X} = b
$$

bringen, wobei

$$
A := \begin{pmatrix} a_{11} & a_{12} \\ a_{21} & a_{22} \end{pmatrix} = (a_{ij}), \quad \mathcal{X} = \begin{pmatrix} x \\ y \end{pmatrix} \quad \text{und} \quad b = \begin{pmatrix} b_1 \\ b_2 \end{pmatrix}.
$$

Hierbei ist A eine 2×2-**Matrix** mit den Einträgen a_{ij} und b ein aus den Zahlen b_i gebildeter **Spaltenvektor** ist; die Multiplikation von Matrix und

Spaltenvektor ist wie folgt definiert:

$$\begin{pmatrix} a_{11} & a_{12} \\ a_{21} & a_{22} \end{pmatrix} \cdot \begin{pmatrix} x \\ y \end{pmatrix} = \begin{pmatrix} a_{11}x + a_{12}y \\ a_{21}x + a_{22}y \end{pmatrix},$$

so dass offensichtlich das lineare Gleichungssystem in (9.9) widergespiegelt wird. Tatsächlich erklären wir darüber hinaus noch die Multiplikation gleich großer Matrizen durch die analoge Definition:[29]

$$\begin{pmatrix} a_{11} & a_{12} \\ a_{21} & a_{22} \end{pmatrix} \cdot \begin{pmatrix} c_{11} & c_{12} \\ c_{21} & c_{22} \end{pmatrix} = \begin{pmatrix} a_{11}c_{11} + a_{12}c_{21} & a_{11}c_{12} + a_{12}c_{22} \\ a_{21}c_{11} + a_{22}c_{21} & a_{21}c_{12} + a_{22}c_{22} \end{pmatrix}.$$

Die Einträge der ersten Spalte der Produktmatrix rechts stimmen dabei mit dem Ergebnis der Multiplikation der Matrix links mit der ersten Spalte der zweiten Matrix auf der linken Seite überein; insofern sind die beiden Definitionen konsistent.

In der *linearen Algebra* wird gezeigt, dass dieses System genau dann eine eindeutige Lösung $\begin{pmatrix} x \\ y \end{pmatrix}$ besitzt, wenn die **Determinante** $a_{11}a_{22} - a_{12}a_{21}$ von A ungleich null ist. In diesem Fall kann man diese eindeutige Lösung elegant in ganz ähnlicher Weise gewinnen wie bei einer linearen Gleichung in einer Unbekannten: Angenommen, es gilt $11X = 7$ zu lösen, so multiplizieren wir diese Gleichung mit dem Inversen $11^{-1} = \frac{1}{11}$ und erhalten $x = \frac{7}{11}$ als die gesuchte Lösung. Im Fall der obigen *Matrixgleichung* (9.9) multiplizieren wir analog mit dem Inversen von A, welches gegeben ist durch

$$A^{-1} = \frac{1}{a_{11}a_{22} - a_{12}a_{21}} \begin{pmatrix} a_{22} & -a_{12} \\ -a_{21} & a_{11} \end{pmatrix}$$

(denn dann liefert unsere Matrizenmultiplikation

$$A \cdot A^{-1} = \begin{pmatrix} 1 & 0 \\ 0 & 1 \end{pmatrix}$$

und genau diese Matrix ist neutral bzgl. dieser Multiplikation, wie man sich in einer Nebenrechnung klar mache). Auf diese Weise lösen wir das Gleichungssystem (9.9) durch

$$\begin{pmatrix} x \\ y \end{pmatrix} = \begin{pmatrix} 1 & 0 \\ 0 & 1 \end{pmatrix} \cdot \begin{pmatrix} x \\ y \end{pmatrix} = A^{-1} \cdot A \cdot \mathcal{X} = A^{-1} \cdot b.$$

---

[29] Man merke sich dies als ‚Zeile mal Spalte'.

Die Lösungen sind somit explizit gegeben durch $\cdot$

$$x = \frac{1}{a_{11}a_{22} - a_{12}a_{21}}(a_{22}b_1 - a_{12}b_2),$$

$$y = \frac{1}{a_{11}a_{22} - a_{12}a_{21}}(-a_{21}b_1 + a_{11}b_2).$$

Hiermit ist die (vielleicht aus der Schule bekannte und) nach Gabriel Cramer aus dem 18. Jahrhundert benannte Cramersche Regel verwandt. Löst man das Ausgangsgleichungssystem ohne diesen Formalismus, ergibt sich dieselbe Lösung, und der mit Matrizen unerfahrene Leser sollte dies unbedingt mit Bleistift und Papier im Detail nachvollziehen. Eine weitere Übung für diesen neuen Formalismus bietet der Beweis des Satzes 6.8 zum Gesetz der besten Näherung, in dem wir das lineare Gleichungssystem (6.14) zu lösen hatten. Tatsächlich kann auch das Kettenbruchkalkül mit Hilfe von solchen Matrizen durch

$$\begin{pmatrix} a_0 & 1 \\ 1 & 0 \end{pmatrix} \cdot \begin{pmatrix} a_1 & 1 \\ 1 & 0 \end{pmatrix} \cdot \ldots \cdot \begin{pmatrix} a_n & 1 \\ 1 & 0 \end{pmatrix} = \begin{pmatrix} p_n & p_{n-1} \\ q_n & q_{n-1} \end{pmatrix}$$

beschrieben werden (in der üblichen Notation bei Kettenbrüchen) und die Aussage $p_n q_{n-1} - p_{n-1} q_n = (-1)^{n-1}$ in Satz 6.6 ist letztlich eine Determinante. Verallgemeinerungen des oben eingeführten Formalismus behandeln Systeme von beliebig vielen linearen Gleichungen in mehreren Unbekannten wie sie etwa beim Rinderproblem (Abschn. 7.1) auftreten.

Zurück zu unserem Problem mit den pythagoräischen Tripeln: Wir schreiben die Rekursion als

$$\begin{pmatrix} a_{n+1} \\ c_{n+1} \end{pmatrix} = \begin{pmatrix} 3 & 2 \\ 4 & 3 \end{pmatrix} \begin{pmatrix} a_n \\ c_n \end{pmatrix} + \begin{pmatrix} 1 \\ 2 \end{pmatrix}.$$

Durch Multiplikation mit der inversen Matrix entsteht eine Umkehrung der Rekursion nämlich:

$$\begin{pmatrix} a_n \\ c_n \end{pmatrix} = \begin{pmatrix} 3 & -2 \\ -4 & 3 \end{pmatrix} \begin{pmatrix} a_{n+1} \\ c_{n+1} \end{pmatrix} + \begin{pmatrix} 1 \\ -2 \end{pmatrix}.$$

Der Beweis dieser Teilaufgabe erfolgt mit Wohlordnung und dem Fermatschen Abstieg (vgl. Abschn. 7.3): Sei $(a, a+1, c)$ ein pythagoräische Tripel, also

$$(9.10) \qquad\qquad a^2 + (a+1)^2 = c^2.$$

Dann seien A, C definiert durch die umgekehrte Rekursionsformel mit (a, c) statt (a_{n+1}, c_{n+1}), d. h.

$$\begin{pmatrix} A \\ C \end{pmatrix} = \begin{pmatrix} 3 & -2 \\ -4 & 3 \end{pmatrix} \begin{pmatrix} a \\ c \end{pmatrix} + \begin{pmatrix} 1 \\ -2 \end{pmatrix}.$$

Wir berechnen

$$\begin{aligned} A^2 &= (3a - 2c + 1)^2 \\ &= 9a^2 + 4c^2 + 1 - 12ac + 6a - 4c, \\ (A + 1)^2 &= (3a_n - 2c_n + 2)^2 \\ &= 9a^2 + 4c^2 + 4 - 12ac + 12a - 8c, \\ C^2 &= (-4a + 3c - 2)^2 \\ &= 16a^2 + 9c^2 + 4 - 24ac + 16a - 12c. \end{aligned}$$

Damit gilt wegen (9.10)

$$A^2 + (A + 1)^2 - C^2 = a^2 + (a + 1)^2 - c^2 = 0.$$

Also ist $(A, (A + 1), C)$ ein pythagoräisches Tripel, wobei wir jedoch noch sicherstellen wollen, dass A und C natürliche Zahlen sind. Aus (9.10) folgt

$$2a^2 < a^2 + (a + 1)^2 = c^2 < \tfrac{9}{4}a^2 \qquad \text{bzw.} \qquad \sqrt{2}a < c < \tfrac{3}{2}a$$

für $a \geq 9$. Einsetzen dieser Abschätzungen zeigt

$$A = 3a - 2c + 1 > 0 \qquad \text{und} \qquad C = -4a + 3c - 2 > 0$$

und also gilt nach Konstruktion $A, C \geq 1$. Definieren wir nun für pythagoräische Tripel $(x, y, z) \in \mathbb{N}^3$ das **Gewicht** als $\gamma(x, y, z) = x + z$ (so ähnlich wie im Beweis von Satz 2.8 zum Calkin-Wilf-Baum), so gilt

$$\gamma(A, A + 1, C) = -a + c - 1 < a + c = \gamma(a, a + 1, c).$$

Damit findet sich zu jedem pythagoräischen Tripel der Form $(a, a + 1, c)$ mit $a \geq 9$ ein weiteres derselben Form $(A, A + 1, C)$ mit (letztlich) einem kleineren Gewicht. Also gibt es ein pythagoräisches Tripel besagter Form, sagen wir $(x, x + 1, z)$ mit $x < 9$. Gemäß unserer Liste aus (i) folgt für dieses jedoch $x = 3$ und $c = 5$, welches auch die Startwerte unserer rekursiv definierten (und somit eindeutigen) Folgen $(a_n)_n$ und $(c_n)_n$ sind; damit gilt aber $a = a_m$ und $c = c_m$ für ein gewisses $m \in \mathbb{N}$.

Die oben eingehend studierte Rekursion geht auf R. Ryden und H. Hering zurück.[30] Rekursionen waren auch im Zusammenhang mit den Fibonacci-Zahlen und auch bei der Pellschen Gleichung aufgetreten. Empfehlenswerte Literatur zu diesem Thema ist *Recurrence Sequences* von Graham Everest et al..[31]

In Aufgabe 7.16 sind die natürlichen Zahlen gesucht, die sich als Differenz zweier Quadrate darstellen lassen. Ein Blick in den bildlichen Beweis von Korollar 3.2 suggeriert eine Vorgehensweise: Zunächst einmal besitzen alle ungeraden $m = 2n + 1$ eine solche Darstellung, denn

$$(n + 1)^2 - n^2 = 2n + 1;$$

für natürliche Zahlen der Gestalt $n = 4k$ ergibt sich die gewünschte Darstellung aus der Formel

$$(n + 1)^2 - (n - 1)^2 = 4n.$$

Quadrate ganzer Zahlen lassen bei Division durch 4 den Rest 0 oder 1, also lässt die Differenz zweier Quadrate nie den Rest 2 bei Division durch 4, weshalb also kein $m = 4n + 2$ eine Darstellung als Differenz zweier Quadrate besitzt. Damit folgt dann auch leicht, dass alle natürlichen Zahlen bis auf eins und zwei in einem pythagoräischen Tripel auftreten.

9.20 Zahlkörper

In den Aufgaben 3.22 und 3.41 werden Zahlkörper untersucht. Allgemein versteht man unter einem Zahlkörper eine algebraische Erweiterung von $\mathbb{Q}$, wie beispielsweise

$$\mathbb{Q}(\sqrt{d}) = \{a + b\sqrt{d} : a, b \in \mathbb{Q}\}.$$

Das diese Menge mit der üblichen Addition und Multiplikation einen Körper bildet, rechnet man direkt nach. Der Nachweis eines multiplikativen Inversen wurde an verschiedenen Stellen explizit durchgeführt; die anderen Eigenschaften sind leicht zu überprüfen. In vielerlei Hinsicht sind Zahlkörper

---

[30] R. Ryden, Nearly isosceles pythagorean triples, *Math. Teacher* **76** (1983), 52-56; H. Hering, Nearly isosceles pythagorean triples – once more, *Math. Teacher* **79** (1986), 724-725. Auch lesenswert ist der schöne Artikel: J. Gollnick, H. Scheid, J. Zöllner, Rekursive Erzeugung der primitiven pythagoreischen Tripel, *Math. Sem.* **39** (1992), 85-88. Allgemeiner ist die frühere Arbeit: F.J.M. Barning, On Pythagorean and quasi-Pythagorean triangles and a generation process with the help of unimodular matrices, *Math. Centrum Amsterdam Afd. Zuivere Wisk.* (1963), ZW-011, 37 pp. (in Niederländisch).

[31] G. Everest, A. van der Poorten, I. Shparlinski, T. Ward, *Recurrence sequences*, American Mathematical Society, Providence 2003.

ihrer Teilmenge $\mathbb{Q}$ ähnlich; oft genug sind sie jedoch von Vorteil, weil sie reichhaltiger sind.

Interessant ist der Vergleich von $\mathbb{Q}(\sqrt{d})$ mit dem Polynomring $\mathbb{Q}[X]$. Ersetzt man in einem beliebigen Polynom mit rationalen Koeffizienten

$$P(X) = a_n X^n + \ldots + a_2 X^2 + a_1 X + a_0$$

die Unbestimmte X durch $\sqrt{d}$, so entsteht mit

$$P(\sqrt{d}) = a_n \sqrt{d}^{\,n} + \ldots + a_2 \sqrt{d}^{\,2} + a_1 \sqrt{d} + a_0$$

ein Element des Zahlkörpers $\mathbb{Q}(\sqrt{d})$. In diesem letzten Ausdruck liefert jeder Summand mit einem geraden Exponenten einen rationalen Beitrag, während im Falle eines irrationalen $\sqrt{d}$ die Summanden mit ungeradem Exponenten irrationale Beiträge liefern. Bereits mit Hilfe der linearen Polynome $a + bX$ entstehen so sämtliche Elemente $a + b\sqrt{d}$ von $\mathbb{Q}(\sqrt{d})$. Durch die Spezifizierung $X = \sqrt{d}$ wird aus dem Polynomring $\mathbb{Q}[X]$ somit der Zahlkörper $\mathbb{Q}(\sqrt{d})$. In der *Algebra* wird in diesem Zusammenhang etwas präziser die Isomorphie

$$\mathbb{Q}(\sqrt{d}) \cong \mathbb{Q}[X]/(X^2 - d)\mathbb{Q}[X]$$

bemüht. Das Gebilde auf der rechten Seite ist dabei als Quotientenstruktur im Sinne von Abschn. 2.3 zu verstehen und besteht aus den Äquivalenzklassen der für Polynome $P_j \in \mathbb{Q}[X]$ definierten Relation

$$P_1 \equiv P_2 \quad : \Longleftrightarrow \quad P_1 - P_2 = Q \cdot (X^2 - d) \quad \text{für ein } Q \in \mathbb{Q}[X]$$

(in Analogie zur Konstruktion der Restklassenringe). Das Polynom $X^2 - d$ ist dabei das Minimalpolynom der quadratischen Irrationalzahl $\sqrt{d}$.

Hingegen handelt es sich bei der Menge

$$\mathcal{M} := \{a + b\sqrt[3]{2} : a, b \in \mathbb{Q}\}$$

nicht um einen Körper, denn in einem Körper existieren beliebige Potenzen, während das Quadrat von $\sqrt[3]{2}$ nicht in $\mathcal{M}$ ist. Ansonsten bestünde für gewisse $a, b \in \mathbb{Q}$ nämlich

$$(\sqrt[3]{2})^2 = a + b\sqrt[3]{2}$$

bzw.

$$4 - 3a(\sqrt[3]{2})^4 + 3a^2(\sqrt[3]{2})^2 - a^3 = \left((\sqrt[3]{2})^2 - a\right)^3 = 2b^3.$$

Nun ist $(\sqrt[3]{2})^k$ offensichtlich irrational für $k = 2$ und $k = 4$ (was man genauso zeigt wie $\sqrt{2} \notin \mathbb{Q}$ in Abschn. 1.1) und die letzte Gleichung kann mit einem $a \neq 0$ also nur dann bestehen, wenn die irrationalen Terme auf der linken Seite sich aufheben:

$$-3a(\sqrt[3]{2})^4 + 3a^2(\sqrt[3]{2})^2 = 0 \qquad \text{bzw.} \qquad (\sqrt[3]{2})^4 = a(\sqrt[3]{2})^2,$$

was der Rationalität von a widerspräche. Also ist $a = 0$ und die daraus resultierende Gleichung $(\sqrt[3]{2})^2 = b\sqrt[3]{2}$ ist mit dem gleichen Argument unmöglich.

Der kleinstmögliche Körper, der $\mathcal{M}$ enthält, ist gegeben durch

$$\mathbb{Q}(\sqrt[3]{2}) := \{a + b\sqrt[3]{2} + c(\sqrt[3]{2})^2 \: : \: a, b, c \in \mathbb{Q}\}.$$

Dass dies tatsächlich ein Körper ist, und dieser auch noch die gewünschte Minimalitätseigenschaft besitzt, ist ohne weitere Kenntnisse der *Algebra* nur relativ aufwendig zu verifizieren, weshalb wir hier auf den Nachweis verzichten und auf [**17**] verweisen.

In Aufgabe 4.23 geht es nicht um Zahlkörper, vielmehr ist hier ein endlicher Körper mit vier Elementen zu konstruieren. Nun ist 4 keine Primzahl, womit die Restklassenkörper modulo Primzahlen also nicht in Betracht kommen. Tatsächlich ist zunächst Skepsis angebracht, dass ein solcher Körper überhaupt existiert, allerdings zeigt sich, dass dieser sich nahezu notwendig aus den Axiomen ergibt, sogar in expliziter Form.

Jeder Körper besitzt eindeutig bestimmte, bzgl. der Addition und Multiplikation neutrale Elemente, welche wir mit 0 und 1 notieren (und die nichts mit den reellen Pendants zu tun haben müssen). Weil wir einen Körper K mit vier Elementen kennen lernen wollen, gibt es im Falle seiner Existenz sicherlich noch zwei weitere Elemente, denen wir mit α und β Namen geben wollen. Nun sind mit diesen aufgrund der additiven Abgeschlossenheit des Körpers auch $\alpha + 1$ und $\beta + 1$ Körperelemente, was insgesamt zu viele Elemente für unseren Körper mit sich brächte, es sei denn einige dieser aufgeführten Elemente fallen zusammen. Es ist sicherlich $\alpha + 1$ verschieden von 1, denn sonst wäre $\alpha = 0$. Ebenso ist $\alpha + 1$ verschieden von α, denn ansonsten fielen 0 und 1 zusammen. Schließlich besteht noch die Möglichkeit, dass $\alpha + 1 = 0$ ist; dann ist α das additiv Inverse von 1 und wir könnten durch Erklärung einer geeigneten Multiplikation den drei Elementen $0, 1, \alpha$ die Struktur eines Körpers mitgeben, welcher dann im Wesentlichen gleich[32] dem Restklassenkörper $\mathbb{Z}/3\mathbb{Z}$ modulo drei ist (und also $\alpha = 2 \bmod 3$). Aber unser Ziel ist ja ein Körper mit vier Elementen, weshalb wir nun davon ausgehen, dass $\alpha + 1 \neq 0$ und somit unser gesuchtes viertes Element ist; gewissermaßen ersetzt $\alpha + 1$ also unser β. Die Frage ist

---

[32] Besser: *isomorph* in der Sprache der *Algebra*.

nun, ob diese Menge von vier Elementen, $K := \{0, 1, \alpha, \alpha+1\}$ ein Körper sein kann. Mit Blick auf die zu erfüllenden Axiome ergeben sich notwendig die folgenden Verknüpfungstafeln:

$+$	0	1	α	$\alpha+1$
0	0	1	α	$\alpha+1$
1	1	0	$\alpha+1$	α
α	α	$\alpha+1$	0	1
$\alpha+1$	$\alpha+1$	α	1	0

und

$\times$	0	1	α	$\alpha+1$
0	0	0	0	0
1	0	1	α	$\alpha+1$
α	0	α	$\alpha+1$	1
$\alpha+1$	0	$\alpha+1$	1	α

Die jeweils ersten Zeilen sind trivial; die anderen schwieriger. Hier sind etliche Rechnungen zu leisten, und wir greifen drei exemplarisch heraus: Weil K den Körper mit zwei Elementen $\{0, 1\}$ enthalten soll, gilt $1+1 = 0$ in K wie in dem kleineren Körper. Als Nächstes fragen wir nach der Summe von $\alpha+1$ und 1. Deren Summe kann nicht gleich einem der beiden Summanden sein, sonst wäre ja der andere Summand null. Es verbleiben somit zwei Möglichkeiten; das Assoziativgesetz zeigt jedoch: $(\alpha+1)+1 = \alpha+(1+1) = \alpha+0 = \alpha$. Schließlich betrachten wir noch $\alpha \times \alpha$. Dieses Produkt ist sicherlich ungleich null und ungleich eins (mit den selben Argumentationen wie zuvor). Wäre $\alpha \times \alpha = 1$, so folgte

$$(\alpha + 1) \times (\alpha + 1) = \alpha \times \alpha + (1 + 1) \times \alpha + 1 = 1 + 0 + 1 = 0,$$

was der Nullteilerfreiheit in Körpern widerspräche. Also ist $\alpha \times \alpha = \alpha+1$. Mit ähnlichen Argumenten füllen sich nach und nach die Verknüpfungstabellen ohne auftretende Widersprüche.

Offensichtlich erfüllt damit K die Körperaxiome und ist dabei sogar eindeutig bestimmt;[33] hierbei ist K nicht zu verwechseln mit dem Restklassenring $\mathbb{Z}/4\mathbb{Z}$, welcher wegen $2 \bmod 4 \times 2 \bmod 4 \equiv 0 \bmod 4$ ja kein Körper ist. Vielmehr entsteht K aus den Polynomen mit Koeffizienten aus $\mathbb{Z}/2\mathbb{Z}$, in die für die Unbestimmte $X = \alpha$ eingesetzt und mittels der Gleichung $\alpha^2 = \alpha+1$ reduziert wird (wie oben im Zahlkörperbeispiel). Hierbei bleiben lediglich die Konstanten 0 und 1 übrig und die gegenüber $\mathbb{Z}/2\mathbb{Z}$ *neuen*, von

---

[33] Bis auf *Isomorphie*, um einmal mehr die algebraische Sprache zu verwenden, die hier bedeutet, dass jeder andere Körper mit vier Elementen von derselben Struktur ist.

linearen Polynomen herrührenden Elemente. Diese Konstruktion lässt sich verallgemeinern und in ganz ähnlicher Weise beispielsweise auch ein Körper mit neun Elementen konstruieren, nicht aber einer mit sechs Elementen. *Tatsächlich gibt es zu jeder Primzahlpotenz p^f einen im Wesentlichen eindeutig bestimmten Körper mit genau p^f Elementen* (siehe [**17**]).

9.21 Wie GPS-Navigation funktioniert

Das *Global Positioning System* (GPS) stellt jedem Benutzer mit Empfangsgerät dessen genaue Position auf der Erdoberfläche mit Hilfe von zur Zeit mindestens 29 Satelliten bereit. Um dieses zu erklären, benötigen wir nur ein wenig *analytische Geometrie* und noch weniger Physik, wie sie bereits in der Schule vorkommen.

Sei p die Position des Empfängers und s_j die Raumposition des Satelliten j im dreidimensionalen Raum. Nun trifft ein Funksignal vom Satelliten s_j nach einer gewissen Zeit, sagen wir t_j, beim Empfänger ein; steht nun c für die Lichtgeschwindigkeit, so ist $\delta_j = ct_j$ die *scheinbare* Distanz zwischen Satellit j und Empfänger p. Allerdings gibt es hier ein nicht zu unterschätzendes praktisches Problem: Während die Satellitenuhren (hoffentlich) sehr gut synchronisiert sind, ist davon auszugehen, dass der Zeitmesser des Empfängers schlecht synchronisiert ist; bezeichnet nun t_0 die Differenz zur synchronisierten Zeit der Satelliten, so weicht die wahre Distanz zwischen Empfänger und Satellit um $\delta_0 := ct_0$ von der scheinbaren ab. Es ist also

$$\delta_j - \delta_0 = c(t_j - t_0)$$

die tatsächliche Distanz zwischen Empfänger und Satellit. In der Ebene $\mathbb{R}^2$ wird der so-genannte euklidische Abstand eines Punktes $p = (x, y)$ vom Ursprung $(0, 0)$ durch

$$\|p\| = \sqrt{x^2 + y^2}$$

gemessen. Im Hintergrund steht natürlich wieder einmal der Satz des Pythagoras, der besagt, dass in einem rechtwinkligen Dreieck die Summe der Quadrate der Katheten gleich dem Quadrat der Hypotenuse ist.[34] Demzufolge ist der Abstand zweier Punkte $p_j = (x_j, y_j) \in \mathbb{R}^2$ mit $j = 1, 2$ also $\|p_1 - p_2\| = \sqrt{(x_1 - x_2)^2 + (y_1 - y_2)^2}$. (Dies erklärt sich einfach dadurch, dass wir mittels einer Translation der gesamten Ebene den Punkt p_2 in den

---

[34] Was oft genug auch einfach mit der ohne Weiteres sinnfreien Formel $a^2 + b^2 = c^2$ zitiert wird...

Ursprung schieben können und $\|p_1 - p_2\|$ gleich dem Abstand des Punktes $p = p_1 - p_2$ vom Ursprung ist). Im Raum $\mathbb{R}^3$ gilt entsprechend

$$\|p\| = \sqrt{x^2 + y^2 + z^2} \qquad \text{für} \quad p = (x, y, z) \in \mathbb{R}^3,$$

und die Distanz zweier Punkte $p_j = (x_j, y_j, z_j) \in \mathbb{R}^3$ mit $j = 1, 2$ notieren wir also mit

$$d(p_1, p_2) := \|p_1 - p_2\| = \sqrt{(x_1 - x_2)^2 + (y_1 - y_2)^2 + (z_1 - z_2)^2}.$$

Diese Abbildung erfüllt genau die Eigenschaften, die man von einer *Distanzfunktion*[35] erwartet: sie ist nicht-negativ, d. h. für beliebige $p_j = (x_j, y_j, z_j)$ gelten

$$d(p_1, p_2) \geq 0 \qquad \text{und} \qquad d(p_1, p_2) = 0 \quad \text{genau für } p_1 = p_2;$$

ferner besteht Symmetrie: $d(p_1, p_2) = d(p_2, p_1)$, und es gilt die Dreiecksungleichung (vgl. Satz 5.2)

$$d(p_1, p_2) \leq d(p_1, p_3) + d(p_3, p_2).$$

Letzteres macht man sich leicht an einem beliebigen Dreieck klar: die Summe der Längen zweier verschiedener Seiten eines Dreiecks ist stets größer oder gleich der Länge der verbleibenden dritten Seite; Gleichheit tritt nur im Falle eines *Zweiecks* auf, wenn nämlich zwei Ecken des Dreiecks zusammenfallen.[36] Tatsächlich sollte hiervon ein formaler Beweis erbracht werden, *aber dieses Buch ist zu dünn, um einen solchen zu beinhalten!*

Um nun die drei unbekannten Koordinaten x, y, z der Position des Empfängers $p = (x, y, z)$ und den durch mangelnde Synchronisation entstandenen unbekannten Distanzfehler δ_0 berechnen zu können, benötigen wir mindestens *vier* Satelliten. Schreiben wir nämlich

$$q_j(p, \delta_0) := d(p, s_j)^2 - (\delta_j - \delta_0)^2,$$

so genügen nämlich die *vier* Unbekannten x, y, z und δ_0 den *vier* quadratischen Gleichungen $q_j(p, \delta_0) = 0$ für $j = 1, \ldots, 4$. Wir formen diese um und führen zur Erleichterung der Rechnung eine Notation ein: Für irgendwelche reellen a, b, c, x, y, z sei

$$(x, y, z) \cdot (a, b, c) := ax + by + cz,$$

---

[35] Bzw. eine *Metrik*, wie eine solche in *Analysis* und *linearen Algebra* genannt wird.

[36] Wenn also die Vektoren, die die Ecken bilden, linear abhängig sind, um die Sprache der *linearen Algebra* zu benutzen.

so dass also insbesondere $p \cdot p = \|p\|^2$ (verwandt mit der Matrizen- und Vektorenmultiplikation in Abschn. 9.19). Damit erhalten wir aus $q_j(p, \delta_0) = 0$ nach kurzer Rechnerei nun

$$(9.11) \quad \|p\|^2 - 2p \cdot s_j + \|s_j\|^2 - \delta_j^2 + 2\delta_j\delta_0 - \delta_0^2 = 0 \qquad \text{für} \quad j = 1, \ldots, 4.$$

Jetzt kommt die wesentliche Idee: Diese vier quadratischen Gleichungen lassen sich auf drei lineare und eine einzige quadratische Gleichung reduzieren! **!** Subtraktion liefert nämlich

$$q_j(p, \delta_0) - q_4(p, \delta_0) = 0 \qquad \text{für} \quad j = 1, 2, 3,$$

wobei diese sich nach einer weiteren Rechnerei als
$$(9.12)$$
$$\|s_j\|^2 - 2p \cdot (s_j - s_4) - \|s_4\|^2 - \delta_j^2 + 2(\delta_j - \delta_4)\delta_0 + \delta_1^2 = 0 \qquad \text{für} \quad j = 1, 2, 3$$

erweisen; diese Gleichungen sind linear in den unbekannten Koordinaten x, y, z von p und δ_0. Sind diese drei linearen Gleichungen erfüllt und zusätzlich die quadratische Gleichung $q_4(p, \delta_0) = 0$, dann gilt ebenso (9.11). Lässt sich keine dieser linearen Gleichungen aus den anderen beiden heraus durch Multiplikation mit einer Konstanten und anschließender Addition der Gleichungen bilden,[37] so gibt es nicht nur eine Lösung für die vier Unbekannten, sondern gleich eine Vielzahl von Lösungen, nämlich:

$$(x, y, z, \delta) = (x_0, y_0, z_0, \delta_0) + \lambda(u, v, w, d) \qquad \text{mit} \quad \lambda \in \mathbb{R}$$

beliebig, wobei $(x_0, y_0, z_0, \delta_0)$ irgendeine spezielle Lösung ist und u, v, w, d gewisse reelle Zahlen sind. Nun wird nicht jede solche Lösung zu der tatsächlichen GPS-Position passen; wir sollten dies eigentlich nur von einer einzigen dieser Vielzahl von Lösungen erwarten. Setzen wir jedoch diese allgemeine Lösung in die bislang unberücksichtigte quadratische Gleichung ein, so ergibt sich genau dann

$$q_4(x_0 + \lambda u, y_0 + \lambda v, z_0 + \lambda w, \delta_0 + \lambda d) = q_4(x, y, z, \delta) = 0,$$

wenn

$$0 = \|(x_0 + \lambda u, y_0 + \lambda v, z_0 + \lambda w)\|^2 - 2(x_0 + \lambda u, y_0 + \lambda v, z_0 + \lambda w) \cdot s_4 +$$
$$+ \|s_4\|^2 - \delta_4^2 + 2\delta_4(\delta_0 + \lambda d) - (\delta_0 + \lambda d)^2.$$

---

[37] In der *linearen Algebra* sagt man, dass die Gleichungen damit *linear unabhängig* sind.

Dies ist nunmehr lediglich eine quadratische Gleichung in dem reellen unbekannten Parameter λ und einfaches Umformen führt auf

$$0 = \lambda^2(\|(u,v,w)\|^2 - d^2) + 2\lambda\{((x_0,y_0,z_0) - s_4) \cdot (u,v,w) + (\delta_4 - \delta_0)d\}$$
$$+ \|(x_0,y_0,z_0)\|^2 - 2(x_0,y_0,z_0) \cdot s_4 + \|s_4\|^2 - (\delta_4 - \delta_0)^2.$$

Im Normalfall besitzt diese Gleichung zwei reelle Lösungen, sagen wir λ_1 und λ_2. Setzt man diese λ_j in die Parameterdarstellung ein, so ergeben sich zwei mögliche Positionen des Empfängers auf der Erdoberfläche; die *richtige* ist in der Regel leicht auszumachen, da grobe Näherungswerte für die Position vorliegen sollten.

Sind wir schon fertig? Nicht ganz. In der Praxis hat man natürlich die drei linearen Gleichungen zu lösen. Dies ist im Prinzip Schulstoff, aber auch Hochschulstoff und kann letztlich sehr effizient mit Methoden der *linearen Algebra* behandelt werden (nicht unähnlich dem, was wir in Abschn. 9.19 mit dem Matrizenformalismus angerissen haben bzw. unserer Behandlung von linearen diophantischen Gleichungen in Kap. 3).

Die wesentliche Idee hinter GPS ist aber der Übergang von den vier quadratischen Gleichungen zu drei linearen und einer quadratischen Gleichung. Mit genau demselben Argument hatten wir Erfolg im Beweis von Satz 8.6; dort wurden zwei quadratische Gleichungen durch Subtraktion in eine quadratische und eine lineare überführt, ohne dabei die Lösungsmenge zu verändern. Für die Lösung der zugeordneten Aufgabe 8.7 ist also die Differenz der linken Seiten

$$(X - x_1)^2 + (Y - y_1)^2 - \left\{(X - x_2)^2 + (Y - y_2)^2\right\}$$
$$= 2X(x_2 - x_1) + 2Y(y_2 - y_1) + x_1^2 - x_2^2 + y_1^2 - y_2^2$$

gleich der Differenz der rechten Seiten $r_1^2 - r_2^2$ zu setzen. Offensichtlich ergibt sich eine lineare Gleichung in zwei Unbekannten, welche also eine Gerade in der euklidischen Ebene $\mathbb{R}^2$ repräsentiert. Die gesuchte Lösungsmenge des Systems der zwei quadratischen Gleichungen ist damit gleich der Menge der Schnittpunkte dieser Geraden mit einem beliebigen der beiden Kreise, welche durch die quadratischen Gleichungen definiert werden.

9.22 Die *abc*-Vermutung

Die *abc*-Vermutung könnte nicht nur ihrem Namen nach einer Grundschulfibel entstammen: sie ist tatsächlich von erstaunlicher Einfachheit in ihrer Aussage. Andererseits verbirgt sich hinter ihr eines der bekanntesten ungelösten Probleme der Zahlentheorie und Gegenstand aktueller mathematischer Forschung.[38] Genug der Worte, lassen wir die Buchstaben selbst für sich sprechen.

abc-Vermutung: *Seien a, b, c teilerfremde ganze Zahlen, welche der Gleichung*

$$a + b = c$$

genügen, dann existiert zu jedem $\epsilon > 0$ eine Konstante M (unabhängig von a, b, c), so dass

$$\max\{|a|, |b|, |c|\} \leq M \prod_{p \mid abc} p^{1+\epsilon},$$

wobei das Produkt über die verschiedenen Primteiler p von abc erhoben ist.

Formuliert wurde diese Vermutung zuerst von David Masser und Joseph Oesterlé Mitte der 1980er. Wir illustrieren die Konsequenzen dieser bislang unbewiesenen Vermutung an einem Beispiel. Hierzu betrachten wir wiederum die Fermat-Gleichung

$$X^n + Y^n = Z^n$$

mit einem ganzzahligen Exponenten $n \geq 3$. Wüssten wir nichts von Wiles' Lösung der Fermatschen Vermutung (angesprochen in Abschn. 7.3), wären wir versucht die *abc*-Vermutung zu bemühen: Ein Vergleich der Fermat-Gleichung mit der der *abc*-Vermutung zugrundeliegenden Gleichung führt auf den Ansatz, von einer Lösung $x^n + y^n = z^n$ mit teilerfremden natürlichen Zahlen x, y, z auszugehen und entsprechend $a = x^n$, $b = y^n$ und $c = z^n$ zu setzen. In diesem Fall ist also sowohl a als auch b echt kleiner c und die *abc*-Vermutung liefert

$$c \leq M \prod_{p \mid abc} p^{1+\epsilon}.$$

Weil nun aber $a = x^n$ und x aus denselben Primzahlen bestehen, und natürlich selbiges auch für das Pärchen y und z anstelle von x gilt, ergibt sich hierin

$$\prod_{p \mid abc} p^{1+\epsilon} = \prod_{p \mid (xyz)^n} p^{1+\epsilon} = \left(\prod_{p \mid xyz} p \right)^{1+\epsilon}.$$

---

[38] Im Jahr 2012 kündigte Shinichi Mochizuki einen Beweis an, der allerdings trotz der Einfachheit der Formulierung der *abc*-Vermutung selbst sehr umfangreich und dabei auch nicht einfach verständlich ist; die abschließende Prüfung der mehrere hundert Seiten langen Argumente steht noch aus.

Nun ist dieses Produkt ungeachtet des Exponenten $1 + \epsilon$ über die verschiedenen Primteiler von xyz sicherlich nicht größer als xyz selbst. Und weil $c = z^n$ die Zahlen $a = x^n$ und $b = y^n$ übertrifft, folgt insgesamt

$$z^n = c \leq M(xyz)^{1+\epsilon} \leq M z^{3(1+\epsilon)}.$$

Logarithmieren wir beide Seiten, ergibt sich die Ungleichung

$$n \leq 3 + 3\epsilon + \log_z M,$$

wobei $\log_z M$ den Logarithmus von M zur Basis z bezeichne. Hierbei ist $3\epsilon + \log_z M$ eine vielleicht sehr große Zahl, aber nichtsdestoweniger kann diese Ungleichung nicht für beliebig große Exponenten n bestehen:

$$n \leq 3\frac{\log M}{\log 2} + 3 + 3\epsilon.$$

Insofern sind Lösungen der Fermat-Gleichung in natürlichen Zahlen für Exponenten n größer dieser Schranke unmöglich. Damit haben wir bewiesen: *Unter Annahme der abc-Vermutung besitzt die Fermat-Gleichung bei hinreichend großem Exponenten n nur triviale Lösungen* (also Lösungen mit $xyz = 0$). Angesichts der Lösung dieses berühmten und alten Problems der Fermatschen Vermutung ist diese Lösung verblüffend einfach. Tatsächlich jedoch haben wir mit der *abc*-Vermutung ein zwar einfach zu benutzendes, aber letztlich doch sehr schlagkräftiges Werkzeug eingesetzt. Ein Beweis der *abc*-Vermutung sollte also mindestens so schwierig sein wie der Beweis der Fermatschen Vermutung. Mag man da überhaupt an die Plausibilität der *abc*-Vermutung glauben?

Es gibt tatsächlich Indizien, die nahelegen, dass die *abc*-Vermutung in dieser oder einer anderen Form richtig sein könnte. Tatsächlich basiert die *abc*-Vermutung nämlich auf Resultaten von Richard C. Mason und (unabhängig) Wilson Stothers Anfang der 1980er Jahre zur Arithmetik von Polynomen. In der einfachsten Form finden sich deren Resultate in folgendem Satz wieder:

Satz 9.1. *Es seien A, B und C teilerfremde Polynome mit komplexen Koeffizienten, nicht alle konstant. Besteht dann*

$$A + B = C,$$

so gilt

$$\max\{\deg A, \deg B, \deg C\} < \mathrm{n}(ABC).$$

wobei $\mathrm{n}(P)$ für die Anzahl der verschiedenen Nullstellen des Polynoms P steht.

Beweis. Wegen $A + B = C$ sind A, B, C sogar paarweise teilerfremd, haben also paarweise verschiedene Nullstellen. Nach dem Fundamentalsatz 8.2 der Algebra lassen sie sich wie folgt in Produkte zerlegen:

$$A = a \prod_{j=1}^{n(A)} (X - \alpha_j)^{a_j}, \quad B = b \prod_{k=1}^{n(B)} (X - \beta_k)^{b_k}, \quad \text{and} \quad C = c \prod_{l=1}^{n(C)} (X - \gamma_l)^{c_l},$$

wobei a, b, c komplexe Zahlen sind, die a_j, b_k, c_l nicht-negative ganze Zahlen, und die Nullstellen $\alpha_j, \beta_k, \gamma_l$ sind verschiedene komplexe Nullstellen von A, B und C. Differentiation bzgl. X liefert

$$(\log A)' = \sum_{j=1}^{n(A)} \frac{a_j}{X - \alpha_j}$$

und ähnliche Formeln bestehen natürlich auch für B und C. Wir nehmen an, dass A unter den dreien maximalen Grad hat; ferner sei C nicht das Nullpolynom (also nicht konstant null). Wir definieren

$$F = \frac{A}{C} \qquad \text{und} \qquad G = \frac{B}{C}$$

und erhalten

$$F + G - 1 = \frac{A}{C} + \frac{B}{C} - 1 = \frac{A + B - C}{C} = 0.$$

Differentiation beider Seiten liefert die Identität $F' + G' = 0$, und ferner gilt

$$\frac{A}{B} = \frac{F}{G} = -\frac{G'/G}{F'/F}.$$

Wir berechnen

$$\frac{F'}{F} = (\log F)' = (\log A)' - (\log C)' = \sum_{j=1}^{n(A)} \frac{a_j}{X - \alpha_j} - \sum_{l=1}^{n(C)} \frac{c_l}{X - \gamma_l},$$

und wiederum besteht eine ähnliche Formel ebenso für G'/G. Damit folgt

$$\frac{A}{B} = - \frac{\displaystyle\sum_{k=1}^{n(B)} \frac{b_k}{X - \beta_k} - \sum_{l=1}^{n(C)} \frac{c_l}{X - \gamma_l}}{\displaystyle\sum_{j=1}^{n(A)} \frac{a_j}{X - \alpha_j} - \sum_{l=1}^{n(C)} \frac{c_l}{X - \gamma_l}}.$$

Multiplizieren wir Nenner und Zähler mit

$$\mathcal{N} := \prod_{j=1}^{\mathrm{n}(A)} (X - \alpha_j) \cdot \prod_{k=1}^{\mathrm{n}(B)} (X - \beta_k) \cdot \prod_{l=1}^{\mathrm{n}(C)} (X - \gamma_l),$$

gelangen wir zu der Darstellung

$$\frac{\mathcal{A}}{\mathcal{B}} := \frac{A \cdot \mathcal{N}}{B \cdot \mathcal{N}} = \frac{A}{B}.$$

Hier sind $\mathcal{A}$ und $\mathcal{B}$ Polynome mit jeweiligem Grad echt kleiner $\mathrm{n}(A)+\mathrm{n}(B)+\mathrm{n}(C) = \mathrm{n}(ABC)$. Weil aber A und B teilerfremd sind und in Analogie zur eindeutigen Primfaktorzerlegung die Faktorisierung von komplexen Polynomen in Linearfaktoren eindeutig ist (was wir nicht explizit bewiesen haben, sich aber mit einer Variante des euklidischen Algorithmus für Polynome verifizieren lässt), folgt $\deg A < \mathrm{n}(ABC)$ und der Satz ist bewiesen. •

Der gerade bewiesene Satz liefert ein polynomielles Analogon der Fermatschen Vermutung (welche ja keine mehr ist): *Polynomielle Lösungen der Gleichung*

$$\mathcal{X}^n + \mathcal{Y}^n = \mathcal{Z}^n$$

mit einem $n \geq 3$ sind alle bis auf konstante Faktoren gleich. Dies beantwortet im Wesentlichen die schwierige Aufgabe 7.8 und wurde zuerst wohl von Liouville bewiesen (natürlich auf einem anderen Wege als dem hier gegebenen); auch hier ist die Exponentenbedingung scharf, wie folgendes uns nicht unbekanntes Beispiel zeigt

$$(2X)^2 + (X^2 - 1)^2 = (X^2 + 1)^2.$$

10

Ende: Nach dem Spiel ist vor dem Spiel...

Wir resümieren unsere einführenden Studien zur Zahlentheorie: Ein wesentlicher Teil unserer Untersuchungen war den Zahlbereichen gewidmet. Ausgehend vom *natürlichsten* Zahlbereich $\mathbb{N}$ haben wir mit Hilfe der Peano-Axiome (insbesondere dem Induktionsprinzip) die Mengen $\mathbb{Z}$ und $\mathbb{Q}$ der ganzen und der rationalen Zahlen konstruiert, dabei aber auch – ganz in der Tradition der alten Griechen – schon Irrationalzahlen wie etwa $\sqrt{2} = 1{,}414\ldots$ kennen gelernt. Erst durch die Entdeckung und Zähmung solcher Irrationalitäten konnten Beweise über Messungen, Ähnlichkeiten und Weiteres entstehen. Diese Irrationalitäten haben wir später als Grenzwerte konvergenter Folgen rationaler Zahlen aufgefasst – man denke etwa an die Eulersche Zahl $e = \exp(1) = 2{,}718\ldots$ –, und mit Hilfe des Konzeptes der Intervallschachtelung wurde der Körper $\mathbb{R}$ der reellen Zahlen gebildet, der gewissermaßen die ‚Lücken' von $\mathbb{Q}$ ausfüllt. Schließlich haben wir mit der Menge $\mathbb{C}$ der komplexen Zahlen einen sowohl aus analytischer als auch aus struktureller Sicht befriedigenden Abschluss erzielt, nämlich einen vollständigen Körper, in dem sich jede polynomielle Gleichung lösen lässt. In diesen verschiedenen Zahlenuniversen sind wir diversen arithmetischen Fragestellungen nachgegangen.

In der Mathematik der ‚alten Griechen' finden sich zwei verschiedene Arbeitsweisen wieder – sowohl die *an Problemen orientierte Mathematik*, die einen bestehenden mathematischen Werkzeugkasten benutzt und gegebenenfalls erweitert, um eine konkrete Fragestellung zu bearbeiten, wenn möglich gar zu lösen (z. B. die Pellsche Gleichung), als auch die *axiomatische Methode* mit Euklids Elementen als bestem Beispiel für den detaillierten Aufbau einer mathematischen Theorie (man denke hier an die ersten Ergebnisse zu Primzahlen oder noch besser an *Geometrie*, die wie in diesem Buch sicherlich vernachlässigt haben). In Kombination mit dem unverzichtbaren Konzept des *Beweises* haben so die Mathematiker im antiken Griechenland die Grundlagen der Mathematik als Wissenschaft gelegt!

Das Wohlordnungsprinzip und der euklidische Algorithmus bilden die fundamentalen Ideen hinter den Untersuchungen zur Teilbarkeit ganzer und rationaler Zahlen. Bereits diese am Anfang einer mehr als zweitausend Jahre bestehenden mathematischen Kultur liefern eindrucksvolle Anwendungen; hierbei denken wir an die effizienten rationalen Approximationen via Kettenbrüchen und ihre Bedeutung bei technischen Fragestellungen sowie die Aspekte der modularen Arithmetik von Gauß z. B. in der Kryptographie. Aber auch die auf den ersten Blick so völlig akademischen Fragen zu diophantischen Gleichungen stehen für ein tieferes Verständnis dessen, was Mathematik letztendlich ausmacht. Beispielsweise ist die für uns so selbstverständliche Eindeutigkeit der Primfaktorzerlegung in gewissen Teilmengen der komplexen Zahlen *verletzt*: So besitzt die harmlos erscheinende Zahl 6 etwa im komplexen Zahlenring $\mathbb{Z}[\sqrt{-5}]$ aller Zahlen der Form $a + b\sqrt{-5}$ mit ganzzahligen a, b zwei verschiedene Faktorisierungen in innerhalb dieses Zahlbereichs nicht weiter zerlegbare Faktoren:

$$6 = 2 \cdot 3 = (1 + \sqrt{-5}) \cdot (1 - \sqrt{-5}).$$

Dieses auf Dedekind zurückgehende Beispiel steht am Beginn der so genannten *algebraischen* Zahlentheorie und mag uns lehren, nicht alles selbstverständlich zu akzeptieren, sondern Dinge stets zu hinterfragen und nach einem absoluten Verständnis zu suchen. Neugier ist sicherlich die Antriebskraft für Mathematik in Lehre *und* Forschung: *Je mehr Wissen da ist, umso mehr Fragen ergeben sich!*

Viele spannende Fragen haben wir nicht in der angemessenen Tiefe behandelt; hier seien beispielsweise die Quadrate modulo Primzahlen und die Kreisteilung genannt, beides Themen, die Gauß wesentlich befruchtet hat und die eine innere Ästhetik besitzen, die sich jeder talentierten Mathematikerin erschließen kann, wenn sie sich darauf einlässt und also Zeit und Energie für diese Studien aufbringt. Es ist kaum noch möglich, sich die gesamte Mathematik zu erarbeiten, aber der Wunsch über den Tellerrand hinausgucken zu wollen, ist eine wichtige Antriebskraft, sich mathematisch zu bilden!

Wir hoffen, nicht nur spannende Themen der Zahlentheorie aufgezeigt, sondern auch Ansporn und Motivation für die obligatorischen Einstiegsvorlesungen *linearen Algebra* und *Analysis* gegeben sowie einen Ausblick auf weitere Ergebnisse der Zahlentheorie gewährt zu haben. Darüber hinaus hat sich vielleicht auch des Lesers Wahrnehmung von Mathematik verändert: Wenn wir es nicht versäumen, Sachen zu hinterfragen oder die Augen weit genug zu öffnen, dann kann man in ganz alltäglichen Situationen schöne Ideen wiederfinden:

Mathematik ist...

... wenn Kanaldeckel rund sind,[1]

bzw. wenn Brücken nicht einstürzen, Autos fehlerfrei fahren, CDs trotz Kratzer Musik von sich geben, Kreditkarten sicher benutzt werden können und so weiter. Unter anderem also, wenn unsere hochtechnologisierte Welt so funktioniert, wie wir es gewohnt sind.

Aber mehr noch: Mathematik ist Kultur und aktuelle Wissenschaft mit vielen spannenden und ungelösten Problemen, mit Anwendung im Hintergrund, aber auch ohne jegliche Motivation aus unserer Alltagswelt.

---

[1] Der Kreis liefert gegenüber einem Rechteck hier nämlich einen ganz entscheidenden Vorteil: Ein runder Kanaldeckel kann nicht in den geöffneten Schacht fallen!

Literatur

[1] J. APPELL, K. APPELL, *Mengen – Zahlen – Zahlbereiche*, Spektrum 2005

[2] R. COURANT, H. ROBBINS, *Was ist Mathematik?*, Springer 1993, 4. Auflage

[3] H.-D. EBBINGHAUS ET AL., *Zahlen*, Springer 1991

[4] G.H. HARDY, E.M. WRIGHT, *An introduction to the theory of numbers*, Clarendon Press, Oxford, 1979, 5th ed.

[5] H. HEUSER, *Als die Götter lachen lernten*, Piper, München 1996

[6] I. HILGERT, J. HILGERT, *Mathematik – ein Reiseführer*, Spektrum 2011

[7] F. KLEIN, *Elementarmathematik vom höheren Standpunkte aus – I (Arithmetik, Algebra, Analysis)*, Springer 1933, 3. Auflage

[8] H. MESCHKOWSKI, *Denkweisen großer Mathematiker*, Vieweg 1961

[9] H. MÖLLER, *Elementare Zahlentheorie und Problemlösen*, E-book, erhältlich unter wwwmath.uni-muenster.de/u/mollerh/data/Ztinc.pdf

[10] R.B. NELSON, *Proofs without words. II. More exercises in visual thinking*, The Mathematical Association of America, Washington D.C. 2000

[11] H. RADEMACHER, O. TOEPLITZ, *Von Zahlen und Figuren*, Springer 1933, Reprint der 2. Auflage

[12] K. REISS, G. SCHMIEDER, *Basiswissen Zahlentheorie*, Springer 2007, 2. Auflage

[13] H. SCHEID, A. FROMMER, *Zahlentheorie*, Spektrum Akademischer Verlag, 2007, 4. Auflage

[14] H. SCHICHL, R. STEINBAUER, *Einführung in das mathematische Arbeiten*, Springer 2009

[15] J. STEUDING, *Diophantine Analysis*. Chapman-Hall/CRC Press 2005

[16] J. STILWELL, *Numbers and Geometry*, Springer 1998

[17] J. WOLFART, *Einführung in die Zahlentheorie und Algebra*, Vieweg, 2. Aufl. 2011

[18] H. WUSSING, *6000 Jahre Mathematik*, zwei Bände, Springer 2008

Die angeführte Literatur war hilfreich bei der Erstellung dieses Buches und mag auch zum weiteren Vertiefen des Stoffes nützlich sein (insbesondere die Bücher [1, 12, 15]). Die Bücher [2, 11] bieten zu ausgesuchten Themen einen zeitlosen Einstieg in die Mathematik; [6, 14] geben eine gute Hilfestellung für den Übergang von Schul- zu Hochschulmathematik. Die zeitlosen Lehrbücher [4, 13] gehen weit über unseren Themenkatalog hinaus und sind den neugierigen Lesern eine sehr gute Quelle. Das Werk von Klein [7] ist ein Klassiker der didaktisch motivierten Literatur und [**3, 9, 16, 17**] bieten für spezielle Themen eine vorzügliche Ergänzung.[2] Noch viel mehr Geschriebenes findet sich in den schönen Bibliotheken dieser Welt. Der Besuch einer solchen bietet oftmals Hilfestellung zur Bearbeitung der Übungsaufgaben. Historische Details findet man neben der Monographie [**18**] auch in der Ideensammlung [**8**] sowie im THE MACTUTOR HISTORY OF MATHEMATICS ARCHIVE online unter http://turnbull.mcs.st-and.ac.uk/~history/; dieser Quelle verdanken wir auch zahlreiche Vorlagen für die diversen Zeichnungen von Mathematikern. Ansonsten ist mit Internetquellen sehr vorsichtig umzugehen. Heusers Buch [**5**] bringt auf amüsante Weise die antike Welt der Griechen nahe, und das *Bilder*buch [**10**] von Nelson fällt in jederlei Hinsicht aus dem Rahmen und ist trotzdem, und gerade deswegen, sehr *betrachtens*wert.

---

[2] Im Skript [**9**] findet man u. a. die Din-Norm für $\mathbb{N}$.

Sachverzeichnis

A

Abbildung 33
abc-Vermutung 380
Abel, Niels Henrik 278
abelsch 97
Absolutbetrag 273
abzählbar 185
Adleman, Leonard 141
Agrawal, Manindra 134
al-Hwarizmi, Muhammad 68
von Alexandria, Sosigenes 206
algebraisch 189
Algorithmus 67
alkoholische Gärung 72
angeordnet 33, 195
Apéry, Roger 174
Approximationssatz von Dirichlet
    197, 215, 243, 262
Approximationssatz von Hurwitz 202,
    230
Äquivalenz 19
Äquivalenzklasse 46
Äquivalenzrelation 44
Archimedes 77, 233
archimedische Eigenschaft 155
Argand, Jean 278
Artin, Emil 343
Aryabhata 204
Aussagenlogik 16
Axiom 28

B

Bachet, Claude 249, 254, 339

Beatty, Samuel 176
Beatty-Folge 174
Beloch, Margherita 301
benachbart 196
Bernoulli, Johann 277
beste rationale Approximation 364
Betrag 64
Beweis 28
Bézout, Étienne 75
Bhaskara 205
bijektiv 184
Binetsche Formel 159
Binomialkoeffizient 53, 321
binomischer Lehrsatz 54, 322
Bird, Richard 213
Bombelli, Raffael 229, 277, 359
Brahmagupta 241
Briefmarkenproblem 80
Brouncker, William 237
Brouwer, Luitzen 60

C

Calkin, Neil 55
Calkin-Wilf-Baum 55, 72, 213
Cantor, Georg 23, 184, 191, 355
Cantors Diagonalargument 187
Cardano, Girolamo 275
Carmichael, Robert Daniel 131
Carmichael-Zahl 131
Carnot, Lazare 15
Cataldi, Pietro 229, 360
Cauchy, Augustin-Louis 179, 280
chinesischer Restsatz 136

Cohen, Paul   191
Cole, A.J.   69
Cramer, Gabriel   371
Cramersche Regel   371

D

Davie, A.J.T.   69
Dedekind, Richard   31, 33
Definition   23
Descartes, René   27
Dezimalbruch   342
Dezimalentwicklung   118, 167, 180,
　　188, 316
Differenzenspiel   354
Diffie, Whitfield   140
DIN   220
Diophant   13, 260
diophantische Approximation   13, 76,
　　195
diophantische Gleichung   13, 72, 233
Dirichlet, Johann Peter Gustav Lejeune
　　197, 202
diskretes Logarithmus-Problem   343
Diskriminante   224, 270
divergent   154
Division mit Rest   64, 329
Dreiecksungleichung   157
Dreieckszahl   60, 236, 323
Dreiteilung des Winkels   308
Durchschnitt   25

E

e   93, 170, 225
eindeutige Primfaktorzerlegung   86,
　　141, 174, 248, 332, 386
Einheitswurzel   292, 307
Einstein, Albert   16
Element   23
Eratosthenes   233
Erdös, Paul   96
Erdös-Straus-Vermutung   326
Eudoxos   226
Euklid   7, 16, 69, 247

euklidischer Algorithmus   63, 66, 205,
　　226, 327
Euler, Leonhard   130, 225, 238, 277
Eulersche φ-Funktion   127, 142, 298,
　　307, 335
Exponentialfunktion   170

F

Fakultät   50, 133
Farey, John   195
Farey-Folge   195
de Fermat, Pierre   VIII, 13, 254
Fermat-Zahl   89, 330
Fermats Abstiegsmethode   256, 283
Fermatsche Vermutung   VIII, 13, 255,
　　381
del Ferrar, Scipione   275
Ferrari, Lodovico   275
Fibonacci-Zahlen   152, 191, 209, 218,
　　323, 328, 362
Folge   152
Ford, Lester   200
Ford-Kreis   200
Formel von Cardano   276
Fourier, Joseph   171
Frobenius, Georg   80
Frobenius-Zahl   81
Fundamentalsatz der Algebra   278,
　　294, 383
Fundamentalsatz der Arithmetik   86,
　　248, 332

G

Galois, Évariste   278
ganze Zahl   47
Gauß, Carl Friedrich   38, 86, 125, 280,
　　297
Gaußsche Zahlenebene   274
Gegenbeispiel   17
geometrische Reihe   40, 62, 163
Germain, Marie-Sophie   264
Gesetz der besten Näherung   215
Gibbons, Jeremy   213
Girard, Albert   280

Gödel, Kurt 191, 317
Gödels Unvollständigkeitssatz 317
Goldbach, Christian 90
Goldbachsche Vermutung 95
goldener Schnitt 71, 159, 199, 201, 219,
    228, 295, 308, 364
GPS 377
Grenzwert 154
größter gemeinsamer Teiler 64
größtes Ganzes 65
Gruppe 96

H

Hadamard, Jacques 92
Haga, Kazuo 302
Halteproblem 356
Hamming, Richard W. 341
Hardy, Godfrey Harold 129
harmonische Reihe 165, 348
Haros, Charles 195
Hellman, Martin 140
Hemachandra, Acharya 362
Hermite, Charles 190
Heron 162
Heronsches Wurzelziehen 162, 179, 360
Hilbert, David 87, 184, 260, 285, 347
Hilberts Hotel 185
Homer 258
Hurwitz, Adolf 90, 202, 308
Huygens, Christiaan 205, 214

I

imaginäre Einheit 271
Imaginärteil 271
Implikation 19
indirekter Beweise 22
Induktion 35
inkommensurabel 226
Intervallschachtelung 179
inverses Element 97
irrationale Zahl 4, 8, 168, 189, 199, 211,
    228
irreduzibel 110
ISBN 126, 340

K

Kalender 118, 205, 333
Kanaldeckel 387
kanonische Projektion 47
Kaprekar, Dattathreya 50, 318
kartesisches Produkt 27
Kayal, Neeraj 134
Kepler, Johannes 366
Kettenbruch 207, 227, 241, 329, 337,
    356, 359
Kettenbruchalgorithmus 210
kleiner Fermat 130
kleinstes gemeinsames Vielfaches 66
von Koch, Helge 166, 344
Kochsche Insel 166, 344
kommensurabel 226
kommutativ 97
Komplement 25
komplexe Zahl 271
Kongruenz 120
Kongruenzzahl 252, 258
Königsberger Brückenproblem 130
konjugiert komplexe Zahl 273
Konstruktionen mit Zirkel (und Lineal)
    286, 299
Kontinuum 151
Kontinuumshypothese 191, 356
Kontraposition 21
konvergent 154
Körper 108
Körpererweiterung 219, 289
Kronecker, Leopold 60
von Kyrene, Theodoros 9

L

Lagrange, Joseph-Louis 129, 214, 238
Lambert, Johann 171
leere Menge 24
Legendre, Adrien-Marie 242
Leibniz, Gottfried Wilhelm 133, 277
Lemma von Euklid 7, 82
Lengyel, Tamás 71
Lepaute, Nicole-Reine 367
Lester, David 213

Lindemann, Carl Ferdinand   190
lineare diophantische Gleichung   72,
     135, 205, 340
Lucas, Édouard   35, 364
Lucas-Folge   364

M

magisches Quadrat   148
Mascheroni, Lorenzo   299
Mason, Richard C.   382
Masser, David   381
Matjasevich, Yuri   261
Matrix   369
Mediante   196
Memory   261, 365
Menge   23
Merkle, Ralph   140
Mersenne, Marin   114
Mersenne-Primzahl   114
von Metapont, Hippasos   4
Minimallösung   242
Minimalpolynom   189
Mitternachtsformel   268
modulo   120
Mordell, Louis   254
de Morgansche Regeln   21, 26
MU-Rätsel   30, 315

N

Näherungsbruch   207
natürliche Zahl   31
Neunerprobe   118
neutrales Element   97
Newton, Isaac   16
Newtonsches Näherungsverfahren   361
Niven, Ivan   172
normal   182
nullteilerfrei   108

O

Oesterlé, Joseph   381
Ordnung   98
Ordnungsrelation   43
Origami   301

P

π 78, 171, 182, 190, 211, 215, 308
Parität   45
Partialsumme   162
Pascal, Blaise   35, 320
Pascalsches Dreieck   320
Paterson, Mike   351
Peano, Giuseppe   31, 33
Peano-Axiome   31
Pell, John   237
Pellsche Gleichung   237
periodischer Kettenbruch   222
da Pisa, Leonardo (Fibonacci)   152
Poincaré, Henri   254
Pólya, George   293
Polynom   105
Potenzmenge   24, 42, 47, 107, 323
prime Restklasse   127
prime Restklassengruppe   132
Primitivwurzel   343
Primzahl   24, 84, 330
Primzahlsatz   92
Primzahltest   131, 133, 141
Primzahlzwilling   95
Prinzip vom kleinsten Element   43
Produktformel   274, 284
Pseudoprimzahl   131
pythagoräisches Tripel   247, 257, 259,
     367
Pythagoras   3, 246, 286

Q

quadratfrei   219
quadratisch irrational   219, 222, 241,
     288, 374
quadratische Ergänzung   267
Quadratur des Kreises   190, 298
Quadratwurzel   221, 226
Quotient   47

R

Rad des Aristoteles   192
rationale Zahl   51
Rayleigh, Baron   176

Realteil 271
reduzibel 110
reelle Zahl 180
Regiomontanus (Müller, Johann) 264
reguläres n-Eck 228, 291
Relation 24, 44
Repräsentant 46
Restklasse 121
Restklassenkörper 132
Restklassenring 125
Restsystem 124
Riemann, Bernhard 92
Riemannsche Vermutung 94
Ries, Adam 31, 119
Rinderproblem 233, 245
Ring 104
Rivest, Ronald 141
Row, Sundara 301, 308
RSA-Verfahren 141, 337
Ruffini, Paolo 278
Russell, Bertrand 28, 29
Russellsche Antinomie 28

S

Satz des Pythagoras 226, 246, 273,
 292, 304, 353
Satz von Bézout 74, 81, 135, 196, 340
Satz von Euler 128, 169
Satz von Galois 222, 241
Satz von Gauß-Wantzel 298
Satz von Lagrange 222, 285
Satz von Rayleigh 176
Satz von Vieta 270
Satz von Wilson 133, 282
Satz von Zeckendorf 153
Saxena, Nitin 134
Schubfachprinzip 243, 262
Shamir, Adi 141
Sieb des Eratosthenes 91
Sierpiński, Wacław 346
Simpsons Paradoxon 197
Sophie Germain-Primzahl 263
Spunk 53
Stammbruch 61, 112, 324
Stothers, Wilson 382

Summen von Quadraten 280
Sun-Tsu 136
symmetrische Gruppe 101
Systeme linearer Kongruenzen 137

T

Tartaglia, Niccolo 275
Taylor, Richard 255
Teiler 63
teilerfremd 68
Teilmenge 24
Teilnenner 207
transzendent 189
Turing, Alan 357
Turm von Hanoi 35

U

überabzählbar 187
Ulam, Stanisław 93
unendliche Reihe 162
Untergruppe 103

V

de la Vallée-Poussin, Charles 92
Verdopplung des Würfels 299
Vereinigung 25
Viéte, François 9, 270
Virahanka 362
vollständig 181
vollständiges Restsystem 124, 128

W

Wallis, John 237
Wantzel, Pierre-Laurent 297
Waring, Edward 285
Waringsches Problem 285
Wiener, Michael J. 337
Wiles, Andrew VIII, 255, 258
Wilf, Herbert 55
Wilson, John 133
Winkler, Peter 113, 149
wohldefiniert 48
Wohlordnung 43, 56, 64, 86, 256, 284,
 371

Z

Zahlkörper 109, 219, 373
Zeckendorf, Edouard 153
zehntes Hilbertsches Problem 260

Zenons Paradoxon 163
zusammengesetzt 84
Zweiquadratesatz 281
Zwick, Uri 351